计算机类本科教材

计 算 方 法
（第4版）

李桂成　编著

电子工业出版社
Publishing House of Electronics Industry
北京·BEIJING

内 容 简 介

本书比较全面地介绍了现代科学与工程计算中常用的数值计算方法。全书共 11 章，包括引论、计算方法的数学基础、MATLAB 编程基础、方程求根、解线性方程组的直接法、解线性方程组的迭代法、函数插值、数值积分与数值微分、常微分方程初值问题的数值解法，以及矩阵特征值计算和函数优化计算（见前言二维码）。

本书知识体系完整，不仅简要回顾了与计算方法有关的数学基础知识，还介绍了现代计算软件 MATLAB。书中的算法配有结构化流程图，并且在"算法实现"一节中给出了 MATLAB 程序和 MATLAB 函数两种实现方法，部分算法还给出了 C 程序。书后附有上机实验题目。可从华信教育资源网（www.hxedu.com.cn）免费下载的教学资源包括电子教案、各章习题解答和模拟试题。

本书可作为高等院校计算机、数据科学与大数据、人工智能及电子信息等相关专业教材，也可供科学与工程计算领域的科技工作者和研究人员参考。

未经许可，不得以任何方式复制或抄袭本书之部分或全部内容。
版权所有，侵权必究。

图书在版编目（CIP）数据

计算方法 / 李桂成编著. —4 版. —北京：电子工业出版社，2024.5
ISBN 978-7-121-47836-9

Ⅰ．①计⋯　Ⅱ．①李⋯　Ⅲ．①计算方法－高等学校－教材　Ⅳ．①O24

中国国家版本馆 CIP 数据核字（2024）第 094400 号

责任编辑：冉　哲
印　　刷：三河市华成印务有限公司
装　　订：三河市华成印务有限公司
出版发行：电子工业出版社
　　　　　北京市海淀区万寿路 173 信箱　邮编　100036
开　　本：787×1 092　1/16　印张：15.75　字数：413 千字
版　　次：2005 年 10 月第 1 版
　　　　　2024 年 5 月第 4 版
印　　次：2025 年 5 月第 3 次印刷
定　　价：56.00 元

凡所购买电子工业出版社图书有缺损问题，请向购买书店调换。若书店售缺，请与本社发行部联系，联系及邮购电话：(010) 88254888, 88258888。

质量投诉请发邮件至 zlts@phei.com.cn，盗版侵权举报请发邮件至 dbqq@phei.com.cn。
本书咨询联系方式：ran@phei.com.cn。

前　言

《计算方法》出版以后，得到了许多高等院校师生的好评，不仅计算机专业的课程使用该教材，一些非计算机专业的理工类本科生和研究生课程也纷纷使用此教材。为了适应这一需求，我经过深思熟虑，对《计算方法》进行了修订，于 2013 年出版了《计算方法》（第 2 版）。次年，该书就荣获 2014 年中国电子教育学会"全国电子信息类优秀教材"一等奖（获奖证书号为 JC14007），当时参加评选的有来自全国 67 所高等院校和多家出版社推荐的教材 120 余种。

国家积极推进信息化建设的进程，许多高等院校开设了数据科学与大数据、人工智能等新专业，为适应新形势、新变化，于 2019 年出版了《计算方法》（第 3 版），其中新增了"MATLAB 编程基础"内容，并使用 MATLAB 程序和 MATLAB 函数两种方法实现各章的实例。第 3 版得到了更多高等院校师生的好评。

本次修订在第 3 版的基础上进行了精简、更新，对发现的文字错误进行了修正，另外，将第 10、11 章（含相关实验内容）改为以二维码形式提供。

讲授全书内容，需要 40~60 学时，另外，实验需要 16~20 学时。

修订后的《计算方法》（第 4 版）组织更加严谨、内容更加丰富、知识更加新颖、使用更加方便。本书内容分为 11 章，包括引论、计算方法的数学基础、MATLAB 编程基础、方程求根、解线性方程组的直接法、解线性方程组的迭代法、函数插值、数值积分与数值微分、常微分方程初值问题的数值解法，以及矩阵特征值计算（二维码）和函数优化计算（二维码）。

本书的鲜明特点如下。

（1）知识结构完整。第 2 章"计算方法的数学基础"介绍了计算方法所需的微积分、微分方程和线性代数的数学知识，第 3 章"MATLAB 编程基础"介绍了 MATLAB R2022b 的主要特点、工作环境、数据类型、运算和图形处理功能，以及程序控制结构和程序调试方法。只要本书在手，无须其他数学和 MATLAB 的任何资料。

（2）注重实践和应用。从第 4 章开始，在"算法实现"一节中，分别使用 MATLAB 程序和 MATLAB 函数两种方法，针对各章中的实例实现了相关算法。这样编写的目的是既能引导读者理解算法并实现算法，又能让读者认识到 MATLAB 在计算方法领域中的强大功能。另外，本书的附录 A 中提供了精心设计的实验，供读者实践和练习。

（3）方便教学。全书每章都有学习要点、教学建议和本章小结，说明每章的重点、难点、选学内容和所需学时数。附录 A 中的实验，可用于计算方法课程的实验环节。本书还配有电子教案、模拟试题和各章习题解答，供教师使用，可以登录华信教育资源网（www.hxedu.com.cn）注册后免费下载。

（4）便于自学。本书用通俗易懂的语言介绍每个算法的来龙去脉、基本思路和推导过程，并且每个算法都配有结构化框图、示例源代码和测试例题供读者参考。这样就降低了自学难度，提高了自学的兴趣，强化了自学效果。

本书可作为高等院校计算机、数据科学与大数据、人工智能及电子信息等相关专业教材，也可供科学与工程计算领域的科技工作者和研究人员参考。

在本书修订过程中，得到了我的同仁和电子工业出版社的大力支持，在此一并表示感谢，这里还要特别感谢梁吉业教授对本书的长期关注和大力支持，感谢电子工业出版社编辑冉哲对本书修订出版做的大量工作。

由于作者水平有限，书中难免有错误和疏漏之处，恳请读者指正。

李桂成

矩阵特征值计算

函数优化计算

目 录

第1章 引论 ················· 1
- 1.1 从数学到计算 ············ 1
- 1.2 误差理论初步 ············ 5
  - 1.2.1 误差的来源 ··········· 5
  - 1.2.2 误差的度量 ··········· 6
  - 1.2.3 误差的传播 ··········· 9
  - 1.2.4 数值稳定性 ·········· 11
- 1.3 数值计算的原则 ········· 11
  - 1.3.1 避免两个相近数相减 ·· 12
  - 1.3.2 避免用绝对值过小的数作为除数 ············· 12
  - 1.3.3 要防止大数"吃掉"小数 ················ 13
  - 1.3.4 简化计算步骤 ········ 13
  - 1.3.5 使用数值稳定的算法 ·· 14
- 本章小结 ·················· 16
- 习题1 ····················· 16

第2章 计算方法的数学基础 ··· 18
- 2.1 微积分的有关概念和定理 ·· 18
  - 2.1.1 数列与函数的极限 ···· 18
  - 2.1.2 连续函数的性质 ······ 20
  - 2.1.3 罗尔定理和微分中值定理 ················ 20
  - 2.1.4 积分加权平均值定理 ·· 21
- 2.2 微分方程的有关概念和定理 ················· 22
  - 2.2.1 基本概念 ············ 22
  - 2.2.2 初值问题解的存在唯一性 ················ 23
- 2.3 线性代数的有关概念和定理 ················· 23
  - 2.3.1 线性相关和线性无关 ·· 23
  - 2.3.2 方阵及其初等变换 ···· 25
  - 2.3.3 线性方程组解的存在唯一性 ················ 27
  - 2.3.4 特殊矩阵 ············ 28
  - 2.3.5 方阵的逆及其运算性质 ················ 29
  - 2.3.6 矩阵的特征值及其运算性质 ················ 31
  - 2.3.7 对称正定矩阵 ········ 33
  - 2.3.8 对角占优矩阵 ········ 34
  - 2.3.9 向量的内积 ·········· 35
  - 2.3.10 向量、矩阵和连续函数的范数 ·· 36
  - 2.3.11 向量序列与矩阵序列的极限 ······ 40
- 本章小结 ·················· 41
- 习题2 ····················· 41

第3章 MATLAB编程基础 ····· 43
- 3.1 MATLAB简介 ············ 43
- 3.2 MATLAB R2022b的工作环境 ············ 45
  - 3.2.1 工具箱 ·············· 45
  - 3.2.2 命令行窗口 ·········· 48
  - 3.2.3 工作区 ·············· 48
  - 3.2.4 当前文件夹 ·········· 49
- 3.3 MATLAB的变量、常量和数据类型 ··· 49
  - 3.3.1 常量 ················ 49
  - 3.3.2 变量 ················ 50
  - 3.3.3 数据类型 ············ 50
- 3.4 MATLAB的数值运算 ······ 51
  - 3.4.1 向量运算 ············ 51
  - 3.4.2 矩阵运算 ············ 53
- 3.5 MATLAB的符号运算 ······ 57
  - 3.5.1 字符串运算 ·········· 57
  - 3.5.2 符号表达式运算 ······ 58
  - 3.5.3 符号矩阵运算 ········ 61
  - 3.5.4 符号微积分运算 ······ 62
  - 3.5.5 符号方程求解 ········ 64
- 3.6 MATLAB的图形可视化 ···· 65
  - 3.6.1 二维图形绘制 ········ 65
  - 3.6.2 三维图形绘制 ········ 67
- 3.7 MATLAB程序设计 ········ 67
  - 3.7.1 MATLAB的程序控制结构 ······· 67
  - 3.7.2 MATLAB文件 ········· 70
  - 3.7.3 MATLAB程序调试方法 · 70
- 3.8 MATLAB与Python ········ 73
- 本章小结 ·················· 73
- 习题3 ····················· 73

第4章 方程求根 ············ 75
- 4.1 引言 ··················· 75
- 4.2 二分法 ················· 76

4.3 迭代法 ………………………………… 78
　4.3.1 不动点迭代 ……………………… 78
　4.3.2 迭代法的收敛性 ………………… 79
4.4 牛顿迭代法 …………………………… 85
　4.4.1 牛顿迭代公式及其几何意义 …… 85
　4.4.2 牛顿迭代公式的收敛性 ………… 85
4.5 弦截法 ………………………………… 89
4.6 算法实现 ……………………………… 90
　4.6.1 MATLAB 程序实现 ……………… 90
　4.6.2 MATLAB 函数实现 ……………… 92
本章小结 …………………………………… 93
习题 4 ……………………………………… 93

第 5 章 解线性方程组的直接法 ………… 96
5.1 引言 …………………………………… 96
5.2 高斯消去法 …………………………… 97
　5.2.1 顺序高斯消去法 ………………… 97
　5.2.2 主元素高斯消去法 …………… 101
　5.2.3 高斯-约当消去法 ……………… 103
5.3 矩阵三角分解法 …………………… 105
　5.3.1 高斯消去法与矩阵三角分解法 … 105
　5.3.2 直接三角分解法 ……………… 106
5.4 解三对角线性方程组的追赶法 …… 109
5.5 误差分析 …………………………… 112
　5.5.1 病态方程组与条件数 ………… 112
　5.5.2 病态方程组的解法 …………… 115
5.6 算法实现 …………………………… 116
　5.6.1 MATLAB 程序实现 …………… 116
　5.6.2 MATLAB 函数实现 …………… 120
本章小结 ………………………………… 121
习题 5 …………………………………… 122

第 6 章 解线性方程组的迭代法 ………… 124
6.1 引言 ………………………………… 124
6.2 雅可比迭代法 ……………………… 125
6.3 高斯-塞德尔迭代法 ………………… 127
6.4 迭代法的收敛性 …………………… 128
6.5 算法实现 …………………………… 135
　6.5.1 MATLAB 程序实现 …………… 135
　6.5.2 MATLAB 函数实现 …………… 138
本章小结 ………………………………… 139
习题 6 …………………………………… 140

第 7 章 函数插值 ………………………… 142
7.1 引言 ………………………………… 142
　7.1.1 插值问题 ……………………… 142
　7.1.2 插值多项式的存在唯一性 …… 143
7.2 拉格朗日插值 ……………………… 144
　7.2.1 线性插值与抛物插值 ………… 144
　7.2.2 拉格朗日插值多项式 ………… 146
　7.2.3 插值余项与误差估计 ………… 147
7.3 牛顿插值 …………………………… 151
7.4 埃尔米特插值 ……………………… 154
7.5 分段低次插值 ……………………… 156
　7.5.1 高次插值与龙格现象 ………… 156
　7.5.2 分段线性插值 ………………… 157
　7.5.3 分段三次埃尔米特插值 ……… 159
7.6 样条插值 …………………………… 161
　7.6.1 三次样条插值函数 …………… 161
　7.6.2 三次样条插值函数的求法 …… 162
7.7 离散数据的曲线拟合 ……………… 165
　7.7.1 曲线拟合问题 ………………… 165
　7.7.2 多项式拟合 …………………… 166
7.8 算法实现 …………………………… 168
　7.8.1 MATLAB 程序实现 …………… 168
　7.8.2 MATLAB 函数实现 …………… 170
本章小结 ………………………………… 173
习题 7 …………………………………… 174

第 8 章 数值积分与数值微分 …………… 177
8.1 引言 ………………………………… 177
　8.1.1 数值积分的必要性 …………… 177
　8.1.2 数值积分的基本思想 ………… 178
　8.1.3 代数精度 ……………………… 178
　8.1.4 插值型求积公式 ……………… 180
8.2 牛顿-柯特斯求积公式 ……………… 181
　8.2.1 牛顿-柯特斯求积公式的导出 … 181
　8.2.2 牛顿-柯特斯求积公式的误差
　　　　估计 …………………………… 184
8.3 复合求积公式 ……………………… 186
　8.3.1 复合梯形求积公式 …………… 187
　8.3.2 复合辛普生求积公式 ………… 187
8.4 外推算法与龙贝格算法 …………… 190
　8.4.1 变步长的求积公式 …………… 190

8.4.2 外推算法 ………………………… 191
　　8.4.3 龙贝格求积公式 …………………… 192
8.5 数值微分 ……………………………… 195
　　8.5.1 中点公式 …………………………… 195
　　8.5.2 插值型微分公式 …………………… 196
8.6 算法实现 ……………………………… 197
　　8.6.1 MATLAB 程序实现 ……………… 197
　　8.6.2 MATLAB 函数实现 ……………… 200
本章小结 …………………………………… 203
习题 8 ……………………………………… 203

第9章 常微分方程初值问题的数值解法 … 206

9.1 引言 …………………………………… 206
9.2 欧拉公式 ……………………………… 207
　　9.2.1 欧拉公式及其意义 ………………… 207
　　9.2.2 欧拉公式的变形 …………………… 208
9.3 单步法的局部截断误差和方法的阶 … 211
9.4 龙格-库塔方法 ………………………… 214
　　9.4.1 龙格-库塔方法的基本思想 ……… 214
　　9.4.2 二阶龙格-库塔方法的推导 ……… 214

　　9.4.3 经典四阶龙格-库塔方法 ………… 217
9.5 单步法的收敛性和稳定性 …………… 219
　　9.5.1 单步法的收敛性 …………………… 219
　　9.5.2 单步法的稳定性 …………………… 222
9.6 算法实现 ……………………………… 224
　　9.6.1 MATLAB 程序实现 ……………… 224
　　9.6.2 MATLAB 函数实现 ……………… 226
本章小结 …………………………………… 230
习题 9 ……………………………………… 230

附录 A 计算方法实验 ……………………… 232

实验 1 方程求根 …………………………… 233
实验 2 解线性方程组的直接法 …………… 234
实验 3 解三对角线性方程组的追赶法 …… 235
实验 4 解线性方程组的迭代法 …………… 236
实验 5 插值问题 …………………………… 237
实验 6 数值积分 …………………………… 238
实验 7 数值微分 …………………………… 239
实验 8 求解常微分方程的初值问题 ……… 240

参考文献 …………………………………… 242

第1章 引 论

（1）计算方法的特点。计算方法研究的是用计算机求解各类数学问题，即数值计算，它既具有纯数学的抽象性与严密性特点，又具有计算机应用的广泛性与计算机实验的技术性特点。

（2）误差理论。包括误差的来源、误差的度量和误差的传播。

（3）数值计算的原则。包括避免两个相近数相减和用绝对值过小的数作为除数，要防止大数"吃掉"小数，简化计算步骤，使用数值稳定的算法。

本章是"计算方法"课程的开始，要求学生了解计算方法的特点和研究对象，重点学习误差的基本概念和性质，掌握绝对误差、相对误差和有效数字的关系，理解数值计算的基本原则。建议2～4学时。

1.1 从数学到计算

当今世界，科学技术发展突飞猛进。党的二十大报告提出，推动战略性新兴产业融合集群发展，构建新一代信息技术、人工智能、生物技术、新能源、新材料、高端装备、绿色环保等一批新的增长引擎。近几年，人工智能中的深度学习、强化学习、图像和语音识别等都有了重大突破。这些科技进步又进一步拓宽了计算机的应用领域，计算机在生命科学、医学、系统科学、经济学以及社会科学中所起的作用日益增大。随着计算机的广泛应用和科学技术的高速发展，大量复杂的科学计算问题呈现在人们面前。要完成这些工作，仅靠人的自身努力是不可能的，必须借助于计算机这一人类有史以来最伟大的科技发明，而使计算机有效解决科学计算问题的关键技术是计算方法。

这里先介绍几个相关名词。云计算，是指使用虚拟化技术将资源分配给多个用户，从而实现物理资源的最大利用率。异构计算，是指把多种不同的处理器（CPU、GPU、FPGA等）结合起来提高计算能力。量子计算，是指利用量子叠加和量子纠缠来完成计算任务，因此量子计算机的计算速度比传统计算机快得多。下面从几个例子谈起。

引例1（例1.1.1） 设函数 $f(x)$ 在区间 $[a,b]$ 内单调连续，并且 $f(a) \cdot f(b) < 0$，求方程 $f(x) = 0$ 在区间 $[a,b]$ 内的根。

解 由微积分的知识可知，方程 $f(x) = 0$ 在区间 $[a,b]$ 内有唯一的实根，解此问题与 $f(x)$ 的形式有关。

若 $f(x) = ax^2 + bx + c$，则由一元二次方程的求根公式可知，$f(x) = 0$ 的根为

$$x_{1,2} = \frac{-b \pm \sqrt{b^2 - 4ac}}{2a}$$

若 $f(x) = x^3 - 1 = (x-1)(x^2+x+1)$，则由代数知识可知，$f(x) = 0$ 的根为

$$x_1 = 1, \quad x_2 = \frac{-1+\mathrm{i}\sqrt{3}}{2} = \omega, \quad x_3 = \frac{-1-\mathrm{i}\sqrt{3}}{2} = \omega^2 \quad (\mathrm{i}^2 = -1) \tag{1.1.1}$$

若 $f(x) = x^3 + px + q$，可令 $x = \alpha + \beta$，代入得

$$(\alpha + \beta)^3 + p(\alpha + \beta) + q = 0$$

展开得
$$\alpha^3 + 3\alpha^2\beta + 3\alpha\beta^2 + \beta^3 + p\alpha + p\beta + q = 0$$

因式分解得 $(\alpha^3 + \beta^3 + q) + (\alpha + \beta)(3\alpha\beta + p) = 0$，因为 $x = \alpha + \beta$ 不能为 0，所以可令

$$\alpha^3 + \beta^3 + q = 0, \quad 3\alpha\beta + p = 0$$

则 $\alpha\beta = -\dfrac{p}{3}$，记为 $\alpha^3\beta^3 = -\dfrac{p^3}{27}$，以及 $\alpha^3 + \beta^3 = -q$。

由韦达定理，可将 α^3 和 β^3 看成二次方程 $z^2 + qz - \dfrac{p^3}{27} = 0$ 的根，得

$$\alpha^3 = \frac{-q}{2} + \sqrt{\frac{q^2}{4} + \frac{p^3}{27}}, \quad \beta^3 = \frac{-q}{2} - \sqrt{\frac{q^2}{4} + \frac{p^3}{27}}$$

$$\alpha = \sqrt[3]{\frac{-q}{2} + \sqrt{\frac{q^2}{4} + \frac{p^3}{27}}}, \quad \beta = \sqrt[3]{\frac{-q}{2} - \sqrt{\frac{q^2}{4} + \frac{p^3}{27}}}$$

由此可得
$$x_1 = \alpha + \beta = \sqrt[3]{\frac{-q}{2} + \sqrt{\frac{q^2}{4} + \frac{p^3}{27}}} + \sqrt[3]{\frac{-q}{2} - \sqrt{\frac{q^2}{4} + \frac{p^3}{27}}} \tag{1.1.2}$$

另外两个共轭复根为 $x_2 = \alpha\omega + \beta\omega^2$，$x_3 = \alpha\omega^2 + \beta\omega$，其中 ω 为式（1.1.1）的值。

若 $f(x) = x^3 - x - 1$，则由式（1.1.2）可得其实根为

$$x = \sqrt[3]{\frac{1}{2} + \sqrt{\frac{23}{108}}} + \sqrt[3]{\frac{1}{2} - \sqrt{\frac{23}{108}}}$$

若 $f(x) = ax^3 + bx^2 + cx + d$，则将 $f(x) = 0$ 两边除以 a，并设 $x = y - \dfrac{b}{3a}$，可将原方程化为如下形式：

$$y^3 + py + q = 0$$

由此解出 y_1, y_2, y_3 后，得 $x_i = y_i - \dfrac{b}{3a}$（$i=1,2,3$）。

若 $f(x)$ 为 4 次多项式，可想而知，其求根公式会更加复杂，不过仍然可以求解。遗憾的是，挪威年轻的数学家阿贝尔（Abel）在 1826 年证明，若 $f(x)$ 为 5 次及以上的多项式，则方程 $f(x) = 0$ 的根不能由系数的初等函数表示，即 5 次及以上的代数方程没有求根公式。

但是，在历史上，冥王星的发现被归结为求解一个 8 次方程。不仅如此，人们还要求解超越方程，例如，确定轨道上行星位置的开普勒（Kepler）方程为

$$x = q\sin x + a \quad \text{（其中 } 0 < q < 1\text{，为椭圆轨道的偏心率）}$$

用本书第 4 章介绍的牛顿迭代法，可以求解此类方程。

引例 1 说明，某些数学问题在理论上没有解决的方法。要解决此类问题，必须用计算方法求其近似值。

引例 2（例 1.1.2） 求解 n 阶线性方程组 $\boldsymbol{Ax} = \boldsymbol{b}$。其中

$$A = \begin{pmatrix} a_{11} & a_{12} & \cdots & a_{1n} \\ a_{21} & a_{22} & \cdots & a_{2n} \\ a_{31} & a_{32} & \cdots & a_{3n} \\ \vdots & \vdots & & \vdots \\ a_{n1} & a_{n2} & \cdots & a_{nn} \end{pmatrix}, \quad x = \begin{pmatrix} x_1 \\ x_2 \\ x_3 \\ \vdots \\ x_n \end{pmatrix}, \quad b = \begin{pmatrix} b_1 \\ b_2 \\ b_3 \\ \vdots \\ b_n \end{pmatrix}$$

由线性代数的知识，根据克莱姆（Gramer）法则，若系数矩阵 A 是非奇异矩阵，即 $\det(A) \neq 0$，则线性方程组 $Ax = b$ 有唯一的解。

$$x_1 = \frac{\det(A_1)}{\det(A)}, x_2 = \frac{\det(A_2)}{\det(A)}, \cdots, x_n = \frac{\det(A_n)}{\det(A)} \quad (1.1.3)$$

其中，矩阵

$$A_j = \begin{pmatrix} a_{11} & \cdots & a_{1(j-1)} & b_1 & a_{1(j+1)} & \cdots & a_{1n} \\ a_{21} & \cdots & a_{2(j-1)} & b_2 & a_{2(j+1)} & \cdots & a_{2n} \\ \vdots & & \vdots & \vdots & \vdots & & \vdots \\ a_{n1} & \cdots & a_{n(j-1)} & b_n & a_{n(j+1)} & \cdots & a_{nn} \end{pmatrix} \quad (j = 1, 2, \cdots, n)$$

是用常向量 b 代换系数矩阵 A 的第 j 列后所得的 n 阶方阵。式中，$a_{1(j-1)}$ 表示第 1 行第 $j-1$ 列元素，其余类同。

这就意味着要解决此问题，需要计算 $\det(A), \det(A_1), \det(A_2), \cdots, \det(A_n)$，共 $n+1$ 个行列式。而每个行列式展开后有 $n!$ 项，每项有 n 个数，需要 $n-1$ 次乘法。如果忽略加、减、除法的次数，仅计算乘法的次数，则为 $(n+1)n!(n-1)$。例如，当 $n=20$ 时，乘法次数为 $21 \times 20! \times 19 \approx 9.7 \times 10^{20}$。

若用每秒可完成 12.5 万次乘除法的计算机进行计算，则需 $9.7 \times 10^{20} \div (1.25 \times 10^5) \approx 7.8 \times 10^{15}$ 秒。而 1 年 $= 365 \times 24 \times 3600 \approx 3.2 \times 10^7$ 秒。若计算时间用年为单位，则需要 $7.8 \times 10^{15} \div (3.2 \times 10^7) \approx 2.4 \times 10^8$ 年，约为 2 亿 4 千万年。

用每秒可完成 1 亿次乘除法的银河 I 型巨型计算机进行计算，需要约 30 万年；用每秒可完成 10 亿次乘除法的银河 II 型巨型计算机进行计算，需要约 3 万年。2013 年 6 月，由国防科技大学研制的超级计算机天河二号以峰值速度每秒 5.49 亿亿次浮点运算、持续速度 3.39 亿亿次浮点运算成为当时世界上最快的超级计算机。打个比方，天河二号运算 1 小时，相当于 13 亿人同时用计算器计算 1000 年。但是，即使用天河二号来计算 20 阶线性方程组，也需要很长的时间。而现代科学技术，如大型喷气客机、石油储藏模拟、流体涡度计算等，其未知数常常超过百万量级。显然，仅仅只靠提高计算机的计算速度不是解决此类问题的主要手段。

实际上，用本书第 5 章将要介绍的高斯消去法，同样用每秒完成 12.5 万次乘除法的计算机求解 20 阶线性方程组，只需要大约 0.02 秒的时间。

引例 2 说明，某些数学问题在理论上有解决的方法，但在实际中并不实用，必须寻找新的行之有效的计算方法。

引例 3（例 1.1.3） 求定积分 $I_n = \int_0^1 \frac{x^n}{x+5} \mathrm{d}x$ （$n = 1, 2, \cdots, 20$）。

解 因为

$$I_n + 5I_{n-1} = \int_0^1 \frac{x^n}{x+5} \mathrm{d}x + 5 \int_0^1 \frac{x^{n-1}}{x+5} \mathrm{d}x = \int_0^1 \frac{x^n + 5x^{n-1}}{x+5} \mathrm{d}x = \int_0^1 \frac{x^{n-1}(x+5)}{x+5} \mathrm{d}x$$

$$= \int_0^1 x^{n-1} \mathrm{d}x = \frac{1}{n} x^n \Big|_0^1 = \frac{1}{n}$$

可得递推公式
$$I_n = \frac{1}{n} - 5I_{n-1} \tag{1.1.4}$$

并且
$$I_0 = \int_0^1 \frac{1}{x+5} dx = \ln(x+5)\Big|_0^1 = \ln 6 - \ln 5 = \ln\frac{6}{5} \approx 0.182322$$

由微积分的知识，我们知道 I_n 有如下性质：

① $I_n > 0$（因为被积函数 $f(x)$ 在 $(0,1)$ 上非负）；

② I_n 单调递减（当 $n_1 > n_2$ 时，$I_{n_1} < I_{n_2}$）；

③ $\lim\limits_{n \to \infty} I_n = 0$（因为 $\lim\limits_{n \to \infty} \frac{x^n}{x+5} = 0$，$x \in [0,1]$）；

④ $\frac{1}{6n} < I_{n-1} < \frac{1}{5n}$（$n > 1$）。

由式（1.1.4）得 $I_{n-1} = \frac{1}{5n} - \frac{1}{5}I_n < \frac{1}{5n}$，又因为 I_n 单调递减 $I_n = \frac{1}{n} - 5I_{n-1} < I_{n-1}$，所以 $I_{n-1} > \frac{1}{6n}$。

现在用两种方法计算 I_n。

方法 A：按式（1.1.4）直接从 I_1 计算到 I_{20}，其计算结果见表 1.1.1。

表 1.1.1 计算结果 1

n	I_n	n	I_n	n	I_n	n	I_n
1	0.088 392 2	6	0.024 323 9	11	0.017 324 7	16	−10.1569
2	0.058 038 9	7	0.021 237 8	12	−0.003 290 22	17	50.8433
3	0.043 138 7	8	0.018 810 9	13	−0.093 374 2	18	−254.161
4	0.034 306 3	9	0.017 056 6	14	−0.395 442	19	1270.86
5	0.028 468 6	10	0.014 716 9	15	2.043 88	20	−6354.23

方法 B：由 I_n 的性质④可知，$I_{n-1} \approx \left(\frac{1}{5n} + \frac{1}{6n}\right)/2$

所以
$$I_{20} \approx \frac{\frac{1}{6 \times 21} + \frac{1}{5 \times 21}}{2} = 0.00873016$$

然后利用递推公式
$$I_{n-1} = \frac{1}{5n} - \frac{1}{5}I_n \tag{1.1.5}$$

自 I_{20} 计算到 I_1，其计算结果见表 1.1.2。

表 1.1.2 计算结果 2

$n-1$	I_n	$n-1$	I_n	$n-1$	I_n	$n-1$	I_n
19	0.008 253 97	14	0.011 229 2	9	0.016 926 5	4	0.034 306 3
18	0.008 875 52	13	0.012 039 9	8	0.018 836 9	3	0.043 138 7
17	0.009 336 01	12	0.012 976 6	7	0.021 232 6	2	0.058 038 9
16	0.009 897 50	11	0.014 071 3	6	0.024 325 0	1	0.088 392 2
15	0.010 520 5	10	0.015 367 6	5	0.028 468 4	0	0.182 322

现在我们对这两种方法进行比较。方法 A 的初值 I_0 具有 6 位有效数字，比较精确，但由该方法产生的数值解自 I_{12} 开始出现负值，且其绝对值逐渐增大。这显然与 I_n 的性质相矛盾，因

此由方法 A 计算的结果不符合原问题的要求。而方法 B 的初值 I_{20} 取的是一个近似平均值，误差比较大，但所得结果不仅完全符合原问题的要求，而且最后 I_0 的值与方法 A 的初值相同，具有较高的精度。其根本的原因是，方法 A 由式（1.1.4）直接计算，从 I_{n-1} 到 I_n 计算，每向前推进一步，若 I_{n-1} 有误差，则其舍入误差增大 5 倍，误差的放大传导致最终的结果与原问题的真值相悖，因此，是不稳定的。而方法 B 由式（1.1.5）从 I_n 到 I_{n-1} 计算，每向后推进一步，若 I_n 有误差，则其舍入误差便减小为原来的 1/5，因此，获得了与原问题的性质一致的数值结果，是稳定的。

实际上，用本书第 1 章的后续知识，可以避免方法 A 现象的发生。

引例 3 说明，某些数学问题即使在实践中有解决的方法，仍然需要进行误差分析。

从以上三个引例可以看出，在解决科学计算问题时，经典的数学方法受到了极大的限制。虽然近代数学家提出了许多理论与方法，证明了一些问题的解存在且唯一，以及解的某些特征，但仍然只是对解的性质给出了某些定性的描述，而科技工作者和工程设计师却需要真实的、定量的数据。因此，许多数学问题的解决必须借助于计算机，而且要选择合理、有效的方法。我国著名的计算科学家石钟慈院士指出："计算不仅仅只是作为验证理论模型的正确手段，大量的实例表明它已是重大科学发现的一种重要手段"，"科学计算与实验，理论三足鼎立，相辅相成，成为当今科学发现的三大方法"。

本书介绍的计算方法就是专门研究各种数学问题的计算机解法（数值解法），包括方法的构造和求解过程的理论分析及软件实现。它是计算数学的一个主要部分，包括方法的收敛性、稳定性及误差分析等。计算方法既具有纯数学的抽象性与严密性特点，又具有计算机应用的广泛性与计算机实验的技术性特点，因此，在学习计算方法时，要充分考虑计算机的特点，使所构造的算法应该只包含计算机能直接处理的算术运算和逻辑运算，并严格控制计算的复杂性，最后还要在相关数学理论的基础上对误差进行分析。

数学的学科十分广泛，所出现的数学问题也各不相同。本书只涉及工程和科学实验中常见的数学问题，包括线性方程组、函数插值、微积分、微分方程、非线性方程、矩阵的特征值、优化计算等。这些问题是解决其他数学问题的基础。

由于本书的内容包括了微积分、微分方程、非线性方程和线性方程组的计算方法，因此，第 2 章简要介绍了微积分、微分方程和线性代数方面的基本内容，以便读者查阅。本书中的所有算法，都需要在计算机上编程实现。随着计算技术的发展，曾经出现过多种的计算语言。经过几十年的变迁，有些语言被逐步淘汰了，而 MATLAB 以其顽强的生命力生存了下来，并且还在非常稳健地发展当中。MATLAB 集科学计算、图像处理等多种功能于一体，其庞大的工具箱系统已经触及控制理论、信号处理、金融分析、虚拟现实、航空航天、最优化、神经网络设计等诸多科学领域。因此，本书第 3 章将简要介绍 MATLAB 编程基础，以供读者在实现本书中的算法时参考。

1.2 误差理论初步

1.2.1 误差的来源

用数值计算的方法求解数学问题，不可避免地会产生误差。实际上，在各种实际问题的求解过程中，误差的产生是绝对的，精确值却是相对的。产生误差的原因一般有以下几种。

1. 模型误差

例如，求一个鸡蛋的表面积。首先要建一个数学模型，可以考虑近似用球的表面积公式计算。鸡蛋与圆球的形状差别较大，为了减小误差，可以用椭球的表面积公式计算。鸡蛋的形状是一头大，一头小，仍然与椭球的形状不同，为了进一步减小误差，可以将鸡蛋的曲线画出来，利用曲面积分公式计算，但仍然会产生误差。这种**数学模型的解与实际问题的解之间出现的误差，称为模型误差**。

2. 测量误差

在建立数学模型以后，接下来就要进行一些数据的测量。例如，为了求一个鸡蛋的表面积，要测量相关数据。若用圆球的表面积公式计算，则要测量半径；若用椭球的表面积公式计算，则要测量长半轴和短半轴；若用曲面积分公式计算，则要测量积分区间等。由于测量手段的限制，在实际测量中，总会产生误差。这种**在测量具体数据时产生的误差称为测量误差**。

3. 截断误差（也称方法误差）

当用数学模型不能求出问题的精确解时，就需要用数值计算的方法求解，例如，用梯形法求定积分

$$I = \int_a^b f(x)\,dx$$

公式为

$$I \approx I_1 = \frac{b-a}{2}[f(a)+f(b)] \tag{1.2.1}$$

实际上，这是用过两点 $(a, f(a)), (b, f(b))$ 的直线 $l(x)$ 代替被积函数 $f(x)$ 得到的积分值，即

$$I_1 = \int_a^b l(x)\,dx$$

在第 8 章中，我们会知道 I 与 I_1 之间的误差为

$$R_1 = I - I_1 = -\frac{(b-a)^3}{12}f''(\eta) \quad (\eta \in (a,b))$$

式中，R_1 称为梯形求积公式的方法误差。这种**数学模型的精确解与数值计算方法的精确解之间的误差称为截断误差**。因为截断误差是方法固有的，所以又称为方法误差。对某数学问题的数值解进行误差估计，主要是指方法误差，这是本书要讨论的重点。

4. 舍入误差

由于计算机字长的限制，某些数（如无理数 π）不能在计算机内精确表示，计算结果必然也会产生误差。例如，梯形求积公式（1.2.1）在用计算机求解 $f(a)$ 和 $f(b)$ 时，一般只能得到它们的近似值 $\tilde{f}(a)$ 和 $\tilde{f}(b)$，加上计算误差，最终只能得到 I_1 的近似值 I_2，即

$$I_1 \approx I_2 = \frac{b-a}{2}[\tilde{f}(a) + \tilde{f}(b)]$$

I_1 与 I_2 之间的误差就是舍入误差。这种**由于计算机字长的限制而产生的误差，称为舍入误差**。

针对不同的数值计算方法，误差估计的侧重点也不同。例如，在线性方程组的数值求解中，主要讨论输入数据的误差和舍入误差的传播；在数值积分和微分中，重点分析各种方法的截断误差。

1.2.2 误差的度量

对于同一个数学问题，采用不同的方法会得出不同的结果。衡量某种方法优劣的标准之一，是看其结果的误差是否较小。一般度量误差的标准有三种形式。

（1）绝对误差与绝对误差限

定义 1.2.1 设 x 为某个量的精确值，x^* 是它的一个近似值，则称 $E(x^*) = x - x^*$ 为近似值 x^*

的绝对误差，简称误差。由于精确值 x 是未知的，因此 x^* 的绝对误差 $E(x^*)$ 一般也是求不出来的。但是，如果能求出 x^* 的一个误差范围 $E(x^*) = |x - x^*| \leq \delta(x^*)$，则称 $\delta(x^*)$ 为近似值 x^* 的绝对误差限，简称误差限。

例如，设 $x = \pi = 3.1415926535\cdots$，若取 x 的一个近似值 $x^* = 3.14159$，则
$$\delta(x^*) = |x - x^*| \leq 0.5 \times 10^{-5}$$
称 x^* 的误差限为 0.5×10^{-5}。

一个近似数的误差限并不唯一，通常取满足 $|x - x^*| \leq \frac{1}{2} \times 10^n$（$n$ 为整数）的最小值。

（2）相对误差与相对误差限

绝对误差有时不能完全刻画一个近似数的精确程度。例如，测量一个书桌和一个体育场的面积，误差都是 1cm^2，显然，后者的测量更精确。因此，决定某个量近似值的精度，除考虑绝对误差的大小外，还要考虑该量自身的大小，为此引入相对误差的概念。

定义 1.2.2 设 x 为某个量的精确值，x^* 是它的一个近似值，则称 $E_r(x^*) = \dfrac{x - x^*}{x}(x \neq 0)$ 为近似值 x^* 的相对误差。

由于精确值 x 是未知的，因此，在实际计算中常取 $E_r(x^*) = \dfrac{x - x^*}{x^*}$ 作为 x^* 的相对误差。若 $E_r(x^*)$ 的绝对值小于某个已知正数 $\delta_r(x^*)$，即 $|E_r(x^*)| = \left|\dfrac{x - x^*}{x^*}\right| \leq \delta_r(x^*)$，则称 $\delta_r(x^*)$ 为近似值 x^* 的相对误差限。

例如，设 $x = \pi = 3.14159265358\cdots$，取 x 的一个近似值 $x^* = 3.14159$，则
$$\delta_r(x^*) = \left|\dfrac{x - x^*}{x^*}\right| \leq 0.8 \times 10^{-6}$$
称 x^* 的相对误差限为 0.8×10^{-6}。

（3）有效数字

当某个量的精确值 x 的位数较多时，我们通常采用"四舍五入"的方法取 x 的前面若干位，作为 x 的近似值。例如，$x = 3.14159265358\cdots$

取 1 位 $x_1 = 3$ $\delta(x_1) \approx 0.14 \leq 0.5$

取 5 位 $x_5 = 3.1416$ $\delta(x_5) \approx 0.000007 < 0.00005$

取 10 位 $x_{10} = 3.141592654$ $\delta(x_{10}) \approx 0.00000000042 < 0.0000000005$

这些近似值的误差限都不超过该近似值最后 1 位的半个单位，则称它们都是有效数字，由此可得有效数字的定义。

定义 1.2.3 如果近似值 x^* 的误差限不超过某位的半个单位，若该位数字到 x^* 的第 1 位非零数字共有 n 位，那么这 n 位数字称为 x^* 的有效数字，并称 x^* 具有 n 位有效数字。

在计算机中参加运算的数往往要进行规格化表示，因此，有效数字也可以定义如下。

定义 1.2.4 设 x^* 是 x 的一个近似值，写成规格化形式：
$$x^* = \pm 10^k \times 0.a_1 a_2 \cdots a_n \cdots \tag{1.2.2}$$
式中，$a_i(i = 1, 2, \cdots)$ 是 0～9 之间的整数，且 $a_1 \neq 0$，k 为整数。

如果

$$|x-x^*| \leqslant \frac{1}{2}\times 10^{k-n} \qquad (1.2.3)$$

则称 x^* 为 x 的具有 n 位有效数字的近似值。

例 1.2.1 设 $x=\sqrt{200}=14.142\cdots$，$x^*=14.1$；$y=\lg 2=0.30102\cdots$，$y^*=0.3010$；$z=\mathrm{e}^{-5}=0.0067379\cdots$，$z^*=0.00673$。求各近似值的有效数字。

解 方法 1：由于 $\delta(x^*)=|x-x^*|=0.042\leqslant 0.05$，小于十分位的半个单位，因此，14.1 的每位都是有效数字，故 x^* 有 3 位有效数字。

由于 $\delta(y^*)=|y-y^*|=0.00002<0.00005$，小于万分位的半个单位，因此，0.3010 中小数点后的每位均为有效数字，故 y^* 有 4 位有效数字。

由于 $\delta(z^*)=|z-z^*|=0.0000079<0.00005$，小于万分位的半个单位，因此，0.00673 中的 6 和 7 为有效数字，而 3 不是有效数字，故 z^* 有 2 位有效数字。

方法 2：因为 $x^*=0.141\times 10^2$，$k=2$，而 $|x-x^*|\leqslant\frac{1}{2}\times 10^{-1}$，$k-n=-1$，所以 $n=3$，故 x^* 有 3 位有效数字。

因为 $y^*=0.3010\times 10^0$，$k=0$，而 $|y-y^*|\leqslant\frac{1}{2}\times 10^{-4}$，$k-n=-4$，所以 $n=4$，故 y^* 有 4 位有效数字。

因为 $z^*=0.673\times 10^{-2}$，$k=-2$，而 $|z-z^*|\leqslant\frac{1}{2}\times 10^{-4}$，$k-n=-4$，所以 $n=2$，故 z^* 有 2 位有效数字。

从上面的例子可以看出，有效数字的个数与小数点的位置及小数点后的位数无关。不过，从式（1.2.3）可知，在 k 相同的情况下，n 越大，则 $k-n$ 越小，所以有效数字越多，绝对误差就越小。

下面讨论误差的三种度量之间的关系。由于绝对误差限、相对误差限和有效数字都是用来度量近似数的误差的，因此它们之间必然存在着一定的联系。实际上，由相对误差的定义 $E_r(x^*)=\dfrac{E(x^*)}{x^*}$ 可知相对误差限与绝对误差限的关系：$\delta_r(x^*)=\delta(x^*)/x^*$。由有效数字的定义可知有效数字与绝对误差的关系：若近似值 $x^*=\pm 10^k\times 0.a_1a_2\cdots a_n\cdots$ 的绝对误差限为 $\delta(x^*)=|x-x^*|\leqslant\frac{1}{2}\times 10^{k-n}$，则 x^* 有 n 位有效数字，而有效数字与相对误差限的关系可由以下的定理得到。

定理 1.2.1 设 x 的近似值为式（1.2.2）的规格化形式。

① 若 x^* 具有 n 位有效数字，则 $\dfrac{|x-x^*|}{|x^*|}\leqslant\dfrac{1}{2a_1}\times 10^{1-n}$。 （1.2.4）

② 若 $\dfrac{|x-x^*|}{|x^*|}\leqslant\dfrac{1}{2(a_1+1)}\times 10^{1-n}$，则 x^* 至少具有 n 位有效数字。 （1.2.5）

证明 由 x^* 的规格化形式可得

$$a_1\times 10^{k-1}\leqslant |x^*|\leqslant (a_1+1)\times 10^{k-1} \qquad (1.2.6)$$

所以当 x^* 具有 n 位有效数字时，有

$$\frac{|x-x^*|}{|x^*|}\leqslant\frac{0.5\times 10^{k-n}}{a_1\times 10^{k-1}}=\frac{1}{2a_1}\times 10^{1-n}$$

①得证。

又由式（1.2.5）和式（1.2.6）可知

$$|x-x^*| \leq \frac{1}{2(a_1+1)} \times 10^{1-n} \times |x^*| \leq \frac{1}{2(a_1+1)} \times 10^{1-n} \times (a_1+1) \times 10^{k-1} = 0.5 \times 10^{k-n}$$

根据有效数字的定义，x^* 具有 n 位有效数字。②得证。

例 1.2.2 要使 1/19 的近似值的相对误差限不超过 0.1%，应取几位有效数字？

解 因为 $1/19 = 0.05263157\cdots$，所以 $a_1 = 5$，要使 $\delta_r(x^*) \leq 0.001$，则

$$\delta_r(x^*) \leq \frac{10^{-(n-1)}}{2a_1} = \frac{1}{10} \times 10^{-n+1} = 10^{-n} \leq 0.001$$

由上式可得 $n \geq 3$。所以，只要对 1/19 取近似值 0.0526，即取 3 位有效数字，其相对误差限就小于 0.1%。

1.2.3 误差的传播

在近似值的计算过程中，初始数据（或已知数据）的误差对计算结果有直接影响，这就是所谓的误差传播问题。误差的传播是否可以控制，标志着一种计算方法的优劣。

1. 函数的误差

设 x^* 是精确值 x 的一个近似值，y^* 是 y 的一个近似值，现在分别对一元函数 $f(x)$ 和二元函数 $f(x,y)$ 的误差进行分析。

设函数 $f(x)$ 在 x^* 的邻域上连续可微，由一阶泰勒展开式的近似式：

$$f(x) \approx f(x^*) + f'(x^*)(x-x^*)$$

得

$$|f(x) - f(x^*)| \leq |f'(x^*)| \cdot |x-x^*|$$

由此得 $f(x)$ 的近似函数值 $f(x^*)$ 的误差限和相对误差限的估计式：

$$\begin{cases} \delta f(x^*) \leq |f'(x^*)| \cdot \delta(x^*) \\ \delta_r f(x^*) \leq \left|\frac{\delta f(x^*)}{f(x^*)}\right| = \left|\frac{f'(x^*)}{f(x^*)}\right| \cdot \delta(x^*) \end{cases} \quad (1.2.7)$$

式中，$\delta(x^*)$ 为 x^* 的误差限。

设函数 $f(x,y)$ 在 (x^*, y^*) 的邻域上连续可微，则由二元函数的一阶泰勒展开式的近似式：

$$f(x,y) \approx f(x^*, y^*) + \frac{\partial f(x^*, y^*)}{\partial x}(x-x^*) + \frac{\partial f(x^*, y^*)}{\partial y}(y-y^*)$$

得

$$|f(x,y) - f(x^*, y^*)| \leq \left|\frac{\partial f(x^*, y^*)}{\partial x}\right| \cdot |x-x^*| + \left|\frac{\partial f(x^*, y^*)}{\partial y}\right| \cdot |y-y^*|$$

由此得 $f(x,y)$ 的近似函数值 $f(x^*, y^*)$ 的误差限和相对误差限的估计式：

$$\begin{cases} \delta(f(x^*, y^*)) \leq \left|\frac{\partial f(x^*, y^*)}{\partial x}\right| \cdot \delta(x^*) + \left|\frac{\partial f(x^*, y^*)}{\partial y}\right| \cdot \delta(y^*) \\ \delta_r |f(x^*, y^*)| \leq \frac{\delta(f(x^*, y^*))}{|f(x^*, y^*)|} \end{cases} \quad (1.2.8)$$

式中，$\delta(x^*)$ 和 $\delta(y^*)$ 分别为 x^* 和 y^* 的误差限。

例 1.2.3 设 $x^*>0$，x^* 的相对误差限为 ε_r，求 $\ln x^*$ 的误差限。

解 设 $f(x)=\ln x$，由式（1.2.7）得

$$\delta(f(x^*))=|f(x)-f(x^*)|\leqslant |f'(x^*)|\cdot\delta(x^*)=\frac{1}{|x^*|}|x-x^*|=\varepsilon_r$$

所以 $\ln x^*$ 的误差限为 ε_r。

例 1.2.4 计算 $f=(\sqrt{2}-1)^6$，取 $\sqrt{2}\approx 1.4$，直接计算 f 和分别利用式子 $\dfrac{1}{(\sqrt{2}+1)^6}$、$(3-2\sqrt{2})^3$、$\dfrac{1}{(3+2\sqrt{2})^3}$ 和 $99-70\sqrt{2}$ 计算，哪个误差最小？

解 将 5 个式子分别看作以下形式：

$$f(x)=(x-1)^6,\ f_1(x)=(x+1)^{-6},\ f_2(x)=(3-2x)^3,\ f_3(x)=(3+2x)^{-3},\ f_4(x)=99-70x$$

取 $x=\sqrt{2}$ 的近似值 $x^*=1.4$，$|x-x^*|\leqslant 0.02=\delta$，利用式（1.2.7）得

$$\delta f(x^*)\approx |f'(x^*)(x-x^*)|\leqslant 6(x^*-1)^5\delta\leqslant 0.062\delta$$

同理，得

$$\delta f_1(x^*)\leqslant 6(x^*+1)^{-7}\delta\leqslant 0.014\delta$$

$$\delta f_2(x^*)\leqslant 6(3-2x^*)^2\delta\leqslant 0.24\delta$$

$$\delta f_3(x^*)\leqslant 6(3+2x^*)^{-4}\delta\leqslant 0.00531\delta$$

$$\delta f_4(x^*)\leqslant 70\delta$$

由此可见，用 $\dfrac{1}{(3+2\sqrt{2})^3}$ 计算时误差最小。

2. 算术运算的误差

用计算机进行数值计算时，由于所有的函数计算都必须转化成算术运算，因此算术运算的误差估计是最基本的。

分别设

$$f(x,y)=x\pm y,\ f(x,y)=x\cdot y,\ f(x,y)=x/y$$

x^* 为 x 的近似值，y^* 为 y 的近似值，则由式（1.2.8）不难得出加、减、乘、除运算的误差限和相对误差限的估计式：

$$\begin{cases}\delta(x^*\pm y^*)\leqslant \delta(x^*)+\delta(y^*)\\ \delta_r(x^*\pm y^*)\leqslant \dfrac{\delta(x^*)+\delta(y^*)}{|x^*\pm y^*|}\end{cases} \tag{1.2.9}$$

和

$$\begin{cases}\delta(x^*y^*)\leqslant |y^*|\delta(x^*)+|x^*|\delta(y^*)\\ \delta_r(x^*y^*)\leqslant \dfrac{\delta(x^*)}{|x^*|}+\dfrac{\delta(y^*)}{|y^*|}=\delta_r(x^*)+\delta_r(y^*)\end{cases} \tag{1.2.10}$$

$$\begin{cases}\delta\left(\dfrac{x^*}{y^*}\right)\leqslant \dfrac{1}{|y^*|}\delta(x^*)+\left|\dfrac{x^*}{y^{*2}}\right|\delta(y^*)\\ \delta_r\left(\dfrac{x^*}{y^*}\right)\leqslant \dfrac{\delta(x^*)}{|x^*|}+\dfrac{\delta(y^*)}{|y^*|}=\delta_r(x^*)+\delta_r(y^*)\end{cases} \tag{1.2.11}$$

上述公式总结如下：和、差的误差限不超过各误差限的和，积、商的相对误差限不超过各相对误差限的和。

例 1.2.5 经过四舍五入得出 $x_1 = 6.1025$，$x_2 = 80.115$。试问：

（1）它们各有几位有效数字？（2）求 $x_1 + x_2$，$x_1 - x_2$，$x_1 x_2$ 和 $\dfrac{x_1}{x_2}$ 的绝对误差限。

解 （1）记 x_1 和 x_2 对应的精确值分别是 x_1^* 和 x_2^*，则有 $|x_1^* - x_1| \leqslant \dfrac{1}{2} \times 10^{-4}$ 和 $|x_2^* - x_2| \leqslant \dfrac{1}{2} \times 10^{-3}$，故 x_1 和 x_2 各有 5 位有效数字。

（2）根据误差限的估计式得

$$\delta(x_1 \pm x_2) \leqslant \delta x_1 + \delta x_2 \leqslant \frac{1}{2} \times 10^{-4} + \frac{1}{2} \times 10^{-3} = 0.00055$$

$$\delta(x_1 x_2) \leqslant |x_2| \delta x_1 + |x_1| \delta x_2 \leqslant 80.115 \times \frac{1}{2} \times 10^{-4} + 6.1025 \times \frac{1}{2} \times 10^{-3} = 0.007057$$

$$\delta\left(\frac{x_1}{x_2}\right) \leqslant \frac{|x_2| \delta x_1 + |x_1| \delta x_2}{|x_2|^2} \leqslant \frac{0.007057}{80.115^2} = 0.10995 \times 10^{-5}$$

1.2.4 数值稳定性

误差的传播能否得到控制，是误差分析的重要内容，也是衡量一个算法优劣的重要指标。可以用算法的数值稳定性表示对误差传播的控制。

定义 1.2.5 对于某种数值计算方法，如果输入数据的误差在计算过程中不断被扩大而难以得到控制，则称其是数值不稳定的，否则是数值稳定的。如果某计算方法在一定的条件下才是数值稳定的，则称其是条件稳定（相对稳定）的。如果某计算方法在任何条件下都是数值稳定的，则称其是无条件稳定（绝对稳定）的。

例如在 1.1 节的引例 3 中，方法 A 是数值不稳定的，而方法 B 是数值稳定的。

例 1.2.6 序列 $\{x_n\}$ 满足递推关系 $x_{n+1} = 8x_n + 6$（$n = 0, 1, 2, \cdots$）。若 $x_0 = \sqrt{2} \approx 1.41$，则计算到 x_{10} 时，误差有多大？此计算公式数值稳定吗？

解 设 $x_0 = \sqrt{2}$ 的近似值 $x_0^* = 1.41$

$$\delta(x_0^*) = |x_0 - x_0^*| \leqslant \frac{1}{2} \times 10^{-2} = \varepsilon$$

$$\delta(x_1^*) = |x_1 - x_1^*| = |(8x_0 + 6) - (8x_0^* + 6)| = 8|x_0 - x_0^*| \leqslant 8\varepsilon$$

$$\cdots$$

$$\delta(x_{10}^*) = |x_{10} - x_{10}^*| \leqslant 8|x_9 - x_9^*| \leqslant \cdots \leqslant 8^{10}|x_0 - x_0^*| \leqslant 8^{10}\varepsilon$$

由于此递推公式每计算一步，误差增大 8 倍，第 10 步时增大到 8^{10} 倍，因此，该算法是数值不稳定的。

1.3 数值计算的原则

由误差的基本知识我们知道，数值计算的每步运算都可能产生误差，而每个数学问题的解决，往往需要经过成千上万次的运算。我们不可能，也没有必要对每步运算的误差进行误差分析。但是通过长期对误差产生的原因及误差传播规律的分析，人们总结出了数值计算的若干原则。这些原则有助于鉴别数值计算结果的可靠性和稳定性，也有助于防止误差蔓延现象的发生。

这些原则对数值计算问题的求解具有指导意义。

1.3.1 避免两个相近数相减

由算术运算的误差公式

$$\delta_r(x^* - y^*) \leqslant \frac{\delta(x^* - y^*)}{|x^* - y^*|}$$

可知，如果 x^* 和 y^* 的值非常接近，则 $x^* - y^*$ 的相对误差限会增大，从而引起有效数字的严重丢失。

例 1.3.1 当 $x = 1000$，取 4 位有效数字时计算

$$y = \sqrt{x+1} - \sqrt{x} \qquad (1.3.1)$$

解 由于 $\sqrt{x+1} \approx 31.64$，$\sqrt{x} \approx 31.62$，二者相减得 $y = 0.02$，此结果的有效数字只有 1 位，丢失了 3 位有效数字，可以想象计算结果 y 的绝对误差和相对误差将变得非常大，这将影响计算结果的精度。

如果将式（1.3.1）改写为

$$y = \sqrt{x+1} - \sqrt{x} = \frac{1}{\sqrt{x+1} + \sqrt{x}}$$

按此公式计算，可得 $y = 0.01581$，此时计算结果 y 具有 4 位有效数字。由此可见，适当改变计算公式，可以避免两个相近数相减，进而避免有效数字的丢失，确保计算结果的精度。

类似地，当 $|x|$ 很小时，可以用下式计算：

$$1 - \cos x = 2\sin^2\left(\frac{x}{2}\right)$$

或

$$1 - \cos x = \frac{x^2}{2!} - \frac{x^4}{4!} + \frac{x^6}{6!} - \frac{x^8}{8!} + \cdots$$

当 x_1 和 x_2 很接近时，可以用下式计算：

$$\ln x_1 - \ln x_2 = \ln \frac{x_1}{x_2}$$

当 $|x|$ 很大，而 ε 很小时，可以用下式计算：

$$\sin(x + \varepsilon) - \sin x = 2\cos\left(x + \frac{\varepsilon}{2}\right)\sin\frac{\varepsilon}{2}$$

一般地，当 $f(x) \approx f(x^*)$ 时，可以用泰勒展开式计算：

$$f(x) - f(x^*) = f'(x^*)(x - x^*) + \frac{f''(x^*)}{2!}(x - x^*)^2 + \cdots$$

1.3.2 避免用绝对值过小的数作为除数

设

$$z = \frac{x^*}{y^*}$$

由商的误差估计式（1.2.11）可知

$$\delta\left(\frac{x^*}{y^*}\right) \leqslant \frac{1}{|y^*|}\delta(x^*) + \frac{|x^*|}{|y^{*2}|}\delta(y^*)$$

所以进行除法运算时，如果除数太小，即使除数的误差很小，商的误差也可能被放大到很大。

例 1.3.2 分别计算 $\dfrac{x^*}{y^*} = \dfrac{2.7182}{0.001}$ 和 $\dfrac{x^*}{y^*} = \dfrac{2.7182}{0.0011}$。

解
$$\frac{x^*}{y^*} = \frac{2.7182}{0.001} = 2718.2$$

$$\frac{x^*}{y^*} = \frac{2.7182}{0.0011} = 2471.1$$

可见，分母从 0.001 变为 0.0011，即分母的变化只有 0.0001，却引起了商的巨大变化。因此，在算法设计时，要尽量避免在算法的计算公式中用绝对值过小的数作为除数。

1.3.3 要防止大数"吃掉"小数

由数在计算机内的表示等知识可知，计算机在进行算术运算时，首先要把参加运算的数对阶，即把两数都写成绝对值小于 1，而阶码相同的数。

例如，$x = 10^9 + 1$ 必须改写成 $x = 0.1 \times 10^{10} + 0.0000000001 \times 10^{10}$。如果计算机只能表示 8 位小数，则只能算出 $x = 0.1 \times 10^{10}$。大数"吃掉"了小数。这种情形要尽量避免。

例 1.3.3 求一元二次方程 $x^2 - (10^9 + 1)x + 10^9 = 0$ 的根。

解 利用因式分解将原方程改写为
$$(x-1)(x-10^9) = 0$$

得此方程的根 $x_1 = 10^9$，$x_2 = 1$。

但若利用求根公式
$$x_{1,2} = \frac{10^9 + 1 \pm \sqrt{(10^9+1)^2 - 4 \times 10^9}}{2}$$

用只能表示 8 位小数的计算机进行计算，由于对阶有
$$10^9 + 1 \approx 10^9, \quad \sqrt{(10^9+1)^2 - 4 \times 10^9} \approx 10^9$$

从而得 $x_1 = 10^9$，$x_2 = 0$。

显然结果是错误的。要防止大数"吃掉"小数，应将计算公式
$$x_2 = \frac{10^9 + 1 - \sqrt{(10^9+1)^2 - 4 \times 10^9}}{2}$$

改为
$$x_2 = \frac{2 \times 10^9}{10^9 + 1 + \sqrt{(10^9+1)^2 - 4 \times 10^9}}$$

则有
$$x_2 \approx \frac{2 \times 10^9}{10^9 + 10^9} = 1$$

从而可以得到正确的结果。

1.3.4 简化计算步骤

简化计算步骤可以减少算法的计算量和误差的累积，提高计算效率。在 1.1 节的引例 2 中，用克莱姆法则求解线性方程组，其绝大多数乘法运算都是多余的，可以去掉。

例 1.3.4 计算 x^{255} 的值。

解 若直接计算 x^{255} 的值，则需要计算 254 次乘法。若采用公式
$$x^{255} = x \cdot x^2 \cdot x^4 \cdot x^8 \cdot x^{16} \cdot x^{32} \cdot x^{64} \cdot x^{128}$$

计算 x^{255} 的值，除 x 外，每个因数计算 1 次乘法，共 7 次，连续计算 7 次乘法，则总共只需计算 14 次的乘法。

例 1.3.5 计算以下多项式的值：
$$P_n(x) = a_n x^n + a_{n-1} x^{n-1} + \cdots + a_1 x + a_0 = \sum_{k=0}^{n} a_k x^k \tag{1.3.2}$$

解 直接用式（1.3.2）逐项求和运算，计算第 k 项 $a_k x^k$ 需要 k 次乘法，因此总共需要计算 $\frac{1}{2}n(n+1)$ 次乘法和 n 次加法。

但若将式（1.3.2）改写成如下形式：
$$p_n(x) = x(x \cdots (x(a_n x + a_{n-1}) + a_{n-2}) + \cdots + a_1) + a_0$$

并设
$$\begin{cases} s_0 = a_n \\ s_k = s_{k-1} \cdot x + a_{n-k} \quad (k=1,2,\cdots,n) \\ s_n = p(x_n) \end{cases}$$

则求 s_k（$k=1,2,\cdots,n$）只需计算 1 次乘法和 1 次加法，从而求 $s_n = p(x_n)$ 只需计算 n 次乘法和 n 次加法即可。上述算法由我国宋代科学家秦九韶首先提出。不过，一些外文资料也称其为霍纳（Hornor）算法（参考例 3.5.6）。

从上面两个例子可以看出简化公式的重要性。

例 1.3.6 例 1.2.4 中的 $f = (\sqrt{2}-1)^6$，取 $\sqrt{2} \approx 1.4$，分别利用式子 $\frac{1}{(\sqrt{2}+1)^6}$、$(3-2\sqrt{2})^3$、$\frac{1}{(3+2\sqrt{2})^3}$ 和 $99-70\sqrt{2}$ 计算，哪个得到的结果最好？

解 $99-70\sqrt{2}$ 和 $(3-2\sqrt{2})^3$ 出现相近数相减情况，故二者不可能得到最好的结果。$\frac{1}{(\sqrt{2}+1)^6}$ 和 $\frac{1}{(3+2\sqrt{2})^3}$ 均不会出现相近数相减情况，但前者的乘法运算次数多，而二者的除法运算次数相同。由于每次乘、除法运算必然会引入新的舍入误差，故 $\frac{1}{(3+2\sqrt{2})^3}$ 将给出最好的结果。这一结论与例 1.2.4 的结论一致。

1.3.5 使用数值稳定的算法

在用计算机解决实际问题时，运算次数成千上万。如果误差的传播得不到控制，那么误差的累积会使问题的解答变得荒谬，尤其是某些病态问题（如病态方程组），舍入误差对其计算结果往往有非常严重的影响。因此，在选择计算方法时，要特别谨慎。例如在 1.1 节的引例 3 中，方法 A 是数值不稳定的，而方法 B 是数值稳定的。

例 1.3.7 计算下列积分：
$$I_n = e^{-1} \int_0^1 x^n e^x dx \quad (n=0,1,2,\cdots,13)$$

解 $I_n = \int_0^1 x^n e^{x-1} dx = \int_0^1 x^n de^{x-1} = x^n e^{x-1} \Big|_0^1 - n\int_0^1 x^{n-1} e^{x-1} dx = 1 - nI_{n-1}$

特别当 $n=0$ 时，有

$$I_0 = \int_0^1 e^{x-1} dx = 1 - e^{-1} \approx 0.6321205$$

由微积分的知识不难得出积分 I_n 有以下特性：① $I_n > 0$；② $I_n < \dfrac{1}{n+1} < I_{n-1}$；③ 当 $n \to \infty$ 时，$I_n \to 0$。现在用两种方法计算 I_n。

方法 A：$I_n = 1 - nI_{n-1}$，$I_0 = 1 - e^{-1} = 0.6321205$

初值的误差限为 0.587×10^{-7}，计算结果见表 1.3.1 中的 $I_n(A)$ 列。

方法 B：
$$I_{n-1} = \frac{1}{n}(1 - I_n)$$
$$\frac{1}{n+1} < I_{n-1} < \frac{1}{n}$$

取

$$I_{n-1} = \left(\frac{1}{n+1} + \frac{1}{n}\right)/2 = \frac{2n+1}{2n(n+1)}$$

当 $n = 14$ 时，取初值
$$I_{13} = \frac{2 \times 14 + 1}{2 \times 14 \times 15} = \frac{29}{420} \approx 0.0690476$$

其初值的误差限为 -2.1×10^{-3}，计算结果见表 1.3.1 中的 $I_n(B)$ 列。

对于方法 A，若实际计算递推公式为
$$I_n^* = 1 - nI_{n-1}^*$$

式中，I_n^* 为 I_n 的近似值，则
$$I_n - I_n^* = -n(I_{n-1} - I_{n-1}^*) = \cdots = (-1)^n n!(I_0 - I_0^*)$$

可见，初始数据的误差是按 $n!$ 增长的。

当 $n = 13$ 时 $I_{13} - I_{13}^* = -13! \times (I_0 - I_0^*) = -6.227 \times 10^9 \times 0.587 \times 10^{-7} \approx 3.655 \times 10^2$

可见，I_{13}^* 的误差已把 I_{13} 的真值覆盖掉了。所以方法 A 是数值不稳定的。

对于方法 B，若实际计算时的递推公式为
$$I_{n-1}^* = \frac{1}{n}(1 - I_n^*)$$

式中，I_n^* 为 I_n 的近似值，则 $I_{n-1} - I_{n-1}^* = -\dfrac{1}{n}(I_n - I_n^*)$，所以

$$I_0 - I_0^* = -\frac{1}{1}(I_1 - I_1^*) = \cdots = (-1)^n \frac{1}{n!}(I_n - I_n^*)$$

可见，初始数据的误差 I_n^* 传播给 I_0^* 是按 $\dfrac{1}{n!}$ 缩小的。

当 $n = 0$ 时 $I_0 - I_0^* = -\dfrac{1}{13!} \times (I_{13} - I_{13}^*) = -1.6 \times 10^{-10} \times (-2.1 \times 10^{-3}) = 3.36 \times 10^{-13}$

因此，方法 B 计算的结果是可靠的，它具有较好的数值稳定性。

表 1.3.1　计算结果

n	$I_n(A)$	$I_n(B)$
0	0.632 120 5	—
1	0.367 879 4	0.632 120 5
2	0.264 241 1	0.367 879 4
3	0.207 276 6	0.264 241 1
4	0.170 893 4	0.207 276 6
5	0.145 532 9	0.170 893 4
6	0.126 802 6	0.145 532 9
7	0.112 381 8	0.126 802 3
8	0.100 945 6	0.112 383 5
9	0.091 489 6	0.100 931 9
10	0.085 104	0.091 612 4
11	0.063 856	0.083 875 8
12	0.233 728	0.077 365 6
13	−2.038 464	0.071 611 7
14	29.538 496	0.069 047 6

本章小结

本章首先通过三个引例指出数学与计算的本质区别,并说明计算方法是用计算机求解数学问题的主要技术,然后在此基础上说明了计算方法的特点及研究对象。在用计算方法求解数学问题的过程中,必然会产生误差,因此介绍了误差的来源、误差的度量和误差传播的控制,以及函数运算和算术运算对误差的影响等误差理论。最后介绍了数值计算中要注意的5个原则,这些原则对数值计算过程具有指导意义。

习题 1

1.1 下列各数都是经过四舍五入得到的近似值,试指出它们有几位有效数字,并给出其误差限和相对误差限。

$$x_1^* = 1.1021,\ x_2^* = 0.031,\ x_3^* = 560.40$$

1.2 要使 $\sqrt{11}$ 的近似值的相对误差限不超过 0.1%,应取几位有效数字?

1.3 设原始数据的下列近似值每位都是有效数字:

$$a_1 = 1.1021,\ a_2 = 0.031,\ a_3 = 385.6,\ a_4 = 56.430$$

试计算:(1)a_1、a_2 和 a_4 之和;(2)a_1、a_2 和 a_3 之积,并估计它们的相对误差限。

1.4 设 x^* 的相对误差为 2%,求 $(x^*)^n$ 的相对误差。

1.5 长方体的长、宽和高分别约为 50cm、20cm 和 10cm,测量误差满足什么条件时,才能使其表面积误差不超过 1cm^2。

1.6 正方形的边长大约为 100cm,应怎样测量才能使其面积误差不超过 1cm^2?

1.7 已测的某房间长为 $l^* = 4.32\text{m}$,宽为 $d^* = 3.12\text{m}$,已知 $|l - l^*| \leqslant 0.01\text{m}$,$|d - d^*| \leqslant 0.01\text{m}$,试求房间面积 $S = ld$ 的误差限和相对误差限。

1.8 求 $\sqrt{20}$ 的近似有效数字,要求:(1)绝对误差限不超过 0.01;(2)相对误差限不超过 0.01。

1.9 已知 $|x|$ 远小于 1,下列计算 y 的公式哪个结果更精确?

(1)(A) $y = \dfrac{1}{1+2x} - \dfrac{1-x}{1+x}$; (B) $y = \dfrac{2x^2}{(1+2x)(1+x)}$。

(2)(A) $y = \dfrac{2|x|}{\sqrt{\dfrac{1}{|x|}+|x|} + \sqrt{\dfrac{1}{|x|}-|x|}}$; (B) $y = \sqrt{\dfrac{1}{|x|}+|x|} - \sqrt{\dfrac{1}{|x|}-|x|}$;

(C) $y = \dfrac{2|x|^{\frac{3}{2}}}{\sqrt{1+x^2} + \sqrt{1-x^2}}$; (D) $y = \dfrac{\sqrt{1+x^2} - \sqrt{1-x^2}}{\sqrt{|x|}}$。

(3)(A) $y = \dfrac{2\sin^2 x}{x}$; (B) $y = \dfrac{1-\cos 2x}{x}$。

(4)(A) $y = \ln\dfrac{1-\sqrt{1-x^2}}{|x|}$; (B) $y = \ln|x| - \ln(1+\sqrt{1-x^2})$;

(C) $y = \ln\dfrac{|x|}{1+\sqrt{1-x^2}}$。

1.10 下列公式如何变形才能使数值计算得到比较精确的结果？

（1） $x - \sin x$ （$|x| \ll 1$）；

（2） $\int_N^{N+1} \ln x \, dx = (N+1)\ln(N+1) - N \ln N - 1$ （N充分大）。

1.11 设 $x_1 = 1.216$，$x_2 = 3.654$，均具有 3 位有效数字，则 $x_1 x_2$ 的相对误差限为_____。

1.12 分别用 2.7182811 和 2.718282 作为数 e 的近似值，则其有效数字分别有_____位和_____位；又取 $\sqrt{3} \approx 1.73$（3 位有效数字），则 $|\sqrt{3} - 1.73| \leq$ _____。

1.13 已知近似值 $x_A = 2.4560$ 是由真值 x_T 经舍入得到的，则相对误差限为_____。

1.14 为减少乘、除法运算次数，应将公式 $y = 18 + \dfrac{3}{x-1} + \dfrac{5}{(x-1)^2} - \dfrac{7}{(x-1)^3}$ 改写成_____；为减少舍入误差的影响，应将公式 $10 - \sqrt{99}$ 改写成_____。

1.15 对于递推公式 $\begin{cases} y_0 = \sqrt{2} \\ y_n = 10 y_{n-1} - 1 \ (n = 1, 2, \cdots) \end{cases}$，如果取 $y_0 = \sqrt{2} \approx 1.41$ 进行计算，则计算到 y_{10} 时，误差限为_____。这个计算公式是数值稳定的还是不稳定的？

第 2 章　计算方法的数学基础

 学习要点

本章介绍计算方法需要的数学基本知识。

（1）微积分。数列与函数的极限、闭区间上连续函数的性质、微分中值定理、积分加权平均值定理。

（2）微分方程。初值问题的概念、初值问题解的存在唯一性。

（3）线性代数。线性空间及向量组的相关性、矩阵的概念及相关的运算性质、向量的内积，以及向量、矩阵和连续函数的范数等。

 教学建议

本章内容是学习后续章节的数学基础，知识的组织精炼且系统。本章的教学重点是引领学生回忆、复习，并结合所给例题巩固已学知识。学时数由教师根据学生的知识水平灵活掌握，建议 4～8 学时。

2.1　微积分的有关概念和定理

2.1.1　数列与函数的极限

定义 2.1.1（数列的极限）　如果数列 $\{x_n\}$ 与常数 a 有如下关系：对任意给定的正数 ε（无论它多么小），总存在正整数 N，使得对 $n > N$ 时的一切 x_n，不等式
$$|x_n - a| < \varepsilon$$
都成立，则称常数 a 是数列 $\{x_n\}$ 的极限，或者称数列 $\{x_n\}$ 收敛于 a，记为
$$\lim_{n \to \infty} x_n = a \quad \text{或} \quad x_n \to a (n \to \infty)$$
如果数列没有极限，则称该数列是发散的。

例 2.1.1　设 $|q| < 1$，证明等比数列 $x_n = 1, q, q^2, \cdots, q^{n-1}, \cdots$ 的极限是 0。

证明　任意给定 $\varepsilon > 0$（设 $\varepsilon < 1$），因为
$$|x_n - 0| = |q^{n-1} - 0| = |q|^{n-1}$$
要使 $|x_n - 0| < \varepsilon$，只要 $|q|^{n-1} < \varepsilon$。

上述不等式两边取自然对数，得 $(n-1)\ln|q| < \ln\varepsilon$。因为 $|q| < 1$，$\ln|q| < 0$，所以 $n > 1 + \dfrac{\ln\varepsilon}{\ln|q|}$，取 $N = \left[1 + \dfrac{\ln\varepsilon}{\ln|\varepsilon|}\right]$，则当 $n > N$ 时，有
$$|q^{n-1} - 0| < \varepsilon$$
即 $\lim\limits_{n \to \infty} q^{n-1} = 0$。

收敛数列具有如下三个性质。

① 唯一性：收敛数列 $\{x_n\}$ 的极限唯一。

② 有界性：收敛数列 $\{x_n\}$ 一定有界。

③ 一致性：收敛数列 $\{x_n\}$ 与其任意一个子序列的极限相同。

一个数列是否有极限，可以由以下三个定理来判断。

定理 2.1.1（夹逼定理） 如果数列 $\{x_n\},\{y_n\},\{z_n\}$ 满足下列条件：

（1） $x_n \leqslant y_n \leqslant z_n$ $(n=1,2,3,\cdots)$；

（2） $\lim\limits_{n\to\infty} x_n = a$，$\lim\limits_{n\to\infty} z_n = a$。

那么数列 $\{y_n\}$ 的极限存在，且 $\lim\limits_{n\to\infty} y_n = a$。

定理 2.1.2（单调有界定理） 单调有界数列必有极限。

定理 2.1.3（柯西定理） 数列 $\{x_n\}$ 收敛的充分必要条件是，对任意给定的正数 ε，存在着一个正整数 N，使得当 $n>N$，$m>N$（$n>m$）时，有
$$|x_n - x_m| < \varepsilon$$

例 2.1.2 证明数列 $\{x_n\}$ 的收敛性。
$$x_n = \frac{1}{1\times 2} + \frac{1}{2\times 3} + \cdots + \frac{1}{n\times(n+1)}$$

证明 设 k 为正整数，对 $\forall \varepsilon > 0$，要求
$$|x_{n+k} - x_n| \leqslant \frac{1}{(n+1)(n+2)} + \frac{1}{(n+2)(n+3)} + \cdots + \frac{1}{(n+k)(n+k+1)} = \frac{1}{n+1} - \frac{1}{n+k+1} < \frac{1}{n+1} < \varepsilon$$

取正整数 $N \geqslant \left|\frac{1}{\varepsilon} - 1\right|$，当 $n>N$ 时，对任意的正整数 k，可使 $|x_{n+k} - x_n| < \varepsilon$，所以数列 $\{x_n\}$ 的极限存在。

定义 2.1.2（函数的极限1） 设函数 $f(x)$ 在点 x_0 的某一邻域内有定义，如果对任意给定的正数 ε（无论它多么小），总存在正数 δ，使得对满足不等式 $0<|x-x_0|<\delta$ 的一切 x，对应的函数值 $f(x)$ 都满足不等式
$$|f(x) - A| < \varepsilon$$

那么常数 A 称为函数 $f(x)$ 当 $x \to x_0$ 时的极限，记为
$$\lim_{x\to x_0} f(x) = A \quad 或 \quad f(x) \to A \ (x \to x_0)$$

例 2.1.3 证明 $\lim\limits_{x\to 1} \dfrac{x^2-1}{x-1} = 2$。

证明 对任意给定的正数 ε，不等式 $\left|\dfrac{x^2-1}{x-1} - 2\right| < \varepsilon$，约去非零点因子 $|x-1|$ 后，就化为 $|x+1-2| = |x-1| < \varepsilon$，故取 $\delta = \varepsilon$，则当 $0<|x-1|<\delta$ 时，有 $\left|\dfrac{x^2-1}{x-1} - 2\right| < \varepsilon$，因此 $\lim\limits_{x\to 1} \dfrac{x^2-1}{x-1} = 2$。

利用单调有界定理可以证明 $\lim\limits_{x\to\infty}\left(1+\dfrac{1}{x}\right)^x = \mathrm{e}$。

定义 2.1.3（函数的极限2） 设函数 $f(x)$ 当 $|x|$ 大于某个正数时有定义，如果对任意给定的正数 ε（无论它多么小）总存在着正数 X，使得对满足不等式 $|x|>X$ 的一切 x，对应的函数值 $f(x)$ 都满足不等式

$$|f(x)-A|<\varepsilon$$

那么常数 A 称为函数 $f(x)$ 当 $x\to\infty$ 时的极限，记为

$$\lim_{x\to\infty}f(x)=A \quad 或 \quad f(x)\to A \ (x\to\infty)$$

例 2.1.4 证明 $\lim\limits_{x\to\infty}\dfrac{1}{x}=0$。

证明 设 ε 为任意给定的正数，要证明存在正数 X，当 $|x|>X$ 时，不等式 $\left|\dfrac{1}{x}-0\right|<\varepsilon$ 成立。

而此不等式等价于 $\left|\dfrac{1}{x}\right|<\varepsilon$，即 $|x|>\dfrac{1}{\varepsilon}$，因此取 $X=\dfrac{1}{\varepsilon}$，则对满足 $|x|>X=\dfrac{1}{\varepsilon}$ 的一切 x，不等式 $\left|\dfrac{1}{x}-0\right|<\varepsilon$ 成立。所以 $\lim\limits_{x\to\infty}\dfrac{1}{x}=0$。

2.1.2 连续函数的性质

定义 2.1.4（函数连续） 设函数 $y=f(x)$ 在 x_0 的某一邻域内有定义。如果对任意给定的正数 ε，总存在着正数 δ，使得对满足不等式 $|x-x_0|<\delta$ 的一切 x，对应的函数值 $f(x)$ 都满足不等式

$$|f(x)-f(x_0)|<\varepsilon$$

那么称函数 $f(x)$ 在点 x_0 连续，称 x_0 为函数的连续点。

如果 $f(x)$ 在闭区间 $[a,b]$ 内每个点都连续，则称 $f(x)$ 在 $[a,b]$ 内连续，用 $C[a,b]$ 表示在 $[a,b]$ 内的所有连续函数的集合，则 $f(x)\in C[a,b]$ 表示 $f(x)$ 在 $[a,b]$ 内连续。

定义 2.1.5（一致连续性） 设函数 $f(x)$ 在区间 I 内有定义，如果对任意给定的正数 ε，总存在正数 δ，使得对在区间 I 内的任意两点 x_1 和 x_2，当 $|x_1-x_2|<\delta$ 时，有

$$|f(x_1)-f(x_2)|<\varepsilon$$

则称函数 $f(x)$ 在区间 I 内是一致连续的。

闭区间内的连续函数有如下性质：

（1）（极值定理）在闭区间内的连续函数在该区间内一定有最大值和最小值。

（2）（有界性定理）在闭区间内的连续函数在该区间内一定有界。

（3）（一致连续性定理）在闭区间内的连续函数在该区间内也一致连续。

（4）（零点定理）若函数 $f(x)$ 在闭区间 $[a,b]$ 内连续，且 $f(a)$ 与 $f(b)$ 异号（$f(a)\cdot f(b)<0$），则函数 $f(x)$ 在开区间 (a,b) 内至少有一个零点，即至少有一个数 ξ（$a<\xi<b$）使 $f(\xi)=0$。

零点定理也称为方程实根的存在性定理，常用于判断一个方程的根的存在性。

显然，如果 $f(x)\in[a,b]$ 为单调函数，且 $f(a)\cdot f(b)<0$，则 $f(x)$ 在闭区间 $[a,b]$ 内的零点唯一。

2.1.3 罗尔定理和微分中值定理

定理 2.1.4（罗尔定理） 如果函数 $f(x)$ 在闭区间 $[a,b]$ 内连续，在开区间 (a,b) 内可导，且在区间端点处的函数值相等，即 $f(a)=f(b)$，那么在 (a,b) 内至少有一点 ξ（$a<\xi<b$），使得函数 $f(x)$ 在该点的导数等于 0，即 $f'(\xi)=0$。

定理 2.1.5（拉格朗日微分中值定理） 如果函数 $f(x)$ 在闭区间 $[a,b]$ 内连续，在开区间 (a,b) 内可导，那么在 (a,b) 内至少有一点 ξ（$a<\xi<b$），使等式 $f(b)-f(a)=f'(\xi)(b-a)$ 成立。

显然，当 $f(a)=f(b)$，拉格朗日微分中值定理变成罗尔定理。

定理 2.1.6（泰勒中值定理） 如果函数 $f(x)$ 在含有 x_0 的某个开区间 (a,b) 内具有直到 $(n+1)$ 阶的导数，则当 x 在 (a,b) 内时，$f(x)$ 可以表示为 $(x-x_0)$ 的一个 n 次多项式与一个余项 $R_n(x)$ 之和：

$$f(x) = f(x_0) + f'(x_0)(x-x_0) + \frac{f''(x_0)}{2}(x-x_0)^2 + \cdots + \frac{f^{(n)}(x_0)}{n!}(x-x_0)^n + R_n(x) \quad (2.1.1)$$

式中，$R_n(x) = \frac{f^{(n+1)}(\xi)}{(n+1)!}(x-x_0)^{n+1}$（$\xi$ 介于 x_0 与 x 之间，$R_n(x)$ 称为余项）。

式（2.1.1）称为泰勒公式。

特别地，当 $x_0 = 0$ 时，泰勒公式变为较简单的形式，即所谓的麦克劳林公式：

$$f(x) = f(0) + f'(0)x + \frac{f''(0)}{2!}x^2 + \cdots + \frac{f^{(n)}(0)}{n!}x^n + \frac{f^{(n+1)}(\varphi x)}{(n+1)!}x^{n+1} \quad (0<\varphi<1)$$

由泰勒中值定理，可以求得 5 个常用的初等函数 e^x、$\sin x$、$\cos x$、$\ln(1+x)$ 和 $(1+x)^a$ 在 $x_0 = 0$ 处的泰勒公式如下：

$$e^x = 1 + x + \frac{x^2}{2!} + \cdots + \frac{x^n}{n!} + \frac{e^\xi}{(n+1)!}x^{n+1} \quad (\xi \text{ 在 } 0 \text{ 和 } x \text{ 之间})$$

$$\sin x = x - \frac{x^3}{3!} + \cdots + (-1)^{n-1}\frac{x^{2n-1}}{(2n-1)!} + \frac{1}{(2n)!}\sin\left(\xi + \frac{2n\pi}{2}\right)x^{2n} \quad (\xi \text{ 在 } 0 \text{ 和 } x \text{ 之间})$$

$$\cos x = 1 - \frac{x^2}{2} + \cdots + (-1)^n\frac{x^{2n}}{(2n)!} + \frac{1}{(2n+1)}\cos\left(\xi + \frac{(2n+1)\pi}{2}\right)x^{2n+1} \quad (\xi \text{ 在 } 0 \text{ 和 } x \text{ 之间})$$

$$\ln(1+x) = x - \frac{x^2}{2} + \cdots + (-1)^{n-1}\frac{x^n}{n} + (-1)^n\frac{1}{(1+\xi)^{n+1}}\frac{x^{n+1}}{n+1} \quad (\xi \text{ 在 } 0 \text{ 和 } x \text{ 之间})$$

$$(1+x)^a = ax + \frac{a(a-1)}{2!}x^2 + \cdots + \frac{a(a-1)\cdots(a-n+1)}{n!}x^n + \frac{a(a-1)\cdots(a-n)}{(n+1)!}(1+\xi)^{a-n+1}x^{n+1}$$

（ξ 在 0 和 x 之间，a 为任意实数）

2.1.4 积分加权平均值定理

定理 2.1.7（积分中值定理） 如果函数 $f(x)$ 在闭区间 $[a,b]$ 内连续，则在积分区间 $[a,b]$ 内至少存在一个数 ξ，使下式成立：

$$\int_a^b f(x)\mathrm{d}x = f(\xi)(b-a) \quad (a \leqslant \xi \leqslant b)$$

定理 2.1.8（积分加权平均值定理） 如果函数 $f(x)$ 在闭区间 $[a,b]$ 内连续，积分权函数 $g(x)$ 为在 $[a,b]$ 内的可积函数，且 $g(x)$ 在 $[a,b]$ 内不变号，则在积分区间 $[a,b]$ 内至少存在一点 ξ，使下式成立：

$$\int_a^b f(x)g(x)\mathrm{d}x = f(\xi)\int_a^b g(x)\mathrm{d}x$$

显然，当 $g(x) = 1$ 时，积分加权平均值定理就变为积分中值定理。一般称 $f(\xi)$ 为 $f(x)$ 在 $[a,b]$ 内的平均值。

2.2 微分方程的有关概念和定理

2.2.1 基本概念

方程有许多形式。例如，方程 $ax^2+bx+c=0$ 是代数方程，解此方程，就是寻找满足此方程的未知量 x。再如，从方程 $F(x,y)=0$ 中确定 y 为 x 的函数，解此方程，不是寻找某个未知数，而是寻找一个未知数的函数 $y(x)$，因此，这类方程称为函数方程。还有一类方程，方程中不仅含有自变量和未知函数，还含有未知函数的导数（或微分），这类方程称为微分方程。

例如，由放射性元素镭的衰变（因为镭不断放射出射线，其质量逐渐减少）特性，求其质量的变化规律，设在 t 时刻镭的质量为 $x(t)$，根据衰变规律，衰变率 $-\dfrac{\mathrm{d}x}{\mathrm{d}t}$ 与 $x(t)$ 成正比，故得

$$\frac{\mathrm{d}x}{\mathrm{d}t} = -kx(t) \quad （k\text{ 为常数}）$$

此方程中含有未知函数 $x(t)$ 的导数，因此它是微分方程。

又如，以下方程都是微分方程：

$$\frac{\mathrm{d}y}{\mathrm{d}x} = f(x,y) \tag{2.2.1}$$

$$\frac{\mathrm{d}^2 y}{\mathrm{d}x^2} + p(x)\frac{\mathrm{d}y}{\mathrm{d}x} + q(x)y = f(x) \tag{2.2.2}$$

$$\frac{\partial^4 z}{\partial x^4} + 2\frac{\partial^2 z}{\partial x^2 \partial y^2} + \frac{\partial^4 z}{\partial y^4} = 0 \tag{2.2.3}$$

在微分方程中，如果未知函数是一元函数，则相应的微分方程称为常微分方程，例如，式（2.2.1）和式（2.2.2）就是常微分方程。如果未知函数是多元函数，方程中含有未知函数的偏导数，则相应的微分方程称为偏微分方程，例如，式（2.2.3）为偏微分方程。微分方程中所含未知函数的导数的最高次数，称为微分方程的阶。例如，式（2.2.1）为一阶常微分方程，式（2.2.2）为二阶常微分方程，式（2.2.3）为四阶偏微分方程。本书只讨论一阶常微分方程的求解问题。

求微分方程的未知函数，称为对微分方程求解。

例 2.2.1 求以下微分方程的解：

$$\frac{\mathrm{d}y}{\mathrm{d}x} = 2xy \tag{2.2.4}$$

解 将原方程改写为 $\dfrac{1}{y}\mathrm{d}y = 2x\mathrm{d}x$，两边积分得

$$\ln y(x) = x^2 + c_1$$

所以
$$y(x) = \mathrm{e}^{x^2+c_1} = \mathrm{e}^{c_1} \cdot \mathrm{e}^{x^2} = c\mathrm{e}^{x^2} \tag{2.2.5}$$

式中，c 为任意常数。

由此例可以看出，一个常微分方程可以有无穷多个解，常常表示为含有任意常数的形式。一般地，n 阶微分方程的解中可以含有 n 个任意常数，这时的解称为微分方程的通解。例如，式（2.2.5）就是式（2.2.4）的通解。有时，根据具体问题，需要求出微分方程的某个特定解，称为特解，这就必须确定通解中任意常数的值，为此需要给出一定的条件，称为定解条件。求某个微分方程满足定解条件的特解，这种问题称为定解问题。若定解条件是初值条件，相应的

定解问题就称为初值问题。若定解条件在自变量所在区间 $[a,b]$ 的边界上，则相应的定解问题称为边值问题。

定义 2.2.1 形如

$$\begin{cases} \dfrac{dy}{dx} = f(x,y) & (2.2.6) \\ y(x_0) = y_0 & (2.2.7) \end{cases}$$

称为一阶常微分方程的初值问题。

解微分方程的初值问题，就是在 XY 平面域 D 中，对给定的一点 (x_0, y_0)，求微分方程（2.2.6）的一个特解，使它满足式（2.2.7）。也可以称为，求微分方程（2.2.6）过点 (x_0, y_0) 的一个积分曲线，(x_0, y_0) 为初值，式（2.2.7）为初值条件。

2.2.2 初值问题解的存在唯一性

在求解常微分方程的初值问题之前，首先应该了解此初值问题的解是否存在。因为对某些提得不恰当的初值问题，解可能不存在，或者解存在但并不唯一。例如，如下问题：

$$\begin{cases} \left(\dfrac{dy}{dx}\right)^2 + y = 0 & (2.2.8) \\ y(0) = 1 & (2.2.9) \end{cases}$$

在 $x=0$ 的任何一个邻域 $[-h, h]$ 内，都不可能有实数解，这是因为如果某个函数 $y(x)$ 满足式（2.2.9）的初值条件，则它在原点处不会满足微分方程（2.2.8）。

再如，初值问题 $\begin{cases} \dfrac{dy}{dx} = y^{\frac{2}{3}} \\ y(0) = 0 \end{cases}$ 同时有解 $y = \dfrac{x^3}{27}$ 和 $y = 0$，可见其解不唯一。

关于一阶常微分方程的初值问题的解有如下存在唯一性定理。

定理 2.2.1（存在唯一性定理） 对初值问题式（2.2.6）和式（2.2.7），如果 $f(x,y)$ 在带状区域 $D: \{a \leq x \leq b, -\infty < y < +\infty\}$ 中为 x, y 的连续函数，并且函数 $f(x,y)$ 对 y 满足 Lipschitz（李普希兹）条件：

$$|f(x, y_1) - f(x, y_2)| \leq L|y_1 - y_2|$$

式中，$(x, y_1), (x, y_2) \in D$，$L(L>0)$ 为 Lipschitz 常数，则初值问题存在唯一的解。

2.3 线性代数的有关概念和定理

2.3.1 线性相关和线性无关

定义 2.3.1（线性空间） 给定一个非空集合 V 和一个数域 P，对 V 中的元素定义两种代数运算：加法和数乘（数量乘法）（二者统称为线性运算），若集合 V 对定义的线性运算是封闭的（$\forall \alpha, \beta \in V$，有 $\alpha + \beta \in V$，以及对 $\forall \alpha \in V, k \in P$，有 $k\alpha \in V$），且线性运算对 $\forall \alpha, \beta, \gamma \in V$，$k, l \in P$ 还具有如下 8 条特性。

加法运算满足：
① 交换律 $\alpha + \beta = \beta + \alpha$；
② 结合律 $(\alpha + \beta) + \gamma = \alpha + (\beta + \gamma)$；
③ 有零元素 $0 \in V$，使 $\alpha + 0 = \alpha$；

④ 对每个元素 α 有负元素 $-\alpha$，使得 $\alpha+(-\alpha)=0$。

数乘运算满足：

⑤ 有单位元 $1\in P$，使 $1\cdot\alpha=\alpha$；

⑥ $k(lx)=(kl)x$。

对两种运算满足分配律：

⑦ $k(\alpha+\beta)=k\alpha+k\beta$；

⑧ $(k+l)\alpha=k\alpha+l\alpha$。

则称具有线性运算的集合 V 为数域 P 上的线性空间。

例 2.3.1 设 R 为实数域，由全体 n 维向量组成的集合，在向量的加法和向量与实数的数乘运算下，构成实数域 R 上的线性空间（称为向量空间），记为 $\boldsymbol{R}^n$。由 $m\times n$ 矩阵组成的集合，在矩阵的加法运算和矩阵与实数的数乘运算下，构成实数域 R 上的一个线性空间（称为矩阵空间），记为 $\boldsymbol{R}^{m\times n}$。次数小于或等于 n 的全体多项式，在多项式的加法运算及多项式与实数的乘法运算下，构成数域 R 上的一个线性空间（称为多项式空间），记为 $\boldsymbol{H}_n$。

在实数域 R 上定义的线性空间称为实线性空间，在复数域 C 上的空间称为复线性空间。

定义 2.3.2（线性子空间） 设集合 V 是数域 P 上的线性空间，U 是 V 上的一个非空子集，如果 U 对线性运算（加法和数乘）是封闭的，即对 $\forall\alpha,\beta\in U, k,l\in P$，有 $k\alpha+l\beta\in U$，则具有线性运算的集合 U 是数域 P 上的线性空间，称 U 为 V 上的一个线性子空间。

例如，当 $m<n$ 时，由不高于 m 次的多项式全体构成的线性空间 $\boldsymbol{H}_m$ 是由不高于 n 次的多项式全体构成的线性空间 $\boldsymbol{H}_n$ 的子空间。

定义 2.3.3（线性相关性） 设集合 V 是数域 P 上的线性空间，向量组 $\alpha_1,\alpha_2,\cdots,\alpha_n\in V$，如果存在不全为零的数 $k_1,k_2,\cdots,k_n\in P$，使得

$$k_1\alpha_1+k_2\alpha_2+\cdots+k_n\alpha_n=\sum_{i=1}^{n}k_i\alpha_i=0$$

则称 $\alpha_1,\alpha_2,\cdots,\alpha_n$ 是线性相关的。

否则，对 $\alpha_1,\alpha_2,\cdots,\alpha_n$，若满足 $k_1\alpha_1+k_2\alpha_2+\cdots+k_n\alpha_n=0$，可以推出 $k_1=k_2=\cdots=k_n=0$，则称 $\alpha_1,\alpha_2,\cdots,\alpha_n$ 是线性无关的。

向量组的线性相关性有如下重要结论：

（1）若向量组 $\alpha_1,\alpha_2,\cdots,\alpha_n(n\geq 2)$ 中有一个向量可以由其他的向量线性表示，那么 $\alpha_1,\alpha_2,\cdots,\alpha_n$ 必然线性相关。

（2）若向量组中的部分组线性相关，则整个向量组必然线性相关。

（3）线性无关的向量组，它的部分组也线性无关。

（4）任意 $n+1$ 个 n 维向量必然线性相关。

定义 2.3.4（基、维数与向量的坐标） 如果向量空间 V 中，有 n 个线性无关的向量组 $\alpha_1,\alpha_2,\cdots,\alpha_n$，并且 V 中的任意向量 α 都可以由向量组 $\alpha_1,\alpha_2,\cdots,\alpha_n$ 线性表示：

$$\alpha=k_1\alpha_1+k_2\alpha_2+\cdots+k_n\alpha_n \tag{2.3.1}$$

则称向量组 $\alpha_1,\alpha_2,\cdots,\alpha_n$ 为向量空间 V 的一个基，基中所有元素的个数 n 称为 V 的维数，并称 V 为 n 维线性空间，称式（2.3.1）中的 n 个数 $k_1,k_2,\cdots,k_n$ 为向量 α 在 $\alpha_1,\alpha_2,\cdots,\alpha_n$ 下的坐标，记为 $(k_1,k_2,\cdots,k_n)$，由 n 个线性无关的向量组 $\alpha_1,\alpha_2,\cdots,\alpha_n$ 生成的线性空间，用 $V=\text{Span}\{\alpha_1,\alpha_2,\cdots,\alpha_n\}$ 表示。

例 2.3.2 设 $e_i\in\boldsymbol{R}^n$，其分量除第 i 个是 1 外，其余为 0，即

$$e_1 = (1,0,0,\cdots,0)$$
$$e_2 = (0,1,0,\cdots,0)$$
$$\cdots$$
$$e_n = (0,0,0,\cdots,1)$$

则向量组 $e_1, e_2, \cdots, e_n$ 是线性无关的,且 $\boldsymbol{R}^n$ 中任意向量 $\boldsymbol{\alpha}_1, \boldsymbol{\alpha}_2, \cdots, \boldsymbol{\alpha}_n$ 都可以由 $e_1, e_2, \cdots, e_n$ 线性表示为

$$\boldsymbol{\alpha} = a_1 e_1 + a_2 e_2 + \cdots + a_n e_n$$

所以向量组 $e_1, e_2, \cdots, e_n$ 是 $\boldsymbol{R}^n$ 的一个基,通常称为标准基,或称 n 维单位坐标向量组。

2.3.2 方阵及其初等变换

定义 2.3.5(矩阵) 设 m 和 n 为两个自然数,P 是一个数域,有 P 上的 $m \times n$ 个数 a_{ij} 排成 m 行、n 列的阵列

$$A = \begin{pmatrix} a_{11} & a_{12} & \cdots & a_{1n} \\ a_{21} & a_{22} & \cdots & a_{2n} \\ \vdots & \vdots & & \vdots \\ a_{m1} & a_{m2} & \cdots & a_{mn} \end{pmatrix}$$

称 A 为 P 上的 $m \times n$ 矩阵。如果数域为实数,则称为实矩阵,记为 $A = (a_{ij})_{m \times n}$,其中 a_{ij} 称为该矩阵第 i 行第 j 列的元素。当 $m = n$ 时,矩阵 $A = (a_{ij})_{m \times n}$ 称为 n 阶方阵,其中,元素 $a_{11}, a_{22}, \cdots, a_{nn}$ 所在的对角线称为 A 的主对角线。将矩阵 A 的行列互换,成为 A 的转置矩阵,记为 A^{T}。

定义 2.3.6(行列式) 对 n 阶方阵 $A = (a_{ij})_{n \times n}$,它的行列式记为 $\det(A)$,或

$$\begin{vmatrix} a_{11} & a_{12} & \cdots & a_{1n} \\ a_{21} & a_{22} & \cdots & a_{2n} \\ \vdots & \vdots & & \vdots \\ a_{n1} & a_{n2} & \cdots & a_{nn} \end{vmatrix}$$

定义

$$\det(A) = \sum_{(j_1, j_2, \cdots, j_n)} (-1)^{\tau(j_1, j_2, \cdots, j_n)} a_{1j_1} a_{2j_2} \cdots a_{nj_n} \tag{2.3.2}$$

式中,Σ 是对所有 n 级排列求和,即 $(j_1, j_2, \cdots, j_n)$ 要取遍所有 n 级排列(共 $n!$ 个),$\tau(j_1, j_2, \cdots, j_n)$ 为 $(j_1, j_2, \cdots, j_n)$ 排列逆序数。式(2.3.2)等号的右边称为 $\det(A)$ 的展开式。

将 $\det(A)$ 中元素 a_{ij} 所在的第 i 行和第 j 列的元素划去后,留下来的元素按原来次序组成的 $n-1$ 阶行列式称为元素 a_{ij} 的余子式,记为 M_{ij},而称 $A_{ij} = (-1)^{i+j} M_{ij}$ 为元素 a_{ij} 的代数余子式。

n 阶行列式 $\det(A)$ 也等于它的任意一行(列)各元素与其对应的代数余子式乘积之和,即对任何 i, j ($i, j = 1, 2, 3, \cdots, n$),有

$$\det(A) = a_{i1} A_{i1} + a_{i2} A_{i2} + \cdots + a_{in} A_{in}$$

或

$$\det(A) = a_{1j} A_{1j} + a_{2j} A_{2j} + \cdots + a_{nj} A_{nj}$$

另外,如果 A 和 B 为同阶方阵,则

$$\det(A \cdot B) = \det(A) \cdot \det(B)$$

定义 2.3.7(初等行变换) 对矩阵实施下列三种变换:
① 交换第 i 行与第 j 行的位置(记为 $r_i \leftrightarrow r_j$);
② 用非零数 k 乘第 i 行(记为 $k \times r_i$);

③ 把第 i 行乘 k 后加到第 j 行上（记为 $k \times r_i + r_j$）。

分别称为矩阵的第①、②、③种初等行变换，统称为矩阵的初等行变换。

相应地，可以定义矩阵的初等列变换。矩阵的初等行变换和矩阵的初等列变换统称为矩阵的初等变换。

定义 2.3.8（初等方阵） 对单位矩阵 I（见 2.3.4 节）实施一次初等行（列）变换所得到的矩阵，称为初等方阵。

因为初等行（列）变换只有三种，所以初等方阵也只有三种：

① 交换单位矩阵 I 的第 i 行（列）与第 j 行（列）之后的初等方阵，记为 $p(i,j)$；

② 用非零数 k 乘单位矩阵 I 的第 i 行（列）后的初等方阵，记为 $p(i(k))$；

③ 把单位矩阵 I 的第 i 行（列）乘 k 后加到第 j 行（列）上之后的初等方阵，记为 $p(i(k),j)$。

容易验证，三种初等方阵的行列式都不为 0。

下面的定理说明了初等方阵与初等变换的关系。

定理 2.3.1 设 A 是 n 阶方阵，则对 A 实施一次初等行变换，相当于在 A 的左边乘以一个相应的 n 阶初等方阵；对 A 实施一次初等列变换，相当于在 A 的右边乘以一个相应的 n 阶初等方阵。

具体地，可以用下面的表格来表示。

用矩阵乘法表示初等行变换	用矩阵乘法表示初等列变换
$A \xrightarrow{r_i \leftrightarrow r_j} p(i,j)A$	$A \xrightarrow{c_i \leftrightarrow c_j} Ap(i,j)$
$A \xrightarrow{k \times r_i} p(i(k))A$	$A \xrightarrow{k \times c_i} Ap(i(k))$
$A \xrightarrow{k \times r_i + r_j} p(i(k),j)A$	$A \xrightarrow{k \times c_i + c_j} Ap(i(k),j)$

将方阵经初等行变换时，方阵的行列式的变化情况可以归纳如下：

① 若 $A \xrightarrow{r_i \leftrightarrow r_j} B$，则 $\det(B) = -\det(A)$；

② 若 $A \xrightarrow{k \times r_i} B$，则 $\det(B) = k\det(A)$；

③ 若 $A \xrightarrow{k \times r_i + r_j} B$，则 $\det(B) = \det(A)$。

即经第①种初等行变换，方阵的行列式仅改变符号；经第②种初等行变换，行列式变成原行列式的 k 倍；经第③种初等行变换，行列式不变。对方阵的初等列变换，也有相同的结论。

由此可见，如果方阵 A 经初等变换后变成了方阵 B，则 $\det(A) \neq 0 \Leftrightarrow \det(B) \neq 0$，即经初等变换后，方阵的行列式不等于 0 的事实不会改变。

例 2.3.3 证明：n 阶（$n \geq 2$）范德蒙（Vandermonde）行列式成立。

$$D_n = \begin{vmatrix} 1 & 1 & \cdots & 1 \\ a_1 & a_2 & \cdots & a_n \\ a_1^2 & a_2^2 & \cdots & a_n^2 \\ \vdots & \vdots & & \vdots \\ a_1^{n-1} & a_2^{n-1} & \cdots & a_n^{n-1} \end{vmatrix} = \prod_{1 \leq j < i \leq n}(a_i - a_j)$$

式中，$\prod$ 为连乘号，$\prod_{1 \leq j < i \leq n}(a_i - a_j)$ 表示所有形如 $(a_i - a_j)$ $(1 \leq j < i \leq n)$ 的因子的乘积。

证明 用数学归纳法来证。因为

$$D_2 = \begin{vmatrix} 1 & 1 \\ a_1 & a_2 \end{vmatrix} = a_2 - a_1 = \prod_{1 \leq j < i \leq 2}(a_i - a_j)$$

所以，当 $n=2$ 时结论成立。

假设对 D_{n-1} 成立，下面证明对 D_n 也成立。

首先，对 D_n 降阶。具体的做法：将 D_n 的第 1 列中除 a_{11} 元素外的其他元素都化成 0，然后把 D_n 按第 1 列展开。为此，先把第 $n-1$ 行乘 $(-a_1)$ 后加到第 n 行上，再把第 $n-2$ 行乘 $(-a_1)$ 后加到第 $n-1$ 行上，……，最后把第一行乘 $(-a_1)$ 后加到第 2 行上，于是得到

$$D_n = \begin{vmatrix} 1 & 1 & 1 & 1 & 1 \\ 0 & a_2-a_1 & a_3-a_1 & \cdots & a_n-a_1 \\ 0 & a_2(a_2-a_1) & a_3(a_3-a_1) & \cdots & a_n(a_n-a_1) \\ \vdots & \vdots & \vdots & & \vdots \\ 0 & a_2^{n-2}(a_2-a_1) & a_3^{n-2}(a_3-a_1) & \cdots & a_n^{n-2}(a_n-a_1) \end{vmatrix}$$

按第 1 列展开，然后提出每列的公因子，得

$$D_n = (a_2-a_1)(a_3-a_1)\cdots(a_n-a_1) \begin{vmatrix} 1 & 1 & \cdots & 1 \\ a_2 & a_3 & \cdots & a_n \\ \vdots & \vdots & & \vdots \\ a_2^{n-2} & a_3^{n-2} & \cdots & a_n^{n-2} \end{vmatrix}$$

上式等号右边的行列式是一个 $n-1$ 阶范德蒙行列式。由归纳法假设，它等于 $\prod_{2 \leq j < i \leq n}(a_i - a_j)$，于是得

$$D_n = (a_2-a_1)(a_3-a_1)\cdots(a_n-a_1) \prod_{2 \leq j < i \leq n}(a_i - a_j)$$

即对 n 阶范德蒙行列式也成立。所以对 $n \geq 2$ 的任意阶的范德蒙行列式都成立。

本例说明，n 阶范德蒙行列式不等于 0 的充分必要条件是 $a_1, a_2, \cdots, a_n$ 互不相等。

2.3.3 线性方程组解的存在唯一性

定理 2.3.2（克莱姆法则） 对 n 个方程、n 个未知变量的线性方程组：

$$\begin{cases} a_{11}x_1 + a_{12}x_2 + \cdots + a_{1n}x_n = b_1 \\ a_{21}x_1 + a_{22}x_2 + \cdots + a_{2n}x_n = b_2 \\ \cdots \\ a_{n1}x_1 + a_{n2}x_2 + \cdots + a_{nn}x_n = b_n \end{cases} \quad (2.3.3)$$

其矩阵形式为 $\boldsymbol{Ax} = \boldsymbol{b}$，式中

$$\boldsymbol{A} = \begin{pmatrix} a_{11} & a_{12} & \cdots & a_{1n} \\ a_{21} & a_{22} & \cdots & a_{2n} \\ \vdots & \vdots & & \vdots \\ a_{n1} & a_{n2} & \cdots & a_{nn} \end{pmatrix}, \quad \boldsymbol{x} = \begin{pmatrix} x_1 \\ x_2 \\ \vdots \\ x_n \end{pmatrix}, \quad \boldsymbol{b} = \begin{pmatrix} b_1 \\ b_2 \\ \vdots \\ b_n \end{pmatrix}$$

如果 $\det(\boldsymbol{A}) \neq 0$，则方程组（2.3.3）有唯一的解：

$$x_1 = \frac{\det(\boldsymbol{A}_1)}{\det(\boldsymbol{A})}, x_2 = \frac{\det(\boldsymbol{A}_2)}{\det(\boldsymbol{A})}, \cdots, x_n = \frac{\det(\boldsymbol{A}_n)}{\det(\boldsymbol{A})}$$

式中，矩阵 $\boldsymbol{A}_j (j=1,2,\cdots,n)$ 是用 $\boldsymbol{b}$ 代换系数矩阵 $\boldsymbol{A}$ 的第 j 列后所得到的 n 阶方阵，即

$$\boldsymbol{A}_j = \begin{pmatrix} a_{11} & \cdots & a_{1(j-1)} & b_1 & a_{1(j+1)} & \cdots & a_n \\ a_{21} & \cdots & a_{2(j-1)} & b_2 & a_{2(j+1)} & \cdots & a_{2n} \\ \vdots & & \vdots & \vdots & \vdots & & \vdots \\ a_{n1} & \cdots & a_{n(j-1)} & b_n & a_{n(j+1)} & \cdots & a_{nn} \end{pmatrix}$$

如果常向量 b 为零向量，则对应的方程组为齐次方程组，否则为非齐次方程组。因为齐次方程组 $Ax = 0$ 总是有零解，由克莱姆法则可知，对 n 个方程、n 个未知量的齐次方程组 $Ax = 0$，如果 $\det(A) \neq 0$，则它只有零解。

例 2.3.4　用克莱姆法则求解线性方程组：
$$\begin{cases} 2x_1 + 3x_2 + 5x_3 = 2 \\ x_1 + 2x_2 = 5 \\ 3x_2 + 5x_3 = 4 \end{cases}$$

解　由于方程组的系数矩阵的行列式为
$$\det(A) = \begin{vmatrix} 2 & 3 & 5 \\ 1 & 2 & 0 \\ 0 & 3 & 5 \end{vmatrix} = 20 \neq 0$$

因此由克莱姆法则可知，方程组有唯一的解，计算可得
$$\det(A_1) = \begin{vmatrix} 2 & 3 & 5 \\ 5 & 2 & 0 \\ 4 & 3 & 5 \end{vmatrix} = -20, \quad \det(A_2) = \begin{vmatrix} 2 & 2 & 5 \\ 1 & 5 & 0 \\ 0 & 4 & 5 \end{vmatrix} = 60, \quad \det(A_3) = \begin{vmatrix} 2 & 3 & 2 \\ 1 & 2 & 5 \\ 0 & 3 & 4 \end{vmatrix} = -20$$

代入式（2.3.3）得
$$x_1 = \frac{\det(A_1)}{\det(A)} = \frac{-20}{20} = -1, \quad x_2 = \frac{\det(A_2)}{\det(A)} = \frac{60}{20} = 3, \quad x_3 = \frac{\det(A_3)}{\det(A)} = \frac{-20}{20} = -1$$

从本例可以看出，用克莱姆法则求解 n 阶线性方程组需要计算 $n+1$ 个行列式，计算量非常大，因此在实际计算时，并不实用。不过克莱姆法则有其理论上的价值，例如，在不求解的情况下，利用克莱姆法则可分析方程组解的存在唯一性。

2.3.4　特殊矩阵

下面介绍一些与数值计算方法有关的特殊方阵及其行列式的计算。

（1）零矩阵。所有元素都是 0 的 $n \times n$ 矩阵，称为 $n \times n$ 零矩阵，记为 $\mathbf{0}_{n \times n}$，$\mathbf{0}_n$ 或 $\mathbf{0}$，即
$$\mathbf{0} = \begin{pmatrix} 0 & 0 & \cdots & 0 \\ 0 & 0 & \cdots & 0 \\ \vdots & \vdots & & \vdots \\ 0 & 0 & \cdots & 0 \end{pmatrix}, \quad \det(\mathbf{0}) = 0$$

（2）单位矩阵。主对角线上的元素都是 1，而其他元素全为 0 的 n 阶方阵，称为 n 阶单位矩阵，记为 E 或 I（为明确其阶数，也可以记为 E_n 或 I_n），即
$$I = \begin{pmatrix} 1 & 0 & 0 & \cdots & 0 \\ 0 & 1 & 0 & \cdots & 0 \\ 0 & 0 & 1 & \cdots & 0 \\ \vdots & \vdots & \vdots & & \vdots \\ 0 & 0 & 0 & \cdots & 1 \end{pmatrix}, \quad \det(I) = 1$$

（3）对角矩阵。除主对角线以外其他元素全为 0 的 n 阶方阵，称为对角矩阵，记为 D_n 或 D，即
$$D = \begin{pmatrix} d_1 & & & 0 \\ & d_2 & & \\ & & \ddots & \\ 0 & & & d_n \end{pmatrix} \quad \text{或} \quad D = \mathrm{diag}\{d_1, d_2, \cdots, d_n\}$$

其行列式为
$$\det(\boldsymbol{D}) = d_1 d_2 \cdots d_n = \prod_{i=1}^{n} d_i$$

可以证明，对角矩阵的和、乘积及逆仍为对角矩阵。

（4）上三角矩阵。主对角线下边的元素全为 0，而主对角线及其上边的元素不全为 0 的 n 阶方阵，称为上三角矩阵，记为 $\boldsymbol{U}_n$ 或 $\boldsymbol{U}$，即

$$\boldsymbol{U} = \begin{pmatrix} u_{11} & u_{12} & \cdots & u_{1n} \\ & u_{22} & \cdots & u_{2n} \\ & & \ddots & \vdots \\ 0 & & & u_{nn} \end{pmatrix}$$

当 $u_{ii} = 1 (i = 1, 2, \cdots, n)$ 时，称 $\boldsymbol{U}$ 为单位上三角矩阵；当 $u_{ii} = 0 (i = 1, 2, \cdots, n)$ 时，称 $\boldsymbol{U}$ 为严格上三角矩阵。

其行列式为
$$\det(\boldsymbol{U}) = u_{11} u_{22} \cdots u_{nn} = \prod_{i=1}^{n} u_{ii}$$

上三角矩阵的和、乘积及逆仍为上三角矩阵。

（5）下三角矩阵。主对角线上边的元素全为 0，而主对角线及其下边的元素不全为 0 的 n 阶方阵，称为下三角矩阵，记为 $\boldsymbol{L}_n$ 或 $\boldsymbol{L}$，即

$$\boldsymbol{L} = \begin{pmatrix} l_{11} & & & & \\ l_{21} & l_{22} & & 0 & \\ l_{31} & l_{32} & l_{33} & & \\ \vdots & \vdots & \vdots & \ddots & \\ l_{n1} & l_{n2} & l_{n3} & \cdots & l_{nn} \end{pmatrix}$$

当 $l_{ii} = 1 (i = 1, 2, \cdots, n)$ 时，称 $\boldsymbol{L}$ 为单位下三角矩阵；当 $l_{ii} = 0 (i = 1, 2, \cdots, n)$ 时，称 $\boldsymbol{L}$ 为严格下三角矩阵。

其行列式为
$$\det(\boldsymbol{L}) = l_{11} l_{22} \cdots l_{nn} = \prod_{i=1}^{n} l_{ii}$$

下三角矩阵的和、乘积及逆仍为下三角矩阵。

2.3.5 方阵的逆及其运算性质

定义 2.3.9（逆矩阵） 设 $\boldsymbol{A}$ 为 n 阶方阵，如果存在 n 阶方阵 $\boldsymbol{B}$，使得 $\boldsymbol{A} \cdot \boldsymbol{B} = \boldsymbol{B} \cdot \boldsymbol{A} = \boldsymbol{I}$，则称方阵 $\boldsymbol{A}$ 是可逆的，并称 $\boldsymbol{B}$ 为方阵 $\boldsymbol{A}$ 的逆矩阵，记为 $\boldsymbol{A}^{-1}$，即 $\boldsymbol{A}^{-1} = \boldsymbol{B}$。

设 $\boldsymbol{A}$ 为可逆矩阵，$\boldsymbol{B}$、$\boldsymbol{C}$ 都为 $\boldsymbol{A}$ 的逆矩阵，则
$$\boldsymbol{AB} = \boldsymbol{BA} = \boldsymbol{I}, \quad \boldsymbol{AC} = \boldsymbol{CA} = \boldsymbol{I}$$
于是
$$\boldsymbol{B} = \boldsymbol{BI} = \boldsymbol{B}(\boldsymbol{AC}) = (\boldsymbol{BA})\boldsymbol{C} = \boldsymbol{IC} = \boldsymbol{C}$$

可见，$\boldsymbol{A}$ 的逆矩阵是唯一的。

定义 2.3.10（伴随矩阵） 设 $\boldsymbol{A} = (a_{ij})_{n \times n}$ 为 n 阶方阵，元素 a_{ij} 的代数余子式为 $A_{ij} (i, j = 1, 2, \cdots, n)$，则称

$$\boldsymbol{A}^* = \begin{pmatrix} A_{11} & A_{21} & \cdots & A_{n1} \\ A_{12} & A_{22} & \cdots & A_{n2} \\ \vdots & \vdots & & \vdots \\ A_{1n} & A_{2n} & \cdots & A_{nn} \end{pmatrix}$$

为矩阵 $\boldsymbol{A}$ 的伴随矩阵。

定理 2.3.3（方阵可逆的充分必要条件） n 阶方阵 A 可逆的充分必要条件是 $\det(A) \neq 0$，且当 A 可逆时，有

$$A^{-1} = \frac{1}{\det(A)} A^*$$

一般将行列式不为 0 的方阵称为非奇异方阵（否则为奇异方阵）。因此，由上述定理可知，方阵 A 可逆的充分必要条件是 A 为非奇异矩阵。

初等方阵都是可逆的，其逆矩阵也是初等方阵：

$$p(i,j)^{-1} = p(i,j)$$

$$p(i(k))^{-1} = p\left(i\left(\frac{1}{k}\right)\right)$$

$$p(i(k),j)^{-1} = p(i(-k),j)$$

用定理 2.3.3 求方阵 A 的逆矩阵计算量很大，一般采用其他方法，可以用初等行变换法求方阵 A 的逆矩阵，具体的做法：在 n 阶方阵 A 的右边加上一个同阶单位矩阵 I，得到一个 $n \times 2n$ 矩阵 $[A, I]$，对它进行一系列初等行变换，直至把 A 化成 I，这时就将 I 化成了 A^{-1}，即

$$[A, I] \xrightarrow{\text{初等行变换}} [I, A^{-1}]$$

例 2.3.5 求矩阵 $A = \begin{pmatrix} 2 & 2 & 3 \\ 1 & -1 & 0 \\ -1 & 2 & 1 \end{pmatrix}$ 的逆矩阵。

解
$$[A, I] = \begin{pmatrix} 2 & 2 & 3 & 1 & 0 & 0 \\ 1 & -1 & 0 & 0 & 1 & 0 \\ -1 & 2 & 1 & 0 & 0 & 1 \end{pmatrix} \xrightarrow{r_1 \leftrightarrow r_2} \begin{pmatrix} 1 & -1 & 0 & 0 & 1 & 0 \\ 2 & 2 & 3 & 1 & 0 & 0 \\ -1 & 2 & 1 & 0 & 0 & 1 \end{pmatrix}$$

$$\xrightarrow[r_1 + r_3]{(-2) \times r_1 + r_2} \begin{pmatrix} 1 & -1 & 0 & 0 & 1 & 0 \\ 0 & 4 & 3 & 1 & -2 & 0 \\ 0 & 1 & 1 & 0 & 1 & 1 \end{pmatrix} \xrightarrow{r_2 \leftrightarrow r_3} \begin{pmatrix} 1 & -1 & 0 & 0 & 1 & 0 \\ 0 & 1 & 1 & 0 & 1 & 1 \\ 0 & 4 & 3 & 1 & -2 & 0 \end{pmatrix}$$

$$\xrightarrow{(-4) \times r_2 + r_3} \begin{pmatrix} 1 & -1 & 0 & 0 & 1 & 0 \\ 0 & 1 & 1 & 0 & 1 & 1 \\ 0 & 0 & -1 & 1 & -6 & -4 \end{pmatrix} \xrightarrow[(-1) \times r_3]{r_3 + r_2} \begin{pmatrix} 1 & -1 & 0 & 0 & 1 & 0 \\ 0 & 1 & 0 & 1 & -5 & -3 \\ 0 & 0 & 1 & -1 & 6 & 4 \end{pmatrix}$$

$$\xrightarrow{r_2 + r_1} \begin{pmatrix} 1 & 0 & 0 & 1 & -4 & -3 \\ 0 & 1 & 0 & 1 & -5 & -3 \\ 0 & 0 & 1 & -1 & 6 & 4 \end{pmatrix} = [I, A^{-1}]$$

所以
$$A^{-1} = \begin{pmatrix} 1 & -4 & -3 \\ 1 & -5 & -3 \\ -1 & 6 & 4 \end{pmatrix}$$

逆矩阵具有下列的性质（设 A 和 B 为同阶可逆矩阵，常数 $k \neq 0$）：

① $(A^{-1})^{-1} = A$；

② A^T 可逆，且 $(A^T)^{-1} = (A^{-1})^T$；

③ kA 可逆，且 $(kA)^{-1} = \frac{1}{k} A^{-1}$；

④ AB 可逆，且 $(AB)^{-1} = B^{-1} A^{-1}$；

⑤ $\det(A^{-1}) = \dfrac{1}{\det(A)}$。

2.3.6 矩阵的特征值及其运算性质

定义 2.3.11（矩阵的特征值） 设 $A = (a_{ij})$ 是一个 n 阶方阵，若存在一个数 λ 及一个 n 维非零列向量

$$X = \begin{pmatrix} x_1 \\ x_2 \\ \vdots \\ x_n \end{pmatrix}$$

使得 $AX = \lambda X$，或 $(\lambda I - A)X = 0$，则称数 λ 为方阵 A 的一个特征值，称非零列向量 X 为方阵 A 对应于特征值 λ 的特征向量。

由定义可以推出，属于特征值 λ 的若干特征向量 $X_1, X_2, \cdots, X_n$ 的任意一个非零的线性组合

$$X = k_1 x_1 + k_2 x_2 + \cdots + k_n x_n \quad (n \neq 0)$$

也属于特征值 λ 的特征向量。

事实上
$$\begin{aligned} AX &= A(k_1 x_1 + k_2 x_2 + \cdots + k_n x_n) \\ &= k_1 A x_1 + k_2 A x_2 + \cdots + k_n A x_n \\ &= k_1 \lambda x_1 + k_2 \lambda x_2 + \cdots + k_n \lambda x_n \\ &= \lambda (k_1 x_1 + k_2 x_2 + \cdots + k_n x_n) = \lambda X \end{aligned}$$

所以 X 为对应于特征值 λ 的特征向量。

由 $AX = \lambda X$ 可得 $(\lambda I - A)X = 0$，又因为齐次方程组有非零解的充分必要条件是 $\det(\lambda I - A) = 0$，所以可得，数 λ 是矩阵 A 的特征值的充分必要条件：λ 是矩阵 A 的特征多项式 $f(\lambda) = \det(\lambda I - A)$ 的零点。

求 n 阶方阵 A 的特征值与特征向量的步骤如下。

第一步：计算 A 的特征多项式 $f(\lambda) = \det(\lambda I - A)$。

第二步：求出特征方程 $\det(\lambda I - A) = 0$ 的所有根。由于特征方程是一个一元 n 次代数方程，若重根，则按重数计算，即在实数范围内有 n 个根 $\lambda_1, \lambda_2, \cdots, \lambda_n$，这些根都是 n 阶方阵 A 的特征值。

第三步：对每个特征值 λ_i，求出相应齐次线性方程组 $(\lambda_i I - A)X = 0$ 的一个基础解系 $x_1, x_2, \cdots, x_{n-r}$（$r$ 为其系数矩阵的秩），并且它是对应于特征值 λ_i 的线性无关的特征向量，因而它的非零向量线性组合

$$X = k_1 x_1 + k_2 x_2 + \cdots + k_{n-r} x_{n-r} \quad (k_1, k_2, \cdots, k_{n-r} \text{不全为} 0)$$

即为 λ_i 的全部特征向量。

例 2.3.6 求矩阵 $A = \begin{pmatrix} 1 & 2 & 2 \\ 2 & 1 & 2 \\ 2 & 2 & 1 \end{pmatrix}$ 的特征值与特征向量。

解 因为 $\det(\lambda I - A) = (\lambda + 1)^2 (\lambda - 5)$，所以特征值是 -1（二重）和 5。

当 $\lambda = -1$ 时，由 $(\lambda I - A)X = 0$ 得

$$\begin{cases} -2x_1 - 2x_2 - 2x_3 = 0 \\ -2x_1 - 2x_2 - 2x_3 = 0 \\ -2x_1 - 2x_2 - 2x_3 = 0 \end{cases}$$

它的基础解系为
$$x_1 = \begin{pmatrix} 1 \\ 0 \\ -1 \end{pmatrix}, \quad x_2 = \begin{pmatrix} 0 \\ 1 \\ -1 \end{pmatrix}$$

因此属于 -1 的 A 的全部特征向量为
$$X = k_1 \begin{pmatrix} 1 \\ 0 \\ -1 \end{pmatrix} + k_2 \begin{pmatrix} 0 \\ 1 \\ -1 \end{pmatrix} \quad （其中 k_1 和 k_2 不全为 0）$$

当 $\lambda = 5$ 时，由 $(\lambda I - A)X = 0$ 得
$$\begin{cases} 4x_1 - 2x_2 - 2x_3 = 0 \\ -2x_1 + 4x_2 - 2x_3 = 0 \\ -2x_1 - 2x_2 + 4x_3 = 0 \end{cases}$$

它的基础解系为
$$x_1 = \begin{pmatrix} 1 \\ 1 \\ 1 \end{pmatrix}$$

因此，属于 5 的 A 的全部特征向量为
$$X = kx_1 = k \begin{pmatrix} 1 \\ 1 \\ 1 \end{pmatrix}$$

定义 2.3.12（谱半径） 设 A 是 n 阶方阵，$\lambda_i (i = 1, 2, \cdots, n)$ 为 A 的特征值，则称 $\rho(A) = \max\limits_{1 \leq i \leq n} |\lambda_i|$ 为矩阵 A 的谱半径。

例 2.3.7 计算 $A = \begin{pmatrix} \dfrac{1}{2} & 0 \\ 16 & \dfrac{1}{2} \end{pmatrix}$，$B = \begin{pmatrix} 3 & 6 \\ -2 & 1 \end{pmatrix}$ 的谱半径。

解 因为
$$f(\lambda) = \det(\lambda I - A) = \begin{vmatrix} \lambda - \dfrac{1}{2} & 0 \\ -16 & \lambda - \dfrac{1}{2} \end{vmatrix} = \left(\lambda - \dfrac{1}{2}\right)^2 = 0$$

所以 A 的特征值 $\lambda_1 = \lambda_2 = \dfrac{1}{2}$，$A$ 的谱半径 $\rho(A) = \dfrac{1}{2}$。

因为
$$f(\lambda) = \det(\lambda I - B) = \begin{vmatrix} \lambda - 3 & -6 \\ 2 & \lambda - 1 \end{vmatrix} = \lambda^2 - 4\lambda + 15 = 0$$

所以 B 的特征值 $\lambda_1 = 2 + \sqrt{11}\mathrm{i}$，$\lambda_2 = 2 - \sqrt{11}\mathrm{i}$，$B$ 的谱半径 $\rho(B) = \sqrt{15}$。

定义 2.3.13（相似矩阵） 设 A 和 B 都是 n 阶方阵，如果存在一个 n 阶可逆方阵 P，使得
$$P^{-1}AP = B$$
则称方阵 A 与方阵 B 相似，或 A 相似于 B，记为 $A \sim B$。

相似矩阵有相同的行列式。实际上，若 $A \sim B$，则存在可逆矩阵 P，使得
$$B = P^{-1}AP$$
所以
$$\det(B) = \det(P^{-1}AP) = \det(P^{-1}) \cdot \det(A) \cdot \det(P) = \det(A)$$

n 阶方阵 A 的特征值 λ 和特征向量 X 有下列性质：

① A 与 A^{T} 具有相同的特征值 λ。

② 若 A 可逆，则 A^{-1} 的特征值为 λ^{-1}，相应的特征向量也为 X。

③ 相似矩阵具有相同的特征值，这是因为设 $A \sim B$，则

$$\det(\lambda I - B) = \det(\lambda I - P^{-1}AP) = \det(P^{-1}(\lambda I - A)P)$$
$$= \det(P^{-1}) \cdot \det(\lambda I - A) \cdot \det(P) = \det(\lambda I - A)$$

④ AB 与 BA 具有相同的特征值，这是因为

$$A^{-1}(AB)A = (A^{-1}A)(BA) = BA$$

即 AB 与 BA 相似。

⑤ λ^m 为矩阵 A^m 的特征值（m 为自然数），相应的特征向量也为 X。

⑥ 设矩阵 A 的多项式为 $p(A) = a_0 I + a_1 A + a_2 A^2 + \cdots + a_n A^n$，则其特征值为 $p(\lambda) = a_0 + a_1 \lambda + a_2 \lambda^2 + \cdots + a_n \lambda^n$，相应的特征向量也为 X。

⑦ 若 A 的全部特征值为 $\lambda_1, \lambda_2, \cdots, \lambda_n$（$k$ 重特征值算 k 个特征值），则

$$\lambda_1 + \lambda_2 + \cdots + \lambda_n = \sum_{i=1}^{n} a_{ii}$$

$$\lambda_1 \lambda_2 \cdots \lambda_n = \det(A)$$

例 2.3.8 已知 3 阶矩阵 A 的特征值为 1、1 和 2，设矩阵 $B = A^2 - 3A + I$，求 $\det(A)$ 和 $\det(B)$。

解 设 A 的特征值 $\lambda_1 = 1$，$\lambda_2 = 1$，$\lambda_3 = 2$，则由特征值的性质得 $\det(A) = \lambda_1 \cdot \lambda_2 \cdot \lambda_3 = 1 \times 1 \times 2 = 2$。

因为 $B = A^2 - 3A + I$，所以 B 的特征值分别为

$$\lambda_1^2 - 3\lambda_1 + 1 = 1 - 3 + 1 = -3$$
$$\lambda_2^2 - 3\lambda_2 + 1 = 1 - 3 + 1 = -3$$
$$\lambda_3^2 - 3\lambda_3 + 1 = 4 - 6 + 1 = -1$$

所以

$$\det(B) = (-3) \times (-3) \times (-1) = -9$$

2.3.7 对称正定矩阵

定义 2.3.14（顺序主子矩阵） 方阵 $A = (a_{ij})_{n \times n}$ 左上角的各阶方阵：

$$A_1 = (a_{11}), \quad A_2 = \begin{pmatrix} a_{11} & a_{12} \\ a_{21} & a_{22} \end{pmatrix}, \quad A_3 = \begin{pmatrix} a_{11} & a_{12} & a_{13} \\ a_{21} & a_{22} & a_{23} \\ a_{31} & a_{32} & a_{33} \end{pmatrix}, \quad \cdots, \quad A_n = A$$

称为方阵 A 的顺序主子矩阵，方阵 A 的 r 阶主子矩阵的行列式 $D_r = \det(A_r)$（$r = 1, 2, \cdots, n$）称为 r 阶顺序主子式。

定义 2.3.15（对称矩阵） 若方阵 $A = (a_{ij})_{n \times n}$ 满足 $A^T = A$ 或 $a_{ij} = a_{ji}$（$i, j = 1, 2, \cdots, n$），则称 A 为对称矩阵。

但是对称矩阵的乘积不一定是对称矩阵，例如，$A = \begin{pmatrix} 1 & 2 \\ 2 & 4 \end{pmatrix}$，$B = \begin{pmatrix} 8 & 4 \\ 4 & 2 \end{pmatrix}$ 都是对称矩阵，但 $AB = \begin{pmatrix} 16 & 8 \\ 32 & 16 \end{pmatrix}$ 不是对称矩阵。

定义 2.3.16（正交矩阵） 若方阵 $A = (a_{ij})_{n \times n}$ 满足 $AA^T = I$，则称 A 为正交矩阵。

例如，以下都为正交矩阵：

$$\begin{pmatrix} \cos\alpha & -\sin\alpha \\ \sin\alpha & \cos\alpha \end{pmatrix}, \quad \begin{pmatrix} 1 & 0 & 0 \\ 0 & \dfrac{1}{\sqrt{2}} & -\dfrac{1}{\sqrt{2}} \\ 0 & \dfrac{1}{\sqrt{2}} & \dfrac{1}{\sqrt{2}} \end{pmatrix}$$

正交矩阵具有如下性质：
① 若 A 为正交矩阵，则 A^{-1}, A^{T} 也为正交矩阵；
② 若 A 为正交矩阵，则 $\det(A) = \pm 1$；
③ 若 A、B 为同阶正交矩阵，则 AB 也为正交矩阵。

若 A 为实对称矩阵，则 A 有如下性质：
① A 的特征值全为实数；
② A 有 n 个线性无关的特征向量；
③ 对应于不同特征值的特征向量必正交；
④ 存在正交矩阵 P，使 $P^{-1}AP = P^{\mathrm{T}}AP$ 为对角矩阵。

定义 2.3.17（对称正定矩阵） 若方阵 $A = (a_{ij})_{n\times n}$ 为实对称矩阵，且对任意的非零列向量 X，满足

$$X^{\mathrm{T}}AX > 0$$

则称 A 为对称正定矩阵。若 $X^{\mathrm{T}}AX \geqslant 0$，则称 A 为半对称正定矩阵。

对称正定矩阵 A 具有如下性质：
① 对称正定矩阵 A 的对角线元素都是正的，即 $a_{ii} > 0 (i = 1, 2, \cdots, n)$；
② 对称矩阵 A 正定的充分必要条件是 A 的所有特征值都是正的；
③ 对称矩阵 A 正定的充分必要条件是 A 的所有顺序主子式都是正的。

例 2.3.9 判断对称矩阵 A 是否为正定矩阵：

$$A = \begin{pmatrix} 1 & 2 & -1 \\ 2 & 5 & -1 \\ -1 & -1 & 6 \end{pmatrix}$$

解 A 的各阶顺序主子式分别如下：

$$D_1 = 1 > 0, \quad D_2 = \det\begin{pmatrix} 1 & 2 \\ 2 & 5 \end{pmatrix} = 1 > 0, \quad D_3 = \det\begin{pmatrix} 1 & 2 & -1 \\ 2 & 5 & -1 \\ -1 & -1 & 6 \end{pmatrix} = 4 > 0$$

由对称正定矩阵的性质可知，A 为正定矩阵。

2.3.8 对角占优矩阵

定义 2.3.18（不可约矩阵） 若 n 阶方阵 A 存在某些行，如果将这些行对调，同时将对应的列对调，可将 A 变为

$$\begin{pmatrix} A_{11} & A_{12} \\ 0 & A_{22} \end{pmatrix} \tag{2.3.4}$$

式中，A_{11} 为 r 阶矩阵，A_{22} 为 $n-r$ 阶矩阵，则称 A 为可约矩阵，否则 A 为不可约矩阵。

例 2.3.10 判断下列矩阵是否为可约矩阵：

$$A = \begin{pmatrix} 5 & 3 & 1 & 2 \\ 0 & 1 & 0 & 2 \\ 3 & 2 & 1 & 4 \\ 0 & 2 & 0 & 3 \end{pmatrix}, \quad B = \begin{pmatrix} 4 & 2 & & \\ 2 & 4 & 2 & \\ & 2 & 4 & 2 \\ & & 2 & 4 \end{pmatrix}$$

解 将矩阵 A 的第 2 行和第 3 行对调，同时将第 2 列和第 3 列对调，可将 A 变为

$$A = \begin{pmatrix} 5 & 1 & 3 & 2 \\ 3 & 1 & 3 & 2 \\ 0 & 0 & 1 & 3 \\ 0 & 0 & 2 & 3 \end{pmatrix} = \begin{pmatrix} A_{11} & A_{12} \\ 0 & A_{22} \end{pmatrix}$$

式中，

$$A_{11} = \begin{pmatrix} 5 & 1 \\ 3 & 1 \end{pmatrix}, \quad A_{22} = \begin{pmatrix} 1 & 3 \\ 2 & 3 \end{pmatrix}$$

所以 A 为可约矩阵。矩阵 B 中不存在这样的行，能使其变为式（2.3.4）的形式，所以 B 为不可约矩阵。

定义 2.3.19（严格对角占优矩阵） 若 n 阶方阵 $A = (a_{ij})_{n \times n}$ 满足

$$|a_{ii}| > \sum_{j=1, j \neq i}^{n} |a_{ij}| \quad (i = 1, 2, \cdots, n)$$

则称 A 为严格对角占优矩阵。

定义 2.3.20（不可约对角占优矩阵） 若不可约方阵 $A = (a_{ij})_{n \times n}$ 满足

$$|a_{ii}| \geq \sum_{j=1, j \neq i}^{n} |a_{ij}| \quad (i = 1, 2, \cdots, n)$$

且至少有一个不等式严格成立，则称 A 为不可约对角占优矩阵。

定理 2.3.4（严格对角占优矩阵的性质） 若 n 阶方阵 $A = (a_{ij})_{n \times n}$ 是严格对角占优矩阵，则 A 的对角线元素不为 0，即 $a_{ii} \neq 0 (i = 1, 2, \cdots, n)$，且 A 为非奇异矩阵。

定理 2.3.5（不可约对角占优矩阵的性质） 若 n 阶方阵 $A = (a_{ij})_{n \times n}$ 为不可约对角占优矩阵，则 A 的对角线元素不为 0，即 $a_{ii} \neq 0 (i = 1, 2, \cdots, n)$，且 A 为非奇异矩阵。

2.3.9 向量的内积

定义 2.3.21（向量的内积） 设 x 和 y 均为 n 维实向量

$$x = \begin{pmatrix} x_1 \\ x_2 \\ \vdots \\ x_n \end{pmatrix}, \quad y = \begin{pmatrix} y_1 \\ y_2 \\ \vdots \\ y_n \end{pmatrix}$$

则称 $x_1 y_1 + x_2 y_2 + \cdots + x_n y_n$ 为 x 与 y 的内积，并记为

$$(x, y) = \sum_{i=1}^{n} x_i y_i = x^T y = y^T x$$

n 维向量的内积具有以下基本性质。

① 对称性：$(x, y) = (y, x)$。
② 齐次性：$(kx, y) = k(x, y)$。
③ 可加性：$(x + y, z) = (x, z) + (y, z)$。
④ 非负性：$(x, y) \geq 0$ 当且仅当 $x = 0$ 时，$(x, x) = 0$。

定义 2.3.22（向量正交） 对两个 n 维向量 $\boldsymbol{x}$ 和 $\boldsymbol{y}$，若 $(\boldsymbol{x},\boldsymbol{y})=0$，则称向量 $\boldsymbol{x}$ 与 $\boldsymbol{y}$ 正交或互相垂直。

如果 n 维向量 $\boldsymbol{x}$ 和 $\boldsymbol{y}$ 均为复向量，则其内积定义为
$$(\boldsymbol{x}\cdot\boldsymbol{y})=x_1\overline{y_1}+x_2\overline{y_2}+\cdots+x_n\overline{y_n}$$

式中，$\overline{y_i}$ 为 y_i 的共轭复数。

注意：复向量没有对称性和齐次性，但具有可加性和正定性，即
$$(\boldsymbol{x},\boldsymbol{y})=\overline{(\boldsymbol{y},\boldsymbol{x})},\quad (\lambda\boldsymbol{x},\boldsymbol{y})=\lambda(\boldsymbol{x},\boldsymbol{y}),\quad (\boldsymbol{x},\lambda\boldsymbol{y})=\overline{\lambda}(\boldsymbol{x},\boldsymbol{y})\quad (\text{式中 }\lambda\text{ 为复数})$$

定理 2.3.6（Schawz 不等式） 若 $\boldsymbol{x}$ 和 $\boldsymbol{y}$ 均为 n 维向量，则
$$|(\boldsymbol{x},\boldsymbol{y})|^2 \leqslant (\boldsymbol{x},\boldsymbol{x})(\boldsymbol{y},\boldsymbol{y})$$

称为 Schawz 不等式。

2.3.10 向量、矩阵和连续函数的范数

在讨论函数的误差时，我们用近似值与精确值之差的大小来度量近似值的精度。类似地，在讨论线性方程组近似解向量的误差时，我们仍用近似解向量与精确解向量的差（仍是向量）的"大小"，即一个实数，来度量近似值的精度，为此引入向量与实数之间的特殊函数——向量的范数。

定义 2.3.23（向量的范数） 对任意的 n 维实向量 $\boldsymbol{x}\in\boldsymbol{R}^n$，按照一定的规则，确定一个实值函数 $f(\boldsymbol{x})=\|\boldsymbol{x}\|$，如果 $\|\boldsymbol{x}\|$ 满足下面三个性质：

① 非负性，$\|\boldsymbol{x}\|\geqslant 0$，$\|\boldsymbol{x}\|=0$，当且仅当 $\boldsymbol{x}=\boldsymbol{0}$；
② 齐次性，对任意实数 k，都有 $\|k\boldsymbol{x}\|=|k|\cdot\|\boldsymbol{x}\|$；
③ 三角不等式，对任意的 $\boldsymbol{x},\boldsymbol{y}\in\boldsymbol{R}^n$，都有 $\|\boldsymbol{x}+\boldsymbol{y}\|\leqslant\|\boldsymbol{x}\|+\|\boldsymbol{y}\|$。

则称实值函数 $f(\boldsymbol{x})=\|\boldsymbol{x}\|$ 为向量 $\boldsymbol{x}$ 的范数。

例 2.3.11 设 A 是任意 n 阶对称正定矩阵，证明 $\|\boldsymbol{x}\|_A=(\boldsymbol{x}^{\mathrm{T}}A\boldsymbol{x})^{\frac{1}{2}}$ 是一种向量范数。

证明 （1）因为 A 对称正定，所以当 $\boldsymbol{x}=\boldsymbol{0}$ 时，$\|\boldsymbol{x}\|_A=0$；而当 $\boldsymbol{x}\neq\boldsymbol{0}$ 时，$\|\boldsymbol{x}\|_A=(\boldsymbol{x}^{\mathrm{T}}A\boldsymbol{x})^{\frac{1}{2}}>0$。

（2）对任何实数 c，有
$$\|c\boldsymbol{x}\|_A=\sqrt{(c\boldsymbol{x})^{\mathrm{T}}A(c\boldsymbol{x})}=|c|\sqrt{\boldsymbol{x}^{\mathrm{T}}A\boldsymbol{x}}=|c|\cdot\|\boldsymbol{x}\|_A$$

（3）因为 A 正定，所以有分解 $A=LL^{\mathrm{T}}$，则
$$\|\boldsymbol{x}\|_A=(\boldsymbol{x}^{\mathrm{T}}A\boldsymbol{x})^{\frac{1}{2}}=(\boldsymbol{x}^{\mathrm{T}}LL^{\mathrm{T}}\boldsymbol{x})^{\frac{1}{2}}=((L^{\mathrm{T}}\boldsymbol{x})^{\mathrm{T}}(L^{\mathrm{T}}\boldsymbol{x}))^{\frac{1}{2}}=\|L^{\mathrm{T}}\boldsymbol{x}\|_2$$

故对任意向量 $\boldsymbol{x}$ 和 $\boldsymbol{y}$，总有
$$\|\boldsymbol{x}+\boldsymbol{y}\|_A=\|L^{\mathrm{T}}(\boldsymbol{x}+\boldsymbol{y})\|_2=\|L^{\mathrm{T}}\boldsymbol{x}+L^{\mathrm{T}}\boldsymbol{y}\|_2\leqslant\|L^{\mathrm{T}}\boldsymbol{x}\|_2+\|L^{\mathrm{T}}\boldsymbol{y}\|_2=\|\boldsymbol{x}\|_A+\|\boldsymbol{y}\|_A$$

综上可知，$\|\boldsymbol{x}\|_A=(\boldsymbol{x}^{\mathrm{T}}A\boldsymbol{x})^{\frac{1}{2}}$ 是一种向量范数。

常用的向量范数如下：

1-范数　　　　　$\|\boldsymbol{x}\|_1=\sum\limits_{i=1}^{n}|x_i|$

2-范数　　　　　$\|\boldsymbol{x}\|_2=\left(\sum\limits_{i=1}^{n}|x_i|^2\right)^{\frac{1}{2}}$

∞-范数 $\qquad \|\boldsymbol{x}\|_\infty = \max\limits_{1 \leqslant i \leqslant n} |x_i|$

容易验证，向量的三个常用范数满足定义 2.3.23 的三个性质。

例 2.3.12 计算下列向量的三种常用范数 $\|\boldsymbol{x}\|_1$、$\|\boldsymbol{x}\|_2$ 和 $\|\boldsymbol{x}\|_\infty$：

$$\boldsymbol{x} = (1, 0, -1, 2)^{\mathrm{T}}$$

解 $\|\boldsymbol{x}\|_1 = |1| + |0| + |-1| + |2| = 4$

$\|\boldsymbol{x}\|_2 = \sqrt{1^2 + 0^2 + (-1)^2 + 2^2} = \sqrt{6}$

$\|\boldsymbol{x}\|_\infty = \max\{1, 0, |-1|, 2\} = 2$

定理 2.3.7（向量范数的等价性） n 维实向量 $\boldsymbol{x} \in \boldsymbol{R}^n$ 的一切范数都是等价的，即对 $\boldsymbol{R}^n$ 中的任何两种范数 $\|\boldsymbol{x}\|_\alpha$ 与 $\|\boldsymbol{x}\|_\beta$ 存在两个正数 $c_1, c_2 > 0$，使得对任意的向量 $\boldsymbol{x}$，不等式

$$c_1 \|\boldsymbol{x}\|_\beta \leqslant \|\boldsymbol{x}\|_\alpha \leqslant c_2 \|\boldsymbol{x}\|_\beta$$

成立。

向量的三种常用范数有如下的等价关系：

$$\|\boldsymbol{x}\|_2 \leqslant \|\boldsymbol{x}\|_1 \leqslant \sqrt{n} \|\boldsymbol{x}\|_2$$

$$\|\boldsymbol{x}\|_\infty \leqslant \|\boldsymbol{x}\|_1 \leqslant n \|\boldsymbol{x}\|_\infty$$

$$\|\boldsymbol{x}\|_\infty \leqslant \|\boldsymbol{x}\|_2 \leqslant \sqrt{n} \|\boldsymbol{x}\|_\infty$$

向量范数的等价性说明，对某个向量 $\boldsymbol{x}$ 来说，如果它的某种范数小（或大），那么它的另两种范数也小（或大）。

例 2.3.13 试证明：（1）$\|\boldsymbol{x}\|_\infty \leqslant \|\boldsymbol{x}\|_1 \leqslant n \|\boldsymbol{x}\|_\infty$；（2）$\|\boldsymbol{x}\|_\infty \leqslant \|\boldsymbol{x}\|_2 \leqslant \sqrt{n} \|\boldsymbol{x}\|_\infty$。

证明

（1）$\qquad \|\boldsymbol{x}\|_\infty = \max\limits_{1 \leqslant i \leqslant n} |x_i| \leqslant |x_1| + |x_2| + \cdots + |x_n| \leqslant \|\boldsymbol{x}\|_1$

另外，有

$$\|\boldsymbol{x}\|_1 = |x_1| + |x_2| + \cdots + |x_n| \leqslant n \max\limits_{1 \leqslant i \leqslant n} |x_i| = n \|\boldsymbol{x}\|_\infty$$

（2）$\qquad \|\boldsymbol{x}\|_\infty^2 = \max\limits_{1 \leqslant i \leqslant n} |x_i^2| \leqslant x_1^2 + x_2^2 + \cdots + x_n^2 = \|\boldsymbol{x}\|_2^2$，即 $\|\boldsymbol{x}\|_\infty \leqslant \|\boldsymbol{x}\|_2$

另外，由于

$$\|\boldsymbol{x}\|_2^2 = x_1^2 + x_2^2 + \cdots + x_n^2 \leqslant n \max\limits_{1 \leqslant i \leqslant n} |x_i^2| = n \|\boldsymbol{x}\|_\infty^2$$

故 $\|\boldsymbol{x}\|_2 \leqslant \sqrt{n} \|\boldsymbol{x}\|_\infty$。

定义 2.3.24（矩阵的范数） 对任意的 n 阶方阵 $\boldsymbol{A} \in \boldsymbol{R}^{n \times n}$，按照一定的规则，确定一个实值函数 $f(\boldsymbol{A}) = \|\boldsymbol{A}\|$，如果 $\|\boldsymbol{A}\|$ 满足如下性质：

① 非负性，$\|\boldsymbol{A}\| \geqslant 0$，$\|\boldsymbol{A}\| = 0$ 当且仅当 $\boldsymbol{A} = \boldsymbol{0}$；

② 齐次性，对任意的实数 k，有 $\|k\boldsymbol{A}\| = |k| \cdot \|\boldsymbol{A}\|$；

③ 三角不等式，对任意的 $\boldsymbol{A}, \boldsymbol{B} \in \boldsymbol{R}^{n \times n}$，都有 $\|\boldsymbol{A} + \boldsymbol{B}\| \leqslant \|\boldsymbol{A}\| + \|\boldsymbol{B}\|$；

④ 矩阵乘法不等式，对任意的 $\boldsymbol{A}, \boldsymbol{B} \in \boldsymbol{R}^{n \times n}$，都有 $\|\boldsymbol{A} \cdot \boldsymbol{B}\| \leqslant \|\boldsymbol{A}\| \cdot \|\boldsymbol{B}\|$。

则称实值函数 $f(\boldsymbol{A}) = \|\boldsymbol{A}\|$ 为方阵 $\boldsymbol{A}$ 的范数，记为 $\|\boldsymbol{A}\|$。

例 2.3.14 已知 $\boldsymbol{A} = (a_{ij})_{n \times n}$，证明 $\|\boldsymbol{A}\| = \sum\limits_{i=1}^{n} \sum\limits_{j=1}^{n} |a_{ij}|$ 是一种矩阵范数。

证明

① $\|A\| = \sum_{i=1}^{n}\sum_{j=1}^{n}|a_{ij}| \geq 0$ 且 $\|A\| = 0 \Leftrightarrow A = \mathbf{0}$

② 对任意实数 c，有

$$\|cA\| = \sum_{i=1}^{n}\sum_{j=1}^{n}|ca_{ij}| = |c|\sum_{i=1}^{n}\sum_{j=1}^{n}|a_{ij}| = |c|\cdot\|A\|$$

③ $\|A+B\| = \sum_{i=1}^{n}\sum_{j=1}^{n}|a_{ij}+b_{ij}| \leq \sum_{i=1}^{n}\sum_{j=1}^{n}|a_{ij}| + \sum_{i=1}^{n}\sum_{j=1}^{n}|b_{ij}| = \|A\| + \|B\|$

④ $\|AB\| = \sum_{i=1}^{n}\sum_{j=1}^{n}\left|\sum_{k=1}^{n}a_{ik}b_{kj}\right| \leq \sum_{i=1}^{n}\sum_{j=1}^{n}\sum_{k=1}^{n}|a_{ik}||b_{kj}| \leq \left(\sum_{i=1}^{n}\sum_{k=1}^{n}|a_{ik}|\right)\left(\sum_{k=1}^{n}\sum_{j=1}^{n}|b_{kj}|\right) = \|A\|\cdot\|B\|$

故 $\|A\|$ 是一种矩阵范数。

矩阵范数的种类很多，由于在实际应用中，矩阵和向量常具有一定的联系，因此要求矩阵范数与向量范数相容，即满足下式：

$$\|Ax\|_p \leq \|A\|_p \cdot \|x\|_p \quad \text{或} \quad \frac{\|Ax\|_p}{\|x\|_p} \leq \|A\|_p \quad (p=1,2,\infty)$$

定义 2.3.25（算子范数） 给定一种向量范数 $\|x\|_p (p=1,2,\infty)$，相应地定义了矩阵的一个非负函数 $f(A) = \|A\|_p$，若有

$$\|A\|_p = \max_{x \neq 0}\frac{\|Ax\|_p}{\|x\|_p} = \max_{\|x\|_p=1}\|Ax\|_p$$

则称 $\|A\|_p$ 为向量范数导出的矩阵范数，也称 $\|A\|_p$ 为算子范数。算子范数满足定义 2.3.24 中的 4 个性质。

定理 2.3.8（算子范数的性质） 设 x 为 n 维向量，A 为 n 阶方阵，则算子范数有如下性质：

① $\|A\|_\infty = \max_{1 \leq i \leq n}\sum_{j=1}^{n}|a_{ij}|$，称为矩阵 A 的行范数；

② $\|A\|_1 = \max_{1 \leq j \leq n}\sum_{i=1}^{n}|a_{ij}|$，称为矩阵 A 的列范数；

③ $\|A\|_2 = \sqrt{\lambda_{\max}(A^{\mathrm{T}}A)}$，称为矩阵 A 的欧几里得范数。

证明 ① 设 $x = (x_1, x_2, \cdots, x_n)^{\mathrm{T}} \neq \mathbf{0}$，$A \neq \mathbf{0}$，则

$$\|Ax\|_\infty = \max_{1 \leq i \leq n}\left|\sum_{j=1}^{n}a_{ij}x_j\right| \leq \max_{1 \leq i \leq n}\sum_{j=1}^{n}|a_{ij}x_j| \leq \max_{1 \leq i \leq n}|x_j|\max_{1 \leq i \leq n}\sum_{j=1}^{n}|a_{ij}| = \|x\|_\infty \max_{1 \leq i \leq n}\sum_{j=1}^{n}|a_{ij}|$$

由算子范数定义可知

$$\|A\|_\infty = \max_{x \neq \mathbf{0}}\frac{\|Ax\|_\infty}{\|X\|_\infty} \leq \max_{1 \leq i \leq n}\sum|a_{ij}|$$

另外，设 A 的第 k 行元素的绝对值之和达到最大值，即

$$\sum_{j=1}^{n}|a_{kj}| = \max_{1 \leq i \leq n}\sum_{j=1}^{n}|a_{ij}|$$

取一个特定向量 $\boldsymbol{\eta} = (\eta_1, \eta_2, \cdots, \eta_n)^{\mathrm{T}}$，式中

$$\eta_j = \text{sign}(a_{kj}) = \begin{cases} 1, & \text{当 } a_{kj} \geqslant 0 \\ -1, & \text{当 } a_{kj} < 0 \end{cases}$$

若按照这种取法，显然 $\|\boldsymbol{\eta}\|_\infty = 1$，从而有

$$\|\boldsymbol{A}\|_\infty = \max_{\|\boldsymbol{x}\|_\infty = 1} \|\boldsymbol{Ax}\|_\infty \geqslant \|\boldsymbol{A\eta}\|_\infty = \max_{1 \leqslant i \leqslant n} \left| \sum_{j=1}^n a_{ij} \eta_j \right| = \max_{1 \leqslant i \leqslant n} \sum_{j=1}^n |a_{ij}| = \sum_{j=1}^n |a_{kj}|$$

因此

$$\max_{1 \leqslant i \leqslant n} \sum_{j=1}^n |a_{ij}| \leqslant \|\boldsymbol{A}\|_\infty \leqslant \max_{1 \leqslant i \leqslant n} \sum_{j=1}^n |a_{ij}|$$

于是

$$\|\boldsymbol{A}\|_\infty = \max_{1 \leqslant i \leqslant n} \sum_{j=1}^n |a_{ij}|$$

性质②的证明与性质①类似，设 $\boldsymbol{A}$ 的第 k 列元素的绝对值之和达到最大值，取向量 $\boldsymbol{\eta} = (\eta_1, \eta_2, \cdots, \eta_n)^T$，其分量除 $\eta_k = 1$ 外，其余分量均为 0，即可证明性质②。

③ 由于 $\boldsymbol{A} \cdot \boldsymbol{A}^T$ 为对称矩阵，且

$$0 \leqslant \|\boldsymbol{Ax}\|_2^2 = (\boldsymbol{Ax})^T \boldsymbol{Ax} = \boldsymbol{x}^T \boldsymbol{A}^T \boldsymbol{Ax} = (\boldsymbol{A}^T \boldsymbol{Ax} \cdot \boldsymbol{x})$$

因此 $\boldsymbol{A}^T \boldsymbol{A}$ 为对称正定矩阵，其全部特征值均非负。可设 $\lambda_1 \geqslant \lambda_2 \geqslant \lambda_3 \geqslant \cdots \geqslant \lambda_n \geqslant 0$，由实对称矩阵的性质，可设与特征值对应的特征向量 $\boldsymbol{x}_1, \boldsymbol{x}_2, \cdots, \boldsymbol{x}_n$ 为单位正交向量，即

$$(\boldsymbol{x}_i, \boldsymbol{x}_j) = \begin{cases} 1, & i = j \\ 0, & i \neq j \end{cases}$$

所以它们可以作为 $\boldsymbol{R}^n$ 的一组基，对任意的 $\boldsymbol{x} \in \boldsymbol{R}^n$，$\boldsymbol{x} = \sum_{i=1}^n k_i \boldsymbol{x}_i$。

如果 $\boldsymbol{x}$ 满足 $\|\boldsymbol{x}\|_2 = 1$，则有

$$\|\boldsymbol{x}\|_2^2 = (\boldsymbol{x}, \boldsymbol{x}) = \sum_{i=1}^n k_i^2 = 1$$

$$\|\boldsymbol{Ax}\|_2^2 = (\boldsymbol{A}^T \boldsymbol{Ax} \cdot \boldsymbol{x}) = \sum_{i=1}^n \lambda_i k_i^2 \leqslant \lambda_1$$

特别地，取 $\boldsymbol{x} = \boldsymbol{x}_1$，则有

$$\|\boldsymbol{Ax}_1\|_2^2 = (\boldsymbol{A}^T \boldsymbol{Ax}_1 \cdot \boldsymbol{x}_1) = \lambda_1$$

所以

$$\|\boldsymbol{x}\|_2 = \max_{\|\boldsymbol{x}\|_2 = 1} \|\boldsymbol{Ax}\|_2 = \sqrt{\lambda_1} = \sqrt{\lambda_{\max}(\boldsymbol{A}^T \boldsymbol{A})}$$

例 2.3.15 设 $\boldsymbol{A} = \begin{pmatrix} 4 & -3 \\ 2 & 1 \end{pmatrix}$，求 $\|\boldsymbol{A}\|_\infty$、$\|\boldsymbol{A}\|_1$ 及 $\|\boldsymbol{A}\|_2$。

解 $\|\boldsymbol{A}\|_\infty = \max\{7, 3\} = 7$，$\|\boldsymbol{A}\|_1 = \max\{6, 4\} = 6$

因为 $\boldsymbol{A}^T \boldsymbol{A}$ 有特征值 $\lambda_1 = 15 + 5\sqrt{5}$，$\lambda_2 = 15 - 5\sqrt{5}$，所以 $\|\boldsymbol{A}\|_2 = \sqrt{15 + 5\sqrt{5}} \approx 5.1167$。

与向量范数相似，矩阵范数也具有等价性。

定理 2.3.9（矩阵范数的等价性） n 阶方阵 $\boldsymbol{A}$ 的一切范数都是等价的，即对 $\boldsymbol{R}^{n \times n}$ 上的任意两种范数 $\|\boldsymbol{A}\|_\alpha$ 与 $\|\boldsymbol{A}\|_\beta$，存在两个正数 $c_1, c_2 > 0$，使得对任意的 n 阶方阵 $\boldsymbol{A}$，不等式

$$c_1 \|\boldsymbol{A}\|_\alpha \leqslant \|\boldsymbol{A}\|_\beta \leqslant c_2 \|\boldsymbol{A}\|_\beta$$

成立。

例如：

$$\frac{1}{\sqrt{n}}\|A\|_2 \leqslant \|A\|_\infty \leqslant \sqrt{n}\|A\|_2$$

$$\frac{1}{n}\|A\|_\infty \leqslant \|A\|_1 \leqslant n\|A\|_\infty$$

定义 2.3.26（连续函数的范数） 对区间 $[a,b]$ 内的任意连续函数 f，按照一定的规则，确定某个实值函数 $N(f)=\|f\|$，如果 $\|f\|$ 满足如下性质：

① 非负性，$\|f\|\geqslant 0$ 且 $\|f\|=0$，当且仅当 $f(x)=0$；

② 齐次性，对任意实数 k，都有 $\|kf\|=|k|\cdot\|f\|$；

③ 三角不等式，对任意的 $f,g \in C[a,b]$，都有 $\|f+g\|\leqslant\|f\|+\|g\|$。

则称实值函数 $\|f\|$ 为连续函数 f 的范数。

常用的连续函数的范数如下：

1-范数　　　$\|f\|_1 = \int_a^b |f(x)|\mathrm{d}x$

2-范数　　　$\|f\|_2 = \sqrt{(f,f)} = \sqrt{\int_a^b \rho(x)f^2(x)\mathrm{d}x}$

∞-范数　　　$\|f\|_\infty = \max\limits_{x\in[a,b]}|f(x)|$

例 2.3.16 设函数 $f(x)=|x-1|$，$f\in C[0,1]$，$\rho(x)=1$，求 $\|f\|_1$、$\|f\|_2$ 和 $\|f\|_\infty$。

解 $\|f\|_1 = \int_0^1 |x-1|\mathrm{d}x = \int_0^1 (1-x)\mathrm{d}x = -\int_0^1 (x-1)\mathrm{d}x = -\frac{1}{2}(x-1)^2\Big|_0^1 = \frac{1}{2}$

$\|f\|_2 = \sqrt{\int_0^1 |(x-1)^2|\mathrm{d}x} = \sqrt{\frac{1}{3}} = \frac{\sqrt{3}}{3}$

$\|f\|_\infty = 1$

2.3.11　向量序列与矩阵序列的极限

定义 2.3.27 设有 n 维向量序列 $\boldsymbol{x}^{(0)},\boldsymbol{x}^{(1)},\cdots,\boldsymbol{x}^{(k)},\cdots$，其中 $\boldsymbol{x}^{(k)}=(x_1^{(k)},x_2^{(k)},\cdots,x_n^{(k)})^\mathrm{T}$，如果存在 n 维向量 $\boldsymbol{x}=(x_1,x_2,\cdots,x_n)^\mathrm{T}$，使得 $\lim\limits_{k\to\infty}x_i^{(k)}=x_i$（$i=1,2,\cdots,n$），则称向量序列 $\{\boldsymbol{x}^{(k)}\}_0^\infty$ 收敛于向量 $\boldsymbol{x}$，记为 $\lim\limits_{k\to\infty}\boldsymbol{x}^{(k)}=\boldsymbol{x}$。

定理 2.3.10 n 维向量序列 $\{\boldsymbol{x}^{(k)}\}_0^\infty$ 收敛于 n 维向量 $\boldsymbol{x}$，当且仅当 $\lim\limits_{k\to\infty}\|\boldsymbol{x}^{(k)}-\boldsymbol{x}\|=0$。

证明 由定义 2.3.27 可知，$\{\boldsymbol{x}^{(k)}\}_0^\infty$ 收敛于 $\boldsymbol{x}$，即

$$\lim_{k\to\infty}x_i^{(k)}=x_i \quad (i=1,2,\cdots,n)$$

对任意的 $i(1\leqslant i\leqslant n)$ 有

$$0 \leqslant |x_i^{(k)}-x_i| \leqslant \max_{1\leqslant j\leqslant n}|x_j^{(k)}-x_j| = \|\boldsymbol{x}^{(k)}-\boldsymbol{x}\|_\infty$$

因此

$$\lim_{k\to\infty}\|\boldsymbol{x}^{(k)}-\boldsymbol{x}\|_\infty = 0$$

由向量范数的等价性，对任意定义的向量范数，都有

$$\lim_{k\to\infty}\|\boldsymbol{x}^{(k)}-\boldsymbol{x}\| = 0$$

由向量范数的等价性，若向量序列在某种范数下收敛，则它在任何范数下都收敛。同理可定义矩阵序列的极限。

定义2.3.28 设有 n 阶方阵序列 $A^{(0)}, A^{(1)}, \cdots, A^{(k)}, \cdots$，其中 $A^{(k)} = \left(a_{ij}^{(k)}\right)_{n \times n}$，若有矩阵 $A = \left(a_{ij}\right)_{n \times n}$，使得 $\lim_{k \to \infty} a_{ij}^{(k)} = a_{ij}$ ($i, j = 1, 2, \cdots, n$)，则称矩阵序列 $\left\{A^{(k)}\right\}_0^\infty$ 收敛于 A，记为 $\lim_{k \to \infty} A^{(k)} = A$。

可以证明 $\lim_{k \to \infty} A^{(k)} = A$，当且仅当 $\lim_{k \to \infty} \|A^{(k)} - A\| = 0$。

定理2.3.11 设 A 为 n 阶方阵，由 A 的各次幂所组成的矩阵序列 $I, A, A^2, \cdots, A^k, \cdots$ 收敛于零矩阵，即 $\lim_{k \to \infty} A^k = \boldsymbol{0}$ 的充分必要条件是 $\rho(A) < 1$，其中 $\rho(A) = \max_k |\lambda_k|$ 为 A 的谱半径（λ_k 为 A 的特征值）。

定理2.3.12 若 A 为 n 阶方阵，则
① $\rho(A) \leqslant \|A\|$；
② 若 $A^{\mathrm{T}} = A$，则 $\|A\|_2 = \rho(A)$。

证明 因为 $Ax = \lambda x$，所以对任意的非零向量 x，有
$$|\lambda| \cdot \|x\| = \|\lambda x\| = \|Ax\| \leqslant \|A\| \cdot \|x\|$$
从而得 $|\lambda| \leqslant \|A\|$，即 $\rho(A) \leqslant \|A\|$。

当 $A^{\mathrm{T}} = A$ 时 $\quad \|A\|_2 = \sqrt{\lambda_{\max}(A^{\mathrm{T}}A)} = \sqrt{\lambda^2_{\max}(A)} = \rho(A)$

本章小结

本章介绍了计算方法需要的数学基本知识，并给出相应的例题，其目的是方便学生复习和查阅，以便更好地学习和掌握后续章节的知识。

极限是各类迭代法的基础；夹逼定理用于范数的等价性；单调有界定理用于牛顿迭代法的全局收敛性；一致连续性定理用于分段低次插值的稳定性；零点定理用于方程求根的存在性；罗尔定理用于证明插值余项定理；积分加权平均值定理用于求辛普生求积公式的余项；线性代数的知识，如特征值、谱半径和范数的概念，用于解线性方程组迭代法的收敛性判断及矩阵特征值的求解；矩阵的初等变换用于解线性方程组的消去法；范德蒙行列式用于证明插值多项式的存在唯一性和插值型求积公式的代数精度。

习题2

2.1 试证 $f(x) = x^3 - x - 1$ 在 $[1, 2]$ 内有唯一的解。

2.2 设 $f(x) = \mathrm{e}^{x^2}$，试求 $f(x)$ 在 $x_0 = 1$ 的泰勒展开的 3 次多项式。

2.3 求向量 $\boldsymbol{x} = (1, -2, 3, 4, 8, -1)^{\mathrm{T}}$ 的 1-范数、2-范数和 ∞-范数。

2.4 求矩阵 $A = \begin{pmatrix} 1 & 2 \\ -3 & 4 \end{pmatrix}$ 的各种范数。

2.5 （1）设 $\boldsymbol{x} = \begin{bmatrix} 3 & -1 & 5 & 8 \end{bmatrix}^{\mathrm{T}}$，求 $\|x\|_1$、$\|x\|_\infty$ 和 $\|x\|_2$；

（2）已知 $A = \begin{pmatrix} 4 & -3 \\ -1 & 6 \end{pmatrix}$，求 $\|A\|_1$、$\|A\|_\infty$ 和 $\|A\|_2$。

2.6 记 $\|x\|_p = \left(|x_1|^p + |x_2|^p + \cdots + |x_n|^p\right)^{\frac{1}{p}}$，式中 $x = (x_1, x_2, \cdots, x_n)^{\mathrm{T}}$，证明 $\lim_{p \to \infty} \|x\|_p = \|x\|_\infty$。

2.7 设 $A = \begin{pmatrix} 2 & 1 & 1 \\ 2 & 3 & 2 \\ 1 & 2 & 2 \end{pmatrix}$，求 A 的特征值和谱半径。

2.8 设 $A = \begin{pmatrix} 3 & -a & -b \\ -a & 3 & -a \\ -b & -a & 3 \end{pmatrix}$，试求使 A 为严格对角占优矩阵的 a 和 b 的取值范围。

2.9 设 $A = \begin{pmatrix} 1 & 0 & 0 \\ 2 & -1 & 0 \\ 0 & -2 & \sqrt{5} \end{pmatrix}$，求 $\|A\|_1$、$\|A\|_2$ 和 $\|A\|_\infty$。

2.10 设 $f(x) = (x-1)^3$，求 $\|f\|_1$、$\|f\|_2$ 和 $\|f\|_\infty$，$f \in [0,1]$，$\rho(x) = 1$。

2.11 求 $A = \begin{pmatrix} 3 & -2 & 0 & -1 \\ 0 & 2 & 2 & 1 \\ 1 & -2 & 3 & -2 \\ 0 & 1 & 2 & 1 \end{pmatrix}$ 的逆矩阵。

第3章 MATLAB 编程基础

  学习要点

本章简要介绍现代数值计算软件 MATLAB R2022b 版，主要内容如下。
（1）MATLAB 的主要特点、工作环境及基本数据类型。
（2）MATLAB 的数值运算，包括向量运算和矩阵运算。
（3）MATLAB 的符号运算，包括字符串运算、符号表达式运算、符号矩阵运算和符号微积分运算等。
（4）MATLAB 的图形可视化。
（5）MATLAB 的程序控制结构和程序调试方法。
（6）MATLAB 与 Python。

  教学建议

MATLAB 在计算方法中有着非常广泛的应用，要求学生能够熟练掌握 MATLAB 的基本编程方法，并能够将程序调试的方法用于实际编程当中。建议在实验室或多媒体教室讲解本章内容。建议 6～10 学时。

3.1 MATLAB 简介

MATLAB 由 Matrix 和 Laboratory 两词的前三个字母组合而成，原意为矩阵实验室。MATLAB 是由美国 MathWorks 公司于 1984 年正式推出的一套功能强大的数值计算软件。该公司于 2018 年 8 月发布了 64 位的 R2018b 版（9.5 版），于 2022 年 11 月发布了新的 64 位的 R2022b 版。在国际学术界，MATLAB 已经被确认为精确、可靠的科学计算软件，是当今科技界使用最广泛的语言之一。它集数值计算、符号运算、计算机可视化为一体，其提供的强大功能是其他许多计算机语言所不能比拟的。尤其是其不断更新的工具箱，更获得了各专业领域科技工作者的青睐。MATLAB 不仅仅用于数值分析领域，在金融分析、神经网络、优化、虚拟现实等许多领域都能看到 MATLAB 的影子。许多大型软件都提供了 MATLAB 接口。

MATLAB 的主要特点如下。

① MATLAB 数据类型丰富，包括数值类型、逻辑类型、字符类型、向量标量与矩阵类型、单元数组（元胞数组）与结构体等，它是面向矩阵（向量）计算的高级程序设计语言。

② MATLAB 的工作环境友好，提供图形用户界面（GUI）和全方位帮助系统。工作界面包括当前文件夹窗口、命令行窗口、编辑器和程序调试工具、工作区等。MATLAB R2022b 提供了完整的联机查询和帮助系统，人机交互性更强，操作更简单，极大地方便了用户的使用。

③ MATLAB 有强大的绘图功能。使用绘图函数可以方便地输出复杂的二维和三维图形，对图形进行色彩控制、句柄图形和动画等高级图形处理，用 GUI 制作工具制作用户菜单和控件等。MATLAB 的图形显示系统提供可编辑图形窗口、支持 Tex 特殊字符集，其绘图指令简捷，

读写图像文件的格式丰富。

④ MATLAB 的数学函数库丰富，有大量事先定义的数学函数，也有用于高性能数值计算的高级算法。这些函数和算法包括从最简单、最基本的函数到诸如矩阵、特征向量、快速傅里叶变换的复杂函数，可以解决的问题包括矩阵计算和线性方程组的求解、常微分方程和偏微分方程的求解、符号运算、工程中的优化计算、统计分析等。这些函数和算法吸收了当今科研和工程计算中的最新研究成果，而且经过了各种优化和容错处理，因此使用 MATLAB 编程的工作量会明显降低。

⑤ 具有很强的符号运算能力。MATLAB 可以进行符号微积分运算，包括微分、积分、极限、泰勒级数等；可以进行符号线性代数运算，包括矩阵的逆、行列式、特征值、矩阵分解、范数等；可以进行符号代数表达式的化简；可以进行符号微分方程与代数方程的运算；可以进行符号变换运算，包括积分变换、傅里叶变换、拉普拉斯变换、Z 变换，以及它们的逆变换等。需要指出的是，MATLAB 的符号运算使用加拿大滑铁卢大学数学系开发的 Maple 作为计算引擎。

⑥ MATLAB 可以与外部程序进行交互，与其他语言编写的程序相结合。新版的 MATLAB 可以利用 MATLAB 编译器和 C/C++数据库及图形库，将 MATLAB 程序自动转换为独立于 MATLAB 运行的 C 或 C++程序。MATLAB 通过建立 MEX 文件的形式，方便用户编写可以和 MATLAB 进行交互的 C 或 C++程序，也方便用户混合编辑和调用 C 子程序。MATLAB 可以利用自己的编译器，把全 M 文件编译成独立的应用程序，也可以把 C 程序与 M 文件混编成独立的应用程序。另外，MATLAB 网页服务程序允许在 Web 应用中使用自己的 MATLAB 数学和图形程序。MATLAB 还加强了与 Excel 等应用软件的接口功能。

⑦ MATLAB 提供了许多应用领域解决实际问题的工具箱。这些工具箱一般由特定领域学术水平很高的专家编写，因此用户不需要编写自己学科范围内的基础程序。目前，MATLAB 已经把工具箱延伸到科学研究和工程应用的许多领域，包括数据采集、数据库接口、概率统计、样条拟合、优化计算、数据网络、小波分析、信号处理、图像处理、系统辨识、控制系统设计、模型预测、金融分析、地图工具、非线性控制设计、嵌入式系统开发、电力系统仿真等。可以说，MATLAB 工具箱的内容非常丰富，使用非常方便。

⑧ MATLAB 支持多种计算机操作系统，如 Windows 操作系统和 UNIX 操作系统，而且将一种操作系统下编写的程序转移到其他的操作系统下不需要做任何修改。同样，将一种平台上编写的数据文件转移到另外的平台上时，也不需要做出任何修改。这样，用户编写的 MATLAB 程序可以自由地在不同的平台之间转移，给用户带来非常大的方便。

⑨ MATLAB 具有完善的联机帮助功能。MATLAB 提供了十分详细的帮助文件，如 PDF、HTML、demo 文件等，同时 MATLAB 还提供了联机查询命令，如 help 命令、lookfor 关键词查询。MATLAB 自带的帮助系统是一个非常大的帮助手册。用户可以通过 MATLAB 的帮助系统，快速、精确地理解 MATLAB 的用法。

需要指出的是，由于 MATLAB 是一种脚本语言，因此与一般的高级语言相比，用 MATLAB 编写的程序运行起来时间可能要长一些。不过随着计算机运行速度的不断提高，这一缺点将会逐渐弱化。而且因为用户使用 MATLAB 编写程序比较省时间，从编写程序到运行完程序的总时间来说，使用 MATLAB 仍然比使用其他语言节省时间。因此，相对于 MATLAB 的优点而言，它的这一缺点也是微不足道的。随着 MATLAB 版本的不断升级，这一缺点还会更加弱化。学习并掌握 MATLAB，一定会给读者的学习与工作带来极大的方便和帮助。

3.2 MATLAB R2022b 的工作环境

启动 MATLAB R2022b 后，首先出现如图 3.2.1 所示的启动界面，其中显示了 MATLAB 的版本等相关信息。然后进入如图 3.2.2 所示的 MATLAB R2022b 工作界面，包括工具箱、当前文件夹窗口、命令行窗口、工作区等。MATLAB R2022b 与以前的版本有很大的不同，它的工作界面中没有菜单，而是变成三个工具箱，分别为主页、绘图和 APP。

图 3.2.1　MATLAB R2022b 启动界面

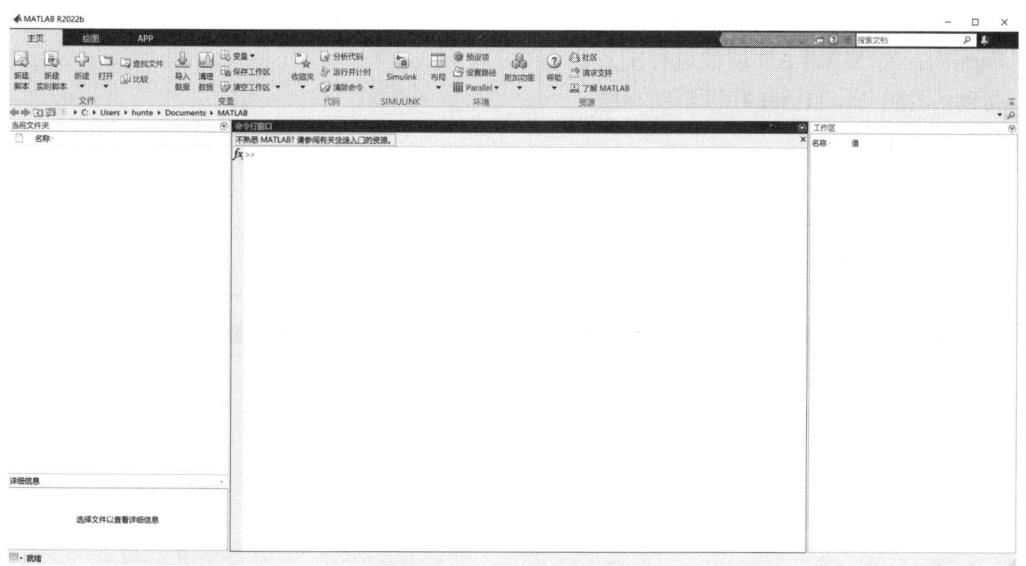

图 3.2.2　MATLAB R2022b 工作界面

3.2.1　工具箱

（1）主页工具箱

主页工具箱如图 3.2.3 所示，主要选项简单说明如下。

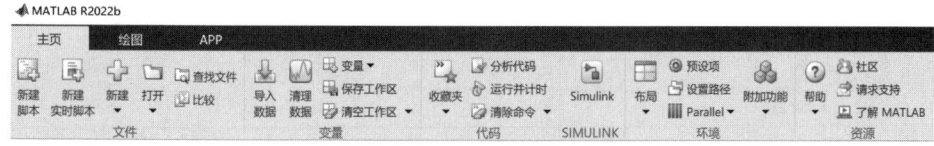

图 3.2.3　主页工具箱

新建脚本和新建实时脚本：用于新建 MATLAB 的脚本文件。

新建：新建 MATLAB 的脚本文件、函数文件、类、图形用户界面、Simulink 仿真等。

打开：打开 MATLAB 的 .m 文件、.fig 文件、.mat 文件、.mdl 文件、.prj 文件等。

查找文件：查找 MATLAB 文件。

• 45 •

比较：打开选择文件或文件夹比较对话框。

导入数据：将数据导入工作区。

变量：新建变量，新建 MATLAB 变量；打开变量，打开 MATLAB 变量编辑器。

保存工作区：将工作区中的变量保存到文件中。

清空工作区：变量，清除工作区中的变量；所有函数和变量，清除工作区中的所有函数和变量。

分析代码：分析 MATLAB 程序。

运行并计时：打开运行时间分析器。

清除命令：命令行窗口，清除命令行窗口；命令历史记录，清除命令历史记录。

Simulink：打开 Simulink 仿真工具箱。

布局：打开"布局"下拉列表，从中可以选择需要的布局。

预设项：打开"属性设置"对话框，用于设置 MATLAB 属性。

设置路径：打开"设置搜索路径"对话框，用于设置搜索路径。

Parallel：对 MATLAB 属性进行配置。

帮助：打开 MATLAB 联机帮助功能。

（2）绘图工具箱

在 MATLAB 中，直接给出了绘制二维、三维、四维图形的快捷按钮。先选中变量，要绘制哪种图形，直接单击对应的按钮即可。绘图工具箱如图 3.2.4 所示，单击右边的下拉按钮，可以看到更多的图形选项，如图 3.2.5 所示。主要选项简单说明如下。

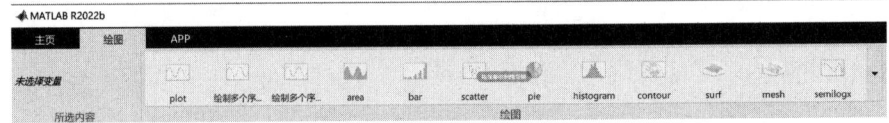

图 3.2.4　绘图工具箱

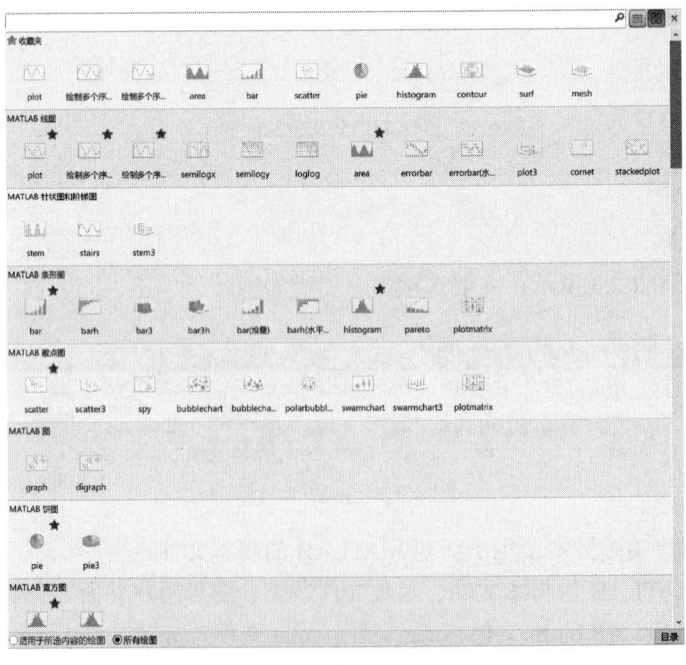

图 3.2.5　绘图下拉菜单（部分）

plot：绘制 MATLAB 的基本二维图形。
area：绘制 MATLAB 的面积图。
bar：绘制 MATLAB 的条形图。
scatter：绘制 MATLAB 的散点图。
pie：绘制 MATLAB 的饼形图。
histogram：绘制 MATLAB 的直方图。
contour：绘制 MATLAB 的等高图。
surf：绘制 MATLAB 的三维曲线图。
mesh：绘制 MATLAB 的三维曲面图。
semilogx：绘制 x 和 y 坐标图，x 轴使用以 10 为底的对数刻度，y 轴使用线性刻度。

（3）APP 工具箱

APP 工具箱如图 3.2.6 所示，单击右边的下拉按钮，可以看到更多的选项，如图 3.2.7 所示。主要选项简单说明如下。

图 3.2.6　APP 工具箱

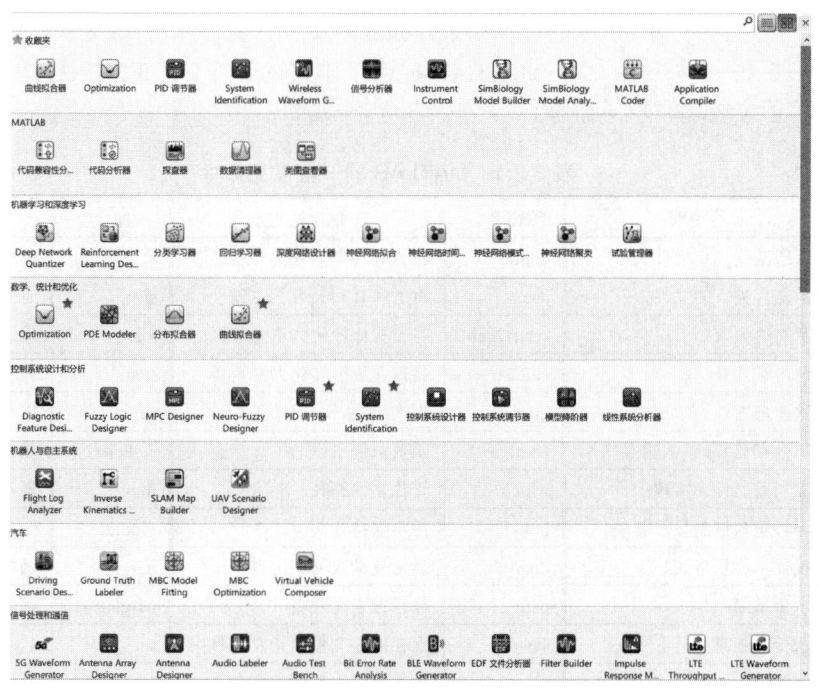

图 3.2.7　APP 下拉菜单（部分）

设计 App：打开 App 设计工具以创建和编辑 App。
获取更多 App：打开更多的 MATLAB 在线应用界面。
安装 App：打开 MATLAB 应用安装窗口。
App 打包：打开 MATLAB 应用打包窗口。

曲线拟合器：打开 MATLAB 曲线拟合工具窗口。
Optimization：打开 MATLAB 优化工具窗口。
PID 调节器：打开 MATLAB 内置的 PID 工具窗口。
System Identification：打开 MATLAB 系统识别工具窗口。
Wireless Waveform Generator：打开 MATLAB 无线波形发生器工具窗口。
信号分析器：打开 MATLAB 信号分析工具窗口。
Instrument Control：打开 MATLAB 的测试与测量工具窗口。
SimBiology Model Builder：在集成图形环境中建模生物系统。
SimBiology Model Analyzer：在集成图形环境中仿真和分析生物系统。
MATLAB Coder：从 MATLAB 代码生成独立的、可读性强的、可移植的 C/C++代码。
Application Compiler：从 MATLAB 中创建一个独立的应用程序。

3.2.2 命令行窗口

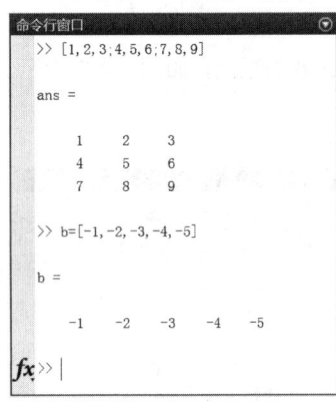

图 3.2.8 独立的命令行窗口

命令行窗口是进行 MATLAB 操作最主要的窗口。">>"为 MATLAB 命令提示符。在命令行中，可以用注释符"%"添加注释，可以用续行符"…"将单条语句分成多行，可以用分隔符";"将多条语句放在同一行中。命令后加";"表示不显示该命令的计算结果。独立的命令行窗口如图 3.2.8 所示。

MATLAB 提供了丰富的命令，表 3.2.1 中列出了一些常见命令。

表 3.2.1 MATLAB 的一些常见命令

命令	命令说明	命令	命令说明	命令	命令说明
cd	显示或改变工作文件夹	double	将 ASCII 码转化为数值	!	调用 DOS 命令
dir	显示文件夹下的文件	char	将 ASCII 码转化为字符	size	定义数组尺寸
type	显示文件内容	struct2cell	将结构体转化为单元数组	max	最大值
clear	清理内存变量	cell2struct	将单元数组转化为结构体	min	最小值
clf	清除图形窗口	inline	内嵌函数	sum	求和
pack	收集内存碎片，扩大内存空间	feval	函数求值	reshape	重排数组
clc	清除当前文件夹窗口	which	查找文件路径	input	提示输入
echo	命令行窗口信息显示开关	hold	图形保持开关	global	全局变量
format	设置数据显示格式	disp	显示变量或文字内容	nargin	函数输入变量个数
who	显示变量名	path	显示搜索文件夹	nargout	函数输出变量个数
whos	显示变量信息	save	保存内存变量到指定文件中	tic	启动秒表
linspace	区间等分	load	加载指定文件中的变量	toc	时间读数（秒）
length	数组长度	diary	日志文件	help	帮助
find	条件检索	quit	退出 MATLAB	lookfor	查找

3.2.3 工作区

工作区（Workspace）是 MATLAB 用于存储各种变量和结果的内存空间，其中显示了所有变量的名称、字节数、类型等信息，可以对变量进行观察、编辑、保存和删除操作。独立的工作区窗口如图 3.2.9 所示。

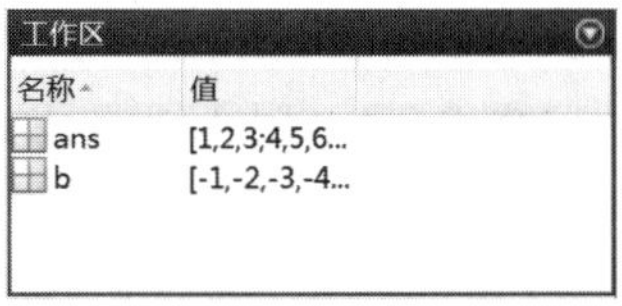

3.2.4 当前文件夹

当前文件夹（Current Folder）是指 MATLAB 运行时的工作文件夹。只有显示在当前文件夹或搜索文件夹中的文件，其函数才可以被运行或调用。如果没有特殊指明，数据文件也将存放在当前文件夹中。为了便于管理文件和数据，建议读者将自己的工作文件夹设置为当前文件夹，从而使得所有操作都在当前文件夹中进行。独立的当前文件夹窗口如图 3.2.10 所示。

图 3.2.9 独立的工作区窗口

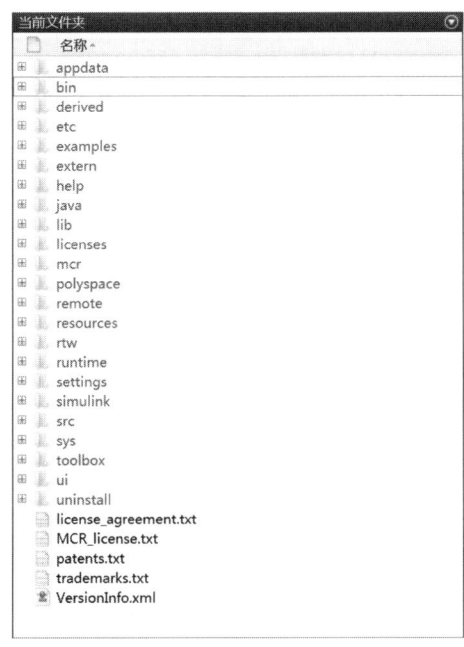

图 3.2.10 独立的当前文件夹窗口

在计算机中成功安装 MATLAB R2022b 后，在安装文件夹内已包含了 MATLAB 的一系列文件和文件夹，它们的主要用途说明如下。

\bin\win32：MATLAB R2022b 中可执行的相关文件。

\extern：创建 MATLAB R2022b 外部程序接口的工具。

\help：MATLAB R2022b 的帮助系统。

\java：MATLAB R2022b 的 Java 支持程序。

\rtw：MATLAB R2022b 的 Real-Time Workshop 软件包。

\simulink：MATLAB R2022b 的 Simulink 软件包，用于动态系统的建模、仿真和分析。

\sys：MATLAB R2022b 需要的工具和操作系统库。

\toolbox：MATLAB R2022b 的各种工具。

\uninstall：MATLAB R2022b 的卸载程序。

\license_agreement.txt：MATLAB R2022b 的软件许可协议的内容。

\patents.txt：MATLAB R2022b 的专利内容。

以上介绍的 MATLAB 工作环境中的相关内容，都可以直接使用帮助系统获得详细的使用说明，也可以进行分类搜索，获得具体子类的详细说明。

3.3 MATLAB 的变量、常量和数据类型

3.3.1 常量

在 MATLAB 中，常量也可以称为特殊变量，它们是系统自定义的变量。MATLAB 启动后，它们便驻留在内存中。常用的特殊变量为 ans。当最新的计算结果没有被指定给某个变量时，ans 负责接收它。MATLAB 中还有几个特殊变量：Pi 表示 π，inf 表示无穷大，i 或 j 表示虚数单位，esp 表示浮点运算的精度，NaN 表示不定值。另外，MATLAB 还保留了 4 个特殊变量：nargin（函数输入变量个数）、nargout（函数输出变量个数）、varagin（可变的函数输入变量个数）和 varagout（可变的函数输出变量个数）。这几个保留变量在写函数文件时比较有用。

MATLAB 数据显示格式默认为短格式（short），实数按小数点后 4 位长度显示。数据显示

格式可以使用 format 命令改变。显示格式的改变不会影响数据的实际值。

例 3.3.1 用不同的显示格式显示 sqrt(2)的值,详见表 3.3.1。

表 3.3.1 用不同的显示格式显示 sqrt(2)的值

显示格式	显示结果	说　　明
short	1.4142	小数点后 4 位数字
long	1.414213562373095	小数点后 15 位数字
hex	3ff6a09e667f3bcd	用十六进制数表示
bank	1.41	用金融数字表示
plus	+	用大矩阵数据表示,正数、负数和 0 分别用+、-和空格表示
short e	1.4142e+000	用科学记数法表示,5 位数字
long e	1.414213562373095e+000	用科学记数法表示,小数点后 15 位数字
short g	1.4142	从 short 和 short e 中选择最佳方式表示
long g	1.4142135623731	从 long 和 long g 中选择最佳方式表示
rational	1393/985	用近似有理数表示

在 MATLAB 编程时,可以利用函数 set()和函数 get()临时改变数据的格式,函数 set()获取当前的数据显示格式,函数 get()对当前数据的数据显示格式进行修改。

3.3.2 变量

在 MATLAB 中,变量是为一个数值指定的名称。当某个数值保存在内存中时,不可能直接从内存中访问该数值,只能通过为其指定的名称来访问该数值。变量的意思是变化的量,在程序运行的过程中,变量的值有可能会发生变化。MATLAB 使用变量存储数据,但变量不需要声明,直接使用。当 MATLAB 遇到一个新变量时,将自动建立变量并分配适当的内存空间。在 MATLAB 的工作区中可以随时查看变量的变化。变量名的第一个字符必须为英文字母,可以包含下画线和数字。MATLAB 区分大小写。在给变量命名时,最好能做到见名知意,这会给自己的程序设计带来方便。同时,不要使用系统的保留字。

3.3.3 数据类型

MATLAB 的数据类型包括基本数据类型(数值类型、逻辑类型、字符类型)和扩展数据类型(函数句柄、结构体、单元数组)。这 6 种数据类型都是按照数组形式存储和操作的。另外,MATLAB 中还有用于高级交叉编程的数据类型(面向对象的用户类型、Java 类型),本节只介绍三种基本数据类型。

(1) 数值类型

在 MATLAB 中,数值类型的数据包括有(无)符号的整数、单精度浮点数和双精度浮点数。在未加说明或特殊定义时,MATLAB 对所有数值按照双精度浮点数进行存储和操作。

有符号整数可以表示正整数、0 和负整数,无符号整数只能表示正整数和 0。由于 MATLAB 中数值的默认存储为双精度浮点数,因此必须通过转换函数(u)int8、(u)int16、(u)int32 和(u)int64 将待转换数值转换为最接近的 8 位、16 位、32 位和 64 位整数。MATLAB 同时提供了几类不同运算规则的取整函数,它们分别是:floor(x)(向下取整)、ceil(x)(向上取整)、round(x)(取最接近的整数)。如果小数部分是 0.5,则向绝对值大的方向取整。fix(x)向 0 取整。

单精度浮点数的存储位宽为 32 位,双精度浮点数的存储位宽为 64 位,它们可以通过函数

double()和函数 single()互相转换。双精度浮点数参与运算时，返回值的类型依赖于参与运算的其他数据的类型：双精度浮点数与逻辑类型、字符类型数进行运算时，返回结果为双精度浮点数；与单精度浮点数进行运算时，返回结果为单精度浮点数；与整数类型数进行运算时，返回结果为整数。单精度浮点数与逻辑类型、字符类型数进行运算时，返回结果为单精度浮点数。需要指出的是，单精度浮点数不能与整数进行算术运算。

MATLAB 的复数运算可以直接在复数域上进行，而不需要进行任何特殊的处理。复数的书写方法和运算表达形式与数学中复数的书写方法和运算表达形式完全相同，复数单位可以使用 i 和 j 来表示。MATLAB 提供了与复数相关的函数，例如，real(z)返回复数 z 的实部，abs(z)返回复数 z 的模，conj(z)返回复数 z 的共轭复数，imag(z)返回复数 z 的虚部，angle(z)返回复数 z 的辐角，complex(a,b)以 a 为实部、b 为虚部创建一个复数。

（2）逻辑类型

在 MATLAB 中，逻辑类型的变量只有"真"和"假"两个值。基本的逻辑运算有与、或、非、异或 4 种，分别用符号&、|、~、xor 表示。两个逻辑类型变量参与逻辑运算，"与"的运算规则是"全真则真，其余为假"；"或"的运算规则是"全假则假，其余为真"；"非"的运算规则是"非真则假，非假则真"；"异或"的运算规则是"相异为真，相同为假"。MATLAB 在给出逻辑运算的结果时，以 1 代表真，以 0 代表假；但是在判断一个变量是否为真时，以 0 代表假，以任意的非 0 值代表真。

MATLAB 的逻辑运算是以矩阵为基本运算单位的。如果两个维数相同的矩阵 *A* 和 *B* 参与运算，则将 *A* 和 *B* 中相同位置的元素按标量逻辑运算的规则进行计算，结果返回与 *A* 和 *B* 同样大小的矩阵，其元素由相同位置上的 *A* 和 *B* 中的元素进行逻辑运算的结果所决定。如果标量 *a* 和矩阵 *A* 参与运算，则将 *a* 与 *A* 中的所有元素进行逻辑运算，返回结果是由 0 和 1 组成的与 *A* 具有同样维数的矩阵。

（3）字符类型

在 MATLAB 中，字符类型的变量有字符和字符串两种，分别用 char 和 string 表示。字符类型都是以 2 字节的 Unicode（统一字符）编码存储的。一般用单引号括注一个字符类型变量。对每个字符，系统都有其对应的 ASCII 码值。字符串是 1*n 的字符类型数组，是单引号括注的一系列字符的组合。每个字符都是该字符串的一个元素。

MATLAB 提供了许多字符串函数，可以对字符类型的变量进行操作。

int2str()用于将整数转换为字符串，其调用格式为 str=int2str(A)。

num2str()用于将浮点数转换为字符串，其调用格式为 str=num2str(A)。

strcmp()用于两个字符串的比较，其调用格式为 tf=strcmp(s1,s2)。

strncmp()用于比较两个字符串的前 n 个字符，其调用格式为 tf=strncmp(s1,s2,n)。

strcmpi()用于比较两个字符串，不区分大小写，其调用格式为 tf=strcmpi(s1,s2)。

有关字符串函数的使用，读者可以参考 3.5.1 节的内容或查阅 MATLAB 的帮助文件。

3.4 MATLAB 的数值运算

3.4.1 向量运算

（1）向量的输入

在 MATLAB 中，可以直接按行方式输入向量中的每个元素；同一行中的元素用逗号","

或空格来分隔，且空格个数不限；所有元素都处于一对方括号"[ ]"内。

例如：
>> Time = [11 12 1 2 3 4 5 6 7 8 9 10]

显示结果：
Time =
  11 12 1 2 3 4 5 6 7 8 9 10

（2）向量的加、减和数乘运算

向量的加、减运算要求参与运算的向量有相同的维数，且对应的元素相加、减。向量的数乘就是将向量中的每个元素乘以该数。

例如：
>>a=[1,1,1];b=[8,1,6];
>>a+b
>>a-b
>>b*2

显示结果：
a+b=
  9 2 7
a-b=
  -7 0 -5
b*2=
  16 2 12

（3）向量的点积

格式：C = dot(A,B)

说明：若 A、B[①]为长度相同的向量，则返回它们的点积。

例如：
>>x=[-1 0 2];y=[-2 -1 1];
>>z=dot(x,y)

显示结果：
z =
  4

（4）向量的叉积

在数学上，两个向量的叉积是一个过两个相交向量的交点且垂直于两个向量所在平面的向量。在 MATLAB 中，用函数 cross() 实现。

格式：C = cross(A,B)

说明：若 A、B 为向量，则返回 A 与 B 的叉积，即 $C=A×B$，其中 A、B 必须是含有三个元素的向量。

例 3.4.1 计算垂直于向量(1,2,3)和(4,5,6)的向量。

解 >>a=[1 2 3];b=[4 5 6];
 >>c=cross(a,b)

显示结果：
c=
  -3 6 -3

---

① MATLAB 中变量名均为正体，为叙述方便，说明中用黑斜体形式表示矩阵和向量。

可得，垂直于向量(1,2,3)和(4,5,6)的向量为±(-3,6,-3)。

（5）向量的混合积

向量的混合积由以上两个函数 dot()、cross()共同实现。

例 3.4.2 计算向量 a=(1,2,3)、b=(4,5,6)和 c=(-3,6,-3)的混合积 $a \cdot (b \times c)$。

解 >>a=[1 2 3]; b=[4 5 6]; c=[-3 6 -3];
　　　>>x=dot(a,cross(b,c))

显示结果：
　　　x =
　　　　　54

注意：先计算叉积后计算点积，顺序不可颠倒。

（6）向量的范数

格式：n = norm(X)

说明：X 为向量，求其欧几里得范数（2-范数），即 $\|X\|_2 = \sqrt{\sum_k |x_k|^2}$。

格式：n = norm(X,inf)

说明：求向量 X 的 ∞-范数，即 $\|X\|_\infty = \max(\text{abs}(X))$。

格式：n = norm(X,1)

说明：求向量 X 的 1-范数，即 $\|X\|_1 = \sum_k |x_k|$。

3.4.2 矩阵运算

（1）矩阵的输入

在 MATLAB 中，可以直接按行方式输入矩阵中的每个元素；同一行中的元素用逗号","或空格符来分隔，且空格个数不限；不同的行用分号";"分隔；所有元素都处于一对方括号"[ ]"内。

例如：
　　　>> Matrix_B = [1 2 3;2 3 4;3 4 5]

显示结果：
　　　Matrix_B = 1 2 3
　　　　　　　　2 3 4
　　　　　　　　3 4 5

另外，可以直接用函数生成一些特殊的矩阵：

　　　B = zeros(n)　　　　%生成 $n \times n$ 全 0 矩阵
　　　Y = eye(n)　　　　　%生成 $n \times n$ 单位矩阵
　　　Y = ones(n)　　　　 %生成 $n \times n$ 全 1 矩阵
　　　H = hilb(n)　　　　 %返回 n 阶 Hilbert 矩阵，其元素为 H(i,j)=1/(i+j-1)
　　　H = invhilb(n)　　　%生成 n 阶逆 Hilbert 矩阵
　　　M = magic(n)　　　　%生成 n 阶魔方矩阵，该矩阵每行、每列及对角线元素之和相等

例 3.4.3 生成一个 3 阶 Hilbert 矩阵和一个 3 阶魔方矩阵。

解　>> format rat　　　　%以有理数形式输出
　　　>> H=hilb(3)
　　　H =
　　　　　1   1/2   1/3

```
            1/2    1/3    1/4
            1/3    1/4    1/5
>> M=magic(3)
M =
     8     1     6
     3     5     7
     4     9     2
```

（2）矩阵的加、减、乘和数乘运算

例 3.4.4　矩阵的加、减运算。

解
```
>>a=[1,1,1;1,2,3;1,3,6]; b=[8,1,6;3,5,7;4,9,2];
>>a+b
>> a-b
a+b=
     9     2     7
     4     7    10
     5    12     8
a-b=
    -7     0    -5
    -2    -3    -4
    -3    -6     4
```

例 3.4.5　矩阵相乘和数乘矩阵。

解
```
>>x= [2  3  4  5;1  2  2  1];
>>y=[0   1   1;
     1   1   0;
     0   0   1;
     1   0   0];
>>z=x*y
>>a=2*x
z=
     8     5     6
     3     3     3
a =
     4     6     8    10
     2     4     4     2
```

（3）矩阵的除运算和矩阵的逆运算

MATLAB 提供了两种除运算：左除（\）和右除（/）。在一般情况下，"x=a\b" 表示求方程 $ax=b$ 的解，而 "x=b/a" 表示求方程 $xa=b$ 的解。可以用函数 inv() 求矩阵的逆。

格式：Y=inv(X)

说明：该函数求矩阵 ***X*** 的逆矩阵。若 ***X*** 为奇异矩阵或近似奇异矩阵，将给出警告信息。

例 3.4.6　矩阵的除运算。

解
```
>>a=[1  2  3; 4  2  6; 7  4  9]; b=[4; 1; 2];
>>x=a\b
x=
    -1.5000
     2.0000
     0.5000
```

例 3.4.7 求矩阵 $A = \begin{pmatrix} 2 & 2 & 3 \\ 1 & -1 & 0 \\ -1 & 2 & 1 \end{pmatrix}$ 的逆矩阵。

解 >> a=[2 2 3;1 -1 0;-1 2 1]
　　　a =
　　　　2　　2　　3
　　　　1　-1　　0
　　　-1　　2　　1
　　>> y=inv(a)
　　　y =
　　　1.0000　-4.0000　-3.0000
　　　1.0000　-5.0000　-3.0000
　　-1.0000　　6.0000　　4.0000

计算结果与例 2.3.5 的相同。

如果 a 为非奇异矩阵，则 a\b 和 b/a 可通过 a 的逆矩阵与 b 矩阵相乘得到：
　　　　　　a\b = inv(a)*b,　　　　b/a = b*inv(a)

（4）矩阵转置

用运算符"'"可求矩阵 A 的转置矩阵 A^T。若矩阵 A 的元素为实数，则与线性代数中矩阵的转置相同。若 A 为复数矩阵，则矩阵 A 转置后的元素由矩阵 A 对应元素的共轭复数构成。

（5）矩阵的行列式

函数 det() 用于求矩阵 A 的行列式 det(A)。

例 3.4.8 求矩阵 $A = \begin{pmatrix} 2 & 3 & 5 \\ 1 & 2 & 0 \\ 0 & 3 & 5 \end{pmatrix}$ 的行列式。

解 >> a=[2 3 5;1 2 0;0 3 5]
　　　a =
　　　　2　　3　　5
　　　　1　　2　　0
　　　　0　　3　　5
　　>> d=det(a)
　　　d =
　　　　20

计算结果与例 2.3.4 中系数矩阵行列式的结果相同。

（6）矩阵的范数

格式：n = norm(A)
说明：A 为矩阵，求其欧几里得范数（2-范数），即 $\|A\|_2$。

格式：n = norm(A,1)
说明：求矩阵 A 的 1-范数，即 $\|A\|_1$。

格式：n = norm(A,inf)
说明：求矩阵 A 的 ∞-范数，即 $\|A\|_\infty$。

格式：n = norm(A,'fro')
说明：求矩阵 A 的 Frobenius 范数，即 $\|A\|_F = \sqrt{\sum_i \sum_j |a_{ij}|^2}$。

例 3.4.9 求矩阵 $A = \begin{pmatrix} 4 & -3 \\ 2 & 1 \end{pmatrix}$ 的 1-范数、2-范数和 ∞-范数。

解　>> a=[4 −3;2 1]
　　　a =
　　　　　4　−3
　　　　　2　 1
　　>> c1=norm(a,1)　　　　%1-范数
　　c1 =
　　　　6
　　>> c2=norm(a)　　　　　%2-范数
　　c2 =
　　　　5.1167
　　>> c3=norm(a1,inf)　　　%∞-范数
　　c3 =
　　　　7

计算结果与例 2.3.15 的相同。

（7）矩阵的条件数

格式：c = cond(X)

说明：求矩阵 X 的 2-范数的条件数。

格式：c = cond(X,p)

说明：求矩阵 X 的 p-范数的条件数，p 的值可以是 1、2、inf 或者 'fro'。

线性方程组 $AX=b$ 的条件数是一个大于或者等于 1 的实数，用来衡量数据中的扰动，也就是 A 或 b 对解 X 的灵敏度。一个差条件的方程组的条件数很大。条件数的定义：$cond(A) = \|A\|\|A^{-1}\|$。

例 3.4.10 求矩阵 $A = \begin{pmatrix} 2 & 6 \\ 2 & 6.0001 \end{pmatrix}$ 的 ∞-范数的条件数。

解　>> a=[2 6 ;2 6.0001]
　　a =
　　　　2.0000　6.0000
　　　　2.0000　6.0001
　　>> b=cond(a,inf)
　　b =
　　　　4.8001e+05

计算结果与例 5.5.4 的相同。

例 3.4.11 求矩阵 $A = \begin{pmatrix} 10 & 7 & 8 & 7 \\ 7 & 5 & 6 & 5 \\ 8 & 6 & 10 & 9 \\ 7 & 5 & 9 & 10 \end{pmatrix}$ 的 2-范数的条件数。

解　>> a=[10 7 8 7;7 5 6 5;8 6 10 9;7 5 9 10]
　　a =
　　　　10　 7　 8　 7
　　　　 7　 5　 6　 5
　　　　 8　 6　10　 9
　　　　 7　 5　 9　10
　　>> b=cond(a,2)

b =

   2.9841e+03

计算结果与例 5.5.5 的相同。

（8）矩阵的秩

格式：k=rank(A)

说明：用默认的允许误差计算矩阵的秩。

格式：k=rank(A,tol)

说明：用给定的允许误差计算矩阵的秩。

矩阵的秩反映了矩阵中各行向量之间和各列向量之间的线性关系。对于满秩矩阵，秩等于行数或列数，其各行向量或各列向量都线性相关。

例 3.4.12 求矩阵 $A = \begin{pmatrix} 1 & 2 & 3 \\ 3 & 4 & 5 \\ 7 & 8 & 9 \end{pmatrix}$ 的秩。

解 >>a=[1 2 3 ;3 4 5;7 8 9];

>>r=rank(a)

r=2

（9）矩阵的迹

格式：b=trace(A)

说明：求矩阵的迹。

矩阵的迹等于矩阵的对角线元素之和，也等于矩阵的特征值之和。

例 3.4.13 求 5 阶魔方矩阵的迹。

>> a=magic(5)

a =

   17 24   1   8 15
   23   5   7 14 16
    4   6 13 20 22
   10 12 19 21   3
   11 18 25   2   9

>> b=trace(a)

b =

   65

3.5 MATLAB 的符号运算

3.5.1 字符串运算

在 MATLAB 中，字符串一般用 ASCII 码值的数值数组作为字符串表达式。字符串是由单引号括起来的简单文本。字符串中的每个字符是数组里的一个元素。因为字符串是数值数组，所以它们可以用 MATLAB 中所有可用的数组操作工具进行操作。

MATLAB 提供了许多有用的字符串转换函数，见表 3.5.1。

MATLAB 还提供了许多字符串函数，见表 3.5.2。

表 3.5.1 字符串转换函数

字符串转换函数	说明
abs()	字符串转换成 ASCII 码值
dec2hex()	十进制数转换成十六进制字符串
fprintf()	把格式化的文本写到文件中或显示在屏幕上
hex2dec()	十六进制字符串转换成十进制数
hex2num()	十六进制字符串转换成 IEEE 浮点数
int2str()	整数转换成字符串
lower()	字符串转换成小写形式
num2str()	数字转换成字符串
setstr()	ASCII 码值转换成字符串
sprintf()	用格式控制，数字转换成字符串
sscanf()	用格式控制，字符串转换成数字
str2mat()	字符串转换成一个文本矩阵
str2num()	字符串转换成数字
upper()	字符串转换成大写形式

表 3.5.2 字符串函数

字符串函数	说明
eval(string)	作为一个 MATLAB 命令求字符串的值
blanks(n)	返回一个有 n 个 0 或空格的字符串
deblank()	去掉字符串中后面的空格
feval()	求由字符串给定的函数值
findstr()	从一个字符串中找出字符串
isletter()	当字符存在时返回真值
isspace()	当空格存在时返回真值
isstr()	如果输入的是一个字符串，则返回真值
lasterr()	返回上一个产生 MATLAB 错误的字符串
strcmp()	若字符串相同，则返回真值
strrep()	用一个字符串替换另一个字符串
strtok()	在一个字符串中找出第一个标记

3.5.2 符号表达式运算

符号表达式是代表数字、函数、算子和变量的 MATLAB 字符串或字符串数组。符号方程式是含有等号的符号表达式。无变量的符号表达式称为符号常量。符号表达式中的变量称为符号变量。当符号表达式中含有多于一个的变量时，只有一个变量是独立变量。可以使用函数 sym() 和 syms() 创建符号表达式。使用函数 sym() 直接创建符号表达式，不需要在前面有任何说明，因此使用非常方便。其格式为 var=sym('var')，这样就创建了一个符号变量 var。函数 syms() 的功能比函数 sym() 更强，它可以一次创建任意多个符号变量。其格式为 syms var1,var2,…, varN，这样就创建了 N 个符号变量。

符号表达式可以进行如下运算。

（1）提取分子和分母

如果表达式是一个有理分式（两个多项式之比），或者可以展开为有理分式（包括那些分母为 1 的分式），可利用 numden 命令来提取分子或分母。在必要时，numden 命令会将表达式合并、有理化并返回所得的分子和分母。

例 3.5.1 提取 $h=\dfrac{x^2+3}{2x-1}+\dfrac{3x}{x-1}$ 中的分子和分母。

解　>> h=' (x^2+3)/(2*x-1)+3*x/(x-1) ';   %定义一个有理多项式的和式
　　>> [n,d]=numden(h)   %有理化后提取
　　n=
　　　x^3+5*x^2-3   %n 为分子
　　d=
　　　(2*x-1)*(x-1)   %d 为分母

（2）标准代数运算

很多标准的代数运算都可以在符号表达式上执行，例如，函数 symadd()、symsub()、symmul() 和 symdiv() 分别对应符号表达式的加、减、乘和除运算。

例 3.5.2 对给定两个函数 $f=2x^2+3x-5$，$g=x^2-x+7$ 进行加、减、乘、除运算。

解　>> f = ' 2*x^2+3*x-5 ';　　　%定义符号表达式
　　　>> g = ' x^2-x+7 ';
　　　>> symadd(f,g)　　　　　　%求 f 与 g 的和
　　　　ans=
　　　　　　3*x^2+2*x+2
　　　>> symsub(f,g)　　　　　　%求 f 与 g 的差
　　　　ans=
　　　　　　x^2+4*x-12
　　　>> symmul(f,g)　　　　　　%求 f 与 g 的积
　　　　ans=
　　　　　　(2*x^2+3*x-5)*(x^2-x+7)
　　　>> symdiv(f,g)　　　　　　%求 f 与 g 的商
　　　　ans=
　　　　　　(2*x^2+3*x-5)/(x^2-x+7)

（3）高级运算

MATLAB 提供了对符号表达式执行更高级运算的功能。函数 compose()用于把 $f(x)$ 和 $g(x)$ 复合成 $f(g(x))$。函数 finverse()用于求函数的逆，如果逆不唯一，则给出警告。而函数 symsum() 用于求表达式的符号和。

例 3.5.3　求给定两个函数 $f(x)=\dfrac{1}{1+x^2}$，$g=\sin(x)$ 的复合函数 $f(g(x))$ 和 $g(f(x))$。

解　>> f = ' 1/(1+x^2) ';　　　　%定义符号表达式
　　　>> g = ' sin(x) ';
　　　>> compose(f,g)　　　　　%求复合函数 f(g(x))
　　　　ans=
　　　　　　1/(1+sin(x)^2)
　　　>> compose(g,f)　　　　　%求复合函数 g(f(x))
　　　　ans=
　　　　　　sin(1/(1+x^2))

（4）变换函数

函数 sym()可获取一个数字参量并将其转换为符号表达式。函数 numeric()和 eval()把一个符号常数（无变量符号表达式）转换为一个数值。函数 sym2poly()将符号表达式变换成它的 MATLAB 等价系数向量。函数 poly2sym()的功能正好相反，并允许用户指定所得符号表达式中的变量名。

例 3.5.4　变换函数举例。

解　>> phi =' (1+sqrt(5))/2 ';　　%黄金分割比例
　　　>> numeric(phi)　　　　　　%变换为相应的数值
　　　　ans=
　　　　　　1.6180
　　　>> eval(phi)　　　　　　　　%完成字符串(1+sqrt(5))/2 的变换
　　　　ans=
　　　　　　1.6180
　　　>> f=' 2*x^2+x^3-3*x+5 ';　　%f 是一个符号表达式
　　　>> n=sym2poly(f)　　　　　　%提取系数向量的值
　　　n=
　　　　　1　　2　　-3　　5
　　　>> poly2sym(n)　　　　　　　%重新生成原有的符号表达式
　　　　ans=

```
        2*x^2+x^3-3*x+5
>> poly2sym(n,' s ')        %重新生成自变量为 s 的符号表达式
ans=
        s^3+2*s^2-3*s+5
```

（5）符号表达式画图

在许多场合，将符号表达式可视化会更方便。MATLAB 提供了函数 ezplot()来完成该任务。

例 3.5.5　符号表达式可视化举例。

解　
```
>> y=' -16*x^2+64*x+96 ';    %定义用于绘图的符号表达式
>> ezplot(y)
```

符号表达式-16*x^2+64*x+96（x>=-2π，x<=2π）对应的可视化图形如图 3.5.1 所示。

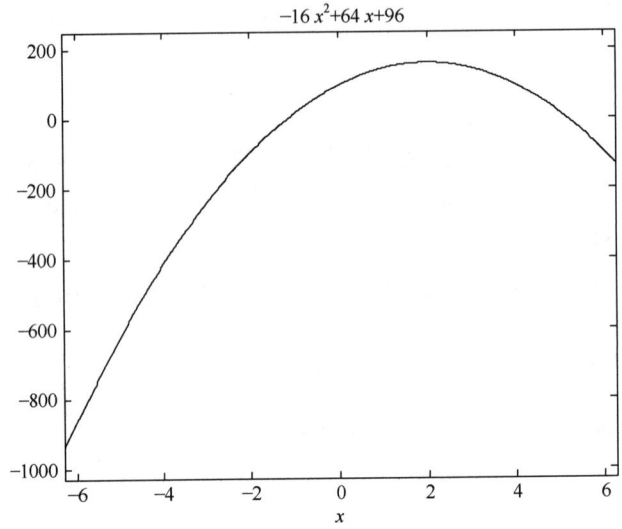

图 3.5.1　可视化符号表达式-16*x^2+64*x+96（x>=-2π，x<=2π）

（6）符号表达式简化和格式化

MATLAB 提供了许多命令来简化或改变符号表达式。

例 3.5.6　简化和格式化符号表达式举例。

解
```
>> f=sym( '(x^2-1)*(x-2)*(x-3) ');    %定义一个函数
>> collect(f)                         %合并同类项
ans=
        x^4-5*x^3+5*x^2+5*x-6
>> hornor(ans)                        %变为嵌套（霍纳）形式
ans=
        -6+(5+(5+(-5+x)*x)*x)*x
>> factor(ans)                        %表示为符号表达式的因式乘积
ans=
        (x-1)*(x-2)*(x-3)*(x+1)
>> expand(f)                          %表示为各项乘积的和
ans=
        x^4-5*x^3+5*x^2+5*x-6
>> simplify( ' log(2*x/y) ' )         %化简符号表达式
ans=
        log(2)+log(x) -log(y)
```

```
>> simplify(' (-a^2+1)/(1-a) ')
ans=
    a+1
```

3.5.3 符号矩阵运算

（1）符号矩阵的生成

在 MATLAB 中，输入符号矩阵要使用函数 sym()，符号矩阵中的元素可以是任意的符号或者符号表达式，而且长度没有限制。注意，要将方括号放在用于创建符号表达式的单引号中。也可以用函数 syms()先定义一些必要的符号变量，再像定义普通矩阵一样输入符号矩阵。

例 3.5.7 输入符号矩阵举例。

解
```
>> sym_digits = sym('[1 2 3;a b c;sin(x)cos(y)tan(z)]')
sym_digits =
    [     1      2      3 ]
    [     a      b      c ]
    [ sin(x)cos(y)tan(z) ]
>> syms  a  b  c ;
>> M1 = sym('Classical');
>> M2 = sym(' Jazz');
>> M3 = sym('Blues');
>> syms_matrix = [a   b   c; M1,M2,M3;int2str([2   3   5])]
syms_matrix =
    [     a      b      c ]
    [ Classical  Jazz  Blues ]
    [     2      3      5 ]
```

（2）符号矩阵的运算

用函数 symadd()、symsub()、symmul()和 symdiv()可以对符号矩阵进行加、减、乘、除运算，用函数 sympow()可以计算乘幂，用函数 transpose()可以计算符号矩阵的转置，用函数 inverse()和函数 determ()可以计算符号矩阵的逆矩阵及行列式，用函数 charpoly()可以求解矩阵的特征多项式，用函数 eigensys()可以求解符号矩阵的特征值和特征向量。

例 3.5.8 符号矩阵运算举例。

解
```
>> G=sym(' [cos(t),sin(t);-sin(t),cos(t)] ');    %定义符号矩阵
>> symadd(G,' t ')                                %每个元素均与 t 相加
ans=
    [ cos(t)+t,sin(t)+t]
    [-sin(t)+t,cos(t)+t]
>> G1=symmul(G,G)                                 %矩阵的乘积，也可用函数 sympow(G,2)
G1=
    [cos(t)^2-sint(t)^2,   2*cos(t)*sin(t)]
    [-2*cos(t)* sin(t),    cos(t)^2-sin(t)^2]
>> simple(G1)                                     %化简
G1=
    [cos(2*t), sin(2*t)]
    [-sin(2*t),cos(2*t)]
>> H=sym(hilb(3)) ;                               %定义三阶 Hilbert 矩阵
```

```
>> determ(H)                        %求行列式
ans=
      1/2160
>> J=inverse(H)                     %求矩阵的逆
J=
      [9,      -36,     30]
      [-36,    192,    -180]
      [30,    -180,    180]
>> determ(J)                        %求逆矩阵的行列式
ans=
      2160
>> F=sym(' [1/2,1/4;1/4,1/2] ') ;    %定义符号矩阵
>> eigensys(F)                      %求矩阵的特征值
ans=
      [3/4]
      [1/4]
>> [V,E]=eigensys(F)                %求矩阵的特征值 E 和特征向量 V
V=
      [-1,1]
      [ 1,1]
E=
      [1/4]
      [3/4]
```

3.5.4 符号微积分运算

（1）求极限

格式：limit(F,x,a)

说明：计算 $F(x)$ 的极限值，当 $x \to a$ 时。

格式：limit(F,a)

说明：用命令 findsym(F)确定 $F()$ 中的自变量并设为变量 x，再计算 $F(x)$ 的极限值，当 $x \to a$ 时。

格式：limit(F)

说明：用命令 findsym(F)确定 $F()$ 中的自变量并设为变量 x，再计算 $F(x)$ 的极限值，当 $x \to 0$ 时。

格式：limit(F,x,a,'right')   或   limit(F,x,a,'left')

说明：计算 $F(x)$ 的单侧极限，左极限 $x \to a^-$ 或右极限 $x \to a^+$。

例 3.5.9　求极限运算举例。

解
```
>>syms x a t h n;
>>L1 = limit((cos(x) −1)/x)
>>L2 = limit(1/x^2,x,0,'right')
>>L3 = limit(1/x,x,0,'left')
>>L4 = limit((log(x+h) −log(x))/h,h,0)
>>v = [(1+a/x)^x, exp(-x)];
>>L5 = limit(v,x,inf,'left')
>>L6 = limit((1+2/n)^(3*n),n,inf)
L1 =
     0
```

```
      L2 =
             inf
      L3 =
             -inf
      L4 =
             1/x
      L5 =
             [ exp(a), 0]
      L6 =
             exp(6)
```

（2）符号函数的微分

微分函数 diff(S)有以下 4 种格式。

格式：diff(S,'v')　或　diff(S,sym('v'))

说明：对符号表达式 S 中指定的符号变量 v 计算 S 的一阶导数。

格式：diff(S)

说明：对符号表达式 S 中的符号变量 v 计算 S 的一阶导数，其中 v=findsym(S)。

格式：diff(S,n)

说明：对符号表达式 S 中的符号变量 v 计算 S 的 n 阶导数，其中 v=findsym(S)。

格式：diff(S,'v',n)

说明：对符号表达式 S 中指定的符号变量 v 计算 S 的 n 阶导数。

例 3.5.10　微分举例。

解
```
>> f= 'a*x^3+x^2-b*x-c';         %定义符号表达式
>> diff(f)                        %求默认变量 x 的微分
ans=
    3*a*x^2+2*x-b
>> diff(f,'a')                    %求变量 a 的微分
ans=
    x^3
>> diff(f,2)                      %求变量 x 的二阶微分
ans=
    6*a*x+2
>> diff(f,'a',2)                  %求变量 a 的二阶微分
ans=
    0
```

（3）符号函数的积分

积分函数 int(S)，其中 S 是一个符号表达式，它力图求出另一个符号表达式 F，使 diff(F)=f。同微分一样，积分函数也有多种格式。

格式：R = int(S,v)

说明：对符号表达式 S 中指定的符号变量 v 计算不定积分。要注意的是，符号表达式 R 只是函数 S 的一个原函数，后面没有带任意常数 C。

格式：R = int(S)

说明：对符号表达式 S 中的符号变量 v 计算不定积分，其中 v=findsym(S)。

格式：R = int(S,v,a,b)

说明：对符号表达式 S 中指定的符号变量 v 计算从 a 到 b 的定积分。

格式：R = int(S,a,b)

说明：对符号表达式 S 中的符号变量 v 计算从 a 到 b 的定积分，其中 v=findsym(S)。

例 3.5.11 积分举例。

解
```
>> f=' sin(s+2*x)';              %定义一个符号函数
>> int(f)                         %求变量 x 的积分
ans=
    -1/2*cos(s+2*x)
>> int(f,' s ')                   %求变量 s 的积分
ans=
    -cos(s+2*x)
>> int(f,pi/2,pi)                 %求变量 x 的从π/2 到π的定积分
ans=
    -cos(x)
>> int(f,' s ',pi/2,pi)           %求变量 s 的从π/2 到π的定积分
ans=
    cos(2*x) -sin(2*x)
>> int(f,' m ',' n ')             %求变量 x 的从 m 到 n 的定积分
ans=
    -1/2*cos(s+2*n)+1/2*cos(s+2*m)
```

3.5.5 符号方程求解

（1）求解单个代数方程

MATLAB 还提供了求解符号表达式的工具。如果符号表达式不是符号方程式，即不含等号，则在求解之前，函数 solve()将符号表达式置成等于 0。

例 3.5.12 求解方程举例。

解
```
>> solve(' a*x^2+b*x+c ')         %求二次方程的根
ans=
    [1/2/a* (-b+(b^2-4*a*c)^1/2)]
    [1/2/a* (-b- (b^2-4*a*c)^1/2)]
```

结果是符号向量，其元素是方程的两个解。

（2）求解单个微分方程

MATLAB 中的函数 dsovle()可以计算常微分方程的符号解。用字母 D 来表示求微分，D2,D3,…表示重复求微分，并以此来设定方程。任何 D 后所跟的字母均为因变量。方程 $\frac{d^2y}{dx^2}=0$ 用符号表达式 D2y=0 来表示。独立变量可以指定或由 symvar 的规则选定为默认。

例 3.5.13 求一阶微分方程 $\frac{dy}{dx}=1+y^2$ 的通解。

解
```
>> dsovle( 'Dy=1+y^2 ' )          %求通解
ans=
    -tan(-x+C1)
```

其中，C1 是积分常数。

常用的符号运算函数，见表 3.5.3。

表 3.5.3　常用的符号运算函数

(a) 符号表达式的运算函数

函数	说明
numeric()	符号到数值的转换
pretty()	显示悦目的符号输出
subs()	替代子表达式
sym()	建立符号矩阵或表达式
symadd()	符号加法
symdiv()	符号除法
symmul()	符号乘法
symop()	符号运算
sympow()	符号表达式的幂运算
symrat()	有理数近似
symsub()	符号减法
symvar()	求符号变量

(b) 符号表达式的简化函数

函数	说明
collect()	合并同类项
expand()	展开
factor()	因式
simple()	求解最简形式
simplify()	简化
symsum()	和级数

(c) 符号多项式函数

函数	说明
charpoly()	特征多项式
horner()	嵌套多项式表示
numden()	分子或分母的提取
poly2sym()	系数向量到符号表达式的转换
sym2poly()	符号表达式到系数向量的转换

(d) 符号微积分函数

函数	说明
diff()	微分
int()	积分
jordan()	约当标准形
taylor()	按泰勒级数展开

(e) 求解符号方程函数

函数	说明
compose()	函数的复合
dsolve()	微分方程的求解
finverse()	函数逆
linsolve()	齐次线性方程组的求解
solve()	代数方程的求解

(f) 符号线性代数函数

函数	说明
charploy()	特征多项式
determ()	矩阵行列式的值
eigensys()	特征值和特征向量
inverse()	矩阵的逆
jordan()	约当标准形
linsolve()	齐次线性方程组的解
transpose()	矩阵的转置

3.6　MATLAB 的图形可视化

MATLAB 可以用二维、三维，甚至四维图形表示数据。通过对图形的线型、立面、色彩、光线、视角等属性的控制，可把数据的内在特征表现得淋漓尽致。下面简单介绍图形可视化的基本函数。

3.6.1　二维图形绘制

函数：plot()

用法：

plot(X,Y)：若 X,Y 均为实数向量，且为同维向量（可以不是同型向量），X=[x(i)], Y=[y(i)]，则 plot(X,Y)先描出点(x(i),y(i))，然后用直线依次相连。

plot(Y)：若 Y 为实数向量，Y 的维数为 m，则 plot(Y)等价于 plot(X,Y)，其中 X=1:m。

plot(X1,Y1,X2,Y2…)：按顺序分别取两个数据（如 X1 与 Y1）画图，其中参数 X1 与 Y1 是成对出现的。

plot(X1,Y1,LineSpec1,X2,Y2,LineSpec2…)：按顺序分别画出由三个参数（如 X1,Y1,LineSpec1）

定义的线条，其中，参数 LineSpec1,LineSpec2,…指明线型、标记符号和画线用的颜色，见表 3.6.1 至表 3.6.3。

表 3.6.1 线型

定义符	-	--	:	-.
线型	实线（默认值）	虚线	点线	点画线

表 3.6.2 标记符号

定义符	+	o①	*	.	×	d	∧
标记类型	加号	小圆圈	星号	实点	交叉号	菱形	向上三角形
定义符	∨	>	<	s	h	p	
标记类型	向下三角形	向右三角形	向左三角形	正方形	正六角星	正五角星	

注：① 英文小写字母 o。

表 3.6.3 颜色

定义符	r（red）	g（green）	b（blue）	c（cyan）	m（magenta）	y（yellow）	k（black）	w（white）
颜色	红色	绿色	蓝色	青色	品红	黄色	黑色	白色

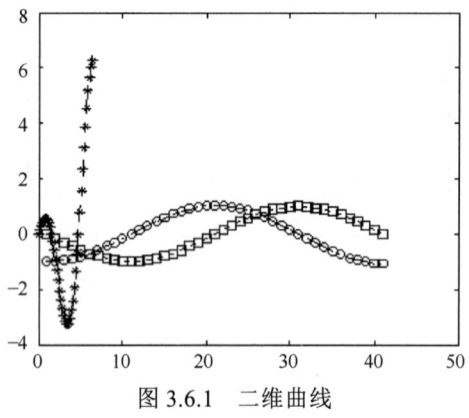

图 3.6.1 二维曲线

上述属性可用字符串来定义。

例 3.6.1 绘制二维曲线。

解 >>t = 0:pi/20:2*pi;
　　>>plot(t,t.*cos(t),'-.r*')
　　>>hold on
　　>>plot(exp(t/100).*sin(t-pi/2),'--mo')
　　>>plot(sin(t-pi),':bs')
　　>>hold off

绘制的二维曲线如图 3.6.1 所示。

MATLAB 除了直接绘制二维图形函数，还提供了各种用于分析结果的可视化功能函数。这些函数操作简单，使用方便，见表 3.6.4。

表 3.6.4 MATLAB 图形函数

函数	绘图功能	函数	绘图功能	函数	绘图功能
area()	填充面积图	fill()	填充多边形	ribbon()	三维带形图
bar()	条形图	fplot()	函数图	stem()	火柴杆图
barh()	水平柱图	rose()	扇形统计图	stairs()	台阶图
comet()	慧星形轨图	hist()	直方统计图	contour()	等高线图
errobar()	误差条形图	pareto()	Pareto 图	clabel()	等高线图仰角标签
ezplot()	函数图	pie()	饼形图	pcolor()	伪色图
feather()	箭头（矢量）图	plotmatrix()	矩阵点图	quiver()	场图

3.6.2 三维图形绘制

函数：plot3()

功能：将绘制二维图形的函数 plot() 的特性扩展到三维空间。

用法：函数格式除包括第三维的信息（如 z 方向）之外，其他与二维函数 plot() 相同。

格式：plot3(x1,y1,z1,S1,x2,y2,z2,S2…)

说明：x1,y1,z1,…是向量或矩阵；S1,S2,…是可选的字符串，用来指定颜色、标记符号或线型。

例 3.6.2 绘制三维螺旋线。

解 >> t=0:pi/50:10*pi;
　　 >> plot3(sin(t),cos(t),t)
　　 >> title('Helix'),xlabel('sint(t)'),ylabel('cos(t)'),zlabel('t')
　　 >> text(0,0,0, 'Origin')
　　 >> grid
　　 >> v = axis
　　 v =
　　　　　－1　1　－1　1　0　40

输出如图 3.6.2 所示。

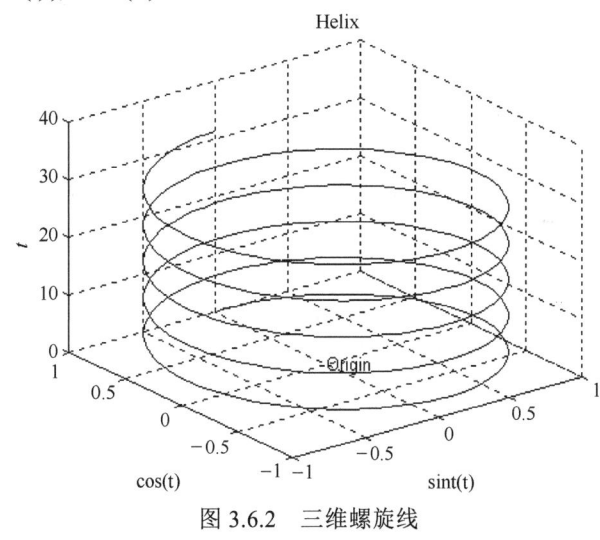

图 3.6.2　三维螺旋线

从例 3.6.2 可看出，二维图形的所有基本特性在三维图形中仍然存在。axis 命令扩展到三维空间后，只是返回 z 轴的界限（0 和 40），在数轴向量中增加两个元素。函数 zlabel() 用来指定 z 轴的数据名称。函数 grid() 在图形底部绘制三维网格。函数 test(x,y,z,'string') 在由三维坐标 (x,y,z) 所指定的位置放一个字符串。

MATLAB 可以对三维图形进行消隐、裁剪、缩放、色彩的调制和渲染及光照等处理。

无论绘制二维图形还是三维图形，都包含以下几个步骤：

① 绘制图形的数据，可以通过计算产生需要绘制图形的数组，从而能够确定图形的绘制范围。
② 在绘制多个子图时，设定子图的位置。
③ 选择不同的绘图函数绘制图形，并在绘图函数中设定图形的参数，如线型、颜色等。
④ 设置坐标轴的属性。
⑤ 添加图形注释，如坐标轴名称、图表名称等。

3.7　MATLAB 程序设计

3.7.1　MATLAB 的程序控制结构

MATLAB 的程序控制结构包括顺序结构、循环结构和选择结构。这些结构的设计与使用与其他编程语言有许多相同之处。

（1）顺序结构

顺序结构是 MATLAB 程序中最基本的结构，表示程序中的各个操作是按照它们出现的先后顺序执行的。在大多数情况下，顺序结构作为程序的一部分，与其他结构（如循环和选择结构）一起构成一个复杂的程序。

顺序结构主要包括数据的输入、计算或处理、输出等内容。

从键盘输入数据可以使用函数 input()，格式：

    a=input(提示信息,选项)

在命令行窗口中输出数据，可以使用函数 disp()和函数 fprintf()，格式：

    disp(输出项)

    fprintf(提示信息或输出格式,输出项)

（2）循环结构

MATLAB 的循环结构由 for 语句和 while 语句实现。这两种语句在应用时各有侧重，for 语句用于已知循环次数的循环，while 语句用于未知循环次数的循环。循环结构的作用是在满足循环条件的情况下重复执行循环体。

for 语句允许一组语句以预定且固定的次数重复。for 语句的一般格式：

```
for   x = array
    {commands}
end
```

在 for 和 end 之间的循环体{commands}按数组中的每列执行一次。在每次迭代中，x 被指定为数组的下一列，即在第 n 次循环中，x=array(:,n)。

例 3.7.1　for 语句举例。

解　>> for n=1:10
       x(n)=sin(n*pi/10);
   end
>> x
x =
  Columns 1 through 7
    0.3090   0.5878   0.8090   0.9511   1.0000   0.9511   0.8090
  Columns 8 through 10
    0.5878   0.3090   0.0000

注意：如果可以用一个等效的数组方法来求解给定的问题，应避免使用 for 语句。例 3.7.1 可被重写如下：

>> n=1:10;
>> x=sin(n*pi/10)
x =
  Columns 1 through 7
    0.3090   0.5878   0.8090   0.9511   1.0000   0.9511   0.8090
  Columns 8 through 10
    0.5878   0.3090   0.0000

两种方法可以得出同样的结果，而后者执行更快、更直观，并且要求较少的输入。后者也称为程序设计的向量化。

while 语句与 for 语句不同，while 语句以不确定的次数求一组语句的值。while 语句的一般格式：

```
while expression
    {commands}
end
```

只要表达式 expression 中的所有元素为真，就执行 while 和 end 之间的循环体{commands}。

通常，表达式的值为一个标量值，但数组也同样有效。如果为数组，则所得到数组的所有元素必须都为真。特别地，空数组被当作逻辑假，{commands}将不会执行。

例 3.7.2 Fibonacci 数组的元素满足 Fibonacci 规则：$a_{k+2}=a_k+a_{k+1}$ ($k=1,2,\cdots$)，且 $a_1=a_2=1$，求该数组中第一个大于 10000 的元素。

解 >>a(1)=1;a(2)=1;i=2;
　　>>while　a(i)<=10000
　　　　　a(i+1)=a(i-1)+a(i);　　%当现有的元素仍小于 10000 时，求下一个元素
　　　　　i=i+1;
　　　　end
　　>>i,a(i),
　　i =
　　　　21
　　ans =
　　　　10946

（3）选择结构

在很多情况下，命令的序列必须根据对关系的检验有条件地执行。在编程语言里，这种逻辑由某种 if…else…end 语句来提供。最简单的 if…end 语句格式：
　　if　expression
　　　　{commands}
　　end

如果表达式 expression 中的所有元素为真（非零），就执行 if 和 end 之间的循环体{commands}。

提供两种选择的 if…else…end 语句的格式：
　　if　expression
　　　　{commands1}
　　else
　　　　{commands2}
　　end

在这里，如果表达式 expression 为真，则执行第一组语句{commands1}；如果表达式 expression 为假，则执行第二组语句{commands2}。

例 3.7.3 用 for 和 if 语句来求 Fibonacci 数组中第一个大于 10000 的元素。

解 >>n=100;a=ones(1,n);
　　>>a(1)=1;a(2)=1;
　　>>for i=3:n
　　　　　a(i)=a(i-1)+a(i-2);
　　　　　if a(i)>=10000
　　　　　　　a(i),
　　　　　　　break;　　%跳出所在的一级循环
　　　　　end;
　　　end;
　　ans =
　　　　10946
　　>>i
　　i =
　　　　21

除了三种基本控制结构，MATLAB 还提供了多重分支结构 switch，用于对异常进行处理的

置于 for（或 while）循环内的语句 try…catch，根据条件执行的 continue、break、pause 语句，以及函数返回语句 return。这些语句都与其他编程语言（如 C++语言等）相同或相似。编程时，可通过帮助功能进行查阅，十分方便。

3.7.2 MATLAB 文件

MATLAB 的文件有两种：脚本文件和函数文件，都以.m 为扩展名，又称为 M 文件。

脚本文件也称命令文件，它是命令的简单叠加。MATLAB 会自动按顺序执行文件中的命令。脚本文件在运行过程中可以调用 MATLAB 工作区内的所有数据，所产生的变量均为全局变量，而且不需要预先定义。脚本文件没有参数的输入与输出，一般用来实现一个相对独立的功能。用户可以通过在命令行窗口中直接输入文件名来运行该脚本文件。

函数文件不进入命令行窗口，它是用文本编辑器创建的外部文本文件。函数文件可以从外部接收输入参数，运行结束后返回输出参数。函数文件的函数名和文件名必须相同。函数文件中的变量（特别声明的除外）均为局部变量，这些变量单独存放在函数的工作区内，不与 MATLAB 的工作区相互覆盖，等函数执行完后即可释放。MATLAB 的工作区内只保存输入参数和输出参数。函数文件以 function 开头，格式：

　　function　输出参数=函数名(输入参数)
　　　　语句
　　end

MATLAB 第一次执行一个函数文件时，将打开相应的文本文件并将文件中的命令编辑成存储器的内部表示，以加速执行以后所有的调用。函数可以有零个或多个输入参数，也可以有零个或多个输出参数。return 命令提供了一种结束函数的简单方法。

例 3.7.4　计算第 n 个 Fibonacci 数。

解　打开 MATLAB，编写如下程序：

```
function f=fibfun(n)
if n>2
    f=fibfun(n-1)+fibfun(n-2)
else
    f=1;
end
```

编写完毕，以 fibfun.m 为文件名存盘，然后在 MATLAB 命令行窗口中执行如下命令：

```
>>fibfun(17)
ans=
    1597
```

结果为第 17 个 Fibonacci 数。

3.7.3 MATLAB 程序调试方法

程序调试是指，在实际运行之前，将编写好的程序用手工或者编译器等方式测试、查找和纠正程序中的错误。这是保证程序正常运行的必不可少的步骤。有时调试工作所占用的时间甚至超过程序设计和代码编写所用时间的总和。程序中的错误一般有三类。

语法错误：引起语法错误的主要原因是拼写错误、标点符号的误用等。对这类错误，MATLAB 在运行程序时应该都能发现，同时会终止程序并提示错误信息。根据 MATLAB 提供的错误信息能够确定错误位置和错误原因，及时纠正错误。

逻辑错误：引起逻辑错误的原因有可能是算法存在问题，也有可能是用户对 MATLAB 的命令或函数使用不当造成程序实际运行的结果与预期的结果不符。这一类错误发生后，一般 MATLAB 不提供错误信息，或者提供的错误信息不能定位真正错误发生的位置。这一类错误通常发生在程序的运行过程中，引起错误的因素比较多，而且此时函数的工作区已经被清除，调试起来比较困难，工作量也比较大。

异常错误：引起异常错误的主要原因是，在程序执行过程中，不满足前置条件或后置条件，使程序出现执行错误，例如，等待读取的数据文件不在当前的搜索路径内等。

MATLAB 是一种边解释边执行的语言，具有良好的所见即所得特点，调试程序非常方便。MATLAB 不仅提供了一系列的调试函数用于调试工作，而且在编辑器中集成了程序调试工具，使用调试器可以方便地完成调试任务。MATLAB 的程序调试一般有以下三种方法。

（1）直接调试法

所谓直接调试法，就是直接根据 MATLAB 提供的错误信息纠正错误。此时可以使用一些调试技巧快速确定错误位置并及时纠正错误。例如，可以将重点怀疑语句的分号去掉，这样计算的中间结果就会在工作区中显示出来，便于判断错误与否。又如，在有疑问的程序段中添加输出语句，将变量的值输出，也便于判断错误与否。再如，在程序的适当位置添加 keyboard 命令，当 MATLAB 执行到此处时，将控制权交给键盘，这样就可以通过查看变量的方法检查程序执行过程中的变量值，便于判断错误与否，检查完毕后，在提示符后输入 return 命令，可以继续执行原来的程序。还可以将函数文件的第一行加%变成声明行，并定义输出变量的值，这样便可以在工作区内显示出函数的变量值，从而判断错误与否。

（2）函数调试法

MATLAB 提供了一系列调试函数，可以在调试程序时使用。这些函数主要用于程序执行过程中相关的显示、清除断点设置、单步执行等。在 MATLAB 命令行窗口中输入命令：

>> help debug

显示以下内容：

```
debug List MATLAB debugging functions
    dbstop      - Set breakpoint.
    dbclear     - Remove breakpoint.
    dbcont      - Resume execution.
    dbdown      - Change local workspace context.
    dbmex       - Enable MEX-file debugging.
    dbstack     - List who called whom.
    dbstatus    - List all breakpoints.
    dbstep      - Execute one or more lines.
    dbtype      - List file with line numbers.
    dbup        - Change local workspace context.
    dbquit      - Quit debug mode.

When a breakpoint is hit, MATLAB goes into debug mode, the debugger
window becomes active, and the prompt changes to a K>>.   Any MATLAB
command is allowed at the prompt.

To resume program execution, use DBCONT or DBSTEP.
To exit from the debugger use DBQUIT.
```

上述为系统输出调试函数及其用途简介。这些函数名都是以 db 开头的，例如，dbstop()设置断点、dbclear()清除断点、dbcont()重新执行、dbdown()和 dbup()变更本地工作区上下文、dbmex()使 MEX 文件调试有效、dbstack()列出函数调用关系、dbstatus()列出所有断点、dbstep()单步或多步执行、dbtype()列出 M 文件，包括行号、dbquit()退出调试模式。

以函数 dbstop()为例，该函数为断点设置函数，在程序的适当位置设置断点，使得 MATLAB 在断点前停止执行程序，以便检查各个局部变量的值。在 MATLAB 命令行窗口中输入命令：

>> help dbstop

显示以下内容：

dbstop - Set breakpoints for debugging
　　This MATLAB function sets a breakpoint at the first executable line in file.

　　　　dbstop in file
　　　　dbstop in file at location
　　　　dbstop in file if expression
　　　　dbstop in file at location if expression
　　　　dbstop if condition
　　　　dbstop(b)
　　另请参阅 dbclear, dbcont, dbquit, dbstack, dbstatus, dbstep, dbtype, keyboard, dbstop 的参考页

系统列出了函数 dbstop()的调用方法。其主要调用格式说明如下。

dbstop in file：当前文件夹或搜索路径，在文件名为 file 的文件中第 1 条可执行语句前设置断点。执行该函数后，当程序执行到 file 的第 1 条可执行语句时，暂时停止程序的执行，进入调试模式。此时，可以使用各种调试工具查看工作区变量的内容。

dbstop in file at location：当前文件夹或搜索路径，在文件名为 file 的文件的第 location 行上设置断点。执行该函数后，当程序执行到 file 的第 location 条可执行语句时，暂时停止程序的执行，进入调试模式。此时，可以使用各种调试工具查看工作区变量的内容。

dbstop in file if expression：执行该函数后，当程序执行遇到错误时，停止程序的执行，并停在产生错误的那一行（不包括 try…catch 语句中检测到的错误）处。此时，可以使用各种调试工具查看工作区变量的内容。

MATLAB 的其他调试函数，都可以用同样的方法了解其使用说明。

（3）工具调试法

MATLAB 的编辑器中提供了集成的程序调试工具，可以方便地对程序进行调试。

例如，单击编辑器工具栏中的"新建"按钮，编辑器自动新建一个名为 untitled 的文件。此时，工具栏中的大部分按钮为可用状态，如"断点"按钮、"运行"按钮等。这些按钮提供了部分调试函数的功能，使用非常方便。MATLAB 的编辑器如图 3.7.1 所示。

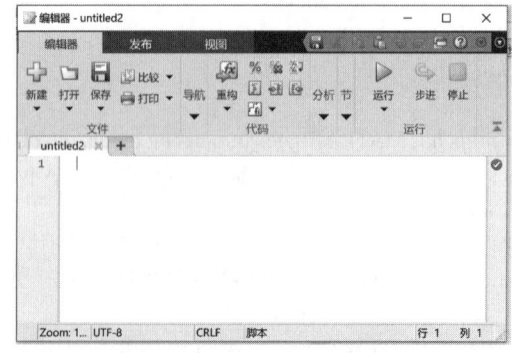

图 3.7.1　MATLAB 的编辑器

3.8 MATLAB 与 Python

1. Python 简介

Python 是由荷兰国家数学和计算机科学研究所的 Guido van Rossum 于 1989 年首次开发并于 1991 年发布的。Python 是一种通用型编程语言，拥有数量众多的第三方库可用于各种应用程序，包括 Web 开发、企业应用程序开发等。Python 是一种跨平台的编程语言，具有解释性、变异性、交互性和面向对象的特点。Python 的主要应用：开发控制台的应用程序；开发 Web 应用程序；处理数据；多媒体开发；系统编程，如 Windows 系统管理，可提高效能。

2. MATLAB 与 Python 的比较

MATLAB 与 Python 的主要区别在于，Python 是一种通用型编程语言，而 MATLAB 是一种用于工程和科学应用的计算平台。

Python 已经成为很多编程初学者的首选语言，因为它简单易学，可用于各种编程任务。MATLAB 则是许多工程师和科学家使用的编程语言，因为该语言是面向矩阵设计的，使其易于学习且非常适合解决工程和科学问题。MATLAB 可以进行矩阵运算、绘制函数和数据、实现算法、创建图形用户界面、连接其他编程语言的程序等，主要应用于工程计算、控制设计、信号处理与通信、图像处理、信号检测、金融建模设计与分析等领域。MATLAB 自带的 App 和其他交互式工具还能够自动生成 MATLAB 代码，从而进一步降低了使用门槛。

MATLAB 与以往的开发工具相比，功能更加强大，工作环境更加友好、全面。使用 MATLAB 可以像其他编程语言一样，通过编程实现本书中的所有算法。而且，更重要的是，由于 MATLAB 提供了许多经过优化的数值计算函数，因此在计算方法中具有非常广泛的应用。在本书的后续章节中，将从使用 MATLAB 程序和利用 MATLAB 内部的数值计算函数（MATLAB 函数）两个方面，实现本书的基本算法和部分例题。另外，选择一些典型算法，编写了 C 程序，目的是与相应的 MATLAB 程序进行比较。

本章小结

本章简要介绍现代数值计算软件 MATLAB R2022b 版，包括其主要特点、工作环境、基本命令、基本数据类型，以及向量和矩阵的运算、符号矩阵和符号微积分的运算、二维和三维图形的显示，以及程序控制结构和程序调试方法。与其他编程语言（如 Python）相比，MATLAB 具有明显的矩阵处理和图形处理方面的优势。

习题 3

3.1 数组 x 和 y 分别定义为 x=[7 4 3]，y=[-1 -2 -3]，要求：(1) 将 y 加到 x 之前产生新的数组 u 中；(2) 将 y 加到 x 之后产生新的数组 v 中。

3.2 给定一个向量：
    a=[4 -1 2 -8 4 5 -3 -1 6 -7]
编写一个程序，使 a 中的负元素加倍，运行程序，并显示结果。

3.3 给定一个向量：
    a=[4 -1 2 -8 4 5 -3 -1 6 -7]
编写一个程序，计算 a 中正元素的和，运行程序，并显示结果。

3.4 给定数组 x=[1:99]，编写程序移除 x 中的所有素数，然后计算其全部元素之和。

3.5 编写一个函数文件 fun_ex(x)，实现如下函数：
$$y = 0.8e^{-x} + x^3 \sin x$$

3.6 编写一个函数文件 fun_es(x)，实现如下函数：
$$f(x) = 1 + x + \frac{x^2}{2!} + \frac{x^3}{3!} + \cdots + \frac{x^n}{n!}$$

3.7 在指定的定义域内，绘制如下函数的图形：
$$y = \frac{1}{1+(x-2)^2} \qquad (0 \leqslant x \leqslant 4)$$

3.8 已知：
$$A = \begin{pmatrix} 1 & 2 & 3 \\ 0 & 1 & 4 \\ 3 & 0 & 2 \end{pmatrix}, \quad B = \begin{pmatrix} 4 & 1 & 2 \\ 3 & 2 & 1 \\ 0 & 1 & 2 \end{pmatrix}$$

计算 **C**=**A**+**B**，**D**=**A**-**B**，**E**=**AB**，**F**=**BA**。

3.9 已知：
$$B = \begin{pmatrix} 4 & 1 & 2 \\ 3 & 2 & 1 \\ 0 & 1 & 2 \end{pmatrix}$$

计算 **B** 的行列式和 **B** 的逆矩阵，并验证 **BB**$^{-1}$。

3.10 用 poly 命令将下列多项式表示为幂级数形式：
$$y=5(x-3)(x-4)(x+1)(x+3)$$

第4章 方程求根

学习要点

（1）方程求根的三个基本问题：根的存在性、根的分布、根的精确化。
（2）二分法：将隔离区间二等分，根据函数的符号变化逐步缩短隔离区间。
（3）迭代法：将方程 $f(x)=0$ 等价转换为 $x=\varphi(x)$，并构造迭代公式 $x_{k+1}=\varphi(x_k)$。
（4）牛顿迭代法：$x_{k+1}=x_k-\dfrac{f(x_k)}{f'(x_k)}$。
（5）迭代法的收敛性和收敛速度。

教学建议

在本章介绍的方程求根的各种方法中，迭代法和牛顿迭代法是重点，要求掌握用迭代法求解方程的基本思想、几何意义并理解收敛性定理的前提和结论，会构造方程求根的迭代公式并能进行收敛性判断。牛顿迭代法是特殊的迭代法，具有收敛速度快和应用广泛的特点，要求掌握牛顿迭代法及其收敛性。建议4～8学时。

4.1 引言

在科学计算中，常常需要求高次代数方程或超越方程 $f(x)=0$ 的解。方程 $f(x)=0$ 的解通常称为方程的根，或称为函数 $f(x)$ 的零点。

如果 $f(x)$ 为 n 次多项式

$$f(x)=a_n x^n+a_{n-1}x^{n-1}+\cdots+a_1 x+a_0 \quad (a_n\neq 0)$$

则称相应的方程 $f(x)=0$ 为 n 次代数方程。

如果 $f(x)$ 中含有三角函数、对数函数等其他超越函数，如

$$f(x)=\mathrm{e}^{-x}+\ln x-\sin\frac{\pi x}{2}$$

则称相应的方程 $f(x)=0$ 为超越方程。

方程的根可能是实数，也可能是复数，分别称为方程的实根和复根。本章主要介绍方程实根的求法。

如果对 x^* 有 $f(x^*)=0$，但 $f'(x^*)\neq 0$，则称 x^* 为方程 $f(x)=0$ 的单根。

如果有 $f(x^*)=f'(x^*)=\cdots=f^{(k-1)}(x^*)=0$，但 $f^{(k)}(x^*)\neq 0$，则称 x^* 为 $f(x)=0$ 的 k 重根。此时函数 $f(x)$ 可以表示为

$$f(x)=(x-x^*)^k g(x),\quad g(x^*)\neq 0$$

当 k 为奇数时，$f(x)$ 在点 x^* 处变号；当 k 为偶数时，$f(x)$ 在点 x^* 处不变号。

在大多数情况下，对高于4次的代数方程及超越方程没有精确的求根公式。一般而言，必须用数值计算方法求它的近似解。事实上，实际应用中也不一定需要得到根的精确表达式，只

要得到满足一定精度要求的近似解就可以。

求方程 $f(x)=0$ 的根一般包括下面三个基本问题。

（1）根的存在性

根的存在性要回答的问题：方程有没有根？如果有根，有几个根？

对代数方程，由代数学基本定理可知，其根（实根和复根）的个数与其次数相同。对超越方程，情况比较复杂，方程可能有解，也可能无解。如果有解，其解可能是一个或几个，也可能是无穷多个。这些问题已超出了本书的讨论范围。

（2）根的分布

根的分布是指先求出方程的有根区间，然后把有根区间分成若干子区间，每个子区间或者没有根，或者只有一个根。只有一个根的子区间称为根的隔离区间，在根的隔离区间内的任意一个值都可看成该根的一个近似值。

求出方程的有根区间后，就可以用图解法和试验法在有根区间内进行根的隔离。

图解法的思想：画出 $y=f(x)$ 的粗略图形，以便确定曲线 $y=f(x)$ 与 x 轴交点的粗略位置，从而确定根的隔离区间。

试验法的思想：求出 $f(x)$ 在若干点上的函数值，观察函数值符号的变化情况，从而确定根的隔离区间。具体做法：从有根区间 $[a,b]$ 的左端点 $a_0=a$ 开始，按一定的步长 h（如 $h=\dfrac{b-a}{n}$），逐步向右"搜索"，即检查节点 $x_k=a+kh$（$k=0,1,2,\cdots,n$）上函数值 $f(x_k)$ 的符号，若 $f(x_{k-1})\cdot f(x_k)\leqslant 0$，则所求根 x^* 必在 x_{k-1} 与 x_k 之间，从而确定根的隔离区间为 $[x_{k-1},x_k]$。

（3）根的精确化

当求出方程 $f(x)=0$ 的根的隔离区间后，可以取根的隔离区间内的任意一个值作为方程的近似值，然后设法将根的近似值进一步精确化，直到满足精度要求为止。本章后续几节将介绍几种根的精确化方法，如二分法、迭代法、牛顿迭代法等，这些方法对代数方程和超越方程都是适用的。

4.2 二分法

设函数 $f(x)$ 在区间 $[a,b]$ 内单调连续，且 $f(a)\cdot f(b)<0$，根据连续函数的性质可知方程 $f(x)=0$ 在 $[a,b]$ 内一定有唯一的实根。为确定起见，不妨设 $[a,b]$ 为根的隔离区间，即方程 $f(x)=0$ 在 $[a,b]$ 内有唯一的实根 x^*。

用二分法求方程 $f(x)=0$ 的实根 x^* 的近似值，主要思想：将含有根 x^* 的隔离区间二等分（简称二分），通过判断二分点与边界点函数值的符号，逐步对半缩小根的隔离区间，直至缩小到满足精度要求为止，然后取最后二分区间的中点作为根 x^* 的近似值。

具体步骤如下：

首先，把区间 $[a,b]$ 二分，取区间 $[a,b]$ 的中点 $x_0=\dfrac{1}{2}(a+b)$，计算函数值 $f(x_0)$。如果 $f(x_0)=0$，则求得实根 $x^*=\dfrac{1}{2}(a+b)$；否则，$f(x_0)$ 或者与 $f(a)$ 异号，或者与 $f(b)$ 异号。

若 $f(a)\cdot f(x_0)<0$，则说明根在区间 $[a,x_0]$ 内，这时取 $a_1=a$，$b_1=x_0=\dfrac{a+b}{2}$。

若 $f(x_0) \cdot f(b) < 0$，则说明根在区间 $[x_0, b]$ 内，这时取 $a_1 = x_0 = \dfrac{a+b}{2}$，$b_1 = b$。

无论是哪种情况，新的根的隔离区间 $[a_1, b_1]$ 的长度仅为原来根的隔离区间 $[a,b]$ 的一半，如图 4.2.1 所示。对 $[a_1,b_1]$ 重复上述二分过程，则会得到根的隔离区间序列：

$$[a,b] \supset [a_1,b_1] \supset [a_2,b_2] \supset \cdots \supset [a_k,b_k] \supset \cdots$$

其中，每个区间均为前一个区间的一半。经过 k 次二分后，可得新的根的隔离区间 $[a_k,b_k]$，其长度为

$$b_k - a_k = \frac{1}{2^k}(b-a) \qquad (4.2.1)$$

如果用上述步骤无限次地二分区间 $[a,b]$（$k \to \infty$），则根的隔离区间必定收缩为一点 x^*，显然，该点就是方程的根。

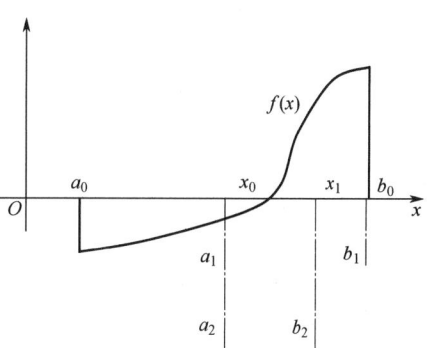

图 4.2.1　二分法示意图

在实际计算中，没有必要也不可能无限次地二分区间 $[a,b]$，只要求得满足预定精度的近似值即可。如果取根的隔离区间 $[a_k,b_k]$ 的中点 $x_k = \dfrac{1}{2}(a_k + b_k)$ 为 x^* 的近似值，则在上述二分过程中，可得到以 x^* 为极限的根的近似值序列 $x_0, x_1, x_2, \cdots, x_k, \cdots$，由于

$$\left| x^* - x_k \right| \leqslant \frac{1}{2}(b_k - a_k) = \frac{1}{2^{k+1}}(b-a) \qquad (4.2.2)$$

对预先给定的精度 $\varepsilon > 0$，只要 $\left| \dfrac{1}{2^{k+1}}(b-a) \right| < \varepsilon$，即 $\left| \dfrac{1}{2^k} \right| < \dfrac{2\varepsilon}{b-a}$，可得 $2^k > \dfrac{b-a}{2\varepsilon}$，所以当 $k > \dfrac{\ln(b-a) - \ln 2\varepsilon}{\ln 2}$ 时，有

$$\left| x^* - x_k \right| < \varepsilon$$

此时，x_k 就是满足精度要求的近似值。

例 4.2.1　用二分法求方程 $f(x) = \sin x - \dfrac{x^2}{4} = 0$ 的非零实根的近似值，使误差不超过 10^{-2}。

解　由于曲线 $y = \sin x$ 与 $y = \dfrac{x^2}{4}$ 除原点外有且只有一个交点，其横坐标介于 1.5～2 之间，因此，方程 $f(x) = 0$ 在 $[1.5, 2]$ 内只有唯一的非零实根 x^*。

由于 $\dfrac{2-1.5}{2^{k+1}} \leqslant 10^{-2}$，即 $2^{k+2} \geqslant 10^2$，因此可以确定所需的二分次数 $k=5$。

计算结果见表 4.2.1。

因此，$x^* \approx 1.93$。

表 4.2.1　例 4.2.1 的计算结果

k	a_k	b_k	x_k	$f(x_k)$
0	1.5	2	1.75	0.218 361
1	1.75	2	1.875	0.075 179 5
2	1.875	2	1.9375	−0.004 962 28
3	1.875	1.9375	1.906 25	0.035 813 793
4	1.906 25	1.9375	1.921 875	0.015 601 413
5	1.921 875	1.9375	1.929 687 5	0.005 363 40

例 4.2.2　用二分法求方程 $x^3 - x - 1 = 0$ 在 $[1,2]$ 内的近似值，精度为 10^{-3}，试问：要达到此精度至少二分多少次？

解　$f(x) = x^3 - x - 1$，$f(1) = -1$，$f(2) = 5$，且 $f'(x) = 3x^2 - 1 > 0$ 单调，故方程在 $[1,2]$ 内有唯一

表 4.2.2 例 4.2.2 的计算结果

n	a_n	b_n	x_n	$f(x_n)$的符号
0	1	2	1.5	+
1	1	1.5	1.25	−
2	1.25	1.5	1.375	+
3	1.25	1.375	1.3125	−
4	1.3125	1.375	1.3438	+
5	1.3125	1.3438	1.3281	+
6	1.3125	1.3281	1.3203	−
7	1.3203	1.3281	1.3242	−
8	1.3242	1.3281	1.3262	+
9	1.3242	1.3262	1.3252	+

的实根,由二分法误差估计可得 $|x^* - x_n| \leqslant \dfrac{b-a}{2^{n+1}} < 10^{-3}$,这里 $a=1$,$b=2$,由此可知,要使 $\dfrac{1}{2^{n+1}} < 10^{-3}$,则 $(n+1)\lg 2 \geqslant 3$,$n \geqslant \dfrac{3}{\lg 2} - 1$,因此,当 $n=9$ 时达到了所要求精度。计算结果见表 4.2.2。

可见,$x_9 = 1.3252$ 为方程的近似解。

由例 1.1.1 可知,方程 $x^3 - x - 1 = 0$ 在 [1,2] 内的精确解为

$$x = \sqrt[3]{\dfrac{1}{2} + \sqrt{\dfrac{23}{108}}} + \sqrt[3]{\dfrac{1}{2} - \sqrt{\dfrac{23}{108}}} = 1.324717958\cdots$$

例 4.2.3 证明 $1 - x - \sin x = 0$ 在 [0,1] 内仅有一个根,使用二分法求误差不大于 $\dfrac{1}{2} \times 10^{-4}$ 的根要二分多少次?

解 $f(x) = 1 - x - \sin x$,则 $f(0) = 1 > 0$,$f(1) = -\sin 1 < 0$。又因为 $f'(x) = -1 - \cos x < 0$,$x \in [0,1]$,所以 $f(x)$ 在 [0,1] 内单调递减。因此 $f(x)$ 在 [0,1] 内有且仅有一个根。使用二分法时,误差限为

$$|x_k - x^*| \leqslant \dfrac{1}{2^{k+1}}(b-a) = \dfrac{1}{2^{k+1}} < \dfrac{1}{2} \times 10^{-4}$$

解得

$$2^k \geqslant 10^4$$

$$k \geqslant \dfrac{4\lg 10}{\lg 2} = 13.2877$$

所以要二分 14 次。

二分法的优点:方法简单,编程容易,对函数 $f(x)$ 的性质要求不高,只要求 $f(x)$ 在根的隔离区间内连续,并且在两端点处的函数值异号。其收敛速度与公比为 $\dfrac{1}{2}$ 的等比级数的收敛速度相同。

二分法的缺点:只能求实函数的实根,不能求方程的复根和偶数重根。

如图 4.2.2 所示为二分法的算法框图,算法中 a 和 b 分别表示各有根区间的左、右端点,k 用于记录二分次数,N 为最大二分次数,ε_1 和 ε_2 为允许误差,当 $|f(x)| < \varepsilon_1$ 或 $b - a < \varepsilon_2$ 时停止计算。

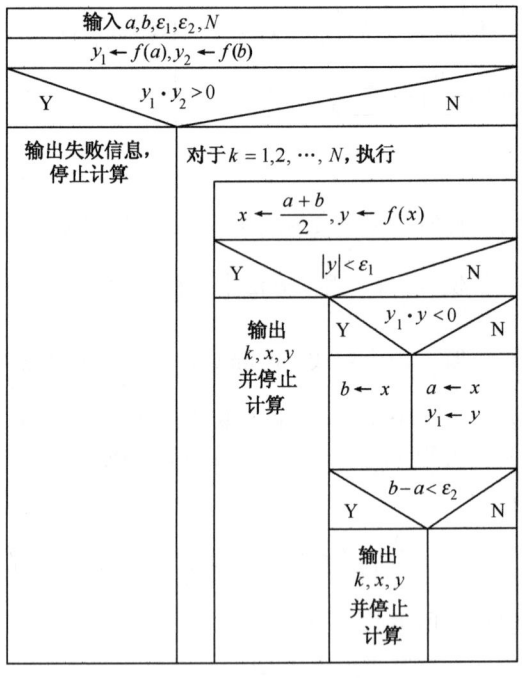

图 4.2.2 二分法的算法框图

4.3 迭代法

4.3.1 不动点迭代

例 4.3.1 求方程 $f(x) = x^3 - x - 1 = 0$ 的实根。

解 由于 $f(x)$ 是在 $[1,2]$ 内的单调函数，且 $f(1) = -1 < 0$，$f(2) = 5 > 0$，因此方程 $f(x) = 0$ 在 $[1,2]$ 内有唯一的实根。

将方程 $f(x) = 0$ 转换成两种等价的形式：
$$x = \varphi_1(x) = \sqrt[3]{x+1}, \quad x = \varphi_2(x) = x^3 - 1$$

取初值 $x_0 = 1.5$，代入 $\varphi_1(x)$ 中得新值 $x_1 = 1.35721$。继续代入，得到一系列近似值，见表 4.3.1。

由表 4.3.1 可以看出，$x_7 = x_8$，这时可以认为 x_8 为方程的一个近似根。这种求方程的方法称为迭代法。

但是，假若在例 4.3.1 中，将 $f(x) = 0$ 转换为 $x = \varphi_2(x) = x^3 - 1$，并建立迭代公式 $x_{k+1} = x_k^3 - 1$，仍取 $x_0 = 1.5$，则 $x_1 = 2.375$，$x_2 = 12.3965$，$x_3 = 1904.01$……显然这一迭代过程是发散的。

一般地，为了求一元非线性方程
$$f(x) = 0 \qquad (4.3.1)$$

表 4.3.1 例 4.3.1 的计算结果

k	x_k
0	1.5
1	1.357 21
2	1.330 86
3	1.325 88
4	1.324 92
5	1.324 76
6	1.324 73
7	1.324 72
8	1.324 72

的根，可以先将其转换为如下的等价形式：
$$x = \varphi(x) \qquad (4.3.2)$$

式中，连续函数 $\varphi(x)$ 称为迭代函数，使两个方程具有相同的解，然后构造迭代公式
$$x_{k+1} = \varphi(x_k) \quad (k = 0, 1, 2, \cdots) \qquad (4.3.3)$$

对给定的初值 x_0，由式（4.3.3）可产生一个迭代序列 $\{x_k\}_{k=0}^{\infty}$。

如果有 $\lim\limits_{k \to \infty} x_k = x^*$，由于 $\varphi(x)$ 连续，则
$$x^* = \lim_{k \to \infty} x_{k+1} = \lim_{k \to \infty} \varphi(x_k) = \varphi(\lim_{k \to \infty} x_k) = \varphi(x^*)$$

因此，x^* 是式（4.3.2）的解。由等价性可知，x^* 也是式（4.3.1）的解。

此时，称 x^* 为 $\varphi(x)$ 的不动点，迭代公式（4.3.3）称为不动点迭代法。由于在迭代公式（4.3.3）中，x_{k+1} 仅由 x_k 决定，因此迭代公式（4.3.3）又称为单步迭代法，x_k 称为方程根的第 k 次近似值。如果迭代序列 $\{x_k\}$ 的极限存在，则称迭代公式（4.3.3）是收敛的，否则称其是发散的。

因此，在使用迭代法求方程的近似根时，首先要考虑的问题是，如何选取迭代函数 $\varphi(x)$，使迭代公式 $x_{k+1} = \varphi(x_k)$ 收敛。

4.3.2 迭代法的收敛性

为了研究迭代法的收敛性，首先介绍迭代法的几何意义。从几何意义上讲，求方程 $x = \varphi(x)$ 的根，即求直线 $y = x$ 与曲线 $y = \varphi(x)$ 的交点 P 的横坐标 x^*，如图 4.3.1 所示。

对 x^* 的某个初始近似值 x_0，在曲线 $x = \varphi(x)$ 上可以确定以 x_0 为横坐标的一点 P_0，点 P_0 的纵坐标为 $x_1 = \varphi(x_0)$，过点 P_0 作 x 轴的平行线交直线 $y = x$ 于点 A_0，过点 A_0 作 y 轴的平行线交曲线 $y = \varphi(x)$ 于点 P_1，则点 P_1 的横坐标为 $x_2 = \varphi(x_1)$，如此继续下去，在曲线 $y = \varphi(x)$ 上就得到点列 $P_1, P_2, P_3, \cdots$，其横坐标 $x_1, x_2, x_3, \cdots$ 由迭代公式 $x_{k+1} = \varphi(x_k)$ 求得。如果点列 $P_1, P_2, P_3, \cdots$ 越来越逼近交点 P，则迭代法收敛，否则迭代法发散。可以看出，图 4.3.1（a）和图 4.3.1（b）两种情形是收敛的，其共同特点是曲线 $y = \varphi(x)$ 走势很缓，即 $|\varphi'(x)| < 1$；而图 4.3.1（c）和图 4.3.1（d）两种情形是发散的，其共同特点是曲线 $x = \varphi(x)$ 走势很陡，即 $|\varphi'(x)| \geq 1$。

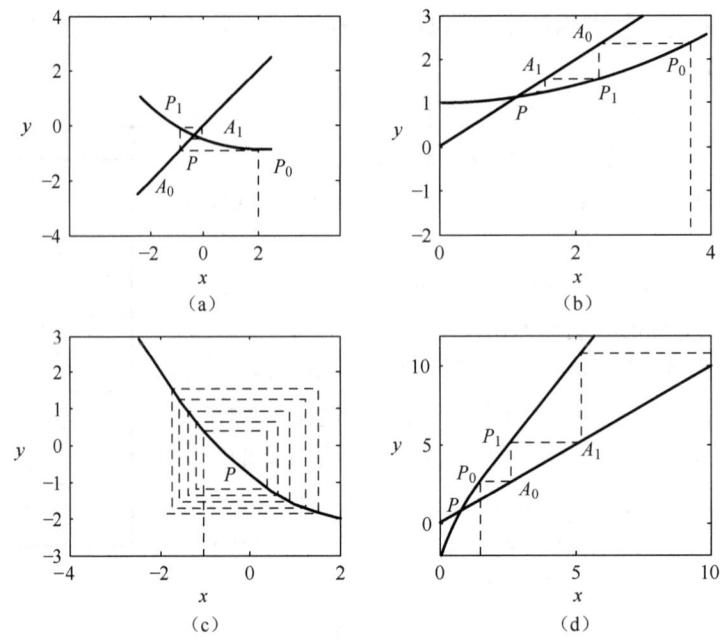

图 4.3.1 迭代法的几何意义

下面给出迭代公式（4.3.3）的收敛性基本定理。

定理 4.3.1（收敛性基本定理） 设迭代函数 $\varphi(x)$ 满足如下条件：

① $\varphi(x)$ 在 $[a,b]$ 内连续，在 (a,b) 内可导；

② 映内性，对任意的 $x \in [a,b]$，有 $\varphi(x) \in [a,b]$；

③ 压缩性，存在一个常数 L $(0<L<1)$ 使得在 $[a,b]$ 内，$|\varphi'(x)| \leq L < 1$。

则有以下结论：

① 函数 $\varphi(x)$ 在 $[a,b]$ 内存在唯一的不动点 x^*；

② 对任意的初值 $x_0 \in [a,b]$，由迭代公式（4.3.3）产生的近似值序列 $\{x_k\}_{k=1}^{\infty} \in [a,b]$，并且 $\lim_{k \to \infty} x_k = x^*$；

③ 误差估计式为

$$|x_k - x^*| \leq \frac{L}{1-L}|x_k - x_{k-1}| \tag{4.3.4}$$

$$|x_k - x^*| \leq \frac{L^k}{1-L}|x_1 - x_0| \tag{4.3.5}$$

证明 ① 先证 $x = \varphi(x)$ 在 $[a,b]$ 内存在实根。由于 $\varphi(x)$ 在 $[a,b]$ 内连续，设 $\varphi_1(x) = x - \varphi(x)$ 在 $[a,b]$ 内连续，并且 $\varphi_1(a) = a - \varphi(a) \leq 0$，$\varphi_1(b) = b - \varphi(b) \geq 0$，故存在 $x^* \in [a,b]$，使

$$\varphi_1(x^*) = 0$$

即 $x^* = \varphi(x^*)$。

再证实根的唯一性。若 $x = \varphi(x)$ 在 $[a,b]$ 内有两个实根 x^* 和 x^{**}，则由微分中值定理及条件 $|\varphi'(x)| \leq L < 1$ 可知

$$|x^* - x^{**}| = |\varphi(x^*) - \varphi(x^{**})| = |\varphi'(\xi)||x^* - x^{**}| \leq L|x^* - x^{**}| \quad (\text{其中 } \xi \text{ 在 } x^* \text{ 和 } x^{**} \text{ 之间})$$

显然，上式在 $x^* = x^{**}$ 时成立，唯一性得证。

② 当 $x_0 \in [a,b]$ 时，由映内性知 $x_k \in [a,b]$，由微分中值定理得

$$x^* - x_{k+1} = \varphi(x^*) - \varphi(x_k) = \varphi'(\xi)(x^* - x_k) \quad \text{（其中 } \xi \text{ 在 } x^* \text{ 和 } x_k \text{ 之间）}$$

于是
$$|x^* - x_{k+1}| \leq L|x^* - x_k| \quad (k=0,1,2,\cdots)$$

故
$$0 \leq |x^* - x_k| \leq L^k |x^* - x_0|$$

注意，$0<L<1$，当 $k \to \infty$ 时，$L^k \to 0$，从而得
$$\lim_{k \to \infty} |x^* - x_k| = 0$$

即
$$\lim_{k \to \infty} x_k = x^*$$

③ 由压缩性和微分中值定理可得

$$|x^* - x_{k+1}| \leq L|x^* - x_k| \quad (k=0,1,2,\cdots)$$
$$|x_{k+1} - x_k| \leq L|x_k - x_{k-1}| \quad (k=0,1,2,\cdots)$$

从而
$$\begin{aligned}
|x_{k+1} - x_k| &= |(x^* - x_k) - (x^* - x_{k+1})| \\
&\geq |x^* - x_k| - |x^* - x_{k+1}| \\
&\geq |x^* - x_k| - L|x^* - x_k| = (1-L)|x^* - x_k|
\end{aligned}$$

即
$$|x^* - x_k| \leq \frac{1}{1-L}|x_{k+1} - x_k| \leq \frac{L}{1-L}|x_k - x_{k-1}|$$

同时
$$|x^* - x_k| \leq \frac{1}{1-L}|x_{k+1} - x_k| \leq \frac{L}{1-L}|x_k - x_{k-1}|$$
$$\leq \frac{L^2}{1-L}|x_{k-1} - x_{k-2}| \leq \cdots \leq \frac{L^k}{1-L}|x_1 - x_0| \quad \text{证毕。}$$

例 4.3.1 中，由于 $\varphi_1(x) = \sqrt[3]{x+1}$ 在 $[1,2]$ 内存在导数，且对任意的 $x \in [1,2]$ 都有

$$|\varphi_1'(x)| = \left|\frac{1}{3}(x+1)^{-\frac{2}{3}}\right| \leq \frac{1}{3\sqrt[3]{4}} < 1$$

$$1 < \varphi_1(1) \leq \varphi_1(x) \leq \varphi_1(2) < 2$$

满足定理 4.3.1 的各项条件，所以对 $x_0 = 1.5 \in [1,2]$，迭代公式

$$x_{k+1} = \sqrt[3]{x_k + 1} \quad (k=0,1,2,\cdots)$$

必收敛于方程在 $[1,2]$ 内的唯一实根 x^*。

显然，$\varphi_2(x)$ 不满足定理 4.3.1 的条件，故 $x_{k+1} = \varphi_2(x_k)$ 必发散。另外，从误差估计式（4.3.5）可知，常数 L 越小，收敛速度越快，可以用来估计迭代次数 k。在例 4.3.1 中，若要求近似根 x_k 的误差不超过 10^{-5}，则由该误差估计式可知，只要使 k 满足 $\frac{L^k}{1-L}|x_1 - x_0| \leq 10^{-5}$，将 $x_0 = 1.5$，$x_1 = 1.35721$，$L = \frac{1}{3\sqrt[3]{4}} \approx 0.21$ 代入，可得 $k \geq 6.3$，故迭代 7 次即可。

误差估计式（4.3.4）表明，要使 $|x^* - x_k| \leq \varepsilon$，只需 $|x_{k-1} - x_k| \leq \varepsilon$ 即可。因此，可以用迭代前后的两次近似根的差的绝对值大小来判断 x_k 是否满足精度，从而作为终止迭代的条件。

例 4.3.2 能否用迭代法求解下列方程？如果不能，试将方程改写成能用迭代法求解的形式：（1）$x = (\cos x + \sin x)/4$；（2）$x = 4 - 2^x$。

分析 判断方程 $x=\varphi(x)$ 能否用迭代法求根,最关键的是 $\varphi(x)$ 在根的邻域内能否满足条件 $|\varphi'(x)|\leqslant L<1$。

解 (1) $\varphi(x)=(\cos x+\sin x)/4$ 对任意的 $x\in(-\infty,+\infty)$,恒有
$$|\varphi'(x)|=|(\cos x-\sin x)/4|\leqslant 1/2<1$$
故能用迭代法求解方程的近似根。

(2) 对方程 $x-4+2^x=0$,设 $f(x)=x-4+2^x$,则 $f(1)<0$, $f(2)>0$,故 $[1,2]$ 为方程根的隔离区间。由于 $\varphi(x)=4-2^x$, $|\varphi'(x)|=|-2^x\ln 2|>2\ln 2\approx 1.36829>1$,不满足迭代法收敛性条件,故不能用迭代法进行求解。若把原方程改为 $x=\ln(4-x)/\ln 2$,此时, $\varphi(x)=\ln(4-x)/\ln 2$, $|\varphi'(x)|=\left|\dfrac{-1}{4-x}\times\dfrac{1}{\ln 2}\right|<\dfrac{1}{4-2}\times\dfrac{1}{\ln 2}=\dfrac{1}{2\ln 2}<1$,则可用迭代公式 $x_{k+1}=\ln(4-x_k)/\ln 2$ 求该方程的近似根。

例 4.3.3 用适当的迭代公式证明: $\lim\limits_{k\to\infty}\underbrace{\sqrt{2+\sqrt{2+\cdots+\sqrt{2}}}}_{k\uparrow}=2$。

证明 考虑迭代公式 $\begin{cases}x_0=0\\ x_{k+1}=\sqrt{2+x_k}\end{cases}(k=0,1,2,\cdots)$

则 $x_1=\sqrt{2}$, $x_2=\sqrt{2+\sqrt{2}}$, $x_k=\underbrace{\sqrt{2+\sqrt{2+\cdots+\sqrt{2}}}}_{k\uparrow}$,记 $\varphi(x)=\sqrt{2+x}$,因此 $\varphi'(x)=\dfrac{1}{2\sqrt{2+x}}$。当 $x\in[0,2]$ 时, $\varphi(x)\in[\varphi(0),\varphi(2)]\in[0,2]$, $|\varphi'(x)|\leqslant\varphi'(0)=\dfrac{1}{2\sqrt{2}}<1$,因而,所讨论的迭代公式产生的序列 $\{x_k\}_{k=0}^{\infty}$ 收敛于方程 $x=\sqrt{2+x}$ 在 $[0,2]$ 内的唯一根 $x^*=2$,即 $\lim\limits_{k\to\infty}x_k=\lim\limits_{k\to\infty}\underbrace{\sqrt{2+\sqrt{2+\cdots+\sqrt{2}}}}_{k\uparrow}=2$。

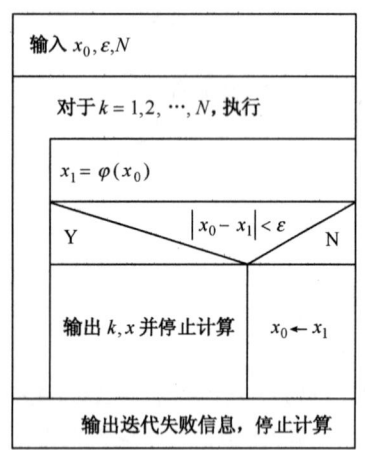

图 4.3.2 迭代法的算法框图

如图 4.3.2 所示为迭代法的算法框图,算法中 x_0 为初值, ε 为精度, N 为最大迭代次数, $\varphi(x)$ 为迭代函数。

在方程求根的迭代法中,迭代函数 $\varphi(x)$ 的确定至关重要。它直接影响着迭代法的收敛性。但在实际应用中,同一个方程可以等价导出不同的迭代函数,而且要严格地利用定理 4.3.1 的条件来判断迭代公式在整个区间 $[a,b]$ 内是否收敛(全局收敛)也非常困难,因此常常判断迭代公式的局部收敛性。

定义 4.3.1(局部收敛) 设 x^* 是迭代函数 $\varphi(x)$ 的不动点,若存在 x^* 的某个邻域 $N(x^*,\delta):|x-x^*|\leqslant\delta$,使得对任意初值 $x_0\in N(x^*,\delta)$,由迭代公式(4.3.3)生成的序列 $\{x_k\}_{k=0}^{\infty}\subset N(x^*,\delta)$,且有 $\lim\limits_{k\to\infty}x_k=x^*$,则称迭代公式(4.3.3)局部收敛。

定理 4.3.2(局部收敛性定理) 设 x^* 是迭代函数 $\varphi(x)$ 的不动点,若 $\varphi'(x)$ 在 x^* 的某个邻域内连续,并且有 $|\varphi'(x^*)|<1$,则称迭代公式(4.3.3)局部收敛。

证明 由于 $\varphi'(x)$ 在 x^* 的某个邻域内连续,且 $|\varphi'(x^*)|<1$,则必存在 x^* 的一个邻域 $N(x^*,\delta)$ 和常数 L ($0\leqslant L<1$)使得对 $\forall x\in N(x^*,\delta)$,有 $|\varphi'(x)|\leqslant L$。

由微分中值定理可知,对任何 $x\in N(x^*,\delta)$,都有

$|\varphi(x)-x^*|=|\varphi(x)-\varphi(x^*)|=|\varphi'(\xi)||x-x^*|\leqslant L|x-x^*|<\delta$ （其中，ξ 在 x 与 x^* 之间）

这说明 $\varphi(x)\in N(x^*,\delta)$

于是由定理 4.3.1 和定义 4.3.1 可知，迭代公式（4.3.3）局部收敛。

例 4.3.4 为求方程 $x^3-x^2-1=0$ 在 $x_0=1.5$ 附近的一个根，将方程改写为下列 5 种等价形式，并建立相应的迭代公式。

（1）$x=1+\dfrac{1}{x^2}$　　迭代公式　　$x_{k+1}=1+\dfrac{1}{x_k^2}$

（2）$x=\sqrt[3]{1+x^2}$　　迭代公式　　$x_{k+1}=\sqrt[3]{1+x_k^2}$

（3）$x=\dfrac{1}{\sqrt{x-1}}$　　迭代公式　　$x_{k+1}=\dfrac{1}{\sqrt{x_k-1}}$

（4）$x=\sqrt{x^3-1}$　　迭代公式　　$x_{k+1}=\sqrt{x_k^3-1}$

（5）$x=\dfrac{1}{x^2-x}$　　迭代公式　　$x_{k+1}=\dfrac{1}{x_k^2-x_k}$

试分析每种迭代公式的收敛性，并取一种公式求出具有 4 位有效数字的近似根。

解 取 $x_0=1.5$ 的一个邻域 $[1.45,1.55]$ 来分析。

（1）$\varphi(x)=1+\dfrac{1}{x^2}$，$|\varphi'(x)|=\left|\dfrac{-2}{x^3}\right|\leqslant\left|\dfrac{2}{1.45^3}\right|=0.65603<1$

所以迭代公式（1）局部收敛。

（2）$\varphi(x)=\sqrt[3]{1+x^2}$，$|\varphi'(x)|=\dfrac{2x}{3(1+x^2)^{2/3}}\leqslant\dfrac{2\times 1.55}{[3\times(1+1.45^2)]^{2/3}}=0.74581<1$

所以迭代公式（2）局部收敛。

（3）$\varphi(x)=\dfrac{1}{\sqrt{x-1}}$，$|\varphi'(x)|=\left|\dfrac{-1}{2(x-1)^{3/2}}\right|\geqslant\dfrac{1}{2\times(1.55-1)^{3/2}}=1.22581>1$

所以迭代公式（3）发散。

（4）$\varphi(x)=\sqrt{x^3-1}$，$|\varphi'(x)|=\left|\dfrac{3x^2}{2(x^3-1)^{1/2}}\right|\geqslant\dfrac{3\times 1.45^2}{2\times(1.55^3-1)^{1/2}}=1.91088>1$

所以迭代公式（4）发散。

（5）$\varphi(x)=\dfrac{1}{x^2-x}$，$|\varphi'(x)|=\left|\dfrac{2x-1}{(x^2-x)^2}\right|\geqslant\left|\dfrac{2\times 1.45-1}{(1.55^2-1.55)^2}\right|=3.9903396>1$

所以迭代公式（5）发散。

取迭代公式（2），计算结果见表 4.3.2。
因此，取 $x^*\approx x_{14}\approx 1.465572$。

当迭代公式收敛时，收敛速度的快慢可用收敛阶来衡量。

定义 4.3.2（收敛阶） 设序列 $\{x_k\}_{k=0}^{\infty}$ 收敛到 x^*，并记误差 $e_k=|x_k-x^*|$，若存在常数 $p\geqslant 1$ 和 $c\neq 0$，使得

$$\lim_{k\to\infty}\dfrac{e_{k+1}}{e_k^p}=c \qquad (4.3.6)$$

表 4.3.2 例 4.3.4 迭代公式（2）的计算结果

k	x_k	k	x_k
0	1.5	8	1.465 634 46
1	1.481 248 03	9	1.465 599 99
2	1.472 705 73	10	1.465 583
3	1.468 817 31	11	1.465 577
4	1.467 047 97	12	1.465 574
5	1.466 243 01	13	1.465 572
6	1.465 876 82	14	1.465 572
7	1.465 710 24		

则称序列 $\{x_k\}_{k=0}^{\infty}$ 是 p 阶收敛的。当 $p=1$ 时，称为线性收敛；当 $p>1$ 时，称为超线性收敛；当 $p=2$ 时，称为二次收敛或平方收敛。

由式（4.3.6）可知，当 $k\to\infty$ 时，e_{k+1} 是 e_k 的 p 阶无穷小量，因此，阶数 p 越大，收敛就越快。当然，线性收敛时，必有 $0<|c|\leqslant 1$。

例 4.3.5 设 $a>0$，$x_0>0$，证明迭代公式 $x_{k+1}=x_k(x_k^2+3a)/(3x_k^2+a)$ 是计算 $\sqrt{a}$ 的 3 阶方法，并求 $\lim\limits_{k\to\infty}(\sqrt{a}-x_{k+1})/(\sqrt{a}-x_k)^3$。

证明 显然，当 $a>0$，$x_0>0$ 时，$x_k>0$ $(k=1,2,\cdots)$，令 $\varphi(x)=x(x^2+3a)/(3x^2+a)$，则

$$\varphi'(x)=\frac{(3x^2+3a)(3x^2+a)-x(x^2+3a)6x}{(3x^2+a)^2}=\frac{3(x^2-a)^2}{(3x^2+a)^2}$$

对 $\forall x>0$，$|\varphi'(x)|<1$，即迭代收敛。设 $\{x_k\}$ 的极限为 x^*，则有 $x^*=x^*[(x^*)^2+3a]/[3(x^*)^2+a]$，解得 $x^*=0$，$x^*=\pm\sqrt{a}$。取 $x^*=\sqrt{a}$，$\lim\limits_{k\to\infty}x_k=\sqrt{a}$，下面只要求

$$\lim_{k\to\infty}\frac{\sqrt{a}-x_{k+1}}{(\sqrt{a}-x_k)^3}=\lim_{k\to\infty}\frac{\sqrt{a}-(x_k^3+3ax_k)/(3x_k^2+a)}{(\sqrt{a}-x_k)^3}$$

$$=\lim_{k\to\infty}\frac{(\sqrt{a}-x_k)^3}{(\sqrt{a}-x_k)^3(3x_k^2+a)}=\lim_{k\to\infty}\frac{1}{3x_k^2+a}=\frac{1}{4a}$$

故迭代收敛是 3 阶收敛的。

定理 4.3.3（整数阶超线性收敛定理） 设 x^* 是迭代函数 $\varphi(x)$ 的不动点，若有正整数 $p\geqslant 2$，使得 $\varphi^{(p)}(x)$ 在 x^* 的邻域内连续，并且满足

$$\varphi^{(n)}(x^*)=0,\quad n=1,2,\cdots,p-1,\quad \text{但 } \varphi^{(p)}(x^*)\neq 0$$

则迭代公式（4.3.3）局部收敛，并且是 p 阶收敛的。

证明 由 $\varphi'(x^*)=0$ 和定理 4.3.2 可知，迭代公式（4.3.3）局部收敛。将 $\varphi(x_k)$ 在 x^* 处进行泰勒展开，得

$$x_{k+1}=\varphi(x_k)=\varphi(x^*)+\varphi'(x^*)(x_k-x^*)+\cdots+\frac{\varphi^{(p-1)}(x^*)}{(p-1)!}(x_k-x^*)^{p-1}+\frac{\varphi^{(p)}(\xi_k)}{p!}(x_k-x^*)^p$$

式中，ξ_k 在 x_k 与 x^* 之间。

由于 $\varphi(x^*)=x^*$，$\varphi^{(n)}(x^*)=0$，$n=1,2,\cdots,p-1$，因此

$$x_{k+1}=x^*+\frac{\varphi^{(p)}(\xi_k)}{p!}(x_k-x^*)^p$$

即

$$\frac{e_{k+1}}{e_k^p}=\frac{x_{k+1}-x^*}{(x_k-x^*)^p}=\frac{\varphi^{(p)}(\xi_k)}{p!}$$

又因为迭代公式收敛，当 $k\to\infty$ 时，$x_k\to x^*$，从而 $\xi_k\to x^*$，所以有 $\dfrac{e_{k+1}}{e_k^p}=\dfrac{\varphi^{(p)}(x^*)}{p!}\neq 0$。

故迭代公式是 p 阶收敛的。

例 4.3.6 试确定常数 p，q 和 r，使迭代公式 $x_{k+1}=px_k+qa/x_k^2+ra^2/x_k^5$ 产生的序列 $\{x_k\}$ 收敛到 $\sqrt[3]{a}$，并使其收敛阶尽可能高。

解 已知迭代函数 $\varphi(x)=px+qa/x^2+ra^2/x^5$，根据定理 4.3.3，要想使所研究的迭代公式具有尽可能高的收敛阶，迭代函数 $\varphi(x)$ 应首先满足条件：$x^*=\varphi(x^*)$，$\varphi'(x^*)=0$，$\varphi''(x^*)=0$，

由此可确定 p、q 和 r 应满足的方程。

由 $x^* = \varphi(x^*)$，得 $\sqrt[3]{a} = \sqrt[3]{a}\,p + qa/\sqrt[3]{a^2} + ra^2/\sqrt[3]{a^5}$，即
$$p + q + r = 1 \tag{4.3.7}$$

由 $\varphi'(x^*) = 0$，得 $\varphi'(\sqrt[3]{a}) = p - 2qa/(\sqrt[3]{a})^3 - 5ra^2/(\sqrt[3]{a})^6 = 0$，即
$$p - 2q - 5r = 0 \tag{4.3.8}$$

由 $\varphi''(x^*) = 0$，得 $\varphi''(\sqrt[3]{a}) = 6qa/(\sqrt[3]{a})^4 + 30ra^2/(\sqrt[3]{a})^7 = 0$，即
$$q + 5r = 0 \tag{4.3.9}$$

联立式（4.3.7）、式（4.3.8）和式（4.3.9），得 $p = q = 5/9$，$r = -1/9$，而且由于 $\varphi'''(\sqrt[3]{a}) \neq 0$，故所确定的迭代公式 $x_{k+1} = 5/9 x_k + 5/9 a/x_k^2 - 1/9 a^2/x_k^5$，其收敛阶为 3 阶。

4.4 牛顿迭代法

4.4.1 牛顿迭代公式及其几何意义

设函数 $f(x)$ 连续可导，x^* 是方程 $f(x) = 0$ 的实根，x_k 是方程的某个近似根，将函数 $f(x)$ 在点 x_k 处进行一阶泰勒展开，则有

$$f(x) \approx f(x_k) + f'(x_k)(x - x_k)$$

于是有
$$0 = f(x^*) \approx f(x_k) + f'(x_k)(x^* - x_k)$$

当 $f'(x_k) \neq 0$ 时，有
$$x^* \approx x_k - \frac{f(x_k)}{f'(x_k)}$$

上式右端是方程根 x^* 的又一个新的近似值，记为 x_{k+1}，便得到迭代公式

$$x_{k+1} = x_k - \frac{f(x_k)}{f'(x_k)} \quad (k = 0, 1, 2, \cdots) \tag{4.4.1}$$

式（4.4.1）称为牛顿（Newton）迭代公式，相应的迭代函数为 $\varphi(x) = x - \frac{f(x)}{f'(x)}$。显然，迭代方程 $\varphi(x) = x - \frac{f(x)}{f'(x)}$ 与原方程 $f(x) = 0$ 等价。

牛顿迭代公式（4.4.1）具有明显的几何意义。方程 $f(x) = 0$ 的根 x^* 在几何意义上表示曲线 $y = f(x)$ 与 x 轴交点的横坐标（见图 4.4.1）。对 x^* 的某个近似值 x_k，过曲线 $y = f(x)$ 上对应的点 $(x_k, f(x_k))$ 作 $f(x)$ 的切线，其切线方程为 $y - f(x_k) = f'(x_k)(x - x_k)$，求切线方程与 x 轴的交点，即得 x^* 的新近似值 x_{k+1}，它满足 $0 - f(x_k) = f'(x_k)(x_{k+1} - x_k)$，即 $x_{k+1} = x_k - \frac{f(x_k)}{f'(x_k)}$，这正是牛顿迭代公式的计算结果。因此牛顿迭代法又称为切线法。

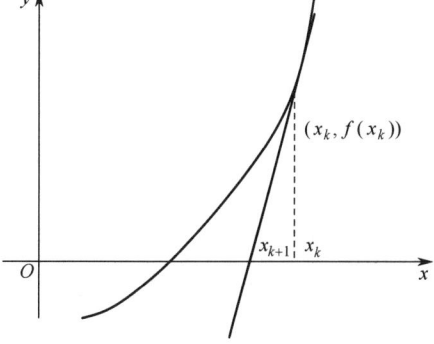

图 4.4.1 牛顿迭代公式的几何意义

4.4.2 牛顿迭代公式的收敛性

定理 4.4.1 设 x^* 是方程 $f(x) = 0$ 的单根，并且 $f''(x)$ 在 x^* 的邻域内连续，则牛顿迭代公

式（4.4.1）至少平方局部收敛。

证明 将牛顿迭代公式（4.4.1）写成不动点迭代形式 $x_{k+1}=\varphi(x_k)$，式中 $\varphi(x)=x-\dfrac{f(x)}{f'(x)}$，称其为牛顿迭代函数。

因为 x^* 为 $f(x)=0$ 的单根，所以 $f'(x^*)\neq 0$，从而 $x^*=\varphi(x^*)$，即 x^* 是 $\varphi(x)$ 的不动点。对迭代函数 $\varphi(x)$ 求导数，得

$$\varphi'(x)=1-\frac{[f'(x)]^2-f(x)f''(x)}{[f'(x)]^2}=\frac{f(x)f''(x)}{[f'(x)]^2}$$

因为 $f'(x^*)\neq 0$，所以 $\varphi'(x^*)=0$，根据定理 4.3.2 可知牛顿迭代公式（4.4.1）局部收敛。将 $f(x^*)$ 在 x_k 处进行泰勒展开，得

$$0=f(x^*)=f(x_k)+f'(x_k)(x^*-x_k)+\frac{f''(\xi_k)}{2}(x^*-x_k)^2 \quad (\text{其中}\ \xi_k\ \text{在}\ x_k\ \text{与}\ x^*\ \text{之间})$$

将牛顿迭代公式（4.4.1）改写为 $f(x_k)-f'(x_k)x_k=-f'(x_k)x_{k+1}$，代入上式得

$$0=f'(x_k)(x^*-x_{k+1})+\frac{f''(\xi_k)}{2}(x^*-x_k)^2$$

即

$$\frac{e_{k+1}}{e_k^2}=\frac{f''(\xi_k)}{2f'(x_k)} \quad (e_k=|x_k-x^*|)$$

令 $k\to\infty$，由局部收敛性可知 $x_k\to x^*$，从而 $\xi_k\to x^*$，所以有

$$\lim_{k\to\infty}\frac{e_{k+1}}{e_k^2}=\frac{f''(x^*)}{2f'(x^*)}=c \quad (c\neq 0)$$

因此牛顿迭代公式至少平方局部收敛。

例 4.4.1 用牛顿迭代公式求方程 $f(x)=x^3-x-1=0$ 在 $x=1.5$ 附近的根。

解 取 $x_0=1.5$。

$$x_{k+1}=x_k-\frac{f(x_k)}{f'(x_k)}=x_k-\frac{x_k^3-x_k-1}{3x_k^2-1}$$

$$x_1=x_0-\frac{x_0^3-x_0-1}{3x_0^2-1}=1.5-\frac{1.5^3-1.5-1}{3\times(1.5)^2-1}\approx 1.34783$$

$$x_2=x_1-\frac{x_1^3-x_1-1}{3x_1^2-1}\approx 1.32520$$

$$x_3=x_2-\frac{x_2^3-x_2-1}{3x_2^2-1}\approx 1.32472$$

$$x_4=x_3-\frac{x_3^3-x_3-1}{3x_3^2-1}\approx 1.32472$$

与例 4.3.1 相比，牛顿迭代法迭代 3 次就能达到 6 位有效数字，收敛速度明显加快。不过，如果选取初值 $x_0=0.6$，按牛顿迭代公式（4.4.1）计算得到第一步迭代值为 $x_1=17.9$，它比 x_0 更远离方程的根 x^*，因此迭代过程发散。这说明牛顿迭代公式是局部收敛的，其收敛性与初值 x_0 的选取有关。

下面介绍一种在方程 $f(x)=0$ 的有根区间 $[a,b]$ 内选取初值的简单方法。

曲线 $y=f(x)$ 在根 x^* 附近有极值点或拐点时，牛顿迭代公式有可能不收敛，因此总假设在

$[a,b]$ 内 $f'(x) \neq 0$，且 $f''(x)$ 在 $[a,b]$ 内不变号。

根据 $f(x)$ 和 $f''(x)$ 的正负，曲线 $y=f(x)$ 只可能有如图 4.4.2 所示的 4 种情况。

由图 4.4.2 不难看出，只要把 x_0 选取得使 $f(x_0)$ 和 $f''(x_0)$ 同号，即 $f(x_0) \times f''(x_0) > 0$，则迭代过程必收敛。

例 4.4.1 中，有 $f(0.6) = 0.6^3 - 0.6 - 1 = -1.384 < 0$，$f''(0.6) = 6 \times 0.6 = 3.6 > 0$，$f(0.6) \times f''(0.6) < 0$，所以选取 $x_0 = 0.6$ 时，迭代过程发散。而 $f(1.5) = 1.5^3 - 1.5 - 1 = 0.875 > 0$，$f''(1.5) = 6 \times 1.5 = 9 > 0$，$f(1.5) \times f''(1.5) > 0$，所以选取 $x_0 = 1.5$ 时，迭代过程收敛。

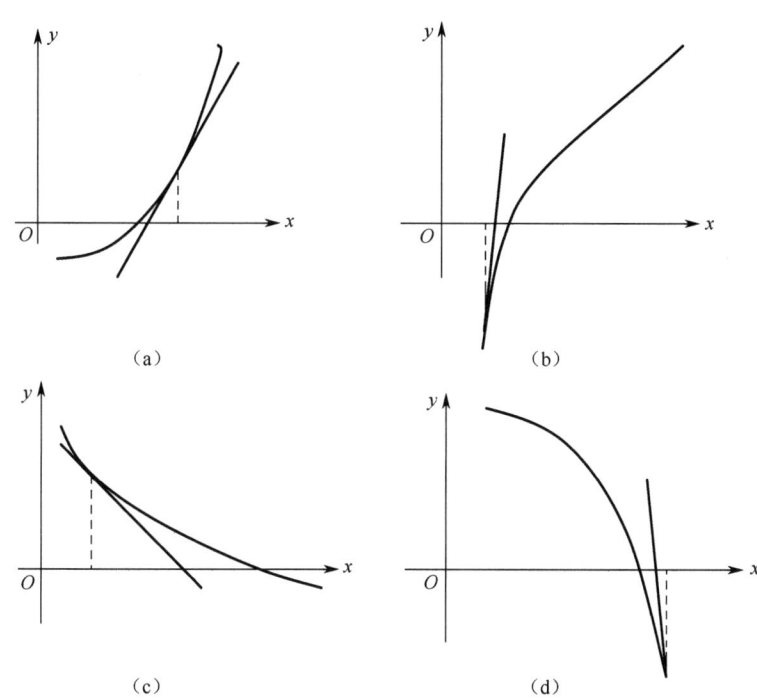

图 4.4.2　曲线 $y=f(x)$ 的 4 种情况

例 4.4.2　利用牛顿迭代公式求 $\sqrt{115}$ 的近似值。

解　方法 1：设 $f(x) = x^2 - 115$，则求 $\sqrt{115}$ 的值变成求 $f(x) = 0$ 的正根。由于 $f(10) = -15 < 0$，$f(11) = 6 > 0$，因此方程 $f(x) = 0$ 在 $(10,11)$ 内有一个根。取 $x_0 = 11$，由牛顿迭代公式

$$x_{k+1} = x_k - \frac{(x_k^2 - 115)}{2x_k} \quad (k = 0,1,2,\cdots)$$

得　　　　$x_1 = 10.72727273$，$x_2 = 10.72380586$，$x_3 = 10.72380530$

此时，x_2 和 x_3 已有 8 位数相同，取 $x^* \approx x_3 = 10.723805$。

方法 2：对方程 $f(x) = 1 - \dfrac{a}{x^2} = 0$ 应用牛顿迭代公式，求 $\sqrt{115}$ 的值。

因为 $f(x) = 1 - \dfrac{a}{x^2}$，$f'(x) = \dfrac{2a}{x^3}$，$x \neq 0$，所以牛顿迭代公式为

$$x_{k+1} = x_k - \frac{1 - \dfrac{a}{x_k^2}}{\dfrac{2a}{x_k^3}} = \frac{1}{2} x_k \left(3 - \frac{x_k^2}{a}\right) \quad (k = 0,1,2,\cdots)$$

易知 $f''(x) = -\dfrac{6a}{x^4} < 0$，故取 $x_0 \in (0, \sqrt{a})$ 时，迭代收敛。

对 $\sqrt{115}$，取 $x_0 = 9$，得

$x_1 = 10.33043478$，$x_2 = 10.70242553$，$x_3 = 10.72374140$，$x_4 = 10.72380529$，$x_5 = 10.72380529$ 故 $\sqrt{115} \approx 10.72380529$。

以上讨论的是局部收敛性，对某些非线性方程，牛顿迭代公式具有全局收敛性。

例 4.4.3 设有常数 $c > 0$，用牛顿迭代公式求方程 $x^2 - c = 0$ 的根 $\sqrt{c}$，试证：任取初值 $x_0 > 0$，迭代公式都收敛到 $\sqrt{c}$。

证明 因为 $f(x) = x^2 - c$，$f'(x) = 2x$，所以牛顿迭代公式为

$$x_{k+1} = x_k - \frac{(x_k^2 - c)}{2x_k} = \frac{1}{2}\left(x_k + \frac{c}{x_k}\right) \qquad (4.4.2)$$

又因为

$$x_{k+1} - \sqrt{c} = \frac{1}{2}\left(x_k + \frac{c}{x_k}\right) - \sqrt{c} = \frac{1}{2x_k}(x_k^2 - 2x_k\sqrt{c} + c) = \frac{1}{2x_k}(x_k - \sqrt{c})^2 \geqslant 0$$

即对任意初值 $x_0 > 0$，有 $\qquad x_k \geqslant \sqrt{c}$（$k = 0, 1, 2, \cdots$）

从而 $\qquad x_k - x_{k+1} = \dfrac{1}{2x_k}(x_k^2 - c) \geqslant 0$（$k = 0, 1, 2, \cdots$）

可得，迭代序列 $\{x_k\}_{k=1}^{\infty}$ 是有下界的单调非增序列，从而有极限 x^*。对式（4.4.2）两边取极限，得

$$x^* = \lim_{k \to \infty} x_{k+1} = \lim_{k \to \infty} \frac{1}{2}\left(x_k + \frac{c}{x_k}\right) = \frac{1}{2}\left(x^* + \frac{c}{x^*}\right)$$

所以 $\qquad x^* = \sqrt{c}$

例 4.4.4 应用牛顿迭代公式于方程 $x^3 - a = 0$ 上，导出求立方根 $\sqrt[3]{a}$ 的迭代公式，并讨论其收敛性。

解 方程 $x^3 - a = 0$ 的根为 $x^* = \sqrt[3]{a}$，用牛顿迭代法，有

$$x_{k+1} = x_k - \frac{x_k^3 - a}{3x_k^2} = \frac{2x_k}{3} + \frac{a}{3x_k^2} \quad (k = 0, 1, 2, \cdots)$$

迭代函数为 $\varphi(x) = \dfrac{2}{3}x + \dfrac{a}{3x^2}$，则 $\varphi'(x) = \dfrac{2}{3} - \dfrac{2a}{3x^3}$，$\varphi'(x^*) = 0$，$\varphi''(x^*) = \dfrac{2}{\sqrt[3]{a}} \neq 0$，故迭代公式 2 阶收敛。

还可证明迭代公式的全局收敛性。设 $a > 0$，对任意 $x_0 > 0$，有

$$x_1 = \frac{2}{3}x_0 + \frac{a}{3x_0^2} = \frac{2x_0^3 + a}{3x_0^2} \geqslant \sqrt[3]{a}$$

一般地，当 $x_k > 0$ 时，有

$$x_{k+1} = \frac{2}{3}x_k + \frac{a}{3x_k^2} \geqslant \sqrt[3]{a} \quad (k = 0, 1, 2, \cdots)$$

这是因为 $(x_k - \sqrt[3]{a})^2(2x_k + \sqrt[3]{a}) = 2x_k^3 + a - 3x_k^2\sqrt[3]{a} \geqslant 0$，当 $x_k > 0$ 时成立。从而再由 $\dfrac{x_{k+1}}{x_k} =$

$\dfrac{2}{3} + \dfrac{a}{3x_k^3}$,可得 $\dfrac{x_{k+1}}{x_k} \leqslant 1$,即 $x_{k+1} \leqslant x_k$。表明序列 $\{x_k\}$ 单调递减,故对任意 $x_0 > 0$,迭代序列 $\{x_k\}$ 收敛于 $\sqrt[3]{a}$。

如图 4.4.3 所示为牛顿迭代法的算法框图,算法中 x_0 和 x_1 分别表示每次迭代的初值和终值,ε 为精度,N 为最大迭代次数。

4.5 弦截法

牛顿迭代法具有收敛速度快、能求重根等优点,但是每迭代一步,都要计算函数的导数值,计算量很大,尤其是当函数的结构比较复杂或函数不可导时,就很难使用牛顿迭代法。为了克服这些缺点,在实际计算中,常采用函数 $f(x)$ 在以 x_{k-1} 和 x_k 为端点的区间内的平均变化率 $\dfrac{f(x_k) - f(x_{k-1})}{x_k - x_{k-1}}$,近似为 $f'(x_k)$,此时,牛顿迭代公式改为

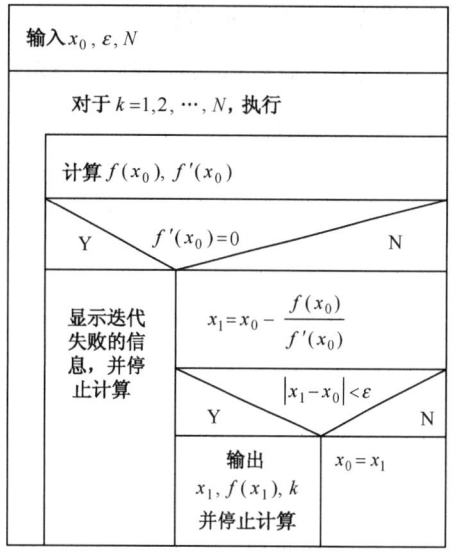

图 4.4.3　牛顿迭代法的算法框图

$$x_{k+1} = x_k - \dfrac{f(x_k)}{f(x_k) - f(x_{k-1})} (x_k - x_{k-1}) \quad (k = 0, 1, 2, \cdots) \tag{4.5.1}$$

设方程 $f(x) = 0$ 的根 x^* 有两个近似值 x_{k-1} 和 x_k,如图 4.5.1 所示。

图 4.5.1 中,过 $M_{k-1}(x_{k-1}, f(x_{k-1}))$ 和 $M_k(x_k, f(x_k))$ 引一条直线,则该直线与 x 轴交点的横坐标 x 为

$$x = x_k - \dfrac{f(x_k)}{f(x_k) - f(x_{k-1})} (x_k - x_{k-1})$$

因此,式(4.5.1)可以看成将截线 $M_{k-1}M_k$ 与 x 轴交点的横坐标作为 x^* 的新近似值 x_{k+1},所以式(4.5.1)也称为弦截法,或称离散牛顿法。与牛顿迭代法相比,它避免了求函数 $f(x)$ 的导数,但需要有两个初值 x_0 和 x_1,且这两个初值应尽量取在方程 $f(x) = 0$ 的根 x^* 附近。其收敛

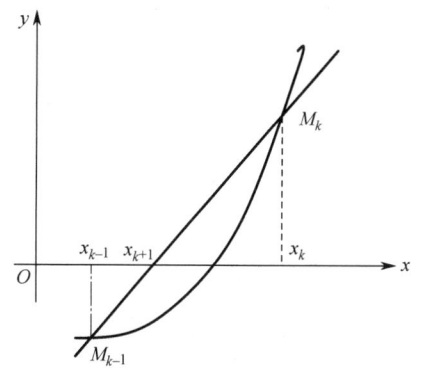

图 4.5.1　弦截法的几何意义

速度一般比牛顿迭代法慢,但比线性收敛的方法快。在与牛顿迭代法具有同等的前提条件下,式(4.5.1)具有局部收敛性,并且收敛阶 $p = \dfrac{1 + \sqrt{5}}{2} \approx 1.618$。

由于弦截法是两步法,它不属于不动点迭代,因此不能用不动点迭代理论证明它的收敛性。

例 4.5.1　用弦截法求方程 $f(x) = x^3 - x - 1$ 在 [1, 1.5] 内的根。

解　因为 $f(1) = -1 < 0$,$f(1.5) = 0.875 > 0$ 且 $f(x)$ 为单调连续函数,所以 $f(x) = 0$ 在 [1, 1.5] 内有唯一的根。取 $x_0 = 1$,$x_1 = 1.5$,弦截法的计算结果见表 4.5.1。

与例 4.3.1 比较,弦截法收敛速度较快,但与例 4.4.1 比较,则收敛速度较慢。

表 4.5.1　例 4.5.1 的计算结果

k	x_k
0	1
1	1.5
2	1.266 667
3	1.315 962
4	1.325 214
5	1.324 714
6	1.324 718
...	...

4.6 算法实现

4.6.1 MATLAB 程序实现

（1）二分法

编写 MATLAB 函数文件 agui_bisect.m：

```
function x=agui_bisect(fname,a,b,e)
% fname 为函数名，a 和 b 为区间端点，e 为精度
fa=feval(fname,a);
fb=feval(fname,b);
if fa*fb>0 error('两端函数值为同号');end
k=0
x=(a+b)/2
while (b-a)>(2*e)
    fx=feval(fname,x);
    if fa*fx<0
        b=x;
        fb=fx;
    else
        a=x;
        fa=fx;
    end
    k=k+1
    x=(a+b)/2
end
```

例 4.6.1 在 MATLAB 命令行窗口中求解例 4.2.1。

解 >> fun=inline('sin(x) −x*x/4')

fun =   内联函数：
    fun=sin(x) −x*x/4

>> x=agui_bisect(fun,1.5,2,1e-2)

计算结果见表 4.6.1。

表 4.6.1 例 4.6.1 的计算结果

k	x
0	1.750 000 000 000 00
1	1.875 000 000 000 00
2	1.937 500 000 000 00
3	1.906 250 000 000 00
4	1.921 875 000 000 00
5	1.929 687 500 000 00

（2）牛顿迭代法

编写 MATLAB 函数文件 agui_newton.m：

```
function x=agui_newton(fname,dfname,x0,e)
% fname 为函数名，dfname 为函数 fname 的导函数，x0 为迭代初值
% e 为精度，N 为最大迭代次数（默认为 100）
N=100;
x=x0;
x0=x+2*e;
k=0;
while abs(x0-x)>e&k<N
    k=k+1
    x0=x;
    x=x0-feval(fname,x0)/feval(dfname,x0);
    disp(x)
end
if k==N warning('已达最大迭代次数');end
```

例 4.6.2 在 MATLAB 命令行窗口中求解例 4.4.1。

解 >> fun=inline('x^3-x-1')
　　fun =　　内联函数：
　　　　　　fun(x) = x^3-x-1
　　>> dfun=inline('3*x^2-1')
　　dfun =　　内联函数：
　　　　　　dfun(x) = 3*x^2-1
　　>> x=agui_newton(fun,dfun,1.5,1e-6)

计算结果见表 4.6.2。

表 4.6.2　例 4.6.2 的计算结果

k	x
1	1.347 826 086 956 52
2	1.325 200 398 950 91
3	1.324 718 173 999 05
4	1.324 717 957 244 79

例 4.6.3 用牛顿迭代公式 $x_{k+1}=x_k-\dfrac{f(x_k)}{f'(x_k)}$ 求方程 $x-\mathrm{e}^{-x}=0$ 在 0.5 附近的根。

解　在 MATLAB 命令行窗口中输入：
　　>> f=inline('x-exp(-x)')
　　f =　　内联函数：
　　　　　　f(x) = x-exp(-x)
　　>> df=inline('1+exp(-x)')
　　df =　　内联函数：
　　　　　　df(x) = 1+exp(-x)
　　>> x=agui_newton(f,df,0.5,1e-6)

计算结果见表 4.6.3。

表 4.6.3　例 4.6.3 的计算结果

k	x
1	0.566 311 003 197 22
2	0.567 143 165 034 86
3	0.567 143 290 409 78

例 4.6.4 用 C 语言实现例 4.6.3，求方程 $x-\mathrm{e}^{-x}=0$ 在 0.5 附近的根。

解　编写牛顿迭代法的 C 程序如下：

```c
# include "stdio.h"
# include "math.h"
float f(float x){
    float y;
    y=x-exp(-x);
    return y;
}
float df(float x) {
    float y;
    y=1+exp(-x);
    return y;
}
main(){
    int N,k;
    float x0,eps,x1;
    printf("input x0,eps,N:");
    scanf("%f,%f,%d",&x0,&eps,&N);
    for(k=1;k<=N;k++){
        if(f(x0)==0) { printf("\nthe result is %f\n",x0);break; }
        x1=x0-f(x0)/df(x0);
        printf("\nx%d= %f\n",k,x1);
        if(fabs(x1-x0)<eps) { printf("\nthe result is %f\n k=%d",x1,k);break;}
        x0=x1;
    }
```

```
            if(k>N) printf("Failed!!");
    }
```
输入初值：
    input x0,eps,N:0.5,1e−6,10

计算结果：
    x1= 0.566311
    x2= 0.567143
    x3= 0.567143
    the result is 0.567143
     k=3
    Press any key to continue

从计算结果可以看出，在精度为 0.0000001 的前提下，用两种语言实现牛顿迭代法求解方程 $x-\mathrm{e}^{-x}=0$ 在 0.5 附近的根，都需要迭代 3 次。不过 MATLAB 表示的浮点数的位数较长，并且，精度以外的数位与用 MATLAB 函数计算的结果几乎完全一致。

4.6.2 MATLAB 函数实现

（1）求一元方程实根函数

格式：x = fzero(fun,x0)

说明：求方程 fun=0 在 x0 附近的根，默认精度为 eps。

格式：x = fzero(fun,[a,b])

说明：求方程 fun=0 在[a,b]内的根，默认精度为 eps。其中，fun(a)*fun(b)<0。

例 4.6.5　求方程 $f(x)=x^3-x-1=0$ 的实根。

解　　>> f=inline('x^3-x-1')
    f =　　内联函数：
        f(x) = x^3-x-1
    >> x=fzero(f,1.5)
    x =
      1.32471795724475

计算结果与例 4.6.2 的基本相同。

例 4.6.6　求方程 $x-\mathrm{e}^{-x}=0$ 在区间[0,1]内的根。

解　在 MATLAB 命令行窗口中输入：
    >> f='x-exp(-x)'
    f =
      x-exp(-x)
    >> fzero(f,[0,1])
    ans =
      0.56714329040978

计算结果与例 4.6.3 的相同。

（2）求多项式的所有复根函数

格式：x=roots(p)

说明：求多项式的所有复根，p 为多项式的系数。

例 4.6.7　求方程 $f(x)=x^3-x-1=0$ 的根。

解　　>> roots([1 0 -1 -1])

```
    ans =
        1.32471795724475
       −0.66235897862237 + 0.56227951206230i
       −0.66235897862237 − 0.56227951206230i
```
计算结果与例 4.6.2 的基本相同。

（3）求一元或多元函数的根

格式：[x,f,h]=fsolve(fun,x0)

说明：返回一元或多元函数 fun 在 x0 附近的根。h>0 表示可靠，否则表示不可靠。

例 4.6.8 求方程 $f(x)=x^3-x-1=0$ 的实根。

解
```
>> [x,f,h]=fsolve(f,1.5)
    x =
       1.32471795724479
    f =
       2.016165012719284e−013
    h =
       1
```
计算结果与例 4.6.2 的相同。

关于符号方程的求解可参考 3.5.5 节的内容。

本章小结

本章讨论了求解非线性方程的一些数值计算方法。二分法简单、编程容易，且对函数 $f(x)$ 的性质要求不高，但其收敛速度较慢，与公比为 $\frac{1}{2}$ 的等比级数的收敛速度相同，因此常用于求精度不高的近似根或为迭代法提供初值。迭代法是一种逐次逼近的方法，原理简单，但存在收敛性和收敛速度的问题。牛顿迭代法是一种特殊的迭代法，它除了具有一般迭代法的特点，还具有在单根附近的收敛速度为平方局部收敛的特点。但牛顿迭代法对初值的选取要求苛刻，且需要求函数的导数，因此，当导数过于复杂时，可用弦截法求解。弦截法不要求求导数，但收敛速度较慢，收敛阶为 1.618，且需要两个初值。最后利用本章的例题作为测试用例，用 MATLAB 程序和 MATLAB 函数两种方法实现了本章介绍的算法。

习题 4

4.1 试取 $x_0=1$，用迭代公式

$$x_{k+1}=\frac{20}{x_k^2+2x_k+10} \quad (k=0,1,2,\cdots)$$

求方程 $x^3+2x^2+10x-20=0$ 的根，要求精确到 10^{-3}。

4.2 证明：方程 $x=\frac{1}{2}\cos x$ 有且仅有一个实根，试确定区间 $[a,b]$，使迭代过程 $x_{k+1}=\frac{1}{2}\cos x_k$ 对一切 $x_0\in[a,b]$ 均收敛。

4.3 设方程 $12-3x+2\cos x=0$ 的迭代公式为 $x_{k+1}=4+\frac{2}{3}\cos x_k$，回答以下问题。

（1）证明：$\forall x_0 \in R$，均有 $\lim\limits_{k \to \infty} x_k = x^*$，其中 x^* 为方程的根。

（2）取 $x_0 = 4$，求此迭代法的近似根，使误差不超过 10^{-3}，并列出各次迭代值。

（3）此迭代法收敛阶是多少？证明你的结论。

4.4 已知方程 $f(x) = 0$，试导出求根的迭代公式

$$x_{k+1} = x_k - \frac{2f'(x_k)f(x_k)}{2[f'(x_k)]^2 - f''(x_k)f(x_k)}$$

并证明当 $f(x) = 0$ 的根 x^* 为单根时，公式为 3 阶收敛。

4.5 设 $\varphi(x) = x - p(x)f(x) - q(x)f^2(x)$，试确定函数 $p(x)$ 和 $q(x)$，使求解 $f(x) = 0$ 并以 $\varphi(x)$ 为迭代公式的迭代法至少 3 阶收敛。

4.6 基于迭代原理证明：

$$\sqrt{1+\sqrt{1+\sqrt{1+\cdots}}} = \frac{1+\sqrt{5}}{2}$$

4.7 给定函数 $f(x)$，设对一切 x，$f'(x)$ 存在，且 $0 < m \leqslant f'(x) \leqslant M$，试证明对 $0 < \lambda < \frac{2}{M}$ 的任意值 λ，迭代过程 $x_{k+1} = x_k - \lambda f(x_k)$ 均收敛于 $f(x) = 0$ 的根 x^*。

4.8 设函数 $f(x)$ 具有二阶连续导数，$f(x^*) = 0$，$f'(x^*) \neq 0$，$f''(x^*) \neq 0$，$\{x_k\}$ 是由牛顿迭代法产生的序列，证明：$\lim\limits_{k \to \infty} \frac{x_{k+1} - x_k}{(x_k - x_{k-1})^2} = -\frac{1}{2}\frac{f''(x^*)}{f'(x^*)}$。

4.9 证明：用解方程 $(x^2 - a)^2 = 0$ 求 $\sqrt{a}$ 的牛顿迭代公式

$$x_{k+1} = \frac{3}{4}x_k + \frac{a}{4x_k}$$

仅线性收敛。

4.10 证明：用解方程 $(x^3 - a)^2 = 0$ 求 $\sqrt[3]{a}$ 的牛顿公式

$$x_{k+1} = \frac{5}{6}x_k + \frac{a}{6x_k^2}$$

仅线性收敛。

4.11 证明：迭代公式

$$x_{k+1} = \frac{2}{3}x_k + \frac{a}{3x_k^2}$$

是求解方程 $(x^3 - a)^2 = 0$ 的二阶方法。

4.12 试设计求 $\sqrt{a}$ 的迭代公式

$$x_{k+1} = \lambda_0 x_k + \lambda_1 \left(\frac{a}{x_k}\right) + \lambda_2 \left(\frac{a^2}{x_k^3}\right)$$

使其收敛阶尽可能高。

4.13 试设计求 $\sqrt{a}$ 的迭代公式

$$x_{k+1} = \lambda_0 x_k + \lambda_1 \left(\frac{a}{x_k}\right) + \lambda_2 \left(\frac{a^3}{x_k^5}\right)$$

4.14 试设计求 $\sqrt[3]{a}$ 的迭代公式

$$x_{k+1} = \lambda_0 x_k + \lambda_1 \left(\frac{a}{x_k^2}\right) + \lambda_2 \left(\frac{a^2}{x_k^5}\right)$$

4.15 早在 1225 年，有人曾求解方程 $x^3 + 2x^2 + 10x - 20 = 0$，并给出了高精度的实根 $x^* = 1.368808107$，试用牛顿迭代法求得这个结果。

4.16 分别用牛顿迭代法和弦截法求方程 $f(x) = x^3 + 2x^2 + 10x - 20 = 0$ 的根，要求精确到 10^{-6}。

4.17 应用牛顿迭代法于方程 $a - 1/x = 0$，$a > 0$，导出不用除法求 $1/a$ 近似值的方法。

4.18 用二分法求 $x^3 + x - 4 = 0$ 在 [1,3] 内的近似根，要求精确到 10^{-3}，至少应二分几次？

4.19 设 $\varphi(x) = x + a(x^2 - 5)$，要使迭代法 $x_{k+1} = \varphi(x_k)$ 局部收敛到 $x^* = \sqrt{5}$，求其取值范围。

4.20 试设计求解方程 $x^2 - 2x + 1 = 0$ 根的牛顿迭代公式，其收敛阶为多少？

第 5 章 解线性方程组的直接法

学习要点

直接法就是用有限步的算术运算直接求线性方程组解的方法，主要内容如下。
（1）消去法，包括高斯消去法和高斯-约当消去法。
（2）矩阵三角分解法，包括解一般线性方程组的直接三角分解法和解三对角线性方程组的追赶法。
（3）误差分析，包括条件数的概念与性质及病态方程组的判断和求解。

教学建议

消去法的思想是利用初等行变换，把原方程组的系数矩阵化为上三角矩阵（高斯消去法）或单位矩阵（高斯-约当消去法），这样处理既保证了方程组的解不变，又降低了算术运算次数，同时，为保证算法的稳定性，每次消元必须选主元素。这是本章的重点，要求必须掌握。矩阵三角分解法是消去法的另一种表现形式。解三对角线性方程组的追赶法思想同矩阵三角分解法，但处理更为简单，算术运算次数更少。本章的难点是病态方程组的判断和误差控制，可作为选学内容。建议 6~10 学时。

5.1 引言

在自然科学和工程技术中，许多问题的解决往往归结为线性方程组的求解问题，如应力分析、电学网络、分子结构、自由振动问题等。另外，许多有效的数值计算方法，其关键步骤也要解线性方程组，如三次样条插值、最小二乘法的曲线拟合，微分方程边值问题的差分法与有限元方法等。

设 n 阶线性方程组

$$\begin{cases} a_{11}x_1 + a_{12}x_2 + \cdots + a_{1n}x_n = b_1 \\ a_{21}x_1 + a_{22}x_2 + \cdots + a_{2n}x_n = b_2 \\ \vdots \\ a_{n1}x_1 + a_{n2}x_2 + \cdots + a_{nn}x_n = b_n \end{cases} \tag{5.1.1}$$

其矩阵形式为

$$\boldsymbol{Ax} = \boldsymbol{b} \tag{5.1.2}$$

式中，

$$\boldsymbol{A} = \begin{pmatrix} a_{11} & a_{12} & \cdots & a_{1n} \\ a_{21} & a_{22} & \cdots & a_{2n} \\ \vdots & \vdots & & \vdots \\ a_{n1} & a_{n2} & \cdots & a_{nn} \end{pmatrix}, \quad \boldsymbol{x} = \begin{pmatrix} x_1 \\ x_2 \\ \vdots \\ x_n \end{pmatrix}, \quad \boldsymbol{b} = \begin{pmatrix} b_1 \\ b_2 \\ \vdots \\ b_n \end{pmatrix}$$

由克莱姆法则可知，若式（5.1.2）的系数行列式 $\det(\boldsymbol{A}) \neq 0$，则方程组（5.1.1）有唯一的解。但用此方法解方程组（5.1.1）需要计算 $n+1$ 个 n 阶行列式，每个 n 阶行列式为 $n!$ 项之和，每项又是 n 个元素的乘积，需要进行 $n-1$ 次乘法。所以在求解过程中，仅乘法的次数就高达

$(n+1)n!(n-1)$ 次。当 n 较大时，其计算量是相当惊人的，这从第 1 章的引例 2 就可以知道。所以有必要研究高效率、高精度，便于在计算机中实现的数值解法。

在实际问题中产生的线性方程组的类型有很多，按系数矩阵含零元素的多少进行分类，有稠密和稀疏（零元素占 80%以上）线性方程组之分；按阶数的高低进行分类，有高阶（阶数在 10000 阶以上）、中阶（5000～10000 阶）和低阶（5000 阶以下）线性方程组之分；按系数矩阵的形状和性质进行分类，有对称正定、三对角、对角占优线性方程组之分等。因为数值解法必须考虑算法的计算时间和空间效率及算法的数值稳定性，所以，不同类型的线性方程组，其数值解法也不相同。但是，基本的方法可以归结为两大类：直接法和迭代法。

所谓直接法，就是经过有限步的算术运算，直接求出线性方程组精确解的方法（前提是计算过程中没有舍入误差）。但在实际计算中，由于舍入误差的存在和影响，这种方法也只能求出线性方程组的近似解。如何避免舍入误差的扩大和传播是设计直接法时必须考虑的首要问题。本章将介绍这类方法中最基本的高斯消去法和矩阵三角分解法，其具有较好的精确性和可靠性，是求解中低阶稠密线性方程组的有效方法。另外，最近直接法在求解较高阶稀疏线性方程组方面也取得了较大的进展。

所谓迭代法，就是用某种极限过程去逐步逼近线性方程组精确解的方法。迭代法具有占用内存少、程序设计简单、原始系数矩阵在计算过程中始终不变等优点。但是存在收敛性和收敛速度的问题。迭代法是求解高阶稀疏线性方程组的重要方法（见第 6 章）。

5.2 高斯消去法

5.2.1 顺序高斯消去法

顺序高斯（Gauss）消去法（简称高斯消去法）是一个古老的直接法（早在公元前 250 年我国就掌握了解三元一次联立方程组的方法），由它改进、变形得到的主元素高斯消去法、矩阵三角分解法，是目前计算机中常用于求解中低阶稠密线性方程组的有效方法。其特点是，通过消元将一般线性方程组的求解问题转化为上三角方程组的求解问题。下面说明其基本思想。

例 5.2.1 解线性方程组：

$$\begin{cases} x_1 + x_2 + x_3 = 6 & ① \\ x_1 + 3x_2 - 2x_3 = 1 & ② \\ 2x_1 - 2x_2 + x_3 = 1 & ③ \end{cases}$$

解 首先用方程①从方程②和③中消去 x_1，即方程①×(-1)+方程②，方程①×(-2)+方程③，并保留方程①得

$$\begin{cases} x_1 + x_2 + x_3 = 6 & ① \\ 2x_2 - 3x_3 = -5 & ④ \\ -4x_2 - x_3 = -11 & ⑤ \end{cases}$$

再用方程④从方程⑤中消去 x_2，即方程④×2+方程⑤，并保留方程①和方程④，从而得到与原方程组同解的上三角方程组：

$$\begin{cases} x_1 + x_2 + x_3 = 6 & ① \\ 2x_2 - 3x_3 = -5 & ④ \\ -7x_3 = -21 & ⑥ \end{cases}$$

由方程⑥得 $x_3 = 3$，代入方程④得 $x_2 = 2$，再代入方程①得 $x_1 = 1$。

由例 5.2.1 可知，高斯消去法的基本思想是，先逐次消去变量，将原方程组变换成同解的上三角方程组，此过程称为消元。然后按方程组的相反顺序求解上三角方程组，便得到原方程组的解，此过程称为回代。

消元过程可以用方程组增广矩阵的初等行变换来表示，例 5.2.1 中的消元过程如下：

$$(A\mid b) = \begin{pmatrix} 1 & 1 & 1 & 6 \\ 1 & 3 & -2 & 1 \\ 2 & -2 & 1 & 1 \end{pmatrix} \longrightarrow \begin{pmatrix} 1 & 1 & 1 & 6 \\ 0 & 2 & -3 & -5 \\ 0 & -4 & -1 & -11 \end{pmatrix} \longrightarrow \begin{pmatrix} 1 & 1 & 1 & 6 \\ 0 & 2 & -3 & -5 \\ 0 & 0 & -7 & -21 \end{pmatrix}$$

一般地，设 n 阶线性方程组为

$$\begin{cases} a_{11}^{(0)}x_1 + a_{12}^{(0)}x_2 + \cdots + a_{1n}^{(0)}x_n = b_1^{(0)} \\ a_{21}^{(0)}x_1 + a_{22}^{(0)}x_2 + \cdots + a_{2n}^{(0)}x_n = b_2^{(0)} \\ \vdots \\ a_{n1}^{(0)}x_1 + a_{n2}^{(0)}x_2 + \cdots + a_{nn}^{(0)}x_n = b_n^{(0)} \end{cases} \quad (5.2.1)$$

其矩阵形式为

$$A^{(0)}x = b^{(0)}$$

记方程组（5.2.1）的增广矩阵为

$$(A^{(0)}\mid b^{(0)}) = \begin{pmatrix} a_{11}^{(0)} & \cdots & a_{1n}^{(0)} & b_1^{(0)} \\ \vdots & \ddots & \vdots & \vdots \\ a_{n1}^{(0)} & \cdots & a_{nn}^{(0)} & b_n^{(0)} \end{pmatrix}$$

其消元过程如下。

第 1 步：设 $a_{11}^{(0)} \neq 0$，记 $l_{i1} = a_{i1}^{(0)}/a_{11}^{(0)}$（$i = 2,3,\cdots,n$），然后将 $(A^{(0)}\mid b^0)$ 的第 1 行乘 $-l_{i1}$ 后加到第 i 行（$i = 2,3,\cdots,n$）上，得

$$(A^{(1)}\mid b^{(1)}) = \begin{pmatrix} a_{11}^{(0)} & a_{12}^{(0)} & \cdots & a_{1n}^{(0)} & b_1^{(0)} \\ 0 & a_{22}^{(1)} & & a_{2n}^{(1)} & b_2^{(1)} \\ \vdots & \vdots & \ddots & \vdots & \vdots \\ 0 & a_{n2}^{(1)} & \cdots & a_{nn}^{(1)} & b_{n1}^{(1)} \end{pmatrix}$$

式中，

$$a_{ij}^{(1)} = a_{ij}^{(0)} - l_{i1}a_{1j}^{(0)} \quad (i = 2,3,\cdots,n; j = 1,2,\cdots,n)$$
$$b_i^{(1)} = b_i^{(0)} - l_{i1}b_1^{(0)} \quad (i = 2,3,\cdots,n)$$

即从第 2 行第 1 列开始消元。不过按照该方法的设计，第 1 列中的元素，从第 2 行到第 n 行必然为 0。为了减少算术运算次数，可以省略这些计算，这并不影响上三角矩阵中的元素。因此可将其改为

$$a_{ij}^{(1)} = a_{ij}^{(0)} - l_{i1}a_{1j}^{(0)} \quad (i,j = 2,3,\cdots,n)$$
$$b_i^{(1)} = b_i^{(0)} - l_{i1}b_1^{(0)} \quad (i = 2,3,\cdots,n)$$

后面的步骤同理。

于是，得到与原方程组 $A^{(0)}x = b^{(0)}$ 同解的方程组 $A^{(1)}x = b^{(1)}$。

重复上述过程，一般地，在完成第 $k-1$ 步消元后得到与原方程组 $A^{(0)}x = b^{(0)}$ 同解的方程组 $A^{(k-1)}x = b^{(k-1)}$，其增广矩阵为

$$(\boldsymbol{A}^{(k-1)} \mid \boldsymbol{b}^{(k-1)}) = \begin{pmatrix} a_{11}^{(0)} & \cdots & a_{1k}^{(0)} & \cdots & a_{1n}^{(0)} & b_1^{(0)} \\ & \ddots & \vdots & \ddots & \vdots & \vdots \\ & & a_{kk}^{(k-1)} & \cdots & a_{kn}^{(k-1)} & b_k^{(k-1)} \\ & & \vdots & \ddots & \vdots & \vdots \\ & & a_{nk}^{(k-1)} & \cdots & a_{nn}^{(k-1)} & b_n^{(k-1)} \end{pmatrix}$$

第 k 步：设 $a_{kk}^{(k-1)} \neq 0$ 时，记 $l_{ik} = a_{ik}^{(k-1)} / a_{kk}^{(k-1)}$（$i = k+1, k+2, \cdots, n$），然后将 $(\boldsymbol{A}^{(k-1)} \mid \boldsymbol{b}^{(k-1)})$ 的第 k 行乘 $-l_{ik}$ 后加到第 i 行（$i = k+1, k+2, \cdots, n$）上，得

$$(\boldsymbol{A}^{(k)} \mid \boldsymbol{b}^{(k)}) = \begin{pmatrix} a_{11}^{(0)} & \cdots & a_{1k}^{(0)} & a_{1(k+1)}^{(0)} & \cdots & a_{1n}^{(0)} & b_1^{(0)} \\ & \ddots & \vdots & \vdots & \ddots & \vdots & \vdots \\ & & a_{kk}^{(k-1)} & a_{k(k+1)}^{(k-1)} & \cdots & a_{kn}^{(k-1)} & b_k^{(k-1)} \\ & & & a_{(k+1)(k+1)}^{k} & \cdots & a_{(k+1)n}^{(k)} & b_{k+1}^{(k)} \\ & & & \vdots & \ddots & \vdots & \vdots \\ & & & a_{n(k+1)}^{(k)} & \cdots & a_{nn}^{(k)} & b_n^{(k)} \end{pmatrix}$$

式中，

$$a_{ij}^{(k)} = a_{ij}^{(k-1)} - l_{ik} a_{kj}^{(k-1)} \quad (i, j = k+1, k+2, \cdots, n)$$
$$b_i^{(k)} = b_i^{(k-1)} - l_{ik} b_k^{(k-1)} \quad (i = k+1, k+2, \cdots, n)$$

如此继续，经 $n-1$ 步消元后，可得原方程组的同解上三角方程组 $\boldsymbol{A}^{(n-1)} \boldsymbol{x} = \boldsymbol{b}^{(n-1)}$，即

$$\begin{pmatrix} a_{11}^{(0)} & a_{12}^{(0)} & \cdots & a_{1n}^{(0)} \\ & a_{22}^{(1)} & \cdots & a_{2n}^{(1)} \\ & & \ddots & \vdots \\ & & & a_{nn}^{(n-1)} \end{pmatrix} \begin{pmatrix} x_1 \\ x_2 \\ \vdots \\ x_n \end{pmatrix} = \begin{pmatrix} b_1^{(0)} \\ b_2^{(1)} \\ \vdots \\ b_n^{(n-1)} \end{pmatrix}$$

综上所述，整个消元过程如下。

对 $k = 1, 2, \cdots, n-1$ 逐次计算：

$$\begin{cases} l_{ik} = a_{ik}^{(k-1)} / a_{kk}^{(k-1)} & (i = k+1, \cdots, n) \\ a_{ij}^{(k)} = a_{ij}^{(k-1)} - l_{ik} a_{kj}^{(k-1)} & (i, j = k+1, \cdots, n) \\ b_i^{(k)} = b_i^{(k-1)} - l_{ik} b_k^{(k-1)} & (i = k+1, \cdots, n) \end{cases} \quad (5.2.2)$$

回代过程如下。

逐步回代求得原方程组的解：

$$\begin{cases} x_n = b_n^{(n-1)} / a_{nn}^{(n-1)} \\ x_k = (b_k^{(k-1)} - \sum_{j=k+1}^{n} a_{kj}^{(k-1)} x_j) / a_{kk}^{(k-1)} & (k = n-1, n-2, \cdots, 1) \end{cases} \quad (5.2.3)$$

由以上计算过程可知，消元能进行到底的条件是主元素 $a_{kk}^{(k-1)} \neq 0$（$k = 1, 2, \cdots, n-1$），那么，当系数矩阵 $\boldsymbol{A}$ 具有什么特征时，才能保证主元素不为 0 呢？下面的定理给出了主元素不为 0 的一个条件。

定理 5.2.1 如果 n 阶矩阵 $\boldsymbol{A}$ 的顺序主子式均不为 0，即

$$a_{11} \neq 0, \quad \begin{vmatrix} a_{11} & a_{12} \\ a_{21} & a_{22} \end{vmatrix} \neq 0, \quad \cdots, \quad \det(\boldsymbol{A}) \neq 0$$

则用高斯消去法求解方程组 $\boldsymbol{Ax} = \boldsymbol{b}$ 时的主元素为

$$a_{kk}^{(k-1)} \neq 0 \quad (k=1,2,\cdots,n)$$

下面分析高斯消去法的计算量。由于在计算机中进行乘除运算所需的时间远大于进行加减运算所需的时间，故只考虑进行乘除法的计算量。

由消元过程的式（5.2.2）可知，第 k 次消元求 l_{ik} 需进行 $n-k$ 次除法，求 $a_{ij}^{(k)}$ 需进行 $(n-k)^2$ 次乘法，求 $b_i^{(k)}$ 需进行 $n-k$ 次乘法，所以，消元过程中乘除法的总次数为

$$\sum_{k=1}^{n-1}[(n-k)+(n-k)^2+(n-k)] = 2\sum_{k=1}^{n-1}(n-k)+\sum_{k=1}^{n-1}(n-k)^2$$
$$= 2[(n-1)+(n-2)+\cdots+2+1]+[(n-1)^2+(n-2)^2+\cdots+2^2+1^2]$$
$$= 2\times\frac{1}{2}n(n-1)+\frac{1}{6}n(n-1)(2n-1)$$
$$= \frac{1}{3}n^3+\frac{1}{2}n^2-\frac{5}{6}n$$

由回代过程的式（5.2.3）可知，求 x_k 需进行 1 次除法和 $(n-k)$ 次乘法，所以回代过程中乘除法的总次数为

$$\sum_{k=1}^{n}(n-k)+n = \frac{1}{2}n(n-1)+n = \frac{1}{2}n^2+\frac{1}{2}n$$

因此，高斯消去法的乘除法总计算量为

$$\frac{1}{3}n^3+\frac{1}{2}n^2-\frac{5}{6}n+\frac{1}{2}n^2+\frac{1}{2}n = \frac{1}{3}n^3+n^2-\frac{1}{3}n$$

可以通过表 5.2.1 比较高斯消去法与克莱姆法则的乘除法总计算量（按 $(n+1)n!(n-1)+n$ 计算）。

表 5.2.1 总计算量比较

方程组的阶数	3	10	20	50
高斯消去法	17	430	3060	44 150
克莱姆法则	51	359 251 210	9.7×10^{20}	7.9×10^{67}

使用每秒可完成 12.5 万次乘除法的计算机，用高斯消去法求 20 阶线性方程组所需的时间为

$$\frac{3060}{1.25\times10^5} \approx 0.02448(\text{s})$$

而由第 1 章的引例 2 可知，用克莱姆法则求同一个问题则需要约 2 亿 4 千万年，这进一步说明了计算方法的重要性。

例 5.2.2 用高斯消去法求解以下线性方程组：

$$\begin{cases} 2x_1+2x_2+3x_3=3 \\ 4x_1+7x_2+7x_3=1 \\ -2x_1+4x_2+5x_3=-7 \end{cases}$$

解 只需对增广矩阵进行初等行变换，化为上三角方程组，回代求解即可。

$$(A|b)=\begin{pmatrix} 2 & 2 & 3 & 3 \\ 4 & 7 & 7 & 1 \\ -2 & 4 & 5 & -7 \end{pmatrix} \longrightarrow \begin{pmatrix} 2 & 2 & 3 & 3 \\ 0 & 3 & 1 & -5 \\ 0 & 6 & 8 & -4 \end{pmatrix} \longrightarrow \begin{pmatrix} 2 & 2 & 3 & 3 \\ 0 & 3 & 1 & -5 \\ 0 & 0 & 6 & 6 \end{pmatrix}$$

故

$$\begin{cases} 2x_1+2x_2+3x_3=3 \\ 3x_2+x_3=-5 \\ 6x_3=6 \end{cases}$$

回代求解得 $x_3=1$，$x_2=\dfrac{-5-x_3}{3}=-2$，$x_1=\dfrac{3-3x_3-2x_2}{2}=2$

例 5.2.3 用高斯消去法求解以下方程组：
$$\begin{cases} 2x_1 + x_2 + x_3 = 4 \\ x_1 + 3x_2 + 2x_3 = 6 \\ x_1 + 2x_2 + 2x_3 = 5 \end{cases}$$

解 对增广矩阵实施消元过程，有

$$(A\mid b) = \begin{pmatrix} 2 & 1 & 1 & 4 \\ 1 & 3 & 2 & 6 \\ 1 & 2 & 2 & 5 \end{pmatrix} \longrightarrow \begin{pmatrix} 2 & 1 & 1 & 4 \\ 0 & 5/2 & 3/2 & 4 \\ 0 & 3/2 & 3/2 & 3 \end{pmatrix} \longrightarrow \begin{pmatrix} 2 & 1 & 1 & 4 \\ & 5/2 & 3/2 & 4 \\ & & 3/5 & 3/5 \end{pmatrix}$$

回代求解得
$$x_1 = x_2 = x_3 = 1$$

5.2.2 主元素高斯消去法

主元素高斯消去法是为控制舍入误差的扩大和传播而提出的。在（顺序）高斯消去法的消元过程中，若出现 $a_{kk}^{(k-1)} = 0$，则消元无法进行。即使 $a_{kk}^{(k-1)} \neq 0$，但是其绝对值很小，把它作为除数，也会导致其他元素量级的巨大增长和舍入误差的扩大，最后使计算结果失真（参考 1.3.2 节）。

例 5.2.4 求解以下线性方程组：
$$\begin{cases} 0.0001x_1 + x_2 = 1 & ① \\ x_1 + x_2 = 2 & ② \end{cases}$$

解 容易验证，方程组的精确解为
$$x_1 = 10000/9999, \quad x_2 = 9998/9999$$

用 3 位十进制浮点数求解，把方程②中的 x_1 消去，得到
$$\begin{cases} 0.0001x_1 + x_2 = 1 & ① \\ -10000x_2 = -10000 & ③ \end{cases}$$

由方程③解出 $x_2 = 1$，代入方程①得 $x_1 = 0$。可以看到，近似解与精确解相差很大，这是因为用 0.0001 作为除数，使得舍入误差剧增。为了控制舍入误差，先将方程组中的方程①和方程②交换一下位置，变为
$$\begin{cases} x_1 + x_2 = 2 & ② \\ 0.0001x_1 + x_2 = 1 & ① \end{cases}$$

消去方程①中的 x_1，得
$$\begin{cases} x_1 + x_2 = 2 \\ x_2 = 1 \end{cases}$$

从而求得 $x_1 = x_2 = 1$，结果与精确解非常接近。

事实上，从高斯消去法消元过程的式（5.2.2）可以看出，当 $|l_{ik}| = \left|\dfrac{a_{ik}^{(k-1)}}{a_{kk}^{(k-1)}}\right| > 1$ 时，若 $a_{kj}^{(k-1)}$ 有舍入误差 e_{k-1}，则经过计算 $a_{ij}^{(k)} = a_{ij}^{(k-1)} - l_{ik}a_{kj}^{(k-1)}$，$a_{ij}^{(k)}$ 就会有比 e_{k-1} 更大的舍入误差 $e_k = |l_{ik}| |e_{k-1}|$ 产生，同样，$b_i^{(k)}$ 的误差也会比 $b_k^{(k-1)}$ 的舍入误差大。因此，为了达到减小舍入误差的目的，必须保证 $|l_{ik}| < 1$，即 $|a_{kk}^{(k-1)}| > |a_{ik}^{(k-1)}|$ $(i = k+1, k+2, \cdots, n)$，于是可以对高斯消去法进行改进。用交换方程或交换未知数次序的方法，选择绝对值尽可能大的系数作为第 k 步消元过程中的主元素 $a_{kk}^{(k-1)}$，这就是主元素高斯消去法的基本思想。由于选取主元素的范围不同，相应地，就有不同

的主元素高斯消去法。在第 k 步消元过程中，如果从 $a_{kk}^{(k-1)}$ 的右下方子矩阵中选取主元素，则称为全主元素高斯消去法；如果从 $a_{kk}^{(k-1)}$ 所在列的下方选取主元素，则称为列主元素高斯消去法。由于列主元素高斯消去法选主元素的范围小，不改变未知数的次序，且能保证 $|l_{ik}|<1$，使主元素高斯消去法稳定，因而被广泛使用。

在计算机中求解方程组 $\boldsymbol{Ax}=\boldsymbol{b}$ 时，常把右端常数项 $\boldsymbol{b}$ 作为系数矩阵 $\boldsymbol{A}$ 的第 $n+1$ 列，增广矩阵仍然记为 $\boldsymbol{A}$。列主元素高斯消去法的算法框图如图 5.2.1 所示。

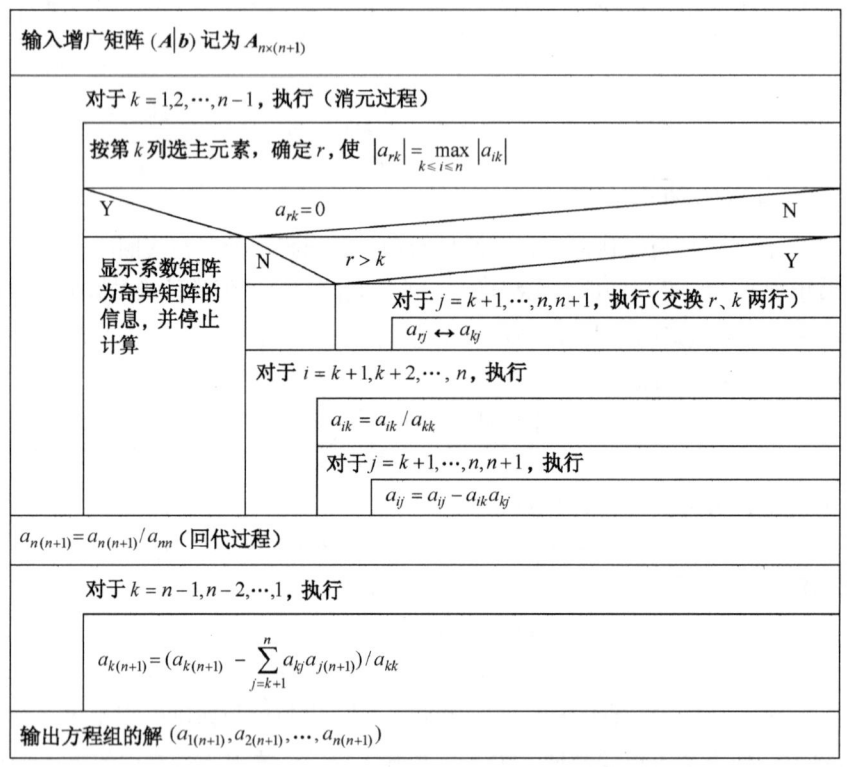

图 5.2.1 列主元素高斯消去法的算法框图

例 5.2.5 用列主元素高斯消去法解以下线性方程组：

$$\begin{cases} 12x_1-3x_2+3x_3=15 \\ -18x_1+3x_2-x_3=-15 \\ x_1+x_2+x_3=6 \end{cases}$$

解

$$(\boldsymbol{A}|\boldsymbol{b})=\begin{pmatrix} 12 & -3 & 3 & 15 \\ -18 & 3 & -1 & -15 \\ 1 & 1 & 1 & 6 \end{pmatrix} \xrightarrow{1,2\text{行交换}} \begin{pmatrix} -18 & 3 & -1 & -15 \\ 12 & -3 & 3 & 15 \\ 1 & 1 & 1 & 6 \end{pmatrix} \xrightarrow{\text{消元}} \begin{pmatrix} -18 & 3 & -1 & -15 \\ 0 & -1 & 7/3 & 5 \\ 0 & 7/6 & 17/18 & 31/6 \end{pmatrix}$$

$$\xrightarrow{2,3\text{行交换}} \begin{pmatrix} -18 & 3 & -1 & -15 \\ 0 & 7/6 & 17/18 & 31/6 \\ 0 & -1 & 7/3 & 5 \end{pmatrix} \xrightarrow{\text{消元}} \begin{pmatrix} -18 & 3 & -1 & -15 \\ 0 & 7/6 & 17/18 & 31/6 \\ 0 & 0 & 22/7 & 66/7 \end{pmatrix}$$

回代求解得

$$x_3=3,\ x_2=2,\ x_1=1$$

5.2.3 高斯-约当消去法

高斯消去法的基本思想是消去对角线下方的元素,使系数矩阵变为上三角矩阵。现将这一方法进行修正,即消去对角线下方和上方的元素,使系数矩阵变为单位矩阵,这种方法称为高斯-约当(Gauss-Jordan)消去法。它不需要回代过程。

例 5.2.6 解线性方程组:
$$\begin{cases} x_1 + x_2 - x_3 = 1 \\ x_1 + 2x_2 - 2x_3 = 0 \\ -2x_1 + x_2 + x_3 = 1 \end{cases}$$

解 对该方程组的增广矩阵实施消元过程,将系数矩阵对角化为

$$(A|b) = \begin{pmatrix} 1 & 1 & -1 & 1 \\ 1 & 2 & -2 & 0 \\ -2 & 1 & 1 & 1 \end{pmatrix} \longrightarrow \begin{pmatrix} 1 & 1 & -1 & 1 \\ 0 & 1 & -1 & -1 \\ 0 & 3 & -1 & 3 \end{pmatrix} \longrightarrow \begin{pmatrix} 1 & 0 & 0 & 2 \\ 0 & 1 & -1 & -1 \\ 0 & 0 & 2 & 6 \end{pmatrix} \longrightarrow \begin{pmatrix} 1 & 0 & 0 & 2 \\ 0 & 1 & 0 & 2 \\ 0 & 0 & 1 & 3 \end{pmatrix}$$

故

$$\begin{cases} x_1 = 2 \\ x_2 = 2 \\ x_3 = 3 \end{cases}$$

与高斯消去法类似,高斯-约当消去法的计算过程如下。

对 $k = 1, 2, \cdots, n$,计算:

$$\begin{cases} a_{kj}^{(k)} = a_{kj}^{(k-1)} / a_{kk}^{(k-1)} & (j = k+1, k+2, \cdots, n+1) \\ a_{ij}^{(k)} = a_{ij}^{(k-1)} - a_{ik}^{(k-1)} \times a_{kj}^{(k)} & (i = 1, 2, \cdots, n \text{且} i \neq k; j = k+1, k+2, \cdots, n+1) \end{cases}$$

在每步消元过程中,若选列主元素,可得到列主元素高斯-约当消去法,其算法框图如图 5.2.2 所示。

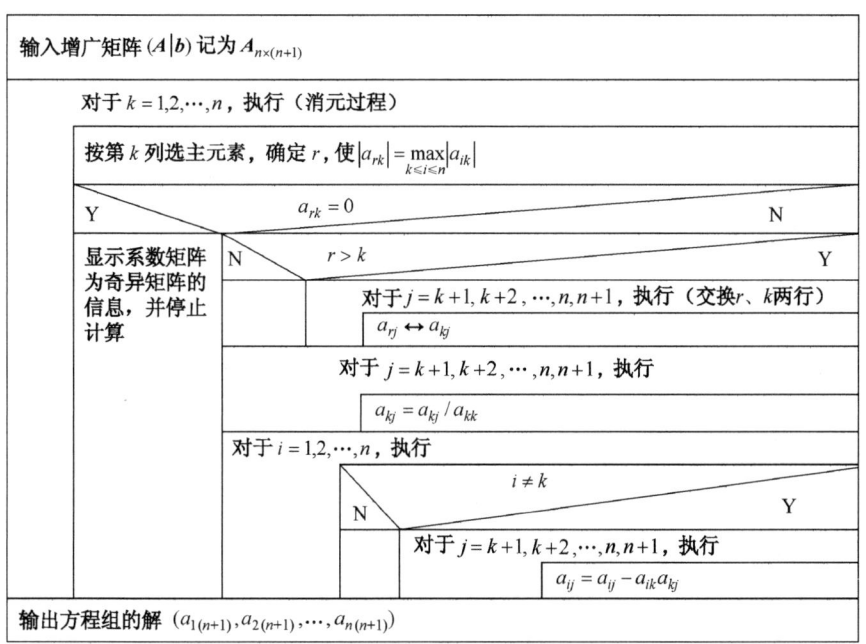

图 5.2.2 列主元素高斯-约当消去法算法框图

该方法的计算量统计如下：

乘法次数为 $n(n-1)+(n-1)(n-1)+\cdots+(n-1)\times 1=(n-1)\sum_{k=1}^{n}k=(n-1)\frac{1}{2}n(n+1)=\frac{1}{2}n^3-\frac{1}{2}n$

除法次数为 $n+(n-1)+\cdots+1=\frac{1}{2}n^2+\frac{1}{2}n$

乘除法的总次数为 $\frac{1}{2}n^3+\frac{1}{2}n^2$

它比高斯消去法的计算量大，但不需要回代过程，算法的结构略为简单，并且比较适合求一个矩阵的逆矩阵（参考例 2.3.5）。

例 5.2.7 用高斯-约当消去法解线性方程组：

$$\begin{cases} x_2+x_3=1 \\ x_1+2x_2+3x_3=0 \\ x_1+4x_2+6x_3=2 \end{cases}$$

解

$$(A|b)=\begin{pmatrix} 0 & 1 & 1 & 1 \\ 1 & 2 & 3 & 0 \\ 1 & 4 & 6 & 2 \end{pmatrix} \xrightarrow{1,2行交换} \begin{pmatrix} 1 & 2 & 3 & 0 \\ 0 & 1 & 1 & 1 \\ 1 & 4 & 6 & 2 \end{pmatrix} \xrightarrow{消元} \begin{pmatrix} 1 & 2 & 3 & 0 \\ 0 & 1 & 1 & 1 \\ 0 & 2 & 3 & 2 \end{pmatrix}$$

$$\xrightarrow{2,3行交换} \begin{pmatrix} 1 & 2 & 3 & 0 \\ 0 & 2 & 3 & 2 \\ 0 & 1 & 1 & 1 \end{pmatrix} \xrightarrow{消元} \begin{pmatrix} 1 & 0 & 0 & -2 \\ 0 & 1 & 3/2 & 1 \\ 0 & 0 & -1/2 & 0 \end{pmatrix} \xrightarrow{消元} \begin{pmatrix} 1 & 0 & 0 & -2 \\ 0 & 1 & 0 & 1 \\ 0 & 0 & 1 & 0 \end{pmatrix}$$

方程组的解为

$$x_1=-2,\ x_2=1,\ x_3=0$$

例 5.2.8 用列主元素高斯-约当消去法求矩阵 A 的逆矩阵：

$$A=\begin{pmatrix} 1 & 2 & 3 \\ 2 & 4 & 5 \\ 3 & 5 & 6 \end{pmatrix}$$

解 将矩阵 A 和单位矩阵 I 写在一起构成 $n\times 2n$ 阶矩阵 $(A,I)=C$，然后对其进行选列主元素和消元操作，得

$$C=\begin{pmatrix} 1 & 2 & 3 & 1 & 0 & 0 \\ 2 & 4 & 5 & 0 & 1 & 0 \\ 3 & 5 & 6 & 0 & 0 & 1 \end{pmatrix} \xrightarrow{选列主元素} \begin{pmatrix} 3 & 5 & 6 & 0 & 0 & 1 \\ 2 & 4 & 5 & 0 & 1 & 0 \\ 1 & 2 & 3 & 1 & 0 & 0 \end{pmatrix} \xrightarrow{消元} \begin{pmatrix} 1 & 5/3 & 2 & 0 & 0 & 1/3 \\ 0 & 2/3 & 1 & 0 & 1 & -2/3 \\ 0 & 1/3 & 1 & 1 & 0 & -1/3 \end{pmatrix}$$

$$\xrightarrow{消元} \begin{pmatrix} 1 & 0 & -1/2 & 0 & -5/2 & 2 \\ 0 & 1 & 3/2 & 0 & 3/2 & -1 \\ 0 & 0 & 1/2 & 1 & -1/2 & 0 \end{pmatrix} \xrightarrow{消元} \begin{pmatrix} 1 & 0 & 0 & 1 & -3 & 2 \\ 0 & 1 & 0 & -3 & 3 & -1 \\ 0 & 0 & 1 & 2 & -1 & 0 \end{pmatrix}=(I,A^{-1})$$

所以

$$A^{-1}=\begin{pmatrix} 1 & -3 & 2 \\ -3 & 3 & -1 \\ 2 & -1 & 0 \end{pmatrix}$$

5.3 矩阵三角分解法
5.3.1 高斯消去法与矩阵三角分解法

如果用矩阵形式表示，高斯消去法的消元过程是对方程组（5.2.1）的增广矩阵进行一系列的初等行变换后，将系数矩阵 A 转化成上三角矩阵的过程，等价于用一系列的初等方阵左乘增广矩阵。因此，消元过程可以通过矩阵运算来实现。

设 $a_{11} \neq 0$，$l_{i1} = a_{i1}^{(0)} / a_{11}^{(0)}$（$i = 2, 3, \cdots, n$），记为

$$L_1 = \begin{pmatrix} 1 & & & \\ -l_{21} & 1 & & \\ \vdots & & \ddots & \\ -l_{n1} & & & 1 \end{pmatrix}$$

高斯消去法的第 1 步消元相当于用初等方阵 L_1 左乘增广矩阵 $(A^{(0)}|b^{(0)})$，记为

$$L_1(A^{(0)}|b^{(0)}) = (A^{(1)}|b^{(1)})$$

设 $a_{kk}^{(k-1)} \neq 0$，$l_{ik} = a_{ik}^{(k-1)} / a_{kk}^{(k-1)}$（$i = k+1, k+2, \cdots, n$），记为

$$L_k = \begin{pmatrix} 1 & & & & & & \\ & \ddots & & & & & \\ & & 1 & & & & \\ & & & 1 & & & \\ & & & -l_{k+1,k} & 1 & & \\ & & & \vdots & & \ddots & \\ & & & -l_{n,k} & & & 1 \end{pmatrix}$$

第 k 步消元相当于用初等方阵 L_k 左乘增广矩阵 $(A^{(k-1)}|b^{(k-1)})$，记为

$$L_k(A^{(k-1)}|b^{(k-1)}) = (A^{(k)}|b^{(k)})$$

重复这一过程，经过 $n-1$ 步消元后，最后得到

$$L_{n-1} L_{n-2} \cdots L_1 (A^{(0)}|b^{(0)}) = (A^{(n-1)}|b^{(n-1)})$$

因为 L_k（$k = 1, 2, \cdots, n-1$）均为非奇异矩阵，所以它们的逆矩阵存在。

容易求出

$$L_k^{-1} = \begin{pmatrix} 1 & & & & & \\ & 1 & & & & \\ & l_{k+1,k} & 1 & & & \\ & \vdots & & \ddots & & \\ & l_{n,k} & & & 1 \end{pmatrix}$$

于是

$$(A^{(0)}|b^{(0)}) = L_1^{-1} L_2^{-1} \cdots L_{n-1}^{-1} (A^{(n-1)}|b^{(n-1)})$$

可求得

$$L = L_1^{-1} L_2^{-1} \cdots L_{n-1}^{-1} = \begin{pmatrix} 1 & & & & \\ l_{21} & 1 & & & \\ l_{31} & l_{32} & 1 & & \\ \vdots & \vdots & \vdots & \ddots & \\ l_{n1} & l_{n2} & \cdots & l_{n-1} & 1 \end{pmatrix}$$

记为
$$U = A^{(n-1)}, \quad Y = b^{(n-1)}$$
于是有
$$(A^{(0)}|b^{(0)}) = L(A^{(n-1)}|b^{(n-1)}) = (LU|LY)$$

这说明，在 $a_{kk}^{(k-1)} \neq 0$（$k=1,2,\cdots,n-1$）的条件下，高斯消去法的消元过程实质上是把系数矩阵 A 分解成一个单位下三角矩阵 L 与上三角矩阵 U 的乘积的过程，于是由定理 5.2.1 可得如下定理。

定理 5.3.1　设 A 为 n 阶矩阵，如果 A 的顺序主子式 $D_i \neq 0$（$i=1,2,\cdots,n$），则 A 可分解为一个单位下三角矩阵 L 和一个上三角矩阵 U 的乘积，且这种分解是唯一的。

当系数矩阵完成三角分解后，对于求解方程组 $Ax = b$，就有
$$Ax = b \underset{A=LU}{\longleftrightarrow} LUx = b \underset{\diamondsuit y=Ux}{\longleftrightarrow} \begin{cases} Ly = b \\ Ux = y \end{cases}$$

高斯消去法的消元过程相当于分解 $A = LU$ 及求解三角方程组 $Ly = b$，回代过程则是求解另一个三角方程组 $Ux = y$，因此，解方程组的问题可转化为矩阵的三角分解问题。

5.3.2　直接三角分解法

由定理 5.3.1 可知，当矩阵 A 的各阶顺序主子式都不为 0 时，A 可唯一地分解为 $A = LU$，式中，L 为单位下三角矩阵，U 为上三角矩阵。本节讨论直接从系数矩阵 A 的元素得到计算矩阵 L 与 U 的元素的递推公式，而不需要高斯消去法的任何中间步骤，因而称为直接三角分解法，也称为 LU 分解法或 Doolittle 分解法。

由于两个矩阵相等就是它们的对应元素相等，因此通过比较 A 与 LU 的对应元素，即可得到直接计算 L 与 U 的元素的公式。

设
$$A = \begin{pmatrix} a_{11} & a_{12} & a_{13} & \cdots & a_{1n} \\ a_{21} & a_{22} & a_{23} & \cdots & a_{2n} \\ a_{31} & a_{32} & a_{33} & \cdots & a_{3n} \\ \vdots & \vdots & \vdots & & \vdots \\ a_{n1} & a_{n2} & a_{n3} & \cdots & a_{nn} \end{pmatrix} = \begin{pmatrix} 1 & & & & \\ l_{21} & 1 & & & \\ l_{31} & l_{32} & 1 & & \\ \vdots & \vdots & \vdots & \ddots & \\ l_{n1} & l_{n2} & l_{n3} & \cdots & 1 \end{pmatrix} \begin{pmatrix} u_{11} & u_{12} & u_{13} & \cdots & u_{1n} \\ & u_{22} & u_{23} & \cdots & u_{2n} \\ & & u_{33} & \cdots & u_{3n} \\ & & & \ddots & \vdots \\ & & & & u_{nn} \end{pmatrix} = LU \quad （5.3.1）$$

利用矩阵乘法规则，并比较式（5.3.1）两端的元素，步骤如下。

第 1 步：L 的第 1 行和 U 的第 j 列元素相乘后与 A 的对应元素相等，有 $a_{1j} = u_{1j}$，从而得到 U 的第 1 行元素
$$u_{1j} = a_{1j} \quad (j=1,2,\cdots,n)$$

L 的第 i 行和 U 的第 1 列元素相乘后与 A 的对应元素相等，有 $a_{i1} = l_{i1}u_{11}$，从而得到 L 的第 1 列元素
$$l_{i1} = a_{i1}/u_{11} \quad (i=2,3,\cdots,n)$$

这样，第 1 步就确定了 U 的第 1 行元素和 L 的第 1 列元素。

第 2 步：（与第 1 步类似）
由 $a_{2j} = l_{21}u_{1j} + u_{2j}$ 得 U 的第 2 行元素
$$u_{2j} = a_{2j} - l_{21}u_{1j} \quad (j=2,3,\cdots,n)$$

由 $a_{i2} = l_{i1}u_{12} + l_{i2}u_{22}$ 得 L 的第 2 列元素
$$l_{i2} = (a_{i2} - l_{i1}u_{12})/u_{22} \quad (i=3,4,\cdots,n)$$

这样，确定了 U 的第 2 行元素和 L 的第 2 列元素。

假设已经确定 U 的第 $1 \sim k-1$ 行及 L 的第 $1 \sim k-1$ 列 $(1 \leqslant k \leqslant n)$ 的全部元素。

第 k 步：

由 $a_{kj} = \sum_{r=1}^{n} l_{kr} u_{rj} (j \leqslant k)$，注意，$L$ 为单位下三角矩阵，当 $r > k$ 时，$l_{kr} = 0$，而 $l_{kk} = 1$，则

$$a_{kj} = \sum_{r=1}^{k-1} l_{kr} u_{rj} + u_{kj}$$

从而得到

$$u_{kj} = a_{kj} - \sum_{r=1}^{k-1} l_{kr} u_{rj} \quad (j = k, k+1, \cdots, n)$$

即得到 U 的第 k 行元素。

同理，由 $a_{ik} = \sum_{r=1}^{n} l_{ir} u_{rk} (i > k)$，注意，$U$ 为上三角矩阵，当 $r > k$ 时，$u_{rk} = 0$，则

$$a_{ik} = \sum_{r=1}^{k} l_{ir} u_{rk} = \sum_{r=1}^{k-1} l_{ir} u_{rk} + l_{ik} u_{kk}$$

从而得到

$$l_{ik} = (a_{ik} - \sum_{r=1}^{k-1} l_{ir} u_{rk}) / u_{kk} \quad (i = k+1, k+2, \cdots, n)$$

即得到 L 的第 k 列元素。

上述步骤共进行 n 步，就可以确定 L 及 U 的全部元素，完成了矩阵 A 的直接三角分解，计算过程归纳如下。

对 $k = 1, 2, \cdots, n$，计算：

$$\begin{cases} u_{kj} = a_{kj} - \sum_{r=1}^{k-1} l_{kr} u_{rj} & (j = k, k+1, \cdots, n) \\ l_{ik} = (a_{ik} - \sum_{r=1}^{k-1} l_{ir} u_{rk}) / u_{kk} & (i = k+1, k+2, \cdots, n) \end{cases} \quad (5.3.2)$$

（定义 $\sum_{1}^{0} = 0$）

在计算和存储 L 与 U 的元素时，可采用如图 5.3.1 所示的方式。

从式（5.3.2）可以看出，在算出 u_{kj} 后，a_{kj} 不再有用，在算出 l_{ik} 后，a_{ik} 不再有用，因此，编程时，可将 L 与 U 的元素放入 A 的相应元素位置。

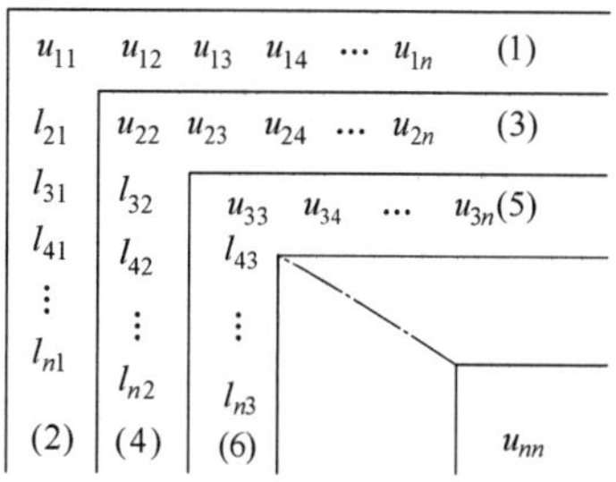

当系数矩阵 A 完成了 $A = LU$ 分解后，线性方程组 $Ax = b$ 就化为 $L(Ux) = b$，它等价于求解两个方程组 $Ly = b$ 与 $Ux = y$，具体计算公式如下：

图 5.3.1 L 与 U 的计算和存储

$$\begin{cases} y_1 = b_1 \\ y_k = b_k - \sum_{j=1}^{k-1} l_{kj} y_j & (k = 2, 3, \cdots, n) \end{cases} \quad (5.3.3)$$

$$\begin{cases} x_n = y_n / u_{nn} \\ x_k = (y_k - \sum_{j=k+1}^{n} u_{kj} x_j)/u_{kk} \quad (k=n-1, n-2, \cdots, 1) \end{cases} \tag{5.3.4}$$

例 5.3.1 用直接三角分解法解线性方程组：

$$\begin{pmatrix} 2 & 1 & 5 \\ 4 & 1 & 12 \\ -2 & -4 & 5 \end{pmatrix} \begin{pmatrix} x_1 \\ x_2 \\ x_3 \end{pmatrix} = \begin{pmatrix} 11 \\ 27 \\ 12 \end{pmatrix}$$

解 利用式（5.3.2）计算如下。

第 1 步：计算 U 的第 1 行元素及 L 的第 1 列元素。

$$u_{11}=2,\ u_{12}=1,\ u_{13}=5$$
$$l_{21}=a_{21}/u_{11}=2,\ l_{31}=a_{31}/u_{11}=-1$$

第 2 步：计算 U 的第 2 行元素及 L 的第 2 列元素。

$$u_{22}=a_{22}-l_{21}u_{12}=-1,\ u_{23}=a_{23}-l_{21}u_{13}=2$$
$$l_{32}=(a_{32}-l_{31}u_{12})/u_{22}=3$$

第 3 步：计算 U 的第 3 行元素。

$$u_{33}=a_{33}-(l_{31}u_{13}+l_{32}u_{23})=4$$

故

$$A = LU = \begin{pmatrix} 1 & & \\ 2 & 1 & \\ -1 & 3 & 1 \end{pmatrix} \begin{pmatrix} 2 & 1 & 5 \\ & -1 & 2 \\ & & 4 \end{pmatrix}$$

利用式（5.3.3）解 $Ly=b$ 得 $y_1=11,\ y_2=5,\ y_3=8$。

用式（5.3.4）解 $Ux=y$ 得 $x_3=2,\ x_2=-1,\ x_1=1$。

矩阵三角分解法可按如图 5.3.2 所示的紧凑格式来表示，这种格式便于记忆和计算。

$(a_{11})u_{11}$	$(a_{12})u_{12}$	$(a_{13})u_{13}$	$\cdots$	$(a_{1n})u_{1n}$	$(b_1)y_1$
$(a_{21})l_{21}$	$(a_{22})u_{22}$	$(a_{23})u_{23}$	$\cdots$	$(a_{2n})u_{2n}$	$(b_2)y_2$
$(a_{31})l_{31}$	$(a_{32})l_{32}$	$(a_{33})u_{33}$	$\cdots$	$(a_{3n})u_{3n}$	$(b_3)y_3$
$\cdots$	$\cdots$	$\cdots$	$\cdots$	$\cdots$	
$(a_{m1})l_{n1}$	$(a_{n2})l_{n2}$	$(a_{n3})l_{n3}$	$\cdots$	u_{nn}	$(b_n)y_n$

图 5.3.2 紧凑格式表示的矩阵三角分解法

① 计算顺序：将 a_{ij}、u_{ij}、l_{ij}、b_i、y_i 按图 5.3.2 列好，计算时从外到内进行。在每个框中，先计算行，从左到右依次计算 u_{kj} 和 y_k，后计算列，从上到下计算 l_{ik}。

② 计算方法：按行计算时，需将所求元素 $u_{kj}(y_k)$ 的对应元素 $a_{kj}(b_k)$ 逐次减去 $u_{kj}(y_k)$ 所在行左边框中的元素 l_{kl} 乘以 $u_{kj}(y_k)$ 所在列上面各框中的相应元素 $u_{lj}(y_j)$。按列计算 l_{ik} 时，在进行上述计算后还要除以 l_{ik} 所在框中的对角线元素 u_{kk}。

例 5.3.2 用紧凑格式解线性方程组：

$$\begin{cases} 3x_1+2x_2+5x_3=6 \\ -x_1+4x_2+3x_3=5 \\ x_1-x_2+3x_3=1 \end{cases}$$

解 按图 5.3.2 计算，结果如图 5.3.3 所示。

(3)3	(2)2	(5)5	(6)6
$(-1)-\dfrac{1}{3}$	$(4)4+\dfrac{2}{3}=\dfrac{14}{3}$	$(3)3+\dfrac{5}{3}=\dfrac{14}{3}$	$(5)5+2=7$
$(1)\dfrac{1}{3}$	$(-1)(-1-\dfrac{1}{3}\times 2)/\dfrac{14}{3}=\dfrac{-5}{14}$	$(3)3+\dfrac{5}{3}-\dfrac{5}{3}=3$	$(1)1+\dfrac{5}{2}-2=\dfrac{3}{2}$

图 5.3.3 例 5.3.2 计算结果

所以

$$L=\begin{pmatrix} 1 & 0 & 0 \\ -\dfrac{1}{3} & 1 & 0 \\ \dfrac{1}{3} & -\dfrac{5}{14} & 1 \end{pmatrix},\ U=\begin{pmatrix} 3 & 2 & 5 \\ 0 & \dfrac{14}{3} & \dfrac{14}{3} \\ 0 & 0 & 3 \end{pmatrix},\ y=\begin{pmatrix} 6 \\ 7 \\ \dfrac{3}{2} \end{pmatrix}$$

解方程组 $Ux=y$，即

$$\begin{pmatrix} 3 & 2 & 5 \\ 0 & \dfrac{14}{3} & \dfrac{14}{3} \\ 0 & 0 & 3 \end{pmatrix}\begin{pmatrix} x_1 \\ x_2 \\ x_3 \end{pmatrix}=\begin{pmatrix} 6 \\ 7 \\ \dfrac{3}{2} \end{pmatrix}$$

得原方程组的解为 $x_3=\dfrac{1}{2}$，$x_2=1$，$x_1=\dfrac{1}{2}$。

关于直接三角分解法的几点说明。

① 用直接三角分解法求解线性方程组 $Ax=b$ 的乘除法的计算量也是 $n^3/3$ 数量级的，与高斯消去法所需计算量基本相同。

② 由于在求出 u_{ij}、l_{ij} 和 y_i 后，a_{ij} 和 b_i 无须保留，故编程计算时，可把 L、U 和 y 保存在 A 和 b 所在的单元中，回代时，用 x 取代 y，因此，整个计算过程中不需要增加新的存储单元。

③ 从直接三角分解法的式（5.3.2）可以看出，系数矩阵的三角分解与右端项无关，因而在计算多个系数矩阵相同而右端项不同的一系列线性方程组时，用直接三角分解法更为简便。

④ 完成 $A=LU$ 分解后，可以较容易地求出行列式：
$$\det(A)=\det(L)\times\det(U)=u_{11}u_{22}\cdots u_{nn}$$

⑤ 直接三角分解法一般可采用选主元素的方法，以使算法更加稳定。

⑥ 也可以把系数矩阵 A 分解成一个单位下三角矩阵与一个单位上三角矩阵的乘积，矩阵的这一分解称为 Crout 分解。

5.4 解三对角线性方程组的追赶法

在三次样条插值问题和常微分方程边值问题的数值计算方法中，都要求解对角占优的三对角线性方程组

$$Ax=f \tag{5.4.1}$$

式中，

$$A=\begin{pmatrix} b_1 & c_1 & & & \\ a_2 & b_2 & c_2 & & \\ & \ddots & \ddots & \ddots & \\ & & a_{n-1} & b_{n-1} & c_{n-1} \\ & & & a_n & b_n \end{pmatrix},\ f=\begin{pmatrix} f_1 \\ f_2 \\ \vdots \\ f_n \end{pmatrix} \tag{5.4.2}$$

并且 A 满足以下条件：

$$\begin{cases} |b_1|>|c_1|>0 \\ |b_i| \geq |a_i|+|c_i| \quad (a_ic_i \neq 0) \\ |b_n|>|a_n|>0 \end{cases} \qquad (5.4.3)$$

称 A 为对角占优的三对角矩阵。

可以验证，式（5.4.2）中的 A 可以分解为二对角的下三角矩阵 L 和二对角的上三角矩阵 U 的乘积，即 $A = LU$。当 L 的对角线元素为 1 时，属于 Doolittle 分解；当 U 的对角线元素为 1 时，属于 Crout 分解。以下对 A 进行 Crout 分解。

令

$$L = \begin{pmatrix} l_1 & & & & \\ a_2 & l_2 & & & \\ & a_3 & l_3 & & \\ & & \ddots & \ddots & \\ & & & a_n & l_n \end{pmatrix}, \quad U = \begin{pmatrix} 1 & u_1 & & & \\ & 1 & u_2 & & \\ & & 1 & & \\ & & & \ddots & \\ & & & \ddots & u_{n-1} \\ & & & & 1 \end{pmatrix} \qquad (5.4.4)$$

对照式（5.4.2）中的 A 和式（5.4.4）中的 L 与 U，利用矩阵的乘法，可得

$$\begin{cases} b_1 = l_1 \\ c_i = l_i u_i \qquad (i=1,2,3,\cdots,n-1) \\ b_{i+1} = a_{i+1} u_i + l_{i+1} \end{cases} \qquad (5.4.5)$$

由式（5.4.5）解出

$$\begin{cases} l_1 = b_1 \\ u_i = c_i / l_i \qquad (i=1,2,3,\cdots,n-1) \\ l_{i+1} = b_{i+1} - a_{i+1} u_i \end{cases} \qquad (5.4.6)$$

可见，对 A 的分解只需求 l_i 和 u_i，且按 $l_1 \to u_1 \to l_2 \to u_2 \to \cdots \to l_{n-1} \to u_{n-1} \to l_n$ 的递推过程进行，形象地称为"追"的过程。

这样，解方程组（5.4.1）就转化为求解 $LUx = f$，令 $Ux = y$，则 $Ly = f$。

解方程组 $Ly = f$，即

$$\begin{cases} l_1 y_1 = f_1 \\ a_i y_{i-1} + l_i y_i = f_i \qquad (i=2,\cdots,n) \end{cases}$$

得

$$\begin{cases} y_1 = f_1 / l_1 \\ y_i = (f_i - a_i y_{i-1}) / l_i \qquad (i=2,\cdots,n) \end{cases} \qquad (5.4.7)$$

解方程组 $Ux = y$，即

$$\begin{cases} x_i + u_i x_{i+1} = y_i \qquad (i=1,2,\cdots,n) \\ x_n = y_n \end{cases}$$

得

$$\begin{cases} x_n = y_n \\ x_i = y_i - u_i x_{i+1} \qquad (i=n-1,\cdots,2,1) \end{cases} \qquad (5.4.8)$$

这是回代求解过程，即式（5.4.8）为"赶"的过程。因此，由式（5.4.6）、式（5.4.7）和式

(5.4.8)求解方程组（5.4.1）的方法称为追赶法。

不过，从计算y_i的式（5.4.7）可以看出，只要算出l_i和y_{i-1}就可以计算y_i，所以可将计算式（5.4.7）归于"追"的过程，即求L、U和y可以组织在一个循环中。如图 5.4.1 所示为追赶法的算法框图。

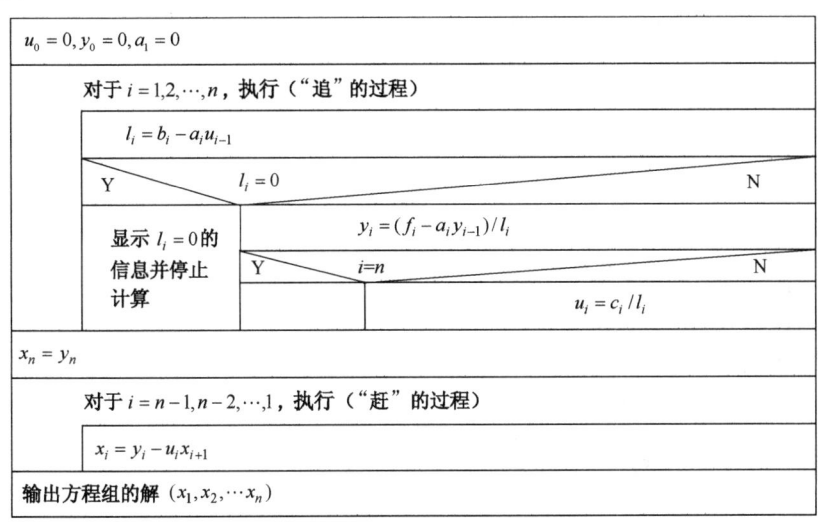

图 5.4.1 追赶法的算法框图

当系数矩阵 A 满足式（5.4.3）时，用数学归纳法可以证明

$$0<|u_i|<1 \quad (i=1,2,\cdots,n-1)$$
$$0<|b_i|-|a_i|\leqslant |b_i|+|a_i| \quad (i=1,2,\cdots,n)$$

由于$\{l_i\}$和$\{u_i\}$有界，且$\{l_i\}$在数量级上与 A 的元素相当，因此，即使不选主元素，追赶法在一般情况下也是数值稳定的。又因为$\det(A)=\prod_{i=1}^{n} l_i \neq 0$，所以式（5.4.1）的解存在并且唯一。

追赶法的计算量为 $5n-4$ 次乘除法，可用 4 个一维数组分别存放$\{a_i\}$、$\{b_i\}$、$\{c_i\}$和$\{f_i\}$，共占用 $4n-2$ 个单元。在计算过程中，$\{l_i\}$、$\{u_i\}$和$\{y_i\}$依次覆盖掉$\{b_i\}$、$\{c_i\}$和$\{f_i\}$，最后，$\{x_i\}$覆盖掉$\{y_i\}$，所以，追赶法具有计算量小，占用内存单元少的特点。

例 5.4.1 用追赶法解线性方程组：

$$\begin{pmatrix} 3 & 1 & & \\ 2 & 3 & 1 & \\ & 2 & 3 & 1 \\ & & 1 & 3 \end{pmatrix} \begin{pmatrix} x_1 \\ x_2 \\ x_3 \\ x_4 \end{pmatrix} = \begin{pmatrix} 1 \\ 0 \\ 1 \\ 0 \end{pmatrix}$$

表 5.4.1 例 5.4.1 计算结果

i	l_i	u_i	y_i
1	3	1/3	1/3
2	7/3	3/7	−2/7
3	15/7	7/15	11/15
4	38/15		−11/38

解 按式（5.4.6）和式（5.4.7）计算l_i、u_i和y_i，结果见表 5.4.1。按式（5.4.8）计算x_i得

$$x = (21/38, -25/38, 33/38, -11/38)^T$$

例 5.4.2 解三对角线性方程组：

$$\begin{cases} 4x_1 + 2x_2 & = 1 \\ x_1 + 4x_2 + 2x_3 & = 2 \\ x_2 + 4x_3 + 2x_4 & = 3 \\ x_3 + 4x_4 & = 4 \end{cases}$$

解 利用如图 5.4.1 所示的算法框图可得"追"的过程如下。

第 1 步：$\begin{cases} l_1 = b_1 - a_1 u_0 = 4 \\ y_1 = (f_1 - a_1 y_0)/l_1 = 1/4 \\ u_1 = c_1/l_1 = 1/2 \end{cases}$

第 2 步：$\begin{cases} l_2 = b_2 - a_2 u_1 = 4 - 1/2 = 7/2 \\ y_2 = (f_2 - a_2 y_1)/l_2 = (2 - 1/4)/7/2 = 1/2 \\ u_2 = c_2/l_2 = 4/7 \end{cases}$

第 3 步：$\begin{cases} l_3 = b_3 - a_3 u_2 = 24/7 \\ y_3 = (f_3 - a_3 y_2)/l_3 = 35/48 \\ u_3 = c_3/l_3 = 7/12 \end{cases}$

第 4 步：$\begin{cases} l_4 = b_4 - a_4 u_3 = 41/12 \\ y_4 = (f_4 - a_4 y_3)/l_4 = 157/164 \end{cases}$

"赶"的过程：$x_4 = y_4 = 157/164$

$x_3 = y_3 - u_3 x_4 = 7/41$

$x_2 = y_2 - u_2 x_3 = 33/82$

$x_1 = y_1 - u_1 x_2 = 2/41$

5.5 误差分析

5.5.1 病态方程组与条件数

一个线性方程组 $Ax = b$ 是由它的系数矩阵 A 和它的右端项 b 所确定的。在实际问题中，由于各种原因，A 或 b 往往有误差，从而使得解也产生误差。本节讨论线性方程组的系数矩阵 A 或右端项 b 的微小误差对解向量的影响问题。

例 5.5.1 解线性方程组 $Ax = b$：

$$\begin{pmatrix} 2 & 6 \\ 2 & 6.0001 \end{pmatrix} \begin{pmatrix} x_1 \\ x_2 \end{pmatrix} = \begin{pmatrix} 8 \\ 8.0001 \end{pmatrix}$$

解 其精确解为 $x^* = (1,1)^T$。当 A 与 b 有微小变化时，如 $\tilde{A} = A + \delta A$，$\tilde{b} = b + \delta b$，则变为以下方程组：

$$\begin{pmatrix} 2 & 6 \\ 2 & 5.9999 \end{pmatrix} \begin{pmatrix} \tilde{x}_1 \\ \tilde{x}_2 \end{pmatrix} = \begin{pmatrix} 8 \\ 8.0002 \end{pmatrix}$$

精确解变为 $\tilde{x} = x + \delta x = (10, -2)^T$。

例 5.5.2 解线性方程组 $Ax = b$：

$$\begin{pmatrix} 10 & 7 & 8 & 7 \\ 7 & 5 & 6 & 5 \\ 8 & 6 & 10 & 9 \\ 7 & 5 & 9 & 10 \end{pmatrix} \begin{pmatrix} x_1 \\ x_2 \\ x_3 \\ x_4 \end{pmatrix} = \begin{pmatrix} 32 \\ 23 \\ 33 \\ 31 \end{pmatrix}$$

解 其精确解 $x^* = (1,1,1,1)^T$。当 A 没有变化，右端项有微小变化时，即

$$b + \delta b = (32.1, 22.9, 33.1, 30.9)^T$$

则方程组的解变为

$$x+\delta x = (9.2,-12.6,4.5,-1.1)^{\mathrm{T}}$$

上述两个例子表明，A 与 b 的微小变化会引起方程组解 x 的很大变化，所谓"差之毫厘，失之千里"。这种现象的出现完全是由方程组的性态决定的。

定义 5.5.1（病态方程组定义） 求解线性方程组 $Ax = b$ 时，若当 A 或 b 有微小扰动 $\|\delta A\|$ 或 $\|\delta b\|$ 时，解 x 的扰动 $\|\delta x\|$ 很大，则称此方程组为病态方程组，相应的系数矩阵 A 称为病态矩阵。反之，若此时 $\|\delta x\|$ 很小，则称此方程组为良态方程组，系数矩阵 A 称为良态矩阵。

定义 5.5.2 称 $\dfrac{\|\delta x\|}{\|x\|}$、$\dfrac{\|\delta A\|}{\|A\|}$ 和 $\dfrac{\|\delta b\|}{\|b\|}$ 分别为解向量 x、系数矩阵 A 和右端向量 b 的相对扰动。

现在讨论线性方程组"病态"程度的标准。

设线性方程组

$$Ax = b \tag{5.5.1}$$

的扰动方程组为

$$(A+\delta A)(x+\delta x) = b+\delta b \tag{5.5.2}$$

式中，δA 为 A 的扰动矩阵，δx 和 δb 分别为 x 和 b 的扰动向量，并且总假设 $A+\delta A$ 非奇异。

为讨论方便，将扰动方程组分为以下两种情况。

（1）$\delta A = 0$，$\delta b \neq 0$，$b \neq 0$

此时扰动方程组为

$$A(x+\delta x) = b+\delta b \tag{5.5.3}$$

式（5.5.3）和式（5.5.1）相减得

$$A\delta x = \delta b$$

所以 $\delta x = A^{-1}\delta b$，由范数的定义得

$$\|\delta x\| \leqslant \|A^{-1}\| \cdot \|\delta b\|$$

再由 $Ax = b$ 得

$$\|b\| \leqslant \|A\| \cdot \|x\|$$

从而有

$$\|\delta x\| \cdot \|b\| \leqslant \|A\| \cdot \|A^{-1}\| \cdot \|x\| \cdot \|\delta b\|$$

因为 $b \neq 0$，$x \neq 0$，所以 $\|b\|>0$，$\|x\|>0$，于是有

$$\frac{\|\delta x\|}{\|x\|} \leqslant \|A\| \cdot \|A^{-1}\| \cdot \frac{\|\delta b\|}{\|b\|} \tag{5.5.4}$$

式（5.5.4）说明，当右端向量 b 有扰动 $\|\delta b\|$ 时，解向量 x 相对扰动不超过 b 的相对扰动的 $\|A\| \cdot \|A^{-1}\|$ 倍。

（2）$\delta A \neq 0$，$\delta b = 0$，$A \neq 0$

此时扰动方程组为

$$(A+\delta A)(x+\delta x) = b \tag{5.5.5}$$

式（5.5.5）与式（5.5.1）相减得

$$\delta A(x+\delta x) + A\delta x = 0$$

则

$$\delta x = -A^{-1}\delta A(x+\delta x)$$

由范数的定义得
$$\|\delta x\| \leqslant \|A^{-1}\| \cdot \|\delta A\| \cdot \|x+\delta x\|$$
于是有
$$\frac{\|\delta x\|}{\|x+\delta x\|} \leqslant \|A\| \cdot \|A^{-1}\| \cdot \frac{\|\delta A\|}{\|A\|} \tag{5.5.6}$$

式（5.5.6）说明，当系数矩阵 A 有扰动 $\|\delta A\|$ 时，解向量 $x+\delta x$ 的相对扰动不超过 A 的相对扰动的 $\|A\| \cdot \|A^{-1}\|$ 倍。

当方程组（5.5.1）的系数矩阵 A 和右端向量 b 同时有扰动 $\|\delta A\|$ 和 $\|\delta b\|$ 时，在
$$\|A^{-1} \cdot \delta A\| \leqslant \|A^{-1}\| \cdot \|\delta A\| < 1$$
的条件下，可推出
$$\frac{\|\delta x\|}{\|x\|} \leqslant \frac{\|A\| \cdot \|A^{-1}\|}{1-\|A\| \cdot \|A^{-1}\| \cdot \frac{\|\delta A\|}{\|A\|}} \left(\frac{\|\delta b\|}{\|b\|} + \frac{\|\delta A\|}{\|A\|} \right) \tag{5.5.7}$$

由式（5.5.4）、式（5.5.6）和式（5.5.7）可知，$\|A\| \cdot \|A^{-1}\|$ 刻画了方程组 $Ax=b$ 的"病态"程度及解对 A 与 b 扰动的敏感程度。

定义 5.5.3 设 A 为 n 阶可逆矩阵，称
$$\text{cond}(A) = \|A^{-1}\| \cdot \|A\|$$
为矩阵 A 的条件数，式中，$\|A\|$ 是矩阵 A 的算子范数。

常用的条件数：
$$\text{cond}_\infty(A) = \|A\|_\infty \cdot \|A^{-1}\|_\infty$$
$$\text{cond}_1(A) = \|A\|_1 \cdot \|A^{-1}\|_1$$
$$\text{cond}_2(A) = \|A\|_2 \cdot \|A^{-1}\|_2$$

分别称为矩阵 A 的 ∞-条件数、1-条件数和 2-条件数。

条件数的性质：
① 对任意非奇异矩阵 A，都有
$$\text{cond}(A) \geqslant 1, \quad \text{cond}(A) = \text{cond}(A^{-1})$$
② 若 A 为非奇异矩阵，且 $k \neq 0$（常数），则
$$\text{cond}(kA) = \text{cond}(A)$$
③ 若 A 为非奇异矩阵，U 为正交矩阵，则
$$\text{cond}_2(A) = \text{cond}_2(UA) = \text{cond}_2(AU), \quad \text{cond}_2(U) = 1$$
④ 若 λ_1 和 λ_n 分别为 A 的按模最大和最小的特征值，则
$$\text{cond}_2(A) \geqslant \frac{|\lambda_1|}{|\lambda_n|}$$

若 A 对称，则
$$\text{cond}_2(A) = \frac{|\lambda_1|}{|\lambda_n|}$$

若 A 对称正定，则
$$\text{cond}_2(A) = \frac{\lambda_1}{\lambda_n}$$

例 5.5.3 设 $A, B \in R^{n \times n}$ 为非奇异矩阵，证明：

（1） $\text{cond}(A) \geqslant 1$，$\text{cond}(A) = \text{cond}(A^{-1})$；

（2） $\text{cond}(aA) = \text{cond}(A)$，$\forall a \in R^1$，$a \neq 0$；

（3） $\text{cond}(AB) \leqslant \text{cond}(A) \cdot \text{cond}(B)$。

证明 （1） $\text{cond}(A) = \|A^{-1}\| \cdot \|A\| \geqslant \|A^{-1}A\| = \|I\| = 1$

$$\text{cond}(A) = \|A^{-1}\| \cdot \|A\| = \|(A^{-1})^{-1}\| \cdot \|A^{-1}\| = \text{cond}(A^{-1})$$

（2） $\text{cond}(aA) = \|(aA)^{-1}\| \cdot \|aA\| = \|A^{-1}\| \cdot \|A\| = \text{cond}(A)$

（3） $\text{cond}(AB) = \|(AB)^{-1}\| \cdot \|AB\| \leqslant \|A^{-1}\| \cdot \|B^{-1}\| \cdot \|B\| \cdot \|A\|$

$$= \|A^{-1}\| \cdot \|A\| \cdot \|B^{-1}\| \cdot \|B\| = \text{cond}(A) \cdot \text{cond}(B)$$

矩阵的条件数是一个十分重要的概念。当 A 的条件数相对较大时，称式（5.5.1）是病态的，称 A 为"病态"矩阵；当 A 的条件数相对较小时，称式（5.5.1）是"良态"的，称 A 为"良态"矩阵。用一个稳定的方法解一个良态的方程组时，必然得到较精确的结果；用一个稳定的方法解一个"病态"的方程组时，结果也可能很不理想。

例 5.5.4 设在例 5.5.1 中的方程组 $Ax = b$ 中，b 有扰动 $\delta b = (0, 0.00001)^T$，试计算 $\text{cond}_\infty(A)$，并说明 δb 对解向量 x 的影响。

解 因为系数矩阵 $A = \begin{pmatrix} 2 & 6 \\ 2 & 6.0001 \end{pmatrix}$ 非奇异，所以 A^{-1} 存在，易得

$$A^{-1} = \begin{pmatrix} 30000.5 & -30000 \\ -10000 & 10000 \end{pmatrix}$$

则

$$\text{cond}_\infty(A) = \|A\|_\infty \cdot \|A^{-1}\|_\infty = 8.0001 \times 60000.5 \approx 4.8 \times 10^5$$

$$\frac{\|\delta x\|_\infty}{\|x\|_\infty} \leqslant \text{cond}_\infty(A) \frac{\|\delta b\|_\infty}{\|b\|_\infty} \approx 4.8 \times 10^5 \times \frac{0.00001}{8} \approx 0.6 = 60\%$$

这说明，右端向量 b 其分量约 0.001%（0.00001）的变化，可能引起解向量 x 的 60% 的变化，因此例 5.5.1 的方程组 $Ax = b$ 是"病态"方程组，A 为"病态"矩阵。

例 5.5.5 分析例 5.5.2 中方程组的"病态"程度。

解 因为例 5.5.2 中的系数矩阵 A 对称正定，可算出 A 的特征值如下：

$$\lambda_1 \approx 30.2887, \quad \lambda_2 \approx 3.858, \quad \lambda_3 \approx 0.8431, \quad \lambda_4 \approx 0.01015$$

所以

$$\text{cond}_2(A) = \frac{\lambda_1}{\lambda_4} \approx 2984$$

可见，解的相对扰动可能放大近 3000 倍，故例 5.5.2 中的方程组是"病态"方程组。

5.5.2 病态方程组的解法

判断一个线性方程组 $Ax = b$ 是否病态，需要计算系数矩阵 A 的条件数 $\text{cond}(A) = \|A\| \cdot \|A^{-1}\|$。但是，条件数的计算首先要计算逆矩阵的范数，计算量很大。在实际中，可通过求解过程直观地判断方程组的病态特征。

① 若在主元素消去过程中出现小主元素，则矩阵 A 可能是病态矩阵，但病态矩阵未必一

定有这种小主元素。

② 矩阵 A 的行列式的值相对来说很小,则 A 有可能是病态矩阵。

③ 从矩阵本身来看,若元素间量级差别很大且无一定规律,或者矩阵的某些行(列)近似线性相关,这样的矩阵有可能是病态的。

④ 如果矩阵 A 的最大特征值和最小特征值之比(按绝对值)较大,则 A 有可能是病态的。用选主元素的消去法不能解决病态问题,对病态方程组可采用以下措施。

① 采用高精度的运算,减轻病态影响。

② 采用预处理方法改善矩阵 A 的条件数,例如,可选择非奇异的对角矩阵或三角矩阵 P、Q 将 $Ax = b$ 转化为以下等价形式:

$$\begin{cases} PAQy = Pb \\ y = Q^{-1}x \end{cases}$$

使 $\mathrm{cond}(PAQ) < \mathrm{cond}(A)$。

③ 当矩阵 A 的元素数量级较大时,对 A 的行(列)乘以适当的比例因子,使 A 的所有行列按 ∞-范数大体有相同的长度,即 A 的系数均衡,可使 A 的条件数得到改善。

例 5.5.6 计算线性方程组的条件数 $\mathrm{cond}_\infty(A)$:

$$\begin{pmatrix} 1 & 10^4 \\ 1 & 1 \end{pmatrix} \begin{pmatrix} x_1 \\ x_2 \end{pmatrix} = \begin{pmatrix} 10^4 \\ 2 \end{pmatrix}$$

解

$$A = \begin{pmatrix} 1 & 10^4 \\ 1 & 1 \end{pmatrix}, \quad A^{-1} = \frac{1}{10^4 - 1} \begin{pmatrix} -1 & 10^4 \\ 1 & -1 \end{pmatrix}$$

$$\mathrm{cond}_\infty(A) = \frac{(1 + 10^4)^2}{10^4 - 1} \approx 10^4$$

对第 1 行引进比例因子 $s_1 = \max\limits_{1 \leqslant i \leqslant 2} \|a_{1i}\| = 10^4$,第 1 行除以 s_1,得方程组 $A'x = b'$,即

$$\begin{pmatrix} 10^{-4} & 1 \\ 1 & 1 \end{pmatrix} \begin{pmatrix} x_1 \\ x_2 \end{pmatrix} = \begin{pmatrix} 1 \\ 2 \end{pmatrix}$$

而

$$(A')^{-1} = \frac{1}{1 - 10^{-4}} \begin{bmatrix} -1 & 1 \\ 1 & -10^{-4} \end{bmatrix}$$

于是 $\mathrm{cond}_\infty(A') = \dfrac{4}{1 - 10^{-4}} \approx 4$,条件数有了很大的改善。

5.6 算法实现

5.6.1 MATLAB 程序实现

(1)列主元素高斯消去法

编写 MATLAB 函数文件 agui_gauss.m:

```
function x=agui_gauss(a,b)
%列主元素高斯消去法解方程组 ax=b
n=length(b);
a=[a,b];
for k=1:(n-1)
```

```
    %选主元素
    [ar,r]=max(abs(a(k:n,k)));
    r=r+k-1;
    if r>k
        t=a(k,:);a(k,:)=a(r,:);a(r,:)=t;
    end
    %消元
    a((k+1):n,(k+1):(n+1))=a((k+1):n,(k+1):(n+1))-a((k+1):n,k)/a(k,k)*a(k,(k+1):(n+1));
    a((k+1):n,k)=zeros(n-k,1);
    a
end
%回代
x=zeros(n,1);
x(n)=a(n,n+1)/a(n,n);
for k=n-1: -1:1
    x(k,:)=(a(k,n+1) -a(k,(k+1):n)*x((k+1):n))/a(k,k);
end
```

例 5.6.1 在 MATLAB 命令行窗口中求解例 5.2.5。

解 >> a=[12 -3 3; -18 3 -1;1 1 1]

a =

    12   -3   3
   -18   3   -1
     1   1   1

\>> b=[15; -15;6]

b =

    15
   -15
     6

\>> x=agui_gauss(a,b)

a =

   -18.0000   3.0000   -1.0000 -15.0000
         0   -1.0000   2.3333   5.0000
         0   1.1667   0.9444   5.1667

a =

   -18.0000   3.0000   -1.0000 -15.0000
         0   1.1667   0.9444   5.1667
         0   0   3.1429   9.4286

x =

    1.0000
    2.0000
    3.0000

计算结果与例 5.2.5 相同。

例 5.6.2 编写 C 程序求解例 5.2.5。

解 编写列主元素高斯消去法的 C 程序：

```
#include <math.h>
#include<stdio.h>
#include <stdlib.h>
```

```c
#include <conio.h>
#define n 3
#define eps 1e-6
main (){
    int i,j,k,r;
    double c,a[n][n+1]={{12,-3,3,15},{-18,3,-1,-15},{1,1,1,6}};
    for(k=0;k<n-1;k++){
        r=k;
        for(i=k;i<n;i++)    if (fabs(a[i][k])>fabs(a[r][k]))r=i;
        if(fabs(a[r][k])<eps) { printf("\n 消元失败");exit(0); }
        if(r>k){
            for(j=k;j<n+1;j++) { c=a[k][j];a[k][j]=a[r][j];a[r][j]=c; }
        }
        for(i=k+1;i<n;i++){
            a[i][k]=a[i][k]/a[k][k];
            for(j=k+1;j<n+1;j++) a[i][j]=a[i][j] -a[i][k]*a[k][j];
        }
    }
    a[n-1][n]=a[n-1][n]/a[n-1][n-1];
    for(k=n-2;k>=0;k--) {
        c=0;
        for(j=k+1;j<n+1;j++)
            c=c+a[k][j]*a[j][n];
        a[k][n]=(a[k][n] -c)/a[k][k];
    }
    for(k=0;k<n;k++) printf("\na[%d]=%12.8f   \n",k,a[k][n]);
}
```

计算结果：

  this is the result:
  a[0]=   1.00000000
  a[1]=   2.00000000
  a[2]=   3.00000000
  Press any key to continue

用 C 和 MATLAB 分别实现列主元素高斯消去法，计算结果基本相同，但是在实现手法上，MATLAB 明显优于 C。这主要是因为 MATLAB 适合矩阵计算，在算法中进行选主元素、消元和回代，都非常方便。

（2）矩阵的直接三角分解法

编写 MATLAB 函数文件 agui_lu.m：

```matlab
function [l,u,y,x]=agui_lu(a,b)
%求可逆矩阵 a 的 Doolittle 分解，l 返回下三角矩阵，u 返回上三角矩阵
n=length(a);
u=zeros(n,n);
l=eye(n,n);
u(1,:)=a(1,:);
l(2:n,1)=a(2:n,1)/u(1,1);
for k=2:n
    u(k,k:n)=a(k,k:n) -l(k,1:k-1)*u(1:k-1,k:n);
```

```
            l(k+1:n,k)=(a(k+1:n,k) −l(k+1:n,1:k−1)*u(1:k−1,k))/u(k,k);
    end
    l
    u
    %解 Ly=b
    y=zeros(n,1);
    y(1)=b(1);
    for k=2:n
            y(k)=b(k) −l(k,1:k−1)*y(1:k−1);
    end
    y
    %解 Ux=y
    x=zeros(n,1);
    x(n)=y(n)/u(n,n);
    for k=(n−1): −1:1
            x(k)=(y(k) −u(k,(k+1):n)*x((k+1):n))/u(k,k);
    end
    x
```

例 5.6.3 在 MATLAB 命令行窗口中求解例 5.3.1。

解 >> a=[2 1 5;4 1 12; −2 −4 5]
    a =
        2   1   5
        4   1   12
       −2   −4   5
    >> b=[11;27;12]
    b =
       11
       27
       12
    >> agui_lu(a,b)
    l =
        1   0   0
        2   1   0
       −1   3   1
    u =
        2   1   5
        0   −1   2
        0   0   4
    y =
       11
        5
        8
    x =
        1
       −1
        2

计算结果与例 5.3.1 相同。

5.6.2 MATLAB 函数实现

（1）直接矩阵除法

例 5.6.4 直接用 3.4.2 节介绍的矩阵除运算求解例 5.3.1 的线性方程组：

$$\begin{pmatrix} 2 & 1 & 5 \\ 4 & 1 & 12 \\ -2 & -4 & 5 \end{pmatrix} \begin{pmatrix} x_1 \\ x_2 \\ x_3 \end{pmatrix} = \begin{pmatrix} 11 \\ 27 \\ 12 \end{pmatrix}$$

解 在 MATLAB 命令行窗口中求解例 5.3.1。

```
>> a=[2 1 5;4 1 12; -2 -4 5]
a =
     2     1     5
     4     1    12
    -2    -4     5
>> b=[11;27;12]
b =
    11
    27
    12
>> x=a\b
x =
     1
    -1
     2
```

（2）直接三角（LU）分解函数

格式如下：

  [L,U]=lu(A)　　或　　[L,U,P]=lu(A)

说明：**L** 为对角线元素全为 1 的下三角矩阵，**U** 为上三角矩阵，**P** 为行置换矩阵，**PA=LU**。

例 5.6.5 用 LU 分解函数对例 5.3.1 线性方程组的系数矩阵进行直接三角分解，并求线性方程组的解。

解
```
>>a=[2 1 5;4 1 12;-2 -4 5]
a =
     2     1     5
     4     1    12
    -2    -4     5
>> b=[11;27;12]
b =
    11
    27
    12
>> [l u]=lu(a)
l =
    0.5000   -0.1429    1.0000
    1.0000         0         0
   -0.5000    1.0000         0
u =
    4.0000    1.0000   12.0000
         0   -3.5000   11.0000
```

```
            0           0      0.5714
>> x=u\(l\b)
x =
    1
   -1
    2
```

(3) 高斯消去法函数

格式如下:

    R=rref(A) 或 　　[R,jb]=rref(A)

说明: **R** 为返回的最简阶梯形矩阵, jb 中的元素表示解向量所在的列, **A** 为输入的系数矩阵或增广矩阵。

例 5.6.6 用高斯消去法函数 rref()求解例 5.3.1 的线性方程组。

```
>> a=[2 1 5;4 1 12; -2 -4 5]
a =
    2    1    5
    4    1   12
   -2   -4    5
>> b=[11;27;12]
b =
   11
   27
   12
>> r=rref([a   b])
r =
    1    0    0    1
    0    1    0   -1
    0    0    1    2
>> [r,jb]=rref([a   b])
r =
    1    0    0    1
    0    1    0   -1
    0    0    1    2
jb =
    1    2    3
```

本章小结

本章介绍了适用于解中低阶稠密线性方程组的直接法。

高斯消去法是一种古典的解法,有消元和回代两个过程,其计算量远比克莱姆法则小。高斯-约当消去法只有消元过程而无回代过程,但计算量略比高斯消去法大。为保证计算过程顺利、稳定,每次消元都要选主元素,一般采用列主元素。矩阵三角分解法是高斯消去法的变形,适用于求解系数矩阵相同的若干方程组(如用反幂法求矩阵的特征值)。利用更简单的矩阵三角分解法,可以得到解三对角线性方程组的追赶法。它们具有计算量小、占用内存少、方法简单、算法稳定的特点。如何避免舍入误差的扩大是设计直接法时必须考虑的问题,误差的影响取决于线性方程组的条件数 $\text{cond}(A) = \|A\| \cdot \|A^{-1}\|$。当条件数相对较大时,称为病态方程组。对病态

方程组必须采取慎重措施，才能求出比较精确的解。最后利用本章的例题作为测试用例，用 MATLAB 程序和 MATLAB 函数两种方法实现了本章介绍的算法。

习题 5

5.1 用高斯消去法解线性方程组 $\begin{cases} 2x_1 + x_2 + x_3 = 4 \\ x_1 + 3x_2 + 2x_3 = 6 \\ x_1 + 2x_2 + 2x_3 = 5 \end{cases}$。

5.2 用高斯消去法解线性方程组 $\begin{cases} x_1 + x_2 + 3x_4 = 4 \\ 2x_1 + x_2 - x_3 + x_4 = 1 \\ 3x_1 - x_2 - x_3 + 2x_4 = -3 \\ -x_1 + 2x_2 + 3x_3 - x_4 = 4 \end{cases}$。

5.3 用高斯-约当消去法解线性方程组：

$$\begin{pmatrix} 0 & 2 & 0 & 1 \\ 2 & 2 & 3 & 2 \\ 4 & -3 & 0 & 1 \\ 6 & 1 & -6 & -5 \end{pmatrix} \begin{pmatrix} x_1 \\ x_2 \\ x_3 \\ x_4 \end{pmatrix} = \begin{pmatrix} 0 \\ -2 \\ -7 \\ 6 \end{pmatrix}$$

5.4 用列主元素高斯-约当消去法求矩阵的行列式：

$$A = \begin{pmatrix} 1 & 1 & 2 & 1 \\ 2 & 3 & 5 & 7 \\ -1 & 6 & 2 & 4 \\ 5 & 1 & 9 & 6 \end{pmatrix}$$

5.5 用列主元素高斯-约当消去法解线性方程组：

$$\begin{pmatrix} -3 & 2 & 6 \\ 10 & -7 & 0 \\ 5 & -1 & 5 \end{pmatrix} \begin{pmatrix} x_1 \\ x_2 \\ x_3 \end{pmatrix} = \begin{pmatrix} 4 \\ 7 \\ 6 \end{pmatrix}$$

5.6 设 $A = (a_{ij})$，$a_{11} \neq 0$，经过一步高斯消去法得到 $A^{(2)} = \begin{pmatrix} a_{11} & a_1^T \\ & A_2 \end{pmatrix}$，式中

$$A_2 = \begin{pmatrix} a_{22}^{(2)} & \cdots & a_{2n}^{(2)} \\ \vdots & \ddots & \vdots \\ a_{n2}^{(2)} & \cdots & a_{nn}^{(2)} \end{pmatrix}$$

求证：（1）若 A 对称，则 A_2 也对称。
（2）若 A 严格对角占优，则 A_2 也严格对角占优。

5.7 用追赶法解三对角线性方程组 $\begin{cases} 2x_1 + x_2 = 3 \\ x_1 + 2x_2 - 3x_3 = -3 \\ 3x_2 - 7x_3 + 4x_4 = -10 \\ 2x_3 + 5x_4 = 2 \end{cases}$。

5.8 用追赶法解三对角线性方程组 $Ax = b$，式中 $A = \begin{pmatrix} 2 & -1 & 0 & 0 & 0 \\ -1 & 2 & -1 & 0 & 0 \\ 0 & -1 & 2 & -1 & 0 \\ 0 & 0 & -1 & 2 & -1 \\ 0 & 0 & 0 & -1 & 2 \end{pmatrix}$，$b = \begin{pmatrix} 1 \\ 0 \\ 0 \\ 0 \\ 0 \end{pmatrix}$。

5.9 用追赶法解三对角线性方程组 $\begin{pmatrix} 2 & -1 & 0 & 0 \\ -1 & 3 & -2 & 0 \\ 0 & -2 & 4 & -2 \\ 0 & 0 & -3 & 5 \end{pmatrix} \begin{pmatrix} x_1 \\ x_2 \\ x_3 \\ x_4 \end{pmatrix} = \begin{pmatrix} 6 \\ 1 \\ 0 \\ 1 \end{pmatrix}$。

5.10 用直接三角分解法解线性方程组 $\begin{cases} 2x_1 + x_2 + x_3 = 4 \\ x_1 + 3x_2 + 2x_3 = 6 \\ x_1 + 2x_2 + 2x_3 = 5 \end{cases}$。

5.11 设 L 是非奇异下三角矩阵，要求：（1）列出逐次代入求解 $Lx = f$ 的公式。（2）上述求解过程需要进行多少次乘除法运算？（3）给出求 L^{-1} 的计算公式。

5.12 设 $A = \begin{pmatrix} 1 & 1 \\ -5 & 1 \end{pmatrix}$，则 A 的谱半径 $\rho(A)$ 为多少？A 的条件数 $\text{cond}_\infty(A)$ 为多少？

5.13 设 $A = \begin{pmatrix} 2 & -1 & 0 \\ -1 & 2 & -1 \\ 0 & -1 & 2 \end{pmatrix}$，则 $\text{cond}_2(A)$ 为多少？

5.14 设 $A = \begin{pmatrix} 2 & 1 & 0 \\ 1 & 2 & a \\ 0 & a & 2 \end{pmatrix}$，为使 A 可分解为 $A = LL^T$，式中，L 为对角线元素为正的下三角矩阵，求 a 的取值范围。若取 $a = 1$，则写出矩阵 L。

第6章 解线性方程组的迭代法

学习要点

迭代法是用某种极限过程去逐步逼近线性方程组精确解的方法。本章介绍几种常用的迭代法，主要内容如下。
（1）迭代公式的构造。
（2）迭代方法，包括雅可比迭代法、高斯-塞德尔迭代法。
（3）迭代法的收敛性判断：
① 基本收敛定理：迭代矩阵的谱半径 $\rho(\boldsymbol{B})<1$。
② 充分条件：迭代矩阵的范数 $\|\boldsymbol{B}\|<1$，系数矩阵为严格对角占优矩阵。

教学建议

在本章介绍的迭代法中，雅可比迭代法和高斯-塞德尔迭代法是重点，要求掌握这两种方法中迭代公式的构造和收敛性判断，并能解一般线性方程组。建议4～6学时。

6.1 引言

第5章介绍的解线性方程组的直接法是解中低阶稠密线性方程组的有效方法。但是，在工程技术中常产生大型高阶稀疏线性方程组，例如，由某些偏微分方程数值解所产生的线性方程组 $\boldsymbol{Ax}=\boldsymbol{b}$，$\boldsymbol{A}$ 的阶数很大（$n\geqslant 10^4$），但零元素较多。迭代法是能够充分利用系数矩阵的稀疏特性来求线性方程组的有效方法。迭代法的基本思想是用逐次逼近的方法求线性方程组的解。

设有方程组：
$$\boldsymbol{Ax}=\boldsymbol{b} \tag{6.1.1}$$

将其转化为等价的便于迭代的形式：
$$\boldsymbol{x}=\boldsymbol{Bx}+\boldsymbol{f} \tag{6.1.2}$$

（这种转化总能实现，如令 $\boldsymbol{B}=\boldsymbol{I}-\boldsymbol{A}$，$\boldsymbol{f}=\boldsymbol{b}$）并由此构造迭代公式：
$$\boldsymbol{x}^{(k+1)}=\boldsymbol{Bx}^{(k)}+\boldsymbol{f} \tag{6.1.3}$$

式中，$\boldsymbol{B}$ 称为迭代矩阵，$\boldsymbol{f}$ 称为迭代向量。对任意的初始向量 $\boldsymbol{x}^{(0)}$，由式（6.1.3）可求得向量序列 $\{\boldsymbol{x}^{(k)}\}_0^\infty$。若 $\lim_{k\to\infty}\boldsymbol{x}^{(k)}=\boldsymbol{x}^*$，则 $\boldsymbol{x}^*$ 就是方程组（6.1.1）或方程组（6.1.2）的解。此时称式（6.1.3）是收敛的，否则称其是发散的（见2.3.11节）。构造的式（6.1.3）是否收敛，取决于迭代矩阵 $\boldsymbol{B}$ 的性质。

例 6.1.1 用迭代法解线性方程组：
$$\begin{pmatrix} 3 & 1 \\ 1 & 2 \end{pmatrix}\begin{pmatrix} x_1 \\ x_2 \end{pmatrix}=\begin{pmatrix} 5 \\ 5 \end{pmatrix} \tag{6.1.4}$$

解 方程组（6.1.4）的精确解为 $x_1=1$，$x_2=2$。用迭代法解方程组，可由第一个方程求出 x_1，由第二个方程求出 x_2，从而将方程组转化为

$$\begin{cases} x_1 = -\dfrac{1}{3}x_2 + \dfrac{5}{3} \\ x_2 = -\dfrac{1}{2}x_1 + \dfrac{5}{2} \end{cases}$$

取初始向量 $\boldsymbol{x}^{(0)} = (x_1^{(0)}, x_2^{(0)})^{\mathrm{T}} = (0,0)^{\mathrm{T}}$，构造迭代公式：

$$\begin{cases} x_1^{(k+1)} = -\dfrac{1}{3}x_2^{(k)} + \dfrac{5}{3} \\ x_2^{(k+1)} = -\dfrac{1}{2}x_1^{(k)} + \dfrac{5}{2} \end{cases}$$

也可表示为矩阵形式：

$$\begin{pmatrix} x_1 \\ x_2 \end{pmatrix}^{(k+1)} = \begin{pmatrix} 0 & -\dfrac{1}{3} \\ -\dfrac{1}{2} & 0 \end{pmatrix} \begin{pmatrix} x_1 \\ x_2 \end{pmatrix}^{(k)} + \begin{pmatrix} \dfrac{5}{3} \\ \dfrac{5}{2} \end{pmatrix} \tag{6.1.5}$$

计算结果见表 6.1.1。

表 6.1.1　例 6.1.1 的计算结果 1

k	0	1	2	…	9	10	…
$x_1^{(k)}$	0	1.6667	0.8333	…	1.0005	0.9998	…
$x_2^{(k)}$	0	2.5	1.6667	…	2.0004	1.9997	…

从表 6.1.1 可以看出，由式（6.1.5）计算出的 $\boldsymbol{x}^{(k)} = (x_1^{(k)}, x_2^{(k)})^{\mathrm{T}}$，收敛于方程组（6.1.4）的精确解 $\boldsymbol{x}^* = (1,2)^{\mathrm{T}}$，因此，式（6.1.5）收敛。可取 $\boldsymbol{x}^{(10)} = (0.9998, 1.9997)^{\mathrm{T}}$ 作为精确解 $\boldsymbol{x}^* = (1,2)^{\mathrm{T}}$ 的近似值。

但是，若由第一个方程求出 x_2，由第二个方程求出 x_1，将方程组转化为

$$\begin{cases} x_1 = -2x_2 + 5 \\ x_2 = -3x_1 + 5 \end{cases}$$

仍取 $\boldsymbol{x}^{(0)} = (0,0)^{\mathrm{T}}$ 构造迭代公式：

$$\begin{pmatrix} x_1 \\ x_2 \end{pmatrix}^{(k+1)} = \begin{pmatrix} 0 & -2 \\ -3 & 0 \end{pmatrix} \begin{pmatrix} x_1 \\ x_2 \end{pmatrix}^{(k)} + \begin{pmatrix} 5 \\ 5 \end{pmatrix} \tag{6.1.6}$$

计算结果见表 6.1.2。

表 6.1.2　例 6.1.1 的计算结果 2

k	0	1	2	3	4	5	…
$x_1^{(k)}$	0	5	−5	25	−35	145	…
$x_2^{(k)}$	0	5	−10	20	−70	110	…

由表 6.1.2 中可以看出，显然由式（6.1.6）计算出的 $\{\boldsymbol{x}^{(k)}\}$ 发散，因此式（6.1.6）发散。

6.2　雅可比迭代法

设有线性方程组：

$$\sum_{j=1}^{n} a_{ij} x_j = b_i \quad (i=1,2,\cdots,n) \tag{6.2.1}$$

其矩阵形式为 $Ax=b$，设系数矩阵 A 为非奇异矩阵，且 $a_{ii}\neq 0$（$i=1,2,\cdots,n$），从式（6.2.1）的第 i 个方程中解出 x_i，得其等价形式：

$$x_i=\frac{1}{a_{ii}}\left(b_i-\sum_{j=1,j\neq i}^{n}a_{ij}x_j\right) \quad (i=1,2,\cdots,n) \tag{6.2.2}$$

取初始向量 $x^{(0)}=(x_1^{(0)},x_2^{(0)},\cdots,x_n^{(0)})^{\mathrm{T}}$，对式（6.2.2）应用迭代法，可建立相应的迭代公式：

$$x_i^{(k+1)}=\frac{1}{a_{ii}}\left(-\sum_{j=1,j\neq i}^{n}a_{ij}x_j^{(k)}+b_i\right) \tag{6.2.3}$$

也可记为矩阵形式：

$$x^{(k+1)}=B_Jx^{(k)}+f_J \tag{6.2.4}$$

若将系数矩阵 A 分解为 $A=D-L-U$，式中，

$$D=\begin{pmatrix}a_{11}&&&\\&a_{22}&&\\&&\ddots&\\&&&a_{nn}\end{pmatrix},\quad -L=\begin{pmatrix}0&&&&\\a_{21}&0&&&\\a_{31}&a_{32}&0&&\\\vdots&\vdots&\ddots&\ddots&\\a_{n1}&a_{n2}&\cdots&a_{nn-1}&0\end{pmatrix},\quad -U=\begin{pmatrix}0&a_{12}&a_{13}&\cdots&a_{1n}\\&0&a_{23}&\cdots&a_{2n}\\&&0&\ddots&\vdots\\&&&\ddots&a_{n-1n}\\&&&&0\end{pmatrix}$$

则 $Ax=b$ 变为

$$(D-L-U)x=b$$

得

$$Dx=(L+U)x+b$$

于是有

$$x=D^{-1}(L+U)x+D^{-1}b=D^{-1}(D-A)x+D^{-1}b=\left(I-D^{-1}A\right)x+D^{-1}b=B_Jx+f_J$$

所以式（6.2.4）中的 $B_J=I-D^{-1}A$，$f_J=D^{-1}b$。式（6.2.3）和式（6.2.4）分别称为雅可比（Jacobi）迭代法的分量形式和矩阵形式，分量形式用于编程计算，矩阵形式用于讨论迭代法的收敛性。

例 6.2.1 用雅可比迭代法解线性方程组：

$$\begin{cases}10x_1-x_2-2x_3=72\\-x_1+10x_2-2x_3=83\\-x_1-x_2+5x_3=42\end{cases}$$

解 分别从 3 个方程中求出 x_1、x_2 和 x_3，得雅可比迭代公式：

$$\begin{cases}x_1^{(k+1)}=\dfrac{1}{10}\left(x_2^{(k)}+2x_3^{(k)}+72\right)\\x_2^{(k+1)}=\dfrac{1}{10}\left(x_1^{(k)}+2x_3^{(k)}+83\right)\\x_3^{(k+1)}=\dfrac{1}{5}\left(x_1^{(k)}+x_2^{(k)}+42\right)\end{cases}$$

其矩阵形式为

$$x^{(k+1)}=\begin{pmatrix}0&0.1&0.2\\0.1&0&0.2\\0.2&0.2&0\end{pmatrix}x^{(k)}+\begin{pmatrix}7.2\\8.3\\8.4\end{pmatrix}$$

取 $x^{(0)}=(0,0,0)^{\mathrm{T}}$，代入上述迭代公式，迭代结果见表 6.2.1。

表 6.2.1 例 6.2.1 的计算结果

k	$x_1^{(k)}$	$x_2^{(k)}$	$x_3^{(k)}$
0	0.0000	0.0000	0.0000
1	7.2000	8.3000	8.4000
2	9.7100	10.7000	11.5000
3	10.5700	11.5700	12.4820
4	10.8525	11.8534	12.8282
5	10.9510	11.9510	12.9414
6	10.9834	11.9834	12.9504
7	10.9944	11.9981	12.9934
8	10.9981	11.9941	12.9978
9	10.9994	11.9994	12.9992

迭代 9 次，得近似解 $x^{(9)} = (10.9994, 11.9994, 12.9992)^T$。事实上，此方程组的精确解为 $x = (11, 12, 13)^T$。从表 6.2.1 中可以看出，随着迭代次数的增加，迭代结果越来越接近精确解。

6.3 高斯-塞德尔迭代法

雅可比迭代法的优点是公式简单、迭代矩阵容易计算。在每步迭代时，用 $x^{(k)}$ 的全部分量代入求出 $x^{(k+1)}$ 的全部分量，因此称为同步迭代法，计算时需保留两个近似解向量 $x^{(k)}$ 和 $x^{(k+1)}$。

但在雅可比迭代过程中，对已经计算出的信息未能充分利用，即在计算第 i 个分量 $x_i^{(k+1)}$ 时，已经计算出的最新分量 $x_1^{(k+1)}, x_2^{(k+1)}, \cdots, x_{i-1}^{(k+1)}$ 没有被利用。从直观上看，在收敛的前提下，这些新的分量 $x_1^{(k+1)}, x_2^{(k+1)}, \cdots, x_{i-1}^{(k+1)}$ 应该比旧分量 $x_1^{(k)}, x_2^{(k)}, \cdots, x_{i-1}^{(k)}$ 更好，更精确一些。因此，如果每计算出一个新的分量便立即用它取代对应的旧分量进行迭代，可能收敛更快，并且只需要存储一个近似解向量即可。根据此思想可构造出高斯-塞德尔（Gauss-Seidel）迭代法，其迭代公式为

$$x_i^{(k+1)} = \frac{1}{a_{ii}} \left(-\sum_{j=1}^{i-1} a_{ij} x_j^{(k+1)} - \sum_{j=i+1}^{n} a_{ij} x_j^{(k)} + b_i \right) \quad (i=1,2,\cdots,n) \quad (6.3.1)$$

也可以写成矩阵形式：

$$x^{(k+1)} = B_{\text{G-S}} x^{(k)} + f_{\text{G-S}} \quad (6.3.2)$$

仍将系数矩阵 A 分解为 $A = D - L - U$（D、L 和 U 的含义与前同），则方程组变为

$$(D - L - U)x = b$$

得

$$Dx = Lx + Ux + b$$

用新分量代替旧分量，得

$$Dx^{(k+1)} = Lx^{(k+1)} + Ux^{(k)} + b$$

即

$$(D - L)x^{(k+1)} = Ux^{(k)} + b$$

于是有

$$x^{(k+1)} = (D-L)^{-1} U x^{(k)} + (D-L)^{-1} b = B_{\text{G-S}} x^{(k)} + f_{\text{G-S}}$$

所以式（6.3.2）中的 $B_{\text{G-S}} = (D-L)^{-1} U$，$f_{\text{G-S}} = (D-L)^{-1} b$。

例 6.3.1 用高斯-塞德尔迭代法求解例 6.2.1 的线性方程组。

解 写出高斯-塞德尔迭代公式：

$$\begin{cases} x_1^{(k+1)} = \frac{1}{10}\left(x_2^{(k)} + 2x_3^{(k)} + 72\right) \\ x_2^{(k+1)} = \frac{1}{10}\left(x_1^{(k+1)} + 2x_3^{(k)} + 83\right) \\ x_3^{(k+1)} = \frac{1}{5}\left(x_1^{(k+1)} + x_2^{(k+1)} + 42\right) \end{cases} \quad (6.3.3)$$

仍取 $x^{(0)} = (0,0,0)^T$，计算结果见表 6.3.1。

表 6.3.1　例 6.3.1 的计算结果

k	$x_1^{(k)}$	$x_2^{(k)}$	$x_3^{(k)}$
0	0.0000	0.0000	0.0000
1	7.2000	9.0200	11.6440
2	10.4308	11.6719	12.8205
3	10.9313	11.9572	12.9778
4	10.9913	11.9947	12.9972
5	10.9989	11.9993	12.9996
6	10.9999	11.9999	13.0000

从表 6.2.1 与表 6.3.1 的比较可以看出，用高斯-塞德尔迭代法比雅可比迭代法收敛快。这个结论在都收敛的前提下是成立的，但也有相反的情形，即雅可比迭代法收敛，高斯-塞德尔迭代法发散（分别参见例 6.4.2 和例 6.4.3）。

在例 6.3.1 中，迭代矩阵 $B_{\text{G-S}}$ 可以用两种方法求得。

方法 1：利用 $B_{\text{G-S}} = (D-L)^{-1}U$，式中，

$$D-L = \begin{pmatrix} 10 & & \\ -1 & 10 & \\ -1 & -1 & 5 \end{pmatrix}, \quad (D-L)^{-1} = \begin{pmatrix} \frac{1}{10} & & \\ \frac{1}{100} & \frac{1}{10} & \\ \frac{11}{500} & \frac{1}{50} & \frac{1}{5} \end{pmatrix}$$

所以

$$B_{\text{G-S}} = (D-L)^{-1}U = \begin{pmatrix} \frac{1}{10} & & \\ \frac{1}{100} & \frac{1}{10} & \\ \frac{11}{500} & \frac{1}{50} & \frac{1}{5} \end{pmatrix} \begin{pmatrix} 0 & 1 & 2 \\ 0 & 0 & 2 \\ 0 & 0 & 0 \end{pmatrix} = \begin{pmatrix} 0 & \frac{1}{10} & \frac{2}{10} \\ 0 & \frac{1}{100} & \frac{22}{100} \\ 0 & \frac{11}{500} & \frac{42}{500} \end{pmatrix}$$

方法 2：将式（6.3.3）中的第 1 式代入第 2 式中，将第 2 式右端的上标都化为 k（暂不考虑常数项），得

$$x_2^{(k+1)} = \frac{1}{10}\left(x_1^{(k+1)} + 2x_3^{(k)}\right) = \frac{1}{10}\left[\frac{1}{10}\left(x_2^{(k)} + 2x_3^{(k)}\right) + 2x_3^{(k)}\right] = \frac{1}{100}x_2^{(k)} + \frac{22}{100}x_3^{(k)}$$

同理，将式（6.3.3）中的第 1、2 式代入第 3 式中，将第 3 式右端的上标都化为 k（暂不考虑常数项），得

$$x_3^{(k+1)} = \frac{1}{5}\left(x_1^{(k+1)} + x_2^{(k+1)}\right) = \frac{1}{5}\left[\frac{1}{10}\left(x_2^{(k)} + 2x_3^{(k)}\right) + \frac{1}{100}x_2^{(k)} + \frac{22}{100}x_3^{(k)}\right] = \frac{11}{500}x_2^{(k)} + \frac{42}{500}x_3^{(k)}$$

写成矩阵形式（不考虑常数项）为

$$x^{(k+1)} = \begin{pmatrix} 0 & \frac{1}{10} & \frac{2}{10} \\ 0 & \frac{1}{100} & \frac{22}{100} \\ 0 & \frac{11}{500} & \frac{42}{500} \end{pmatrix} x^{(k)}$$

所以，高斯-塞德尔迭代法的迭代矩阵为

$$B_{\text{G-S}} = \begin{pmatrix} 0 & \frac{1}{10} & \frac{2}{10} \\ 0 & \frac{1}{100} & \frac{22}{100} \\ 0 & \frac{11}{500} & \frac{42}{500} \end{pmatrix}$$

6.4 迭代法的收敛性

定理 6.4.1（迭代法收敛性基本定理） 设有 n 阶线性方程组 $x = Bx + f$，对于任意初始向量 $x^{(0)}$ 和右端向量 f，迭代法收敛的充分必要条件是迭代矩阵的谱半径 $\rho(B) < 1$。

证明 因为 $\rho(B) < 1$，即 B 的特征值 $|\lambda_i| < 1\,(i=1,2,\cdots,n)$，矩阵 $I - B$ 的特征值为

$$\mu_i = 1 - \lambda_i \neq 0 \quad (i = 1, 2, \cdots, n)$$

所以

$$\det(\boldsymbol{I} - \boldsymbol{B}) = \prod_{i=1}^{n}(1 - \lambda_i) \neq 0$$

即 $\boldsymbol{I} - \boldsymbol{B}$ 非奇异，因此，方程组 $(\boldsymbol{I} - \boldsymbol{B})\boldsymbol{x} = \boldsymbol{f}$，即

$$\boldsymbol{x} = \boldsymbol{B}\boldsymbol{x} + \boldsymbol{f}$$

有唯一的解 $\boldsymbol{x}^*$。

令误差向量 $\boldsymbol{e}^{(k)} = \boldsymbol{x}^{(k)} - \boldsymbol{x}^*$，则

$$\boldsymbol{e}^{(k)} = \boldsymbol{x}^{(k)} - \boldsymbol{x}^* = \left(\boldsymbol{B}\boldsymbol{x}^{(k-1)} + \boldsymbol{f}\right) - \left(\boldsymbol{B}\boldsymbol{x}^* + \boldsymbol{f}\right) = \boldsymbol{B}\left(\boldsymbol{x}^{(k-1)} - \boldsymbol{x}^*\right) = \boldsymbol{B}\boldsymbol{e}^{(k-1)}$$

逐次递推得

$$\boldsymbol{e}^{(k)} = \boldsymbol{B}^k \boldsymbol{e}^{(0)} \tag{6.4.1}$$

先证明充分性：因为 $\rho(\boldsymbol{B}) < 1$，所以由定理 2.3.11，得

$$\lim_{k \to \infty} \boldsymbol{B}^k = \boldsymbol{0}$$

由式（6.4.1），对任意的初值 $\boldsymbol{x}^{(0)}$ 和迭代向量 $\boldsymbol{f}$ 有

$$\lim_{k \to \infty} \boldsymbol{e}^{(k)} = \boldsymbol{0}$$

即

$$\lim_{k \to \infty} \boldsymbol{x}^{(k)} = \boldsymbol{x}^*$$

再证明必要性：设对任意初始向量 $\boldsymbol{x}^{(0)}$ 和迭代向量 $\boldsymbol{f}$ 均有

$$\lim_{k \to \infty} \boldsymbol{x}^{(k)} = \boldsymbol{x}^*$$

从而

$$\boldsymbol{x}^* = \boldsymbol{B}\boldsymbol{x}^* + \boldsymbol{f}$$

由式（6.4.1）可得

$$\boldsymbol{x}^{(k)} - \boldsymbol{x}^* = \boldsymbol{B}^k \left(\boldsymbol{x}^{(0)} - \boldsymbol{x}^*\right)$$

对任意的初值 $\boldsymbol{x}^{(0)}$，有

$$\lim_{k \to \infty} \boldsymbol{B}^k \left(\boldsymbol{x}^{(0)} - \boldsymbol{x}^*\right) = \boldsymbol{0}$$

可推出

$$\lim_{k \to \infty} \boldsymbol{B}^k = \boldsymbol{0}$$

由定理 2.3.11 得

$$\rho(\boldsymbol{B}) < 1$$

证毕。

该定理说明，迭代法的收敛性取决于迭代矩阵 $\boldsymbol{B}$ 的谱半径，$\boldsymbol{B}$ 又依赖于线性方程组的系数矩阵 $\boldsymbol{A}$，而与初始向量的选取和线性方程组的右端向量无关。另外，$\rho(\boldsymbol{B})$ 越小，序列 $\{\boldsymbol{x}^{(k)}\}$ 收敛得也越快，由此可给出收敛速度的定义。

定义 6.4.1 称

$$R(\boldsymbol{B}) = -\ln \rho(\boldsymbol{B})$$

为迭代法的收敛速度。

例 6.4.1 试讨论例 6.1.1 的收敛性。

解 因为式（6.1.5）中迭代矩阵

$$B = \begin{pmatrix} 0 & -\dfrac{1}{3} \\ -\dfrac{1}{2} & 0 \end{pmatrix}$$

的特征值分别为 $\lambda_1 = -\dfrac{1}{\sqrt{6}}$，$\lambda_2 = \dfrac{1}{\sqrt{6}}$，所以

$$\rho(B) = \dfrac{1}{\sqrt{6}} < 1$$

所以，式（6.1.5）收敛。

因为式（6.1.6）中迭代矩阵

$$B = \begin{pmatrix} 0 & -2 \\ -3 & 0 \end{pmatrix}$$

的特征值分别为 $\lambda_1 = -\sqrt{6}$，$\lambda_2 = \sqrt{6}$，所以

$$\rho(B) = \sqrt{6} > 1$$

所以，式（6.1.6）发散。

例 6.4.2 已知线性方程组 $\begin{pmatrix} 2 & -1 & 1 \\ 1 & 1 & 1 \\ 1 & 1 & -2 \end{pmatrix} \begin{pmatrix} x_1 \\ x_2 \\ x_3 \end{pmatrix} = \begin{pmatrix} 1 \\ 1 \\ 1 \end{pmatrix}$，试讨论分别用雅可比迭代法和高斯-塞德尔迭代法求解此方程组时的收敛性。

解 构造雅可比迭代法和高斯-塞德尔迭代法系数矩阵的分解形式 $A = D - L - U$，可得

$$A = \begin{pmatrix} 2 & -1 & 1 \\ 1 & 1 & 1 \\ 1 & 1 & -2 \end{pmatrix} = D - L - U = \begin{pmatrix} 2 & & \\ & 1 & \\ & & -2 \end{pmatrix} - \begin{pmatrix} 0 & & \\ -1 & 0 & \\ -1 & -1 & 0 \end{pmatrix} - \begin{pmatrix} 0 & 1 & -1 \\ & 0 & -1 \\ & & 0 \end{pmatrix}$$

用雅可比迭代法，其迭代矩阵为

$$B_J = D^{-1}(L+U) = \begin{pmatrix} \dfrac{1}{2} & & \\ & 1 & \\ & & -\dfrac{1}{2} \end{pmatrix} \begin{pmatrix} 0 & 1 & -1 \\ -1 & 0 & -1 \\ -1 & -1 & 0 \end{pmatrix} = \begin{pmatrix} 0 & \dfrac{1}{2} & -\dfrac{1}{2} \\ -1 & 0 & -1 \\ \dfrac{1}{2} & \dfrac{1}{2} & 0 \end{pmatrix}$$

其特征方程为

$$|\lambda I - B_J| = \begin{pmatrix} \lambda & -\dfrac{1}{2} & \dfrac{1}{2} \\ 1 & \lambda & 1 \\ -\dfrac{1}{2} & -\dfrac{1}{2} & \lambda \end{pmatrix} = \lambda^3 + \dfrac{5}{4}\lambda = 0$$

解得 $\lambda_1 = 0$，$\lambda_{2,3} = \pm \dfrac{\sqrt{5}}{2} i$。

由于 $\rho(B_J) = \sqrt{5}/2 > 1$，故雅可比迭代法发散。

用高斯-塞德尔迭代法，其迭代矩阵为

$$B_G = (D-L)^{-1}U = \begin{pmatrix} 2 & 0 & 0 \\ 1 & 1 & 0 \\ 1 & 1 & -2 \end{pmatrix}^{-1} \begin{pmatrix} 0 & 1 & -1 \\ 0 & 0 & -1 \\ 0 & 0 & 0 \end{pmatrix} = \begin{pmatrix} 0 & \dfrac{1}{2} & -\dfrac{1}{2} \\ 0 & -\dfrac{1}{2} & -\dfrac{1}{2} \\ 0 & 0 & -\dfrac{1}{2} \end{pmatrix}$$

显然，其特征值为 $\lambda_1 = 0$，$\lambda_{2,3} = -\dfrac{1}{2}$，$\rho(B_G) = \dfrac{1}{2} < 1$，故高斯-塞德尔迭代法收敛。

例 6.4.3 已知线性方程组 $\begin{pmatrix} 1 & 2 & -2 \\ 1 & 1 & 1 \\ 2 & 2 & 1 \end{pmatrix} \begin{pmatrix} x_1 \\ x_2 \\ x_3 \end{pmatrix} = \begin{pmatrix} 1 \\ 2 \\ 3 \end{pmatrix}$，试讨论分别用雅可比迭代法和高斯-塞德尔迭代法求解此方程组时的收敛性。

解 构造雅可比迭代法和高斯-塞德尔迭代法系数矩阵的分解形式 $A = D - L - U$，可得

$$A = \begin{pmatrix} 1 & 2 & -2 \\ 1 & 1 & 1 \\ 2 & 2 & 1 \end{pmatrix} = D - L - U = \begin{pmatrix} 1 & & \\ & 1 & \\ & & 1 \end{pmatrix} - \begin{pmatrix} 0 & & \\ -1 & 0 & \\ -2 & -2 & 0 \end{pmatrix} - \begin{pmatrix} 0 & -2 & 2 \\ & 0 & -1 \\ & & 0 \end{pmatrix}$$

用雅可比迭代法，其迭代矩阵为

$$B_J = D^{-1}(L+U) = \begin{pmatrix} 1 & & \\ & 1 & \\ & & 1 \end{pmatrix} \begin{pmatrix} 0 & -2 & 2 \\ -1 & 0 & -1 \\ -2 & -2 & 0 \end{pmatrix} = \begin{pmatrix} 0 & -2 & 2 \\ -1 & 0 & -1 \\ -2 & -2 & 0 \end{pmatrix}$$

其特征方程为

$$|\lambda I - B_J| = \begin{vmatrix} \lambda & 2 & -2 \\ 1 & \lambda & 1 \\ 2 & 2 & \lambda \end{vmatrix} = \lambda^3 = 0$$

解得 $\lambda_1 = \lambda_2 = \lambda_3 = 0$，由于 $\rho(B_J) = 0 < 1$，故雅可比迭代法收敛。

用高斯-塞德尔迭代法，其迭代矩阵为

$$B_G = (D-L)^{-1}U = \begin{pmatrix} 1 & 0 & 0 \\ 1 & 1 & 0 \\ 2 & 2 & 1 \end{pmatrix}^{-1} \begin{pmatrix} 0 & -2 & 2 \\ 0 & 0 & -1 \\ 0 & 0 & 0 \end{pmatrix} = \begin{pmatrix} 0 & -2 & 2 \\ 0 & 2 & -3 \\ 0 & 0 & 2 \end{pmatrix}$$

显然，B_G 的特征值分别为 $\lambda_1 = 0$，$\lambda_{2,3} = 2$，即 $\rho(B_G) = 2$，故高斯-塞德尔迭代法发散。

定理 6.4.2 设雅可比迭代矩阵 $B_J = I - D^{-1}A$ 为非负矩阵，则下列关系有且仅有一个成立：

（1） $\rho(B_J) = \rho(B_{G\text{-}S}) = 0$；

（2） $0 < \rho(B_{G\text{-}S}) < \rho(B_J) < 1$；

（3） $\rho(B_J) = \rho(B_{G\text{-}S}) = 1$；

（4） $1 < \rho(B_J) < \rho(B_{G\text{-}S})$。

定理 6.4.2 说明，当雅可比迭代矩阵 $B_J = I - D^{-1}A$ 为非负矩阵时，雅可比迭代法和高斯-塞德尔迭代法或者同时收敛，或者同时发散。若同时收敛，则高斯-塞德尔迭代法比雅可比迭代法收敛得快。

一般当 n 较大时，迭代矩阵 B 特征值的计算比较复杂，定理 6.4.1 的条件较难验证。利用定理 2.3.12 的结论 $\rho(B) \leqslant \|B\|$，用 $\|B\|$ 作为 $\rho(B)$ 的上界的一种估计，于是可得如下定理。

定理 6.4.3（迭代法收敛的充分条件 1） 若 $\|B\| < 1$，则由式（6.1.3）所产生的向量序列 $\{x^{(k)}\}$

收敛于方程组 $x = Bx + f$ 的精确解 x^*，且有误差估计式：

$$\|x^{(k)} - x^*\| \leqslant \frac{\|B\|}{1-\|B\|} \|x^{(k)} - x^{(k-1)}\| \tag{6.4.2}$$

$$\|x^{(k)} - x^*\| \leqslant \frac{\|B\|^k}{1-\|B\|} \|x^{(1)} - x^{(0)}\| \tag{6.4.3}$$

证明 由于 $\|B\| < 1$，因此根据 $\rho(B) \leqslant \|B\|$，利用定理 6.4.1 可得，式（6.1.3）是收敛的，即

$$\lim_{k \to \infty} x^{(k)} = x^*$$

且

$$x^* = Bx^* + f \tag{6.4.4}$$

由式（6.1.3）和式（6.4.4）得

$$x^{(k+1)} - x^{(k)} = B(x^{(k)} - x^{(k-1)}), \quad x^{(k+1)} - x^* = B(x^{(k)} - x^*)$$

利用向量和矩阵范数的性质得

$$\|x^{(k+1)} - x^*\| \leqslant \|B\| \cdot \|x^{(k)} - x^*\| \tag{6.4.5}$$

$$\|x^{(k+1)} - x^{(k)}\| \leqslant \|B\| \cdot \|x^{(k)} - x^{(k-1)}\| \tag{6.4.6}$$

反复利用式（6.4.6），得

$$\|x^{(k)} - x^{(k-1)}\| \leqslant \|B\|^{k-1} \cdot \|x^{(1)} - x^{(0)}\| \tag{6.4.7}$$

再利用式（6.4.5），得

$$\begin{aligned}\|x^{(k)} - x^*\| &= \|x^{(k)} - x^{(k+1)} + x^{(k+1)} - x^*\| \\ &\leqslant \|x^{(k+1)} - x^{(k)}\| + \|x^{(k+1)} - x^*\| \\ &\leqslant \|B\| \cdot \|x^{(k)} - x^{(k-1)}\| + \|B\| \cdot \|x^{(k)} - x^*\|\end{aligned}$$

因为 $\|B\| < 1$，$1 - \|B\| > 0$，所以

$$\|x^{(k)} - x^*\| \leqslant \frac{\|B\|}{1-\|B\|} \|x^{(k)} - x^{(k-1)}\|$$

式（6.4.2）得证，再利用式（6.4.7），可得式（6.4.3），定理得证。

在实际计算时，利用式（6.4.2），可将 $\|x^{(k)} - x^{(k-1)}\|_\infty < \varepsilon$ 作为终止计算的条件。

例 6.4.4 设 $x = Bx + f$，式中，

$$B = \begin{pmatrix} 0.9 & 0 \\ 0.3 & 0.8 \end{pmatrix}, f = \begin{pmatrix} 1 \\ 2 \end{pmatrix}$$

试说明虽然 $\|B\| > 1$，但迭代公式 $x^{(k+1)} = Bx^{(k)} + f$ 是收敛的。

解 $\|B\|_\infty = 1.1$，$\|B\|_1 = 1.2$，$\|B\|_F = \sqrt{1.54}$，$\|B\|_2 = 1.021$，故 $\|B\| > 1$，不满足迭代法收敛的充分条件。但 $\det(\lambda I - B) = \begin{vmatrix} \lambda - 0.9 & 0 \\ -0.3 & \lambda - 0.8 \end{vmatrix} = (\lambda - 0.9)(\lambda - 0.8) = 0$，得 $\lambda_1 = 0.9$，$\lambda_2 = 0.8$，故 $\rho(B) = 0.9 < 1$，从而迭代法收敛。

雅可比迭代法的算法框图如图 6.4.1 所示，图中 e 表示 $\|x^{(k)} - x^{(k-1)}\|_\infty$，$\varepsilon$ 为精度控制常数，当 $e < \varepsilon$ 时，计算终止，N 为最大迭代次数。

高斯-塞德尔迭代法的算法框图如图 6.4.2 所示,图中 t 用于暂时存放 x_i 的旧值,以便计算 $x_i^{(k)} - x_i^{(k-1)}$。

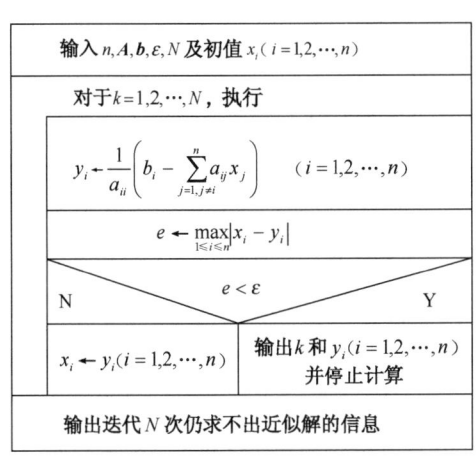

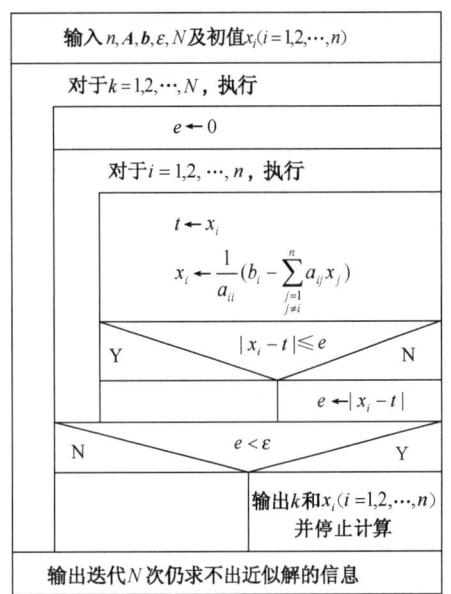

图 6.4.1　雅可比迭代法的算法框图　　　图 6.4.2　高斯-塞德尔迭代法的算法框图

定理 6.4.1 和定理 6.4.3 适用于任何迭代法,当然也适用于雅可比迭代法和高斯-塞德尔迭代法。但对大型方程组,计算其迭代矩阵和其特征值非常复杂。根据雅可比迭代法和高斯-塞德尔迭代法的特殊性,下面给出一些根据系数矩阵 A 的特征来判断这两种迭代法收敛性的充分条件。

定理 6.4.4(迭代法收敛的充分条件 2)　若线性方程组 $Ax = b$ 的系数矩阵为严格对角占优矩阵或不可约对角占优矩阵,则雅可比迭代法和高斯-塞德尔迭代法收敛。

证明　关于对角占优矩阵的概念,(参见定义 2.3.18 至定义 2.3.20),这里只证明 A 是严格对角占优矩阵的情况。

对雅可比迭代法,由于
$$B_J = D^{-1}(L + U)$$
可以求得
$$\| B_J \|_\infty = \max_{1 \leqslant i \leqslant n} \sum_{\substack{j=1 \\ j \neq i}}^{n} \frac{|a_{ij}|}{|a_{ii}|}$$
由 A 的定义 2.3.19 得
$$\| B_J \|_\infty < 1$$
所以雅可比迭代法收敛。

对于高斯-塞德尔迭代法,由于
$$B_{\text{G-S}} = (D - L)^{-1} U$$
由定理 2.3.4 可知,若 A 为严格对角占优矩阵,则必有 $a_{ii} \neq 0\,(i = 1, 2, \cdots, n)$,从而
$$\det(D - L)^{-1} = \prod_{i=1}^{n} \frac{1}{a_{ii}} \neq 0$$
设 λ 为 $B_{\text{G-S}}$ 的特征值,则 $B_{\text{G-S}}$ 的特征方程为

$$\det(\lambda \boldsymbol{I} - \boldsymbol{B}_{\text{G-S}}) = \det(\lambda \boldsymbol{I} - (\boldsymbol{D}-\boldsymbol{L})^{-1}\boldsymbol{U})$$
$$= \det(\boldsymbol{D}-\boldsymbol{L})^{-1} \cdot \det(\lambda(\boldsymbol{D}-\boldsymbol{L}) - \boldsymbol{U}) = 0$$

从而
$$\det(\lambda(\boldsymbol{D}-\boldsymbol{L}) - \boldsymbol{U}) = 0$$

现在，用反证法证明 $\boldsymbol{B}_{\text{G-S}}$ 的特征值 $|\lambda|<1$：假设 $|\lambda|\geqslant 1$，且由于 $\boldsymbol{A}$ 是严格对角占优矩阵，因此有

$$|\lambda|\cdot|a_{ii}| > \sum_{\substack{j=1\\j\neq i}}^{n}|\lambda|\cdot|a_{ij}| > \sum_{j=1}^{i-1}|\lambda|\cdot|a_{ij}| + \sum_{j=i+1}^{n}|a_{ij}| \qquad (i=1,2,\cdots,n)$$

这说明

$$\lambda(\boldsymbol{D}-\boldsymbol{L})-\boldsymbol{U} = \begin{pmatrix} \lambda a_{11} & a_{12} & \cdots & a_{1n} \\ \lambda a_{21} & \lambda a_{22} & \cdots & a_{2n} \\ \vdots & \vdots & \vdots & \vdots \\ \lambda a_{n1} & \lambda a_{n2} & \cdots & \lambda a_{nn} \end{pmatrix}$$

是严格对角占优矩阵。

由定理 2.3.4 可知，它是非奇异矩阵，即
$$\det(\lambda(\boldsymbol{D}-\boldsymbol{L})-\boldsymbol{U}) \neq 0$$

这与假设矛盾，只有 $|\lambda|<1$，才能使
$$\det(\lambda(\boldsymbol{D}-\boldsymbol{L})-\boldsymbol{U})) = 0$$

从而
$$\rho(\boldsymbol{B}_{\text{G-S}})<1$$

这说明高斯-塞德尔迭代法收敛。证毕。

在例 6.2.1 和例 6.3.1 中，由于系数矩阵

$$\boldsymbol{A} = \begin{pmatrix} 10 & -1 & -2 \\ -1 & 10 & -2 \\ -1 & -1 & 5 \end{pmatrix}$$

为严格对角占优矩阵，因此解此方程组的雅可比迭代公式和高斯-塞德尔迭代公式收敛。

定理 6.4.5 若线性方程组 $\boldsymbol{Ax} = \boldsymbol{b}$ 的系数矩阵 $\boldsymbol{A}$ 对称正定，则高斯-塞德尔迭代法收敛；若 $\boldsymbol{A}$ 对称正定，$2\boldsymbol{D}-\boldsymbol{A}$ 也对称正定（$\boldsymbol{D}$ 为 $\boldsymbol{A}$ 的对角线元素组成的对角矩阵，$2\boldsymbol{D}-\boldsymbol{A}$ 与 $\boldsymbol{A}$ 只是非对角线元素的符号不同），则雅可比迭代法收敛；若 $\boldsymbol{A}$ 对称正定，而 $2\boldsymbol{D}-\boldsymbol{A}$ 非正定，则雅可比迭代法不收敛。（证明略。）

例 6.4.5 设在线性方程组 $\boldsymbol{Ax} = \boldsymbol{b}$ 中，有

$$\boldsymbol{A} = \begin{pmatrix} 1 & 0.9 & 0.9 \\ 0.9 & 1 & 0.9 \\ 0.9 & 0.9 & 1 \end{pmatrix}$$

讨论雅可比迭代法和高斯-塞德尔迭代法的收敛性。

解 因为 $\boldsymbol{A}$ 对称，且各阶顺序主子式都大于零，所以 $\boldsymbol{A}$ 对称正定。由定理 6.4.5 可知，用高斯-塞德尔迭代法解此方程组收敛，但在

$$2\boldsymbol{D}-\boldsymbol{A} = \begin{pmatrix} 1 & -0.9 & -0.9 \\ -0.9 & 1 & -0.9 \\ -0.9 & -0.9 & 1 \end{pmatrix}$$

中，$\det(2\boldsymbol{D}-\boldsymbol{A})<0$，所以 $2\boldsymbol{D}-\boldsymbol{A}$ 非正定。由定理 6.4.4 可知，用雅可比迭代法不收敛。

6.5 算法实现

6.5.1 MATLAB 程序实现

（1）雅可比迭代法

编写 MATLAB 函数文件 agui_jacobi.m：

```
function x=agui_jacobi(a,b)
% a 为系数矩阵，b 为右端向量，x0 为初始向量(默认为零向量)
% e 为精度(默认为1e-6)，N 为最大迭代次数(默认为100)，x 为返回的解向量
n=length(b);
N=100;
e=1e-6;
x0=zeros(n,1);
x=x0;
x0=x+2*e;
k=0;
d=diag(diag(a));
l=-tril(a, -1);
u=-triu(a,1);
while norm(x0-x,inf)>e&k<N
    k=k+1;
    x0=x;
    x=inv(d)*(l+u)*x+inv(d)*b;
    k
    disp(x')
end
if k==N warning('已达最大迭代次数'); end
```

例 6.5.1 用 MATLAB 实现雅可比迭代法，求解例 6.2.1。

解 在 MATLAB 命令行窗口中求解例 6.2.1。

```
>> a=[10 -1 -2; -1 10 -2; -1 -1 5]
a =
    10    -1    -2
    -1    10    -2
    -1    -1     5
>> b=[72;83;42]
b =
    72
    83
    42
>> x=agui_jacobi(a,b)
```

计算结果：

```
k =     1
    7.20000000000000    8.30000000000000    8.40000000000000
k =     2
    9.71000000000000   10.70000000000000   11.50000000000000
```

...
```
k =    16
   10.99999968449670    11.99999968449670    12.99999962583317
x =
   10.99999968449670
   11.99999968449670
   12.99999962583317
```

（2）高斯-塞德尔迭代法

首先编写 MATLAB 函数文件 agui_GS.m：

```
function x=agui_GS(a,b)
% a 为系数矩阵，b 为右端向量，x0 为初始向量(默认为零向量)
% e 为精度(默认为 1e-6)，N 为最大迭代次数(默认为 100)，x 为返回的解向量
n=length(b);
N=100;
e=1e-6;
x0=zeros(n,1);
x=x0;
x0=x+2*e;
k=0;
a1=tril(a);
a2=inv(a1);
while norm(x0-x,inf)>e&k<N
    k=k+1;
    x0=x;
    x=-a2*(a-a1)*x0+a2*b;
    format long
    k
    disp(x')
end
if k==N warning('已达最大迭代次数'); end
```

例 6.5.2 用 MATLAB 实现高斯-塞德尔迭代法，求解例 6.2.1。

解 在 MATLAB 命令行窗口中求解例 6.2.1。

```
>> a=[10 -1 -2; -1 10 -2; -1 -1 5]
a =
    10    -1    -2
    -1    10    -2
    -1    -1     5
>> b=[72;83;42]
b =
    72
    83
    42
>> x=agui_GS(a,b)
```

计算结果：

```
k =     1
    7.20000000000000    9.02000000000000    11.64400000000000
```

```
k =     2
    10.43080000000000    11.67188000000000    12.82053600000000
...
k =    10
    10.99999996545653    11.99999997883050    12.99999998885741
x =
    10.99999996545653
    11.99999997883050
    12.99999998885741
```

例 6.5.3 用 C 实现高斯-塞德尔迭代法，求解例 6.2.1。

解 首先编写实现高斯-塞德尔迭代法的 C 程序：

```c
#include <math.h>
#include<stdio.h>
#define n 3
#define nmax 100
static double a[n][n]={{10, -1, -2},{-1,10, -2},{-1, -1,5}};
static double b[n]={72,83,42};
main () {
    int i,j,k;
    double sum,norm,d,s,x[n];
    for(i=0;i<n;i++) x[i]=0;
    k=0;
    printf("\nk=%2dx=",k);
    for(i=0;i<n;i++) printf("%12.8f",x[i]);
    do{
        k++;
        if(k>nmax){printf("\n the iteration failed!");break;}
        norm=0.0;
        for(i=0;i<n;i++){
            s=x[i];
            sum=0.0;
            for(j=0;j<n;j++)
            if(j!=i) sum=sum+a[i][j]*x[j];
            x[i]=(b[i] -sum)/a[i][i];
            d=fabs(x[i] -s);
            if(norm<d) norm=d;
        }
        printf("\nk=%2d x=",k);
        for(i=0;i<n;i++)printf("%f",x[i]);
    }while (norm>=0.1e-6);
    if(norm<0.1e-6){
        printf("\n\n the result is:\n");
        printf("\nk=%d",k);
        for(i=0;i<n;i++) printf("x[%d]=%12.8f",i,x[i]);
    }
}
```

计算结果:

k= 0	x= 0.00000000	0.00000000	0.00000000
k= 1	x=7.200000	9.020000	11.644000
k= 2	x=10.430800	11.671880	12.820536
k= 3	x=10.931295	11.957237	12.977706
...			
k=11	x=11.000000	12.000000	13.000000

the result is:

k=11　　x[0]= 11.00000000　　x[1]= 12.00000000　　x[2]= 13.00000000

从计算结果可以看出,在精度均为 0.0000001 的前提下,用 C 实现高斯-塞德尔迭代法需要迭代 11 次,用 MATLAB 实现高斯-塞德尔迭代法需要迭代 10 次。这说明 MATLAB 的计算精度要比 C 略高。另外,在进行精度控制时,MATLAB 可以直接用迭代前、后的解向量近似值的差的范数来控制精度,语句如下:

  norm(x0-x,inf)>e

其中,norm(x,inf)为 x 的无穷大向量范数。

而用 C 无论如何都无法做到这一点,因为 C 中没有求矩阵或向量范数的函数,实现算法时,只能再设计一个循环,通过求迭代前、后解向量的各分量差的绝对值的最大值来控制精度,实现起来非常麻烦。C 语句如下:

```
        do{
...
          norm=0.0;
          for(i=0;i<n;i++)
          {s=x[i];
            ...
            d=fabs(x[i] -s);
            if(norm<d)norm=d;
          }
          ...
        }   while (norm>=0.1e-6);
```

这说明用 MATLAB 实现计算方法中的算法,比 C 要容易得多,也方便得多。

6.5.2　MATLAB 函数实现

(1) 双共轭梯度函数

双共轭梯度法也是一种迭代方法。它从一组初值向量出发,定义代价函数,也就是寻找一个向量,此向量使得计算的代价函数为极小值。其在 MATLAB 中的函数为 bicg(),基本格式:

  x=bicg(A,b)

说明:*A* 为线性方程组的系数矩阵,*b* 为线性方程组的常数向量,*x* 为返回的线性方程组的解。当然,函数 bicg()还有更为详细的调用格式,读者可以利用 MATLAB 的帮助系统进行查阅。

例 6.5.4　用双共轭梯度函数 bicg()求解例 6.2.1。

```
>> a=[10 -1 -2;-1 10 -2;-1 -1 5]
a =
    10    -1    -2
    -1    10    -2
    -1    -1     5
```

```
>> b=[72;83;42]
b =
    72
    83
    42
>> x=bicg(a,b)
```
bicg()在解第 3 次迭代后收敛,并且相对残差为 6e-17。
```
x =
    11.0000
    12.0000
    13.0000
```
(2)共轭梯度函数

共轭梯度法是 Paige 和 Saunders 于 1982 年提出的一种特别适合求解大型高阶稀疏线性方程组的方法。由于在求解过程中用到 QR 分解(参考前言二维码 10.3 节的相关内容),因此这种方法称为 LSQR(Least Square QR-factorization)方法。其在 MATLAB 中的函数为 lsqr()。

例 6.5.5 用共轭梯度函数 lsqr()求解例 6.2.1。
```
>> a=[10 -1 -2;-1 10 -2;-1 -1 5]
a =
    10    -1    -2
    -1    10    -2
    -1    -1     5
>> b=[72;83;42]
b =
    72
    83
    42
>> x=lsqr(a,b)
```
lsqr()在解第 3 次迭代后收敛,并且相对残差为 1.2e-16。
```
x =
    11.0000
    12.0000
    13.0000
```

本章小结

本章介绍的解线性方程组的迭代法主要用于求解高阶稀疏线性方程组,其特点是占用内存少,程序设计简单,原始系数矩阵在计算过程中始终不变。但是,存在收敛性和收敛速度的问题。

雅可比迭代法也称简单迭代法,其基本思想是从方程组的第 i 个方程求出 x_i,并建立相应的迭代公式求 $x_i^{(k+1)}$。高斯-塞德尔迭代法在雅可比迭代法的基础上进行了改进,在求 $x_i^{(k+1)}$ 时,用已求出的 $x_1 \sim x_{i-1}$ 的新分量代替旧分量,因此也称异步迭代法。在二者都收敛时,高斯-塞德尔迭代法收敛较快,所以,应用也较广泛。在迭代法的收敛性定理中,迭代法收敛性基本定理是充分必要条件,其余都是充分条件。最后利用本章的例题作为测试用例,用 MATLAB 程序和 MATLAB 函数两种方法实现了本章介绍的算法。

习题 6

6.1 对线性方程组 $\begin{cases} x_1 + 2x_2 - 2x_3 = 1 \\ x_1 + x_2 + x_3 = 3 \\ 2x_1 + 2x_2 + x_3 = 5 \end{cases}$ 用雅可比迭代法求解是否收敛？若收敛，取初始向量 $x^{(0)} = (0,0,0)^T$，迭代计算至 $\|x^{(k+1)} - x^{(k)}\|_\infty \leq 10^{-8}$。

6.2 设线性方程组 $Ax = b$ 的系数矩阵为
$$A = \begin{pmatrix} a & 1 & 3 \\ 1 & a & 2 \\ -3 & 2 & a \end{pmatrix}$$
试求能使雅可比迭代法收敛的 a 的取值范围。

6.3 实数 $a \neq 0$，考察系数矩阵 $A = \begin{pmatrix} 1 & a & 0 \\ a & 1 & a \\ 0 & a & 1 \end{pmatrix}$，试根据线性方程组 $Ax = b$ 建立雅可比迭代公式和高斯-塞德尔迭代公式，讨论 a 取何值时迭代公式收敛。

6.4 已知解线性方程组 $\begin{cases} a_{11}x_1 + a_{12}x_2 = b_1 \\ a_{21}x_1 + a_{22}x_2 = b_2 \end{cases}$ 的雅可比迭代公式为
$$\begin{cases} x_1^{(k)} = \dfrac{1}{a_{11}}(b_1 - a_{12}x_2^{(k-1)}) \\ x_2^{(k)} = \dfrac{1}{a_{22}}(b_2 - a_{21}x_1^{(k-1)}) \end{cases} \quad (k=1,2,\cdots)$$

证明：上述迭代公式产生的向量序列 $\{x^{(k)}\}$ 收敛的充分必要条件是 $r = \left|\dfrac{a_{12}a_{21}}{a_{11}a_{22}}\right| < 1$。

6.5 对线性方程组 $Ax = b$，设系数矩阵为 $A = \begin{pmatrix} \lambda & -2 & 2 \\ -1 & \lambda & -1 \\ -2 & -2 & \lambda \end{pmatrix}$，试问：$\lambda$ 取什么值时，雅可比迭代法收敛。

6.6 设 $A = (a_{ij}) \in \mathbf{R}^{n \times n}$，有"列严格对角占优性质"，即 $|a_{jj}| > \sum\limits_{i=1, i \neq j}^{n} |a_{ij}|$ $(j=1,2,\cdots,n)$，证明：解方程组 $Ax = b$ 的雅可比迭代法收敛。

6.7 设 $A = \begin{pmatrix} 1 & a & a \\ a & 1 & a \\ a & a & 1 \end{pmatrix}$，求解线性方程组 $Ax = b$，证明：当 $-\dfrac{1}{2} < a < 1$ 时，高斯-塞德尔迭代法收敛，而雅可比迭代法只对 $-\dfrac{1}{2} < a < \dfrac{1}{2}$ 收敛。

6.8 证明：（1）设有迭代公式 $x^{(k+1)} = Bx^k + f$ $(k=0,1,\cdots)$，若迭代矩阵 $B \in \mathbf{R}^{n \times n}$ 的谱半径 $\rho(B) = 0$，则对任意 $x^{(0)} \in \mathbf{R}^n$，$x^{(n)}$ 一定是 $x = Bx + f$ 的解向量，即 $x^{(n)} = x$。

（2）设 $x^{(k+1)} = Bx^{(k)} + f$ $(k=0,1\cdots)$，式中，$B = \begin{pmatrix} 0 & -2 & 2 \\ -1 & 0 & -1 \\ -2 & -2 & 0 \end{pmatrix}$，$f = \begin{pmatrix} 1 \\ 3 \\ 5 \end{pmatrix}$，求 $\rho(B)$ 并计算 $x^{(1)}$、$x^{(2)}$、$x^{(3)}$ 和 $x^{(4)}$。

6.9 有线性方程组 $\begin{cases} 5x_1 + 2x_2 + x_3 = -12 \\ -x_1 + 4x_2 + 2x_3 = 20 \\ 2x_1 - 3x_2 + 10x_3 = 3 \end{cases}$,

(1) 考察用雅可比迭代法和高斯-塞德尔迭代法解此方程组的收敛性。

(2) 写出用雅可比迭代法及高斯-塞德尔迭代法解此方程组的迭代公式,并从 $\boldsymbol{x}^{(0)} = (0,0,0)^\mathrm{T}$ 计算到 $\|\boldsymbol{x}^{(k+1)} - \boldsymbol{x}^{(k)}\|_\infty < 10^{-4}$ 为止。

6.10 有线性方程组 $\begin{cases} a_{11}x_1 + a_{12}x_2 = b_1 \\ a_{21}x_1 + a_{22}x_2 = b_2 \end{cases}$ ($a_{11}, a_{22} \neq 0$),证明:解此方程组的雅可比迭代公式和高斯-塞德尔迭代公式同时收敛或发散。

6.11 下列两个线性方程组 $\boldsymbol{Ax} = \boldsymbol{b}$,若分别用雅可比迭代法及高斯-塞德尔迭代法求解,是否收敛?

(1) $\boldsymbol{A} = \begin{pmatrix} 1 & 2 & -2 \\ 1 & 1 & 1 \\ 2 & 2 & 1 \end{pmatrix}$ (2) $\boldsymbol{A} = \begin{pmatrix} 2 & -1 & 1 \\ 2 & 2 & 2 \\ -1 & -1 & 2 \end{pmatrix}$

6.12 设 $\boldsymbol{A} = \begin{pmatrix} 10 & a & 0 \\ b & 10 & b \\ 0 & a & 5 \end{pmatrix}$, $\det(\boldsymbol{A}) \neq 0$,用 a 和 b 分别表示解线性方程组 $\boldsymbol{Ax} = \boldsymbol{f}$ 的雅可比迭代公式及高斯-塞德尔迭代公式收敛的充分必要条件。

6.13 用迭代公式 $\boldsymbol{x}^{(k+1)} = \boldsymbol{x}^{(k)} + a(\boldsymbol{Ax}^{(k)} - \boldsymbol{b})$ 求解线性方程组 $\boldsymbol{Ax} = \boldsymbol{b}$,问 a 取什么实数可使迭代收敛?证明:$a = -0.4$ 时收敛最快。已知:$\boldsymbol{A} = \begin{pmatrix} 3 & 2 \\ 1 & 2 \end{pmatrix}$,$\boldsymbol{b} = \begin{pmatrix} 3 \\ -1 \end{pmatrix}$。

6.14 有线性方程组 $\boldsymbol{Ax} = \boldsymbol{b}$ ($a_{ii} \neq 0$, $i = 1, 2, \cdots, n$),证明:

(1) 解此方程组的雅可比迭代公式收敛的充分必要条件是 $\det\begin{pmatrix} a_{11}\lambda & a_{12} & \cdots & a_{1n} \\ a_{21} & a_{22}\lambda & \cdots & a_{2n} \\ \vdots & \vdots & & \vdots \\ a_{n1} & a_{n2} & \cdots & a_{nn}\lambda \end{pmatrix} = 0$ 的根模 $|\lambda| < 1$。

(2) 解此方程组的高斯-塞德尔迭代公式收敛的充分必要条件是 $\det\begin{pmatrix} a_{11}\lambda & a_{12} & \cdots & a_{1n} \\ a_{21}\lambda & a_{22}\lambda & \cdots & a_{2n} \\ \vdots & \vdots & \ddots & \vdots \\ a_{n1}\lambda & a_{n2}\lambda & \cdots & a_{nn}\lambda \end{pmatrix} = 0$ 的根模 $|\lambda| < 1$。

6.15 已知线性方程组 $\begin{pmatrix} 1 & 2 \\ 0.32 & 1 \end{pmatrix} \begin{pmatrix} x_1 \\ x_2 \end{pmatrix} = \begin{pmatrix} b_1 \\ b_2 \end{pmatrix}$,解此方程组的雅可比迭代公式是否收敛?它的收敛速度 $R(\boldsymbol{B})$ 是多少?

6.16 有线性方程组 $\boldsymbol{Ax} = \boldsymbol{b}$,式中,$\boldsymbol{A} = \begin{pmatrix} 2 & -1 \\ 1 & 1.5 \end{pmatrix}$,写出雅可比迭代法的迭代矩阵和高斯-塞德尔迭代法的迭代矩阵。

6.17 用高斯-塞德尔迭代法求解线性方程组 $\begin{cases} x_1 + ax_2 = 4 \\ 2ax + x_2 = -3 \end{cases}$,式中,$a$ 为实数,其收敛的充分必要条件是 a 满足什么条件?

第 7 章 函 数 插 值

（1）插值的基本概念，包括线性插值、抛物插值和多项式插值的存在唯一性。
（2）多项式插值，包括拉格朗日插值、牛顿插值和埃尔米特插值。
（3）分段低次插值，包括分段线性插值、分段三次埃尔米特插值和样条插值。
（4）离散数据的曲线拟合。

本章的重点是多项式插值，要求了解插值的概念和插值多项式的存在唯一性，熟练掌握拉格朗日插值多项式和牛顿插值多项式，并利用余项定理进行误差估计，了解两点三次埃尔米特插值在推导三次样条插值多项式中的作用。本章内容较多，样条插值函数的推导过程和曲线拟合可作为选学内容。建议 8～10 学时。

7.1 引言

7.1.1 插值问题

函数常被用来描述客观事物变化的内在规律（数量关系），如天体运动、气候变化、股市波动等。但在生产和科研实践中遇到的大量函数都是复杂函数，其表现形式有三类。第一类是函数值表的形式，这些函数值是通过实验或观测得到的数据。这些数据只是某些离散点 x_i 上的值（包括函数值 $f(x_i)$、导数值 $f'(x_i)$ 等，$i=0,1,2,\cdots,n$）。虽然其函数关系是客观存在的，但是不知道具体的解析表达式，因此不便于分析研究这类函数的性质，也不能直接得出其他未列出点的函数值。第二类是图形、图像的形式，如飞机和船舶的外形、计算机中的图形、图像和动画等。为了研究飞机在空气中的阻力、船舶在水中的阻力，就要对其外形进行分析。为了提高图形、图像的质量和动画效果，就要对原有图形、图像和动画进行修改。由于实际的图形、图像没有具体的函数或解析式，因此对其进行研究非常困难。第三类是有解析式的复杂函数，虽然它们有解析式，但过于复杂，不便于计算和分析。

对实际中的这些复杂函数，我们希望构造一个既能反映函数本身的特性，又便于计算的简单函数，来近似代替原来的函数。其主要思想是，对一组离散点 $(x_i, f(x_i))$ $(i=0,1,2,\cdots,n)$，选定一个便于计算的函数形式 $p(x)$，如多项式函数、分段线性函数、有理函数、三角函数等，要求简单函数 $p(x)$ 满足 $p(x_i) = f(x_i)$ $(i=0,1,2,\cdots,n)$。由此确定函数 $p(x)$ 作为 $f(x)$ 的近似函数，这就是函数插值方法。

用插值方法求函数的近似表达式时，首先要选定函数的形式。可供选择的函数很多，最常用的是多项式函数。因为多项式函数计算简便，只需用加、减、乘运算，便于编程，而且其导数与积分仍为多项式函数。用多项式函数作为研究插值的工具，称为代数插值。因此代数插值问题可以定义如下。

定义 7.1.1 设 $y=f(x)$ 是在区间 $[a,b]$ 内的连续函数，记为 $f\in C[a,b]$，已知 $f(x)$ 在 $[a,b]$ 内 $n+1$ 个互异点 $a\leqslant x_0<x_1<\cdots<x_n\leqslant b$ 处的函数值为 $y_i=f(x_i)(i=0,1,2,\cdots,n)$，若有不超过 n 次的多项式 $p_n(x)=a_0+a_1x+a_2x^2+\cdots+a_nx^n$，满足条件：

$$p_n(x_i)=y_i \quad (i=0,1,2,\cdots,n) \tag{7.1.1}$$

则称 $p_n(x)$ 为函数 $f(x)$ 在区间 $[a,b]$ 内通过点列 $\{x_i,y_i\}_{i=0}^n$ 的插值多项式，如图 7.1.1 所示。其中，$[a,b]$ 称为插值区间，$\{x_i\}_{i=0}^n$ 称为插值节点，用于求函数值 $f(x)$ 的点 $x(x\neq x_i)$ 称为插值点，$f(x)$ 称为被插函数，$p_n(x)$ 称为插值函数，式（7.1.1）称为插值条件，$f(x)-p_n(x)$ 称为插值余项（也称误差）。

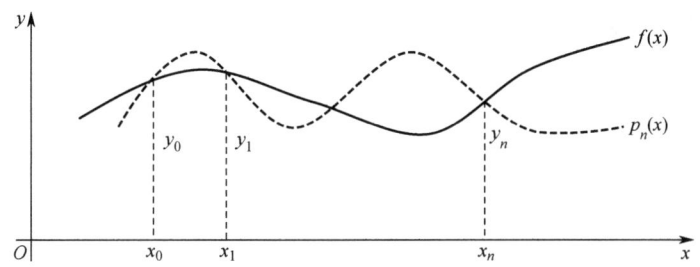

图 7.1.1 插值函数与被插函数

函数插值是数值计算的基本问题，所涉及的问题有存在唯一性、构造方法、截断误差和收敛性，以及数值计算的稳定性。

7.1.2 插值多项式的存在唯一性

在代数插值中，首先要解决的问题是，满足插值条件式（7.1.1）的插值函数 $p_n(x)$ 是否存在？如果存在，是否唯一？n 次多项式 $p_n(x)$ 有 $n+1$ 个待定系数 $a_0,a_1,\cdots,a_n$，利用给出的 $n+1$ 个不同的节点 $x_0,x_1,\cdots,x_n$，由插值条件式（7.1.1），可得关于系数 $a_0,a_1,\cdots,a_n$ 的 $n+1$ 个方程：

$$\begin{cases} a_0+a_1x_0+a_2x_0^2+\cdots+a_nx_0^n=y_0 \\ a_0+a_1x_1+a_2x_1^2+\cdots+a_nx_1^n=y_1 \\ \vdots \\ a_0+a_1x_n+a_2x_n^2+\cdots+a_nx_n^n=y_n \end{cases} \tag{7.1.2}$$

方程组（7.1.2）的系数行列式为范德蒙行列式，即

$$\det(\boldsymbol{A})=\begin{vmatrix} 1 & x_0 & x_0^2 & \cdots & x_0^n \\ 1 & x_1 & x_1^2 & \cdots & x_1^n \\ \vdots & \vdots & \vdots & & \vdots \\ 1 & x_n & x_n^2 & \cdots & x_n^n \end{vmatrix}=\prod_{i=1}^{n}\prod_{j=0}^{i-1}(x_i-x_j) \tag{7.1.3}$$

当 $x_0,x_1,\cdots,x_n$ 互不相同时，行列式（7.1.3）的值不为 0（参见例 2.3.3），从而方程组（7.1.2）存在唯一的解 $a_0,a_1,\cdots,a_n$，于是有下面的定理。

定理 7.1.1（存在唯一性定理） 当插值节点互异时，满足插值条件式（7.1.1）的 n 次插值函数 $p_n(x)$ 存在且唯一。

由定理 7.1.1 可以看出：

① 无论用什么方法去构造，也无论用什么形式来表示插值函数 $p_n(x)$，只要满足插值条件式（7.1.1），其结果都是互相恒等的，当然，其余项（误差）也是相同的。

② 要构造插值函数 $p_n(x)$ 可以通过求方程组（7.1.2）的解 $a_0,a_1,\cdots,a_n$ 实现。但这样做，当 n 较大时，不但计算工作量大，而且难以得到 $p_n(x)$ 的简单表达式。因此，在实际中不采用这种方法，而采用更简单的方法。

7.2 拉格朗日插值

7.2.1 线性插值与抛物插值

1. 线性插值

最简单的插值问题是已知两点 (x_0,y_0) 及 (x_1,y_1)，这里 $f(x_0)=y_0$，$f(x_1)=y_1$。通过两点 (x_0,y_0) 及 (x_1,y_1) 的插值函数是一条直线，两点式的直线方程如下：

$$L_1(x)=\frac{x-x_1}{x_0-x_1}y_0+\frac{x-x_0}{x_1-x_0}y_1$$

显然，$L_1(x_0)=y_0$，$L_1(x_1)=y_1$ 满足插值条件，所以 $L_1(x)$ 就是线性插值函数。

若令

$$l_0(x)=\frac{x-x_1}{x_0-x_1}, \quad l_1(x)=\frac{x-x_0}{x_1-x_0}$$

则有

$$L_1(x)=y_0l_0(x)+y_1l_1(x) \tag{7.2.1}$$

这里，$l_0(x)$ 和 $l_1(x)$ 分别看作满足条件

$$\begin{cases}l_0(x_0)=1, & l_0(x_1)=0 \\ l_1(x_0)=0, & l_1(x_1)=1\end{cases} \tag{7.2.2}$$

的插值多项式，称 $l_0(x)$ 和 $l_1(x)$ 为关于 x_0 和 x_1 的线性插值基函数，如图 7.2.1 所示。

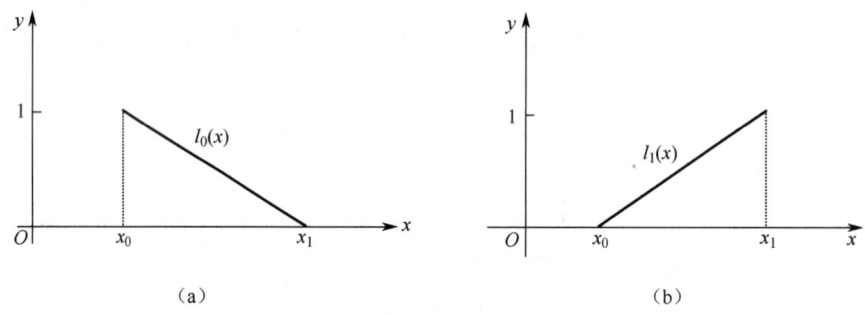

图 7.2.1 线性插值基函数 $l_0(x)$ 和 $l_1(x)$

例 7.2.1 已知：$\sqrt{100}=10$，$\sqrt{121}=11$，利用线性插值函数求 $y=\sqrt{115}$。

解 设 $x_0=100$，$y_0=10$，$x_1=121$，$y_1=11$，令 $x=115$，代入式（7.2.1），求得

$$y=\sqrt{115}\approx\frac{115-121}{100-121}\times10+\frac{115-100}{121-100}\times11=10.71428$$

可以验证这个结果有 3 位有效数字。

式（7.2.1）表明，线性插值函数 $L_1(x)$ 可以通过插值基函数 $l_0(x)$ 和 $l_1(x)$ 的线性组合得到，且组合系数恰为所给数据 y_0 和 y_1。

2. 抛物插值

线性插值仅仅利用了两个节点的信息，精度肯定很低。为了提高插值函数的精度，再增加

一个点，即已知三个点：$(x_0, y_0), (x_1, y_1), (x_2, y_2)$（这里$f(x_i) = y_i$，$i = 0, 1, 2$），构造通过这三个点的二次插值多项式，使

$$L_2(x_i) = y_i \quad (i = 0, 1, 2)$$

$L_2(x)$的几何意义是过这三点的抛物线，因此，二次插值函数$L_2(x)$也称为抛物插值函数。

为了求出$L_2(x)$，可假设

$$L_2(x) = y_0 l_0(x) + y_1 l_1(x) + y_2 l_2(x) \tag{7.2.3}$$

式中，$l_0(x)$、$l_1(x)$和$l_2(x)$为待定函数。由插值条件

$$L_2(x_0) = y_0, \quad L_2(x_1) = y_1, \quad L_2(x_2) = y_2$$

可知，待定函数$l_0(x)$、$l_1(x)$和$l_2(x)$满足如下性质：

$$\begin{cases} l_0(x_0) = 1, \ l_0(x_1) = 0, \ l_0(x_2) = 0 \\ l_1(x_0) = 0, \ l_1(x_1) = 1, \ l_1(x_2) = 0 \\ l_2(x_0) = 0, \ l_2(x_1) = 0, \ l_2(x_2) = 1 \end{cases} \tag{7.2.4}$$

下面以$l_0(x)$为例，求待定函数。

由式（7.2.4）可知，x_1和x_2是$l_0(x)$的两个零点，因而设

$$l_0(x) = c(x - x_1)(x - x_2)$$

再由条件$l_0(x_0) = 1$确定系数：

$$c = \frac{1}{(x_0 - x_1)(x_0 - x_2)}$$

结果得

$$l_0(x) = \frac{(x - x_1)(x - x_2)}{(x_0 - x_1)(x_0 - x_2)}$$

同理可得

$$l_1(x) = \frac{(x - x_0)(x - x_2)}{(x_1 - x_0)(x_1 - x_2)}$$

$$l_2(x) = \frac{(x - x_0)(x - x_1)}{(x_2 - x_0)(x_2 - x_1)}$$

于是，二次（抛物）插值多项式为

$$L_2(x) = \frac{(x - x_1)(x - x_2)}{(x_0 - x_1)(x_0 - x_2)} y_0 + \frac{(x - x_0)(x - x_2)}{(x_1 - x_0)(x_1 - x_2)} y_1 + \frac{(x - x_0)(x - x_1)}{(x_2 - x_0)(x_2 - x_1)} y_2 \tag{7.2.5}$$

由式（7.2.5）可知，$L_2(x_0) = y_0$，$L_2(x_1) = y_1$，$L_2(x_2) = y_2$，满足插值条件，所以式（7.2.5）就是满足插值条件的二次插值函数。

我们称满足式（7.2.4）的函数$l_0(x)$、$l_1(x)$和$l_2(x)$为关于x_0、x_1和x_2的二次插值基函数，如图7.2.2所示。

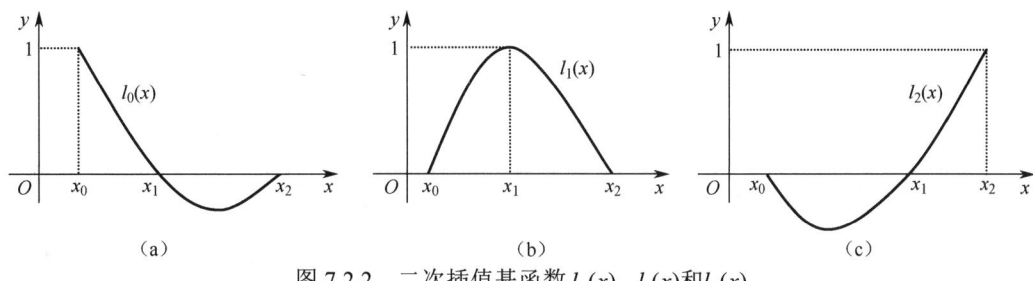

图7.2.2 二次插值基函数$l_0(x)$、$l_1(x)$和$l_2(x)$

例7.2.2 已知：$\sqrt{100} = 10$，$\sqrt{121} = 11$，$\sqrt{144} = 12$，利用抛物插值函数求$y = \sqrt{115}$。

解 设$x_0 = 100$, $y_0 = 10$, $x_1 = 121$, $y_1 = 11$, $x_2 = 144$, $y_2 = 12$，令$x = 115$，代入式（7.2.5），求得

$$y = \sqrt{115} \approx \frac{(115-121)(115-144)}{(100-121)(100-144)} \times 10 + \frac{(115-100)(115-144)}{(121-100)(121-144)} \times 11 + \frac{(115-100)(115-121)}{(144-100)(144-121)} \times 12 = 10.7228$$

可以验证，这个结果具有 4 位有效数字。

7.2.2 拉格朗日插值多项式

将线性插值和抛物插值推广到一般情形，现在考虑过 $n+1$ 个点 (x_i, y_i) $(i=0,1,2,\cdots,n)$ 的插值多项式 $L_n(x)$ 的问题。

已知 $n+1$ 个点 (x_i, y_i) $(i=0,1,2,\cdots,n)$，构造 n 次插值多项式 $L_n(x)$，使

$$L_n(x_i) = y_i \quad (i=0,1,2,\cdots,n)$$

用插值基函数的方法，可设

$$L_n(x) = \sum_{i=0}^{n} y_i l_i(x) \tag{7.2.6}$$

式中，$l_i(x)$ 称为关于 $x_0, x_1, \cdots, x_n$ 的插值基函数，它满足条件：

$$l_i(x_j) = \begin{cases} 1 & j=i \\ 0 & j \neq i \end{cases} \quad (i,j=0,1,2,\cdots,n) \tag{7.2.7}$$

这表明，除 x_i 外的所有节点都是 $l_i(x)$ 的零点，故

$$l_i(x) = c \prod_{\substack{j=0 \\ j \neq i}}^{n} (x - x_j)$$

再由条件 $l_i(x_i) = 1$ 确定其系数 c，结果为

$$l_i(x) = \frac{(x-x_0)\cdots(x-x_{i-1})(x-x_{i+1})\cdots(x-x_n)}{(x_i-x_0)\cdots(x_i-x_{i-1})(x_i-x_{i+1})\cdots(x_i-x_n)} = \prod_{\substack{j=0 \\ j \neq i}}^{n} \frac{x-x_j}{x_i-x_j} \tag{7.2.8}$$

式中，$\prod$ 的含义是累乘，$\prod_{\substack{j=0 \\ j \neq i}}^{n}$ 表示乘积遍取下标 j 从 0 到 n 且除 i 以外的全部值，于是 n 次插值多项式 $L_n(x)$ 为

$$L_n(x) = \sum_{i=0}^{n} \left(\prod_{\substack{j=0 \\ j \neq i}}^{n} \frac{x-x_j}{x_i-x_j} \right) y_i \tag{7.2.9}$$

因为每个插值基函数 $l_i(x)$ 都是 n 次的，$L_n(x)$ 的次数不会超过 n，且由式（7.2.7）可得

$$L_n(x_k) = \sum_{i=0}^{n} l_i(x_k) y_i = y_k$$

所以 $L_n(x)$ 满足插值条件。因此，式（7.2.9）即为 n 次插值多项式，称为拉格朗日（Lagrange）插值多项式。该公式形式对称，结构紧凑，所以，非常便于编写程序。式（7.2.9）在逻辑结构上表现为二重循环，内循环（j）累乘求得 $l_i(x)$，然后通过外循环（i）累加得出插值结果 y。拉格朗日插值算法框图如图 7.2.3 所示。

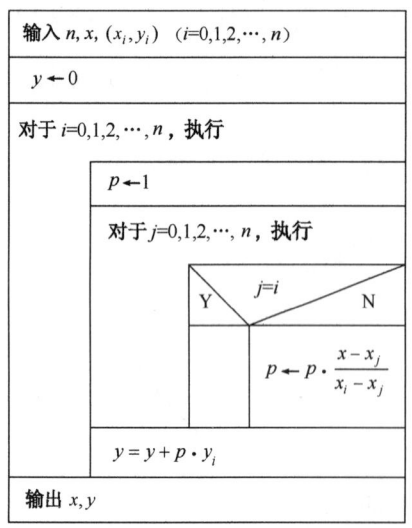

图 7.2.3 拉格朗日插值算法框图

例 7.2.3 已知 $x=1,2,3,4,5$ 对应的函数值为 $f(x)=1,4,7,8,6$，试构造 4 次拉格朗日插值多项式，并求 $f(1.5)$ 的近似值。

解 由式（7.2.9）直接可得

$$L_4(x) = \frac{(x-2)(x-3)(x-4)(x-5)}{(1-2)(1-3)(1-4)(1-5)} \times 1 + \frac{(x-1)(x-3)(x-4)(x-5)}{(2-1)(2-3)(2-4)(2-5)} \times 4 +$$

$$\frac{(x-1)(x-2)(x-4)(x-5)}{(3-1)(3-2)(3-4)(3-5)} \times 7 + \frac{(x-1)(x-2)(x-3)(x-5)}{(4-1)(4-2)(4-3)(4-5)} \times 8 +$$

$$\frac{(x-1)(x-2)(x-3)(x-4)}{(5-1)(5-2)(5-3)(5-4)} \times 6$$

$$= \cdots = \frac{1}{24}x^4 - \frac{3}{4}x^3 + \frac{83}{24}x^2 - \frac{11}{4}x + 1$$

所以

$$f(1.5) \approx L_4(1.5) = \frac{299}{128} = 2.3359375$$

7.2.3 插值余项与误差估计

若 $f(x)$ 在 $[a,b]$ 内的插值多项式为 $L_n(x)$，则称 $R_n(x) = f(x) - L_n(x)$ 为 $L_n(x)$ 的插值余项（也称误差）。

定理 7.2.1（插值余项定理） 设 $f(x)$ 在 $[a,b]$ 内的 $n+1$ 阶导数连续，记为 $f(x) \in C^{n+1}[a,b]$，并且 $f(x)$ 在互异节点 $a \leqslant x_0 < x_1 < \cdots < x_n \leqslant b$ 处的函数值为 $y_0, y_1, \cdots, y_n$。若满足插值条件 $L_n(x_i) = y_i$ $(i = 0,1,2,\cdots,n)$ 的插值多项式为 $L_n(x)$，则对 $\forall x \in [a,b]$ 有

$$R_n(x) = f(x) - L_n(x) = \frac{f^{(n+1)}(\xi)}{(n+1)!} \cdot \prod_{j=0}^{n}(x - x_j) = \frac{f^{(n+1)}(\xi)}{(n+1)!} \cdot \omega_{n+1}(x) \quad (7.2.10)$$

式中，$a < \xi < b$，$\omega_{n+1}(x) = \prod_{j=0}^{n}(x - x_j)$。

证明 由插值条件知 $R_n(x_i) = 0$ $(i = 0,1,\cdots,n)$，故对 $\forall x \in [a,b]$ 有

$$R_n(x) = k(x)(x - x_0)(x - x_1)\cdots(x - x_n) = k(x)\omega_{n+1}(x) \quad (7.2.11)$$

式中，$k(x)$ 是依赖于 x 的待定函数。将 $x \in [a,b]$ 看作在 $[a,b]$ 内的任意固定点，可设辅助函数

$$\varphi(t) = f(t) - L_n(t) - k(x)(t - x_0)(t - x_1)\cdots(t - x_n)$$

则

$$\varphi(x_i) = 0 \ (i = 0,1,2,\cdots,n) \quad 且 \quad \varphi(x) = 0$$

这说明 $\varphi(t)$ 在 $[a,b]$ 内有 $n+2$ 个零点 $x_0, x_1, \cdots, x_n$ 及 x，由罗尔（Rolle）定理可知，$\varphi'(t)$ 在 $[a,b]$ 内至少有 $n+1$ 个零点。反复应用罗尔定理，可得 $\varphi^{(n+1)}(t)$ 在 $[a,b]$ 内至少有一个零点 $\xi \in (a,b)$，使

$$\varphi^{(n+1)}(\xi) = f^{(n+1)}(\xi) - (n+1)!k(x) = 0$$

于是

$$k(x) = \frac{f^{(n+1)}(\xi)}{(n+1)!}$$

代入式（7.2.11），得插值余项式（7.2.10）。证毕。

由于定理 7.2.1 中的 ξ 无法确定，因此式（7.2.10）的精确解难以计算。不过，$f^{(n+1)}(x)$ 在闭区间 $[a,b]$ 内连续，因为闭区间内的连续函数必有界，所以必有最大值 M_{n+1}，即

$$\left|f^{(n+1)}(\xi)\right| \leqslant \max_{a \leqslant x \leqslant b}\left|f^{(n+1)}(x)\right| \leqslant M_{n+1}$$

于是，可得误差估计式：

$$|R_n(x)| \leqslant \frac{M_{n+1}}{(n+1)!}\left|\prod_{j=0}^{n}(x-x_j)\right| \quad (7.2.12)$$

当 $n=1$ 时，线性插值多项式（7.2.1）的误差估计式为

$$|R_1(x)| \leqslant \frac{M_2}{2!}|(x-x_0)(x-x_1)| \leqslant \frac{M_2}{8}(x_1-x_0)^2 \quad (7.2.13)$$

当 $n=2$ 时，抛物插值多项式（7.2.5）的误差估计式为

$$|R_2(x)| \leqslant \frac{M_3}{3!}|(x-x_0)(x-x_1)(x-x_2)| \quad (7.2.14)$$

例 7.2.4 设 $f(x) \in C^2[a,b]$，已知插值节点 $x_0=a$，$x_1=b$，证明：$f(x)$ 在 $[a,b]$ 内的线性插值函数 $L_1(x)$ 的误差界为

$$\max_{a \leqslant x \leqslant b}|f(x)-L_1(x)| \leqslant \frac{(b-a)^2}{8}\max_{a \leqslant x \leqslant b}|f''(x)|$$

并举例说明上述不等式的等号成立。

证明 由插值余项式（7.2.10），可得 $f(x)-L_1(x) = \frac{f''(\xi)}{2!}(x-a)(x-b)$，$a<\xi<b$。

由于当 $x \in [a,b]$ 时，$|(x-a)(x-b)|$ 在 $x=\frac{a+b}{2}$ 处取得的最大值为 $\frac{(b-a)^2}{4}$，因此

$$\max_{a \leqslant x \leqslant b}|f(x)-L_1(x)| \leqslant \frac{1}{2}\max_{a \leqslant x \leqslant b}|(x-a)(x-b)|\max_{a \leqslant x \leqslant b}|f''(x)|$$

$$= \frac{(b-a)^2}{8}\max_{a \leqslant x \leqslant b}|f''(x)|$$

取 $f(x)=x$，则有 $L_1(x)=x, f''(x)=0$，因此

$$\max_{a \leqslant x \leqslant b}|f(x)-L_1(x)|=0，\quad \frac{(b-a)^2}{8}\max_{a \leqslant x \leqslant b}|f''(x)|=0$$

此时，不等式的等号成立。

例 7.2.5 已知：$\sqrt{100}=10$，$\sqrt{121}=11$，$\sqrt{144}=12$，试对例 7.2.1 中的线性插值函数和例 7.2.2 中的抛物插值函数进行误差估计。

解 由题意可知，被插函数为 $y=f(x)=\sqrt{x}$，所以

$$f'(x)=\frac{1}{2}x^{-\frac{1}{2}}，\quad f''(x)=-\frac{1}{4}x^{-\frac{3}{2}}，\quad f'''(x)=\frac{3}{8}x^{-\frac{5}{2}} \quad (x \in [100,144])$$

$$M_2 = \max_{100 \leqslant x \leqslant 121}\left|-\frac{1}{4}x^{-\frac{3}{2}}\right| \leqslant \frac{1}{4000}，\quad M_3 = \max_{100 \leqslant x \leqslant 144}\left|\frac{3}{8}x^{-\frac{5}{2}}\right| \leqslant \frac{3}{8} \times \frac{1}{100000}$$

于是

$$|R_1(x)| \leqslant \left|\frac{1}{2} \times \frac{1}{4000} \times (115-100) \times (115-121)\right| = 0.01125 < 0.05$$

这说明例 7.2.1 中 $\sqrt{115}$ 的近似值 10.71428 具有 3 位有效数字。

$$|R_2(x)| \leqslant \frac{1}{6} \times \frac{3}{800000} \times |(115-100) \times (115-121) \times (115-144)| = \frac{45 \times 29}{800000} = 0.00163125 \leqslant 0.005$$

这说明例 7.2.2 中 $\sqrt{115}$ 的近似值 10.7228 具有 4 位有效数字。

例 7.2.6 设 $f(x)=x^4$，试利用插值余项定理写出以 -1、0、1 和 2 为插值节点的三次插值多项式。

解 设由已知插值节点确定的三次插值多项式为 $L_3(x)$，根据拉格朗日插值余项定理，有

$$f(x)-L_3(x)=\frac{f^{(4)}(\xi)}{4!}(x-x_0)(x-x_1)(x-x_2)(x-x_3) \quad (\xi \in (-1,2))$$

由于 $f(x)=x^4$，则 $f^{(4)}(x)=4!$，故 $f(x)-L_3(x)=(x+1)(x-0)(x-1)(x-2)$

即

$$L_3(x)=x^4-x(x+1)(x-1)(x-2)=2x^3+x^2-2x$$

例 7.2.7 设 x_j 为互异节点（$j=0,1,\cdots,n$），$l_j(x)$ 为 n 次插值基函数，证明：

（1）$\sum_{j=0}^{n} l_j(x)=1$；

（2）$\sum_{j=0}^{n} l_j(0) x_j^k = \begin{cases} 1 & (k=0) \\ 0 & (k=1,2,\cdots,n) \\ (-1)^n x_0 x_1 \cdots x_n & (k=n+1) \end{cases}$。

证明 （1）对拉格朗日插值多项式，令 $f(x)=1$，可得

$$1=\sum_{j=0}^{n} l_j(x) \times 1 + R_n(x)$$

因为 $R_n(x)=\frac{f^{(n+1)}(\xi)}{(n+1)!}\omega_{n+1}(x)=0$，所以有 $\sum_{j=0}^{n} l_j(x)=1$。

（2）仍由 $f(x)=\sum_{j=0}^{n} l_j(x)f(x_j)+\frac{f^{(n+1)}(\xi)}{(n+1)!}\omega_{n+1}(x)$，令 $f(x)=x^k$，则有以下结论。

当 $k=0$，$f(x)=1$ 时，有 $\sum_{j=0}^{n} l_j(0)=1$。

当 $k=1,2,\cdots,n$ 时，$f^{(n+1)}(\xi)=0$，故有 $\sum_{j=0}^{n} l_j(x)x_j^k=x^k$。

当 $x=0$ 时，得 $\sum_{j=0}^{n} l_j(0)x_j^k=0$。

当 $k=n+1$ 时，$f^{(n+1)}(\xi)=(n+1)!$，$x^{n+1}=\sum_{j=0}^{n} l_j(x)x_j^k+\omega_{n+1}(x)$。

当 $x=0$ 时，得 $\sum_{j=0}^{n} l_j(0)x_j^k=-(-x_0)(-x_1)\cdots(-x_n)=(-1)^n x_0 x_1 \cdots x_n$。

关于定理 7.2.1 的 7 点说明如下。

① 若令 $\omega_{n+1}(x)=(x-x_0)(x-x_1)\cdots(x-x_n)$，则

$$\omega'_{n+1}(x_i)=(x_i-x_0)(x_i-x_1)\cdots(x_i-x_{i-1})(x_i-x_{i+1})\cdots(x_i-x_n)$$

式（7.2.8）的插值基函数 $l_i(x)$ 可写为

$$l_i(x)=\frac{\omega_{n+1}(x)}{(x-x_i)\omega'_{n+1}(x_i)} \tag{7.2.15}$$

式（7.2.9）的拉格朗日插值多项式 $L_n(x)$ 可写为

$$L_n(x)=\sum_{i=0}^{n} \frac{\omega_{n+1}(x)}{(x-x_i)\omega'_{n+1}(x_i)} y_i \tag{7.2.16}$$

式（7.2.10）的插值余项 $R_n(x)$ 可写为

$$R_n(x) = \frac{f^{(n+1)}(\xi)}{(n+1)!} \omega_{n+1}(x) \tag{7.2.17}$$

由于式（7.2.15）、式（7.2.16）和式（7.2.17）的表达形式清晰简单，在进行公式推导时，更为方便。

② 拉格朗日插值多项式 $L_n(x)$ 除满足插值条件外，与 $f(x)$ 再没有任何联系。而插值余项 $R_n(x)$ 除与 $f(x)$ 本身有联系外，还与 $f(x)$ 的 $n+1$ 阶导数 $f^{(n+1)}(\xi)$ 有联系，所以插值余项 $R_n(x)$ 与 $f(x)$ 的联系比拉格朗日插值多项式 $L_n(x)$ 与 $f(x)$ 的联系紧密。

③ 由插值余项式（7.2.10）可知，当函数 $f(x)$ 是不超过 n 次的多项式时，由于 $f^{(n+1)}(\xi)=0$，从而 $R_n(x)=0$，因此 $f(x) \equiv L_n(x)$。这说明，如果 $f(x)$ 是不超过 n 次的多项式，那么取 $n+1$ 个互异节点的 n 次插值多项式就一定是它本身。特别地，当 $f(x) \equiv 1$ 时，得恒等式 $\sum_{i=0}^{n} l_i(x) \equiv 1$。

④ 由定理 7.1.1 可知，满足插值条件式（7.1.1）的插值多项式存在且唯一，因此，定理 7.2.1 不仅对拉格朗日插值多项式成立，而且对满足插值条件式（7.1.1）的任何其他形式的插值多项式也恒成立。

⑤ 定理 7.2.1 只有在 $f(x)$ 的高阶导数存在时才能应用，且从误差估计式（7.2.12）可以看出，$|R_n(x)|$ 的大小除与 M_{n+1} 有关外，还与因子 $\left|\prod_{j=0}^{n}(x-x_j)\right|$ 有关。为了使 $R_n(x)$ 尽量小，显然要尽可能地选取靠近插值点 x 的若干个插值节点。

⑥ 如果函数 $f(x)$ 只是以函数表的形式给出，而没有具体的解析式，则无法估计 $|f^{(n+1)}(x)|$ 的上界 M_{n+1}，从而不能直接应用误差估计式（7.2.12）。这时，就必须用事后误差估计的方法来估计误差。所谓事后误差估计，就是直接用计算结果来估计误差的方法。

例如，有 3 个插值节点 x_0、x_1 和 x_2，可首先用 x_0 和 x_1 进行线性插值，求出 $f(x)$ 的一个插值多项式 $L_1(x)$，再用 x_0 和 x_2 进行线性插值，求出 $f(x)$ 的另一个插值多项式 $\overline{L}_1(x)$，由插值余项式（7.2.10）得

$$f(x) - L_1(x) = \frac{f''(\xi_1)}{2}(x-x_0)(x-x_1)$$

$$f(x) - \overline{L}_1(x) = \frac{f''(\xi_1)}{2}(x-x_0)(x-x_2)$$

若 $f''(x)$ 在插值区间 $[a,b]$ 内变化不大，可认为 $f''(\xi_1) \approx f''(\xi_2)$，于是将上述两式相除得

$$\frac{f(x) - L_1(x)}{f(x) - \overline{L}_1(x)} \approx \frac{x - x_1}{x - x_2}$$

简化整理后得

$$|f(x) - L_1(x)| \approx \left|\frac{x-x_1}{x_1-x_2}(L_1(x) - \overline{L}_1(x))\right| \leq \left|\frac{x-x_1}{x_1-x_2}\right||L_1(x) - \overline{L}_1(x)| \tag{7.2.18}$$

例 7.2.8 已知：$\sqrt{100}=10$，$\sqrt{121}=11$，$\sqrt{144}=12$，用事后误差估计的方法估计例 7.2.1 中 $\sqrt{115}$ 近似值的误差。

解 取 $x_0=100$，$y_0=10$，$x_2=144$，$y_2=12$，构造线性插值多项式：

$$\overline{L}_1(x) = \frac{x-144}{100-144} \times 10 + \frac{x-100}{144-100} \times 12$$

所以

$$\overline{L}_1(115) = \frac{115-144}{100-144} \times 10 + \frac{115-100}{144-100} \times 12 = 10.6818$$

利用式（7.2.18），得

$$\left|f(115)-L_1(115)\right| \leqslant \left|\frac{115-121}{121-144}\right| \times \left|10.71428-10.6818\right| = 0.0084 \leqslant 0.05$$

故例 7.2.1 中 $\sqrt{115}$ 的近似值 10.714 具有 3 位有效数字。

⑦ 尽管抛物插值的精度比线性插值好，但并不能认为插值多项式的次数 n 越高越好。因为当 n 较大时，经常有数值不稳定的现象，特别当 $n \to \infty$ 时，插值函数 $L_n(x)$ 并不一定收敛到被插函数 $f(x)$，所以，一般取 $n \leqslant 7$，否则应该采用分段低次插值的方法（见 7.5 节）。

7.3 牛顿插值

由直线方程两点式的推广而得到的拉格朗日插值多项式，其形式对称、便于实现，但是由于公式中的插值基函数 $l_i(x)(i=0,1,2,\cdots,n)$ 依赖于全部插值节点，因此，如果增加或减少节点，必须全部重新计算，这样就增加了计算工作量。本节将从直线方程的点斜式出发，推广出另一种具有递推形式的插值多项式，即牛顿插值多项式。

假设 $f(x_0)=y_0, f(x_1)=y_1$，构造线性插值函数 $N_1(x)$，使

$$N_1(x_0)=y_0, \quad N_1(x_1)=y_1$$

由直线方程的点斜式可得

$$N_1(x) = y_0 + \frac{y_1-y_0}{x_1-x_0}(x-x_0)$$

令

$$a_1 = \frac{y_1-y_0}{x_1-x_0}$$

则

$$N_1(x) = y_0 + a_1(x-x_0) \tag{7.3.1}$$

现将式（7.3.1）推广到 3 个点 $(x_0,y_0),(x_1,y_1),(x_2,y_2)$ 的情况，可构造二次插值函数 $N_2(x)$。

设

$$N_2(x) = a_0 + a_1(x-x_0) + a_2(x-x_0)(x-x_1) \tag{7.3.2}$$

由插值条件：

$$\begin{cases} N_2(x_0)=y_0 \text{ 得} & a_0 = y_0 \\ N_2(x_1)=y_1 \text{ 得} & a_1 = \dfrac{y_1-y_0}{x_1-x_0} \\ N_2(x_2)=y_2 \text{ 得} & a_2 = \dfrac{\dfrac{y_2-y_1}{x_2-x_1} - \dfrac{y_1-y_0}{x_1-x_0}}{x_2-x_0} \end{cases}$$

我们可以将式（7.3.2）推广到 $n+1$ 个点 $(x_0,y_0),(x_1,y_1),\cdots,(x_n,y_n)$ 的情况，设

$$N_n(x) = a_0 + a_1(x-x_0) + a_2(x-x_0)(x-x_1) + \cdots + a_n(x-x_0)\cdots(x-x_{n-1}) \tag{7.3.3}$$

式中，$a_0,a_1,\cdots,a_n$ 为待定系数，利用插值条件：

$$N_n(x_i) = y_i \quad (i=0,1,\cdots,n) \tag{7.3.4}$$

可求出 $a_i(i=0,1,2,\cdots,n)$ 的值，从而求出 n 次插值多项式。但由于 $a_i(i=0,1,2,\cdots,n)$ 的值随着 n 的增大，变得越来越复杂，因此，为了简化插值多项式，有必要引入差商（也称均差）的概念。

定义 7.3.1（差商） 设 $f(x)$ 在互异节点 $x_0,x_1,\cdots,x_n$ 上的函数值分别为 $f(x_0),f(x_1),\cdots,f(x_n)$，称

$$f(x_0,x_1) = \frac{f(x_1)-f(x_0)}{x_1-x_0}$$

为 $f(x)$ 关于 x_0,x_1 的一阶差商。

称

$$f(x_0,x_1,x_2) = \frac{f(x_1,x_2)-f(x_0,x_1)}{x_2-x_0}$$

为 $f(x)$ 关于 x_0, x_1, x_2 的二阶差商。

一般地，称
$$f(x_0, x_1, \cdots, x_n) = \frac{f(x_1, x_2, \cdots, x_n) - f(x_0, x_1, \cdots, x_{n-1})}{x_n - x_0} \qquad (7.3.5)$$

为 $f(x)$ 关于 $x_0, x_1, \cdots, x_n$ 的 n 阶差商。

特别地，补充定义函数值 $f(x_i)$ 为 $f(x)$ 关于 x_i 的零阶差商。

差商具有如下性质。

① 差商对称性，k 阶差商可表示为函数值 $f(x_0), f(x_1), \cdots, f(x_k)$ 的线性组合，即
$$f(x_0, x_1, \cdots, x_k) = \sum_{i=0}^{k} \frac{f(x_i)}{\prod\limits_{\substack{j=0 \\ j \neq i}}^{k}(x_i - x_j)} \qquad (7.3.6)$$

式（7.3.6）表明差商 $f(x_0, x_1, \cdots, x_k)$ 与节点排列次序无关。

证明 用数学归纳法证明。当 $k=1$ 时，有
$$f(x_0, x_1) = \frac{f(x_0) - f(x_1)}{x_0 - x_1} = \frac{f(x_0)}{x_0 - x_1} + \frac{f(x_1)}{x_1 - x_0}$$

所以式（7.3.6）成立。

设 $k = m-1$ 时，式（7.3.6）成立，即有
$$f(x_0, x_1, \cdots, x_{m-1}) = \sum_{j=0}^{m-1} \frac{f(x_j)}{(x_j - x_0)(x_j - x_1)\cdots(x_j - x_{j-1})(x_j - x_{j+1})\cdots(x_j - x_{m-1})}$$

和
$$f(x_1, x_2, \cdots, x_m) = \sum_{j=1}^{m} \frac{f(x_j)}{(x_j - x_1)(x_j - x_2)\cdots(x_j - x_{j-1})(x_j - x_{j+1})\cdots(x_j - x_m)}$$

由差商的定义式（7.3.5）及归纳假设得
$$f(x_0, x_1, \cdots, x_m) = \frac{1}{x_0 - x_m}[f(x_0, x_1, \cdots, x_{m-1}) - f(x_1, x_2, \cdots, x_m)]$$
$$= \frac{f(x_0)}{(x_0 - x_1)(x_0 - x_2)\cdots(x_0 - x_{m-1})} \cdot \frac{1}{x_0 - x_m} +$$
$$\sum_{j=1}^{m-1} \frac{f(x_j)(\frac{1}{x_j - x_0} - \frac{1}{x_j - x_m})}{(x_j - x_1)(x_j - x_2)\cdots(x_j - x_{j-1})(x_j - x_{j+1})\cdots(x_j - x_{m-1})} \cdot \frac{1}{x_0 - x_m} +$$
$$\frac{f(x_m)}{(x_m - x_1)(x_m - x_2)\cdots(x_m - x_{m-1})} \cdot \frac{1}{x_m - x_0}$$
$$= \sum_{j=0}^{m} \frac{f(x_j)}{(x_j - x_0)(x_j - x_1)\cdots(x_j - x_{j-1})(x_j - x_{j+1})\cdots(x_j - x_m)}$$
$$= f(x_0, x_1, \cdots, x_k) = \sum_{i=0}^{k} \frac{f(x_i)}{\prod\limits_{\substack{j=0 \\ j \neq i}}^{k}(x_i - x_j)}$$

证毕。

② 如果 $f(x, x_0, x_1, \cdots, x_k)$ 是 x 的 m 次多项式，则 $f(x, x_0, \cdots, x_k, x_{k+1})$ 是 x 的 $(m-1)$ 次多项式。

事实上，因为
$$f(x, x_0, \cdots, x_k, x_{k+1}) = \frac{f(x, x_0, \cdots, x_k) - f(x_0, x_1, \cdots, x_{k+1})}{x - x_{k+1}}$$

式中，右端分子为 x 的 m 次多项式，且当 $x = x_{k+1}$ 时，分子为 0，所以分子含有 $(x - x_{k+1})$ 的因子，与分母相约后得到 $(m-1)$ 次多项式。

③ 若 $f(x) \in C^n[a,b]$，且 $x_i \in [a,b]$（$i = 0,1,\cdots,n$）互异，则有

$$f(x_0, x_1, \cdots, x_n) = \frac{f^{(n)}(\xi)}{n!} \quad (\xi \in (a,b)) \tag{7.3.7}$$

此性质可由罗尔定理证明。

下面推导牛顿插值多项式。

根据差商定义 7.3.1，把 x 看成在 $[a,b]$ 内的一点，可得

$$f(x) = f(x_0) + f(x, x_0)(x - x_0)$$
$$f(x, x_0) = f(x_0, x_1) + f(x, x_0, x_1)(x - x_1)$$
$$\cdots$$
$$f(x, x_0, \cdots, x_{n-1}) = f(x_0, x_1, \cdots, x_n) + f(x, x_0, \cdots, x_n)(x - x_n)$$

只要依次把后一式代入前一式，就可得到

$$f(x) = f(x_0) + f(x_0, x_1)(x - x_0) + f(x_0, x_1, x_2)(x - x_0)(x - x_1) + \cdots +$$
$$f(x_0, x_1, \cdots, x_n)(x - x_0)(x - x_1) \cdots (x - x_{n-1}) + f(x, x_0, \cdots, x_n)\omega_{n+1}(x)$$
$$= N_n(x) + R_n(x)$$

式中，

$$N_n(x) = f(x_0) + f(x_0, x_1)(x - x_0) + \cdots + f(x_0, x_1, \cdots, x_n)(x - x_0)(x - x_1) \cdots (x - x_{n-1}) \tag{7.3.8}$$

$$R_n(x) = f(x) - N_n(x) = f(x, x_0, \cdots, x_n)\omega_{n+1}(x) \tag{7.3.9}$$

这里，$\omega_{n+1}(x) = (x - x_0)(x - x_1) \cdots (x - x_n)$。

由于 $\omega_{n+1}(x_i) = 0 (i = 0,1,2,\cdots,n)$，因此 $R_n(x_i) = 0$，于是 $N_n(x_i) = f(x_i)(i = 0,1,\cdots,n)$ 满足插值条件，且次数不超过 n。因此式（7.3.8）称为 $f(x)$ 的不超过 n 次的牛顿插值多项式。式（7.3.9）称为插值余项式。由插值多项式的唯一性可知，它与式（7.2.10）是等价的。但式（7.3.9）更具有一般性，它对 $f(x)$ 为由离散点给出的情形或 $f(x)$ 导数不存在时均适用。式（7.3.8）是 n 次插值多项式的又一种构造形式，但它克服了拉格朗日插值多项式的缺点。它的一个明显的优点是，每增加一个插值节点，只要在原牛顿插值多项式中增添一项即可形成高一次的插值多项式，因此，它具有递推性质：

$$N_{n+1}(x) = N_n(x) + (x - x_0)(x - x_1) \cdots (x - x_n) f(x_0, x_1, \cdots, x_{n+1}) \tag{7.3.10}$$

另外，从式（7.3.8）中可以看出，牛顿插值多项式中各项的系数就是函数 $f(x)$ 的各阶差商 $f(x_0), f(x_0, x_1), \cdots, f(x_0, x_1, \cdots, x_n)$，因此，在构造牛顿插值多项式时，常常先把差商列成一个表，此表称为差商表（见表 7.3.1）。

表 7.3.1 各阶差商表

k	x_k	$f(x_k)$	一阶差商	二阶差商	三阶差商	…
0	x_0	$f(x_0)$				…
1	x_1	$f(x_1)$	$f(x_0, x_1)$			…
2	x_2	$f(x_2)$	$f(x_1, x_2)$	$f(x_0, x_1, x_2)$		…
3	x_3	$f(x_3)$	$f(x_2, x_3)$	$f(x_1, x_2, x_3)$	$f(x_0, x_1, x_2, x_3)$	…
4	x_4	$f(x_4)$	$f(x_3, x_4)$	$f(x_2, x_3, x_4)$	$f(x_1, x_2, x_3, x_4)$	…
⋮	⋮	⋮	⋮	⋮	⋮	⋮

表 7.3.2 例 7.3.1 的差商表

x	$\sqrt{x}$	一阶差商	二阶差商
100	10		
		0.047 619	
121	11		-0.000 094 11
		0.043 478	
144	12		

例 7.3.1 已知：$\sqrt{100}=10, \sqrt{121}=11, \sqrt{144}=12$，试用线性插值函数和抛物插值函数求 $\sqrt{115}$ 的近似值。

解 首先构造差商表（见表 7.3.2）。
利用式（7.3.8）线性插值得
$$\sqrt{115} \approx N_1(115) = 10 + 0.047\,619 \times (115-100) = 10.7143$$
用抛物插值得
$$\sqrt{115} \approx N_2(115) = N_1(115) + (-0.00009411)(115-100)(115-121) = 10.7143 + 0.0085 = 10.7228$$

从例 7.3.1 的计算过程可以看出，与拉格朗日插值多项式相比，牛顿插值多项式的优点是明显的。

例 7.3.2 已知 $x=1,2,3,4,5$ 对应的函数值为 $f(x)=1,4,7,8,6$，构造 4 次牛顿插值多项式，并求 $f(1.5)$ 近似值。

解 首先构造差商表（见表 7.3.3）。

以表 7.3.3 中带下画线的数字作为系数，利用式（7.3.8）直接可得

$$N_4(x) = 1 + 3(x-1) + 0(x-1)(x-2) + \left(-\frac{1}{3}\right)(x-1)(x-2)(x-3) + \frac{1}{24}(x-1)(x-2)(x-3)(x-4)$$
$$= \cdots$$
$$= \frac{1}{24}x^4 - \frac{3}{4}x^3 + \frac{83}{24}x^2 - \frac{11}{4}x + 1$$

$$f(1.5) \approx N_4(1.5) = \frac{299}{128} \approx 2.3359375$$

表 7.3.3 例 7.3.2 的差商表

k	x_k	$f(x_k)$	一阶差商	二阶差商	三阶差商	四阶差商
0	1	1				
			3			
1	2	4		0		
			3		$-\frac{1}{3}$	
2	3	7		-1		$\frac{1}{24}$
			1		$-\frac{1}{6}$	
3	4	8		$-\frac{3}{2}$		
			-2			
4	5	6				

此结果与例 7.2.3 的结果一致，这进一步说明了插值多项式的唯一性。

7.4 埃尔米特插值

许多实际问题不仅要求插值函数值在节点上与原来的函数值相等（满足插值条件），而且还要求在节点上的各阶导数值也相等。满足这些条件的插值，称为埃尔米特（Hermite）插值。

本节主要讨论已知函数在两个节点 x_0 和 x_1 上的函数值 $f(x_0)=y_0$, $f(x_1)=y_1$，以及一阶导数值 $f'(x_0)=m_0$, $f'(x_1)=m_1$ 的情形。

已知函数在两个互异节点 x_0 和 x_1 上的函数值 $f(x_0)=y_0$, $f(x_1)=y_1$，以及一阶导数值 $f'(x_0)=m_0$, $f'(x_1)=m_1$，求一个三次插值多项式 $H(x)$，使其满足下式：

$$\begin{cases} H(x_0)=y_0, & H(x_1)=y_1 \\ H'(x_0)=m_0, & H'(x_1)=m_1 \end{cases} \tag{7.4.1}$$

这样的 $H(x)$ 称为两点三次埃尔米特插值多项式。

仍然采用构造插值基函数的方法，可设

$$H(x) = h_0(x)y_0 + h_1(x)y_1 + H_0(x)m_0 + H_1(x)m_1 \tag{7.4.2}$$

式中，$h_0(x)$、$h_1(x)$、$H_0(x)$和$H_1(x)$都为插值基函数，它们的取值见表 7.4.1。

表 7.4.1 各插值基函数的取值

插值基函数	函数值		一阶导数值	
	x_0	x_1	x_0	x_1
$h_0(x)$	1	0	0	0
$h_1(x)$	0	1	0	0
$H_0(x)$	0	0	1	0
$H_1(x)$	0	0	0	1

先求$h_0(x)$，因为$h_0(x_1)=h_0'(x_1)=0$，所以$h_0(x)$中必有因式$(x-x_1)^2$，另外，$h_0(x)$最多是一个三次多项式，因此可设

$$h_0(x) = (a+b(x-x_0))\left(\frac{x-x_1}{x_0-x_1}\right)^2$$

利用$h_0(x_0)=1$得$a=1$。为确定b，对$h_0(x)$求导数，再利用$h_0'(x_0)=0$得$b=\dfrac{-2}{x_0-x_1}$，于是得

$$h_0(x) = \left(1+2\frac{x-x_0}{x_1-x_0}\right)\left(\frac{x-x_1}{x_0-x_1}\right)^2 \tag{7.4.3}$$

由对称性，将式（7.4.3）中的x_0和x_1互换可得

$$h_1(x) = \left(1+2\frac{x-x_1}{x_0-x_1}\right)\left(\frac{x-x_0}{x_1-x_0}\right)^2 \tag{7.4.4}$$

接下来求$H_0(x)$，由于$H_0(x_0)=H_0(x_1)=0$且$H_0'(x_1)=0$，故$H_0(x)$中必有因式$(x-x_0)(x-x_1)^2$，另外，$H_0(x)$是一个不超过三次的多项式，于是可设

$$H_0(x) = a(x-x_0)\left(\frac{x-x_1}{x_0-x_1}\right)^2$$

式中，a是常数。为确定a，对$H_0(x)$求导数，再利用$H_0'(x_0)=1$，可得$a=1$，于是得

$$H_0(x) = (x-x_0)\left(\frac{x-x_1}{x_0-x_1}\right)^2 \tag{7.4.5}$$

由对称性，将式（7.4.5）中的x_0和x_1互换可得

$$H_1(x) = (x-x_1)\left(\frac{x-x_0}{x_1-x_0}\right)^2 \tag{7.4.6}$$

将上述 4 个插值基函数$h_0(x)$、$h_1(x)$、$H_0(x)$和$H_1(x)$代入式（7.4.2），即可求出$H(x)$。容易验证$H(x)$满足式（7.4.1）。

例 7.4.1 已知：$f(0)=0$，$f(1)=1$，$f'(0)=3$，$f'(1)=9$，构造三次埃尔米特插值多项式$H(x)$。

解 方法1（插值基函数法）：由式（7.4.3）到式（7.4.6），求插值基函数。

$$h_0(x) = \left(1+2\frac{x-0}{1-0}\right)\left(\frac{x-1}{0-1}\right)^2 = (1+2x)(1-x)^2$$

$$h_1(x) = \left(1+2\frac{x-1}{0-1}\right)\left(\frac{x-0}{1-0}\right)^2 = (3-2x)x^2$$

$$H_0(x) = (x-0)\left(\frac{x-1}{0-1}\right)^2 = x(1-x)^2$$

$$H_1(x) = (x-1)\left(\frac{x-0}{1-0}\right)^2 = (x-1)x^2$$

于是

$$H(x) = (1+2x)(1-x)^2 \times 0 + (3-2x)x^2 \times 1 + x(1-x)^2 \times 3 + (x-1)x^2 \times 9$$
$$= (3-2x)x^2 + 3x(1-x)^2 + 9x^2(x-1)$$
$$= 10x^3 - 12x^2 + 3x$$

方法 2（待定系数法）：设 $H(x) = a_0 + a_1 x + a_2 x^2 + a_3 x^3$

则 $H'(x) = a_1 + 2a_2 x + 3a_3 x^2$

由所给插值条件得

$$0 = H(0) = a_0$$
$$3 = H'(0) = a_1$$
$$1 = H(1) = a_0 + a_1 + a_2 + a_3$$
$$9 = H'(1) = a_1 + 2a_2 + 3a_3$$

解此方程组得

$$a_0 = 0, \quad a_1 = 3, \quad a_2 = -12, \quad a_3 = 10$$

于是

$$H(x) = 10x^3 - 12x^2 + 3x$$

定理 7.4.1（埃尔米特插值余项定理） 设 $H(x)$ 是关于 x_0 和 x_1 两点的三次埃尔米特插值多项式，若 $f(x) \in C^3[a,b]$，$f^{(4)}(x)$ 在 $[a,b]$ 内存在，其中，$[a,b]$ 是包含 x_0 和 x_1 的任意区间，则对任意给定的 $x \in [a,b]$，总存在一点 ξ（依赖于 x），使

$$R(x) = f(x) - H(x) = \frac{f^{(4)}(\xi)}{4!}(x-x_0)^2(x-x_1)^2 \tag{7.4.7}$$

证明 对于任意一个固定点 $x (x \neq x_0, \ x \neq x_1)$，引进辅助函数

$$\varphi(t) = f(t) - H(t) - \frac{R(x)}{(x-x_0)^2(x-x_1)^2}(t-x_0)^2(t-x_1)^2$$

显然，$\varphi(t)$ 具有 4 阶连续导数，并且有 x_0、x_1 和 x 三个零点，其中 x_0 和 x_1 是二重零点。根据罗尔定理，$\varphi'(t)$ 在 x_0、x_1 和 x 构成的两个子区间内至少各有一个零点，分别设为 ξ_0 和 ξ_1，这样，$\varphi'(t)$ 共有 4 个零点 x_0、ξ_0、x_1 和 ξ_1。反复利用罗尔定理可以推出 $\varphi^{(4)}(t)$ 在 $[a,b]$ 内至少有一个零点，设为 ξ。对 $\varphi(t)$ 求 4 阶导数，并注意 $H(t)$ 是三次多项式，故

$$\varphi^{(4)}(t) = f^{(4)}(t) - 4! \frac{R(x)}{(x-x_0)^2(x-x_1)^2}$$

将 ξ 代入上式，并利用 $\varphi^{(4)}(\xi) = 0$，即得

$$R(x) = \frac{f^{(4)}(\xi)}{4!}(x-x_0)^2(x-x_1)^2 \quad (a < \xi < b)$$

7.5 分段低次插值

7.5.1 高次插值与龙格现象

在插值方法中，为了提高插值多项式的逼近程度，常常需要增加节点的个数，这样，插值多项式 $L_n(x)$ 的次数将逐次提高。但是，高次插值的逼近效果往往并不理想。节点的增多固然使 $L_n(x)$ 在更多的地方与 $f(x)$ 相等，但在两个插值节点之间，$L_n(x)$ 并不一定能很好地逼近 $f(x)$，有时差异很大，即高次插值的收敛性得不到保证。另外，从舍入误差的观点看，高次插

值由于计算量增大，可能会产生严重的误差积累，因此，稳定性也得不到保证。

1901 年，德国数学家龙格（Runge）对函数 $f(x)=\dfrac{1}{1+x^2}$（$-5\leqslant x\leqslant 5$）取等距节点：

$$x_k=-5+kh \quad \left(h=\dfrac{10}{10},\ k=0,1,\cdots,10\right)$$

求出拉格朗日插值多项式：

$$L_n(x)=\sum_{k=0}^{n}\left(\prod_{\substack{i=0\\i\neq k}}^{n}\dfrac{x-x_i}{x_k-x_i}\right)\dfrac{1}{1+x_k^2} \quad (n=10) \tag{7.5.1}$$

如图 7.5.1 所示为 $L_{10}(x)$ 和 $f(x)=\dfrac{1}{1+x^2}$ 的函数图形。

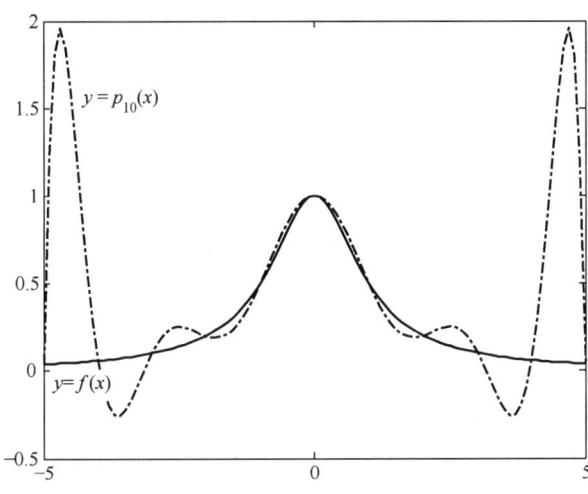

图 7.5.1　龙格现象

从图 7.5.1 可以看出，在区间两端点附近，$L_{10}(x)$ 与 $f(x)$ 的偏差很大，例如：

$$L_{10}(\pm 4.8)=1.80438，\quad f(\pm 4.8)=0.4160$$

龙格还进一步证明了，在节点等距的条件下，当 $|x|\leqslant 3.63$ 时，由式（7.5.1）计算的插值多项式 $L_n(x)$ 满足

$$\lim_{n\to\infty}L_n(x)=f(x)$$

而当 $|x|\geqslant 3.63$ 时，$\{L_n(x)\}$ 发散。后来，人们把高次插值不收敛的现象称为龙格现象。

龙格现象说明，节点加密或大范围内使用高次插值不一定能保证插值函数很好地逼近 $f(x)$。不过，如果在每个小区间 $[x_i,x_{i+1}]$ 内应用低次插值，则可避免龙格现象的发生。实践证明，用一个分段低次插值多项式去逼近 $f(x)$，其效果要优于用一个任意光滑的高次插值多项式去逼近 $f(x)$。

7.5.2　分段线性插值

定义 7.5.1（分段线性插值函数）　设 $f(x)$ 在给定的 $n+1$ 个互异节点上的函数值为 $f(x_i)=y_i(i=0,1,2,\cdots,n)$，$S_1(x)$ 为插值区间 $[a,b]$ 内的函数，如果 $S_1(x)$ 满足下列条件：

① $S_1(x)$ 在区间 $[a,b]$ 内的每个小区间 $[x_i,x_{i+1}]$（$i=0,1,2,\cdots,n$）内是线性的；

② $S_1(x_i) = y_i (i = 0, 1, 2, \cdots, n)$；

③ $S_1(x)$ 在区间 $[a, b]$ 内是连续的。

则称 $S_1(x)$ 是区间 $[a, b]$ 内的分段线性插值函数。

分段线性插值的几何意义是，在每个小区间 $[x_i, x_{i+1}]$ $(i = 0, 1, 2, \cdots, n)$ 内作连接插值点 (x_i, y_i) 与 (x_{i+1}, y_{i+1}) 的直线。

函数 $S_1(x)$ 在区间 $[x_{i-1}, x_i]$ $(i = 1, 2, \cdots, n)$ 内的表达式为

$$S_1(x) = \frac{x - x_i}{x_{i-1} - x_i} y_{i-1} + \frac{x - x_{i-1}}{x_i - x_{i-1}} y_i = l_{i-1}(x) y_{i-1} + l_i(x) y_i \quad (x_{i-1} \leqslant x \leqslant x_i)$$

函数 $S_1(x)$ 在区间 $[x_i, x_{i+1}]$ $(i = 0, 1, 2, \cdots, n-1)$ 内的表达式为

$$S_1(x) = \frac{x - x_{i+1}}{x_i - x_{i+1}} y_i + \frac{x - x_i}{x_{i+1} - x_i} y_{i+1} = l_i(x) y_i + l_{i+1}(x) y_{i+1} \quad (x_i \leqslant x \leqslant x_{i+1})$$

如果用插值基函数表示，则 $S_1(x)$ 在插值区间 $[a, b]$ 内的表达式可以统一表示为

$$S_1(x) = \sum_{i=0}^{n} l_i(x) y_i \tag{7.5.2}$$

式中，

$$l_i(x) = \begin{cases} \dfrac{x - x_{i-1}}{x_i - x_{i-1}} & (x_{i-1} \leqslant x \leqslant x_i, \ i = 0 \text{ 略去}) \\ \dfrac{x - x_{i+1}}{x_i - x_{i+1}} & (x_i \leqslant x \leqslant x_{i+1}, \ i = n \text{ 略去}) \\ 0 & (x \in [a, b] - [x_{i-1}, x_{i+1}]) \end{cases} \tag{7.5.3}$$

分段线性插值基函数 $l_i(x)$ 只在 x_i 附近不为 0，在其他地方均为 0，这种性质称为局部非零性质。当插值点有误差时，这种局部非零性质可将误差控制在一个局部区域内。

分段线性插值多项式的余项可以通过线性插值多项式的余项估计。

定理 7.5.1 设 $f(x)$ 在给定的互异节点 x_i 上的函数值为 $f(x_i) = y_i (i = 0, 1, 2, \cdots, n)$，$f(x) \in C^1[a, b]$，$f''(x)$ 在 $[a, b]$ 内存在，$S_1(x)$ 是插值区间 $[a, b]$ 内的由数据 (x_i, y_i) $(i = 0, 1, 2, \cdots, n)$ 构成的分段线性插值函数，则

$$|R(x)| = |f(x) - S_1(x)| \leqslant \frac{h^2}{8} M \tag{7.5.4}$$

式中，$h = \max\limits_{0 \leqslant i \leqslant n-1} |x_{i+1} - x_i|$，$M = \max\limits_{a \leqslant x \leqslant b} |f''(x)|$。

证明 由式（7.2.13），在每个小区间 $[x_i, x_{i+1}]$ $(i = 0, 1, 2, \cdots, n)$ 内有

$$|R(x)| \leqslant \frac{(x_{i+1} - x_i)^2}{8} \cdot \max_{x_i \leqslant x \leqslant x_{i+1}} |f''(x)| = R_i(x)$$

因此，在整个区间 $[a, b]$ 内有

$$|R(x)| \leqslant \max_{0 \leqslant i \leqslant i-1} |R_i(x)| \leqslant \frac{h^2}{8} M$$

证毕。

例 7.5.1 设 $f(x) = \dfrac{1}{1 + x^2}$ 在 $[-5, 5]$ 内取 $n = 10$，按等距节点求分段线性插值函数 $S_1(x)$，计算各相邻节点的中点处 $S_1(x)$ 与 $f(x)$ 的值，并估计误差。

解 步长 $h = \dfrac{5-(-5)}{10} = 1$，$x_i = -5 + ih = -5 + i$（$0 \leqslant i \leqslant 10$），在区间 $[x_i, x_{i+1}]$（$i = 0,1,2,\cdots,9$）内的线性插值函数为

$$S_1^{(i)}(x) = \frac{x - x_{i+1}}{x_i - x_{i+1}} y_i + \frac{x - x_i}{x_{i+1} - x_i} y_{i+1} = \frac{x_{i+1} - x}{1 + x_i^2} + \frac{x - x_i}{1 + x_i^2} \quad (i = 0,1,2,\cdots,9)$$

由分段线性插值函数的定义得

$$S_1(x) = S_1^{(i)}(x) = \frac{x_{i+1} - x}{1 + x_i^2} + \frac{x - x_i}{1 + x_{i+1}^2} \quad (x \in [x_i, x_{i+1}])$$

各小区间 $[x_i, x_{i+1}]$（$i = 0,1,2,\cdots,9$）中点处的函数值及插值函数值见表 7.5.1，所得的分段线性插值函数图形如图 7.5.2 所示。

表 7.5.1 中点处的函数值及插值函数值

x	±0.5	±1.5	±2.5	±3.5	±4.5
$f(x)$	0.800 00	0.307 69	0.137 93	0.075 47	0.047 06
$S_1(x)$	0.750 00	0.350 00	0.150 00	0.079 41	0.048 64

由于 $f(x) = \dfrac{1}{1+x^2}$，因此

$$f'(x) = \frac{2x}{(1+x^2)^2},\ f''(x) = \frac{6x^2 - 2}{(1+x^2)^3},\ f'''(x) = \frac{24x(1-x^2)}{(1+x^2)^4}$$

令

$$f'''(x) = \frac{24x(1-x^2)}{(1+x^2)^4} = 0$$

得 $f''(x)$ 的极值点：0 和 ± 1。

于是 $\max\limits_{-5 \leqslant x \leqslant 5} \{|f''(x)|\} = \max\{|f''(0)|, |f''(\pm 1)|, |f''(\pm 5)|\} = 2$

所以 $\quad |R(x)| \leqslant \dfrac{1}{8} \times 2 = 0.25$（$x \in [-5,5]$）

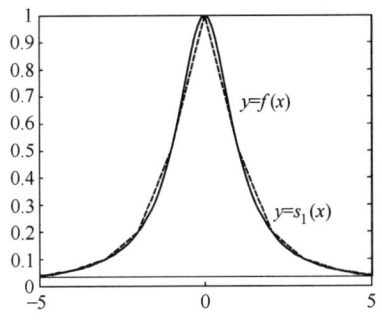

图 7.5.2 分段线性插值函数

7.5.3 分段三次埃尔米特插值

分段线性插值的计算简单，但光滑性差，而分段三次埃尔米特插值则是一种光滑的分段插值。

定义 7.5.2（分段三次埃尔米特插值函数） 设 $f(x)$ 在给定的 $n+1$ 个互异节点上的函数值为 $f(x_i) = y_i$（$i = 0,1,2,\cdots,n$），一阶导数值为 $f'(x_i) = y_i' = m_i$（$i = 0,1,2,\cdots,n$），$S_3(x)$ 为插值区间 $[a,b]$ 内的函数，若 $S_3(x)$ 满足以下条件：

① $S_3(x)$ 在区间 $[a,b]$ 内的每个小区间 $[x_i, x_{i+1}]$（$i = 0,1,2,\cdots,n$）内是三次多项式；
② $S_3(x_i) = y_i$，$S_3'(x_i) = m_i$（$i = 0,1,2,\cdots,n$）；
③ $S_3(x)$ 在区间 $[a,b]$ 内为一阶导数连续的函数。

则称 $S_3(x)$ 是插值区间 $[a,b]$ 内的分段三次埃尔米特插值函数。

利用 7.4 节的知识，不难得出 $S_3(x)$ 的表达式：

$$S_3(x) = \sum_{i=0}^{n} \{h_i(x) y_i + H_i(x) m_i\} \tag{7.5.5}$$

式中，$h_i(x)$ 和 $H_i(x)$ 为插值基函数，表达式为

$$h_i(x) = \begin{cases} \left(1+2\dfrac{x-x_i}{x_{i-1}-x_i}\right)\left(\dfrac{x-x_{i-1}}{x_i-x_{i-1}}\right)^2 & (x_{i-1}\leqslant x\leqslant x_i,\ i=0\text{略去}) \\ \left(1+2\dfrac{x-x_i}{x_{i+1}-x_i}\right)\left(\dfrac{x-x_{i+1}}{x_i-x_{i+1}}\right)^2 & (x_i<x\leqslant x_{i+1},\ i=n\text{略去}) \\ 0 & (x\in[a,b]-[x_{i-1},x_{i+1}]) \end{cases} \quad (7.5.6)$$

$$H_i(x) = \begin{cases} (x-x_i)\left(\dfrac{x-x_{i-1}}{x_i-x_{i-1}}\right)^2 & (x_{i-1}\leqslant x\leqslant x_i,\ i=0\text{略去}) \\ (x-x_i)\left(\dfrac{x-x_{i+1}}{x_i-x_{i+1}}\right)^2 & (x_i<x\leqslant x_{i+1},\ i=n\text{略去}) \\ 0 & (x\in[a,b]-[x_{i-1},x_{i+1}]) \end{cases} \quad (7.5.7)$$

分段三次埃尔米特插值多项式的余项可以通过两点三次埃尔米特插值多项式的余项得到。

定理 7.5.2 设 $S_3(x)$ 是 $a=x_0<x_1<\cdots<x_n=b$ 内的分段三次埃尔米特插值函数，$f(x)\in C^3[a,b]$，$f^{(4)}(x)$ 在 $[a,b]$ 内存在，对给定的 $x\in[a,b]$，总存在一点 $\xi\in(a,b)$，使

$$|R(x)|=|f(x)-S_3(x)|\leqslant \frac{h^4}{384}M_4 \quad (7.5.8)$$

式中，

$$h=\max_{0\leqslant i\leqslant n-1}|x_{i+1}-x_i|,\quad M_4=\max_{a\leqslant x\leqslant b}|f^{(4)}(x)|$$

证明 在每个小区间 $[x_i,x_{i+1}](i=0,1,2,\cdots,n)$ 内，根据式（7.4.7）有

$$R(x)=\frac{f^{(4)}(\xi_i)}{4!}(x-x_i)^2(x-x_{i+1})^2 \quad (x_i<\xi_i<x_{i+1})$$

由于

$$\max_{x_i\leqslant x\leqslant x_{i+1}}\left\{(x-x_i)^2(x-x_{i+1})^2\right\}=\frac{(x_{i+1}-x_i)^4}{16}$$

因此

$$\max_{x_i\leqslant x\leqslant x_{i+1}}|R(x)|\leqslant \frac{(x_{i+1}-x_i)^4}{384}\max_{x_i\leqslant x\leqslant x_{i+1}}|f^{(4)}(x)|$$

于是，在区间 $[a,b]$ 内有

$$|R(x)|\leqslant \frac{h^4}{384}M_4$$

证毕。

例 7.5.2 给定函数 $f(x)=\dfrac{1}{1+x^2}$，函数值和一阶导数值见表 7.5.2。

表 7.5.2 例 7.5.2 的函数值和一阶导数值

i	0	1	2	3	4	5
x_i	0.0000	1.0000	2.0000	3.0000	4.0000	5.0000
$f(x_i)$	1.0000	0.500 00	0.200 00	0.100 00	0.058 82	0.038 46
$f'(x_i)$	0.0000	−0.500 00	−0.160 00	−0.060 00	−0.027 68	−0.014 79

用分段三次埃尔米特插值函数计算 $f(0.5)$、$f(1.5)$、$f(2.5)$、$f(3.5)$和$f(4.8)$ 的近似值并与精确值进行比较。

解 利用式（7.5.5）、式（7.5.6）、式（7.5.7）和式（7.5.8）计算，其结果见表 7.5.3。

从计算结果看，分段三次埃尔米特插值多项式的逼近效果是令人满意的。

表 7.5.3 例 7.5.2 的计算结果

x	i	$h_i(x)$	$H_i(x)$	$S_3(x)$	$f(x)$	$R(x)$
0.5	0	0.5	0.125	0.8125	0.8	0.0125
	1	0.5	-0.125			
1.5	1	0.5	0.125	0.3075	0.3077	-0.0002
	2	0.5	-0.125			
2.5	2	0.5	0.125	0.1375	0.1379	0.0004
	3	0.5	-0.125			
3.5	3	0.5	0.125	0.075 37	0.075 47	0.0010
	4	0.5	-0.125			
4.8	4	0.104	0.032	0.041 58	0.041 60	-0.0002
	5	0.896	-0.128			

7.6 样条插值

7.6.1 三次样条插值函数

7.5.3 节介绍的分段三次埃尔米特插值函数 $S_3(x)$，只有当被插函数在所有插值节点处的函数值和导数值都已知的前提下才能使用，而且 $S_3(x)$ 在内节点处的二阶导数一般不连续。这是极不方便的。一方面，有时不可能也没有必要已知被插函数在内节点处的导数值；另一方面，$S_3(x)$ 解决不了许多工程技术中提出的对插值函数的光滑程度有较高要求的计算问题。例如，船体放样的形值线，高速飞机的机翼形线，内燃机的进、排气门的凸轮曲线，都要求曲线具有较高的光滑程度，不仅要连续，而且要有连续的曲率，即二阶导数连续。为解决这一类问题，产生了样条插值。

样条（Spline）的概念来源于生产实践。"样条"是绘制曲线的一种绘图工具，它是富有弹性的细长条。绘图时，用压铁使样条通过指定的形值点（样点），并调整样点使它具有满意的形状，然后沿样条画出曲线，这种曲线称为样条曲线。它实际上是由分段三次曲线"装配"起来的，在形值点处具有二阶连续导数，由此抽象出的数学模型称为样条函数。

定义 7.6.1（三次样条插值函数） 设在插值区间 $[a,b]$ 内给出一组互异节点 $a \leq x_0 < x_1 < \cdots < x_n \leq b$，若函数 $S(x)$ 满足以下条件：

① $S(x) \in C^2[a,b]$，即 $S(x)$ 在 $[a,b]$ 内为二阶导数连续的函数；

② $S(x)$ 在 $[a,b]$ 内的每个小区间 $[x_i, x_{i+1}]$（$i=0,1,2,\cdots,n-1$）内是三次多项式。

则称 $S(x)$ 是节点 $x_0, x_1, \cdots, x_n$ 上的三次样条函数。

若 $S(x)$ 在节点上还满足插值条件：

$$S(x_i) = f(x_i) \quad (i=0,1,2,\cdots,n) \tag{7.6.1}$$

则称 $S(x)$ 为 $[a,b]$ 内的三次样条插值函数。

由定义 7.6.1 可知，三次样条插值函数 $S(x)$ 是通过全部样点的，并且是二阶导数连续的分段三次插值函数。它在每个小区间 $[x_i, x_{i+1}]$ 内是三次多项式，有 4 个待定系数。由于在插值区间 $[a,b]$ 内共有 n 个小区间，故 $S(x)$ 有 $4n$ 个待定系数，而由定义 7.6.1 中的条件①可知，$S(x)$ 在 $(n-1)$ 个内节点上应该满足以下条件：

$$\begin{cases} S(x_i - 0) = S(x_i + 0) \\ S'(x_i - 0) = S'(x_i + 0) \\ S''(x_i - 0) = S''(x_i + 0) \end{cases} \tag{7.6.2}$$

这里给出了 $3(n-1)$ 个条件，再加上式（7.6.1）给出的 $(n+1)$ 个条件，共有 $(4n-2)$ 个条件。

但是，求解 $S(x)$ 仍缺两个条件，为此，要根据问题要求补充两个边界条件。

第一边界条件： $\quad\quad\quad S'(x_0) = f_0', \quad S'(x_n) = f_n' \quad\quad\quad$ （7.6.3）

第二边界条件： $\quad\quad\quad S''(x_0) = f_0'', \quad S''(x_n) = f_n'' \quad\quad\quad$ （7.6.4）

特别地，当 $S''(x_0) = S''(x_n) = 0$ 时，称为自然边界条件。

第三边界条件：当 $f(x)$ 为周期函数时，因为 $f(x_0) = f(x_n)$，所以

$$S(x_0) = S(x_n) = f(x_0) \quad 并且 \quad S'(x_0+0) = S'(x_n-0), S''(x_0+0) = S''(x_n-0)$$

这时，$S(x)$ 成为周期样条函数。

例 7.6.1 已知函数 $f(x)$ 在三个点处的值分别为 $f(-1)=1$，$f(0)=0$，$f(1)=1$，在区间 $[-1,1]$ 内，求 $f(x)$ 在自然边界条件下的三次样条插值函数 $S(x)$。

解 将区间 $[-1,1]$ 分成两个子区间 $[-1,0]$ 和 $[0,1]$，故设

$$S(x) = \begin{cases} S_0(x) = a_0 x^3 + b_0 x^2 + c_0 x + d_0 & (x \in [-1,0]) \\ S_1(x) = a_1 x^3 + b_1 x^2 + c_1 x + d_1 & (x \in [0,1]) \end{cases}$$

由插值条件： $S_0(-1)=1$，$S_0(0)=0$，$S_1(0)=0$，$S_1(1)=1$，得

$$\begin{cases} -a_0 + b_0 - c_0 = 1 \\ d_0 = 0 \\ d_1 = 0 \\ a_1 + b_1 + c_1 = 1 \end{cases} \quad\quad (7.6.5)$$

在内节点 $x=0$ 处，$S'(x)$ 和 $S''(x)$ 均连续，并且 $S_0'(0) = S_1'(0)$，$S_0''(0) = S_1''(0)$，得

$$\begin{cases} c_0 = c_1 \\ b_0 = b_1 \end{cases} \quad\quad (7.6.6)$$

最后，由边界条件 $S_0''(-1)=0$，$S_1''(1)=0$，得

$$\begin{cases} -6a_0 + 2b_0 = 0 \\ 6a_1 + 2b_1 = 0 \end{cases} \quad\quad (7.6.7)$$

联立式（7.6.5）、式（7.6.6）和式（7.6.7），求解关于待定系数的线性方程组，得

$$a_0 = -a_1 = \frac{1}{2}, \quad b_0 = b_1 = \frac{3}{2}, \quad c_0 = c_1 = d_0 = d_1 = 0$$

从而，问题的解为

$$S(x) = \begin{cases} S_0(x) = \dfrac{1}{2} x^3 + \dfrac{3}{2} x^2 & (x \in [-1,0]) \\ S_1(x) = -\dfrac{1}{2} x^3 + \dfrac{3}{2} x^2 & (x \in [0,1]) \end{cases}$$

这种解法称为待定系数法。当 n 较大时，由于要解 $4n$ 阶的线性方程组，工作量太大，因此，在实际计算时一般不采用待定系数法，而考虑其他比较简单的方法。

7.6.2 三次样条插值函数的求法

设 $S(x)$ 在节点 x_i 处的一阶导数为 m_i，即 $S'(x_i) = m_i$（$i=0,1,2,\cdots,n$）。因为 $S(x)$ 在每个小区间 $[x_i, x_{i+1}]$ 内都是三次多项式，所以，可以将 $S(x)$ 表示成整个区间内的分段两点三次埃尔米特插值多项式。当 $x \in [x_i, x_{i+1}]$ 且 $h_i = x_{i+1} - x_i$ 时，有

$$S(x) = \left(1 + 2\frac{x-x_i}{h_i}\right)\left(\frac{x-x_{i+1}}{-h_i}\right)^2 y_i + \left(1 + 2\frac{x-x_{i+1}}{-h_i}\right)\left(\frac{x-x_i}{h_i}\right)^2 y_{i+1} +$$
$$(x-x_i)\left(\frac{x-x_{i+1}}{-h_i}\right)^2 m_i + (x-x_{i+1})\left(\frac{x-x_i}{h_i}\right)^2 m_{i+1}$$
$$= \frac{[h_i + 2(x-x_i)](x-x_{i+1})^2}{h_i^3} y_i + \frac{[h_i - 2(x-x_{i+1})](x-x_i)^2}{h_i^3} y_{i+1} +$$
$$\frac{(x-x_i)(x-x_{i+1})^2}{h_i^2} m_i + \frac{(x-x_{i+1})(x-x_i)^2}{h_i^2} m_{i+1} \quad (7.6.8)$$

对 $S(x)$ 求二次导数，并整理得

$$S''(x) = \frac{6x - 2x_i - 4x_{i+1}}{h_i^2} m_i + \frac{6x - 4x_i - 2x_{i+1}}{h_i^2} m_{i+1} + \frac{6(x_i + x_{i+1} - 2x)}{h_i^3}(y_{i+1} - y_i) \quad (x \in [x_i, x_{i+1}]) \quad (7.6.9)$$

于是

$$\lim_{x \to x_i + 0} S''(x) = -\frac{4}{h_i} m_i - \frac{2}{h_i} m_{i+1} + \frac{6}{h_i^2}(y_{i+1} - y_i)$$

在式（7.6.8）中以 $i-1$ 代替 i，以 i 代替 $i+1$，可得 $S(x)$ 在区间 $[x_{i-1}, x_i]$ 内的表达式，然后可得

$$\lim_{x \to x_i - 0} S''(x) = \frac{2}{h_{i-1}} m_{i-1} + \frac{4}{h_{i-1}} m_i - \frac{6}{h_{i-1}^2}(y_i - y_{i-1})$$

由 $\lim_{x \to x_i + 0} S''(x) = \lim_{x \to x_i - 0} S''(x)$，得

$$\frac{1}{h_{i-1}} m_{i-1} + 2\left(\frac{1}{h_{i-1}} + \frac{1}{h_i}\right) m_i + \frac{1}{h_i} m_{i+1} = 3\left(\frac{y_{i+1} - y_i}{h_i^2} + \frac{y_i - y_{i-1}}{h_{i-1}^2}\right) (i = 1, 2, \cdots, n-1) \quad (7.6.10)$$

用 $\frac{1}{h_{i-1}} + \frac{1}{h_i}$ 即 $\frac{h_i + h_{i-1}}{h_{i-1} h_i}$ 除式（7.6.10）两边，并化简所得方程，得

$$\lambda_i m_{i-1} + 2m_i + \mu_i m_{i+1} = d_i \ (i = 1, 2, \cdots, n-1) \quad (7.6.11)$$

式中，
$$\lambda_i = \frac{h_i}{h_i + h_{i-1}}, \quad \mu_i = \frac{h_{i-1}}{h_i + h_{i-1}}$$
$$d_i = 3\left(\mu_i \frac{y_{i+1} - y_i}{h_i} + \lambda_i \frac{y_i - y_{i-1}}{h_{i-1}}\right)$$

当 i 取遍 $1, 2, \cdots, n-1$ 时，将会得到含有 $(n-1)$ 个方程及 $(n+1)$ 个未知数 $m_0, m_1, \cdots, m_n$ 的方程组（7.6.11），其中每个方程都含有 $S(x)$ 在相邻三个节点上的一阶导数值。节点 x_i 处的一阶导数 m_i 在力学上的意义为细梁在 x_i 截面处的转角，因此方程组（7.6.11）也称为三转角方程组。为了确定未知数 $m_i (i = 0, 1, 2, \cdots, n)$，还需要补充两个边界条件，即可得到关于 m_i 的三对角方程组。下面就两种边界条件，分别进行讨论。

① 如果问题要求 $S(x)$ 满足第一边界条件，此时
$$m_0 = f_0', \quad m_n = f_n'$$

于是，可将方程组（7.6.11）化为 $n-1$ 阶方程组：

$$\begin{pmatrix} 2 & \mu_1 & & & & \\ \lambda_2 & 2 & \mu_2 & & & \\ & \lambda_3 & 2 & \mu_3 & & \\ & & \ddots & \ddots & \ddots & \\ & & & \lambda_{n-2} & 2 & \mu_{n-2} \\ & & & & \lambda_{n-1} & 2 \end{pmatrix} \begin{pmatrix} m_1 \\ m_2 \\ m_3 \\ \vdots \\ m_{n-2} \\ m_{n-1} \end{pmatrix} = \begin{pmatrix} d_1 - \lambda_1 f_0' \\ d_2 \\ d_3 \\ \vdots \\ d_{n-2} \\ d_{n-1} - \mu_{n-1} f_n' \end{pmatrix} \quad (7.6.12)$$

② 如果问题要求 $S(x)$ 满足第二边界条件，此时可以利用第二边界条件 $S''(x_0) = f_0''$，$S''(x_n) = f_n''$，分别在区间 $[x_0, x_1]$ 和 $[x_{n-1}, x_n]$ 内建立关于 m_0, m_1 和 m_{n-1}, m_n 的方程。

在式（7.6.9）中，令 $i = 0$, $x = x_0$，得

$$S''(x_0) = -\frac{4}{h_0}m_0 - \frac{2}{h_0}m_1 + \frac{6}{h_0^2}(y_1 - y_0) = f_0''$$

从而有
$$2m_0 + m_1 = 3\frac{y_1 - y_0}{h_0} - \frac{h_0}{2}f_0'' \quad (7.6.13)$$

在式（7.6.9）中，令 $i = n-1$, $x = x_n$，得

$$S''(x_n) = \frac{2}{h_{n-1}}m_{n-1} + \frac{4}{h_{n-1}}m_n - \frac{6}{h_{n-1}^2}(y_n - y_{n-1}) = f_n''$$

从而有
$$m_{n-1} + 2m_n = 3\frac{y_n - y_{n-1}}{h_{n-1}} + \frac{h_{n-1}}{2}f_n'' \quad (7.6.14)$$

将式（7.6.13）、式（7.6.14）与方程组（7.6.11）联立，得 $n+1$ 阶方程组：

$$\begin{pmatrix} 2 & 1 & & & & \\ \lambda_1 & 2 & \mu_1 & & & \\ & \lambda_2 & 2 & \mu_2 & & \\ & & \ddots & \ddots & \ddots & \\ & & & \lambda_{n-1} & 2 & \mu_{n-1} \\ & & & & 1 & 2 \end{pmatrix} \begin{pmatrix} m_0 \\ m_1 \\ m_2 \\ \vdots \\ m_{n-1} \\ m_n \end{pmatrix} = \begin{pmatrix} d_0 \\ d_1 \\ d_2 \\ \vdots \\ d_{n-1} \\ d_n \end{pmatrix} \quad (7.6.15)$$

式中，$d_i(i = 1, 2, \cdots, n-1)$ 与方程组（7.6.11）中的一致，而 d_0 和 d_n 的值分别为

$$d_0 = 3\frac{y_1 - y_0}{h_0} - \frac{h_0}{2}f_0'', \quad d_n = 3\frac{y_n - y_{n-1}}{h_{n-1}} + \frac{h_{n-1}}{2}f_n'' \quad (7.6.16)$$

由方程组（7.6.11）可知，$\lambda_i + \mu_i = 1(i = 1, 2, \cdots, n-1)$，且 λ_i 和 μ_i 都为正数，所以方程组（7.6.12）和方程组（7.6.15）的系数矩阵都是严格对角占优的三对角矩阵，可以用追赶法求其唯一的解。

例 7.6.2 已知函数表（见表 7.6.1），求满足边界条件 $y'(0) = 17/8$, $y'(5) = -19/8$ 的三次样条插值函数，并求 $f(3)$ 和 $f(4.5)$ 的近似值。

解 由表 7.6.1 可知，$h_0 = x_1 - x_0 = 1$, $h_1 = 2$, $h_2 = 1$，按方程组（7.6.11）计算得

$\lambda_1 = 2/3$, $\lambda_2 = 1/3$, $\mu_1 = 1/3$, $\mu_2 = 2/3$, $d_1 = 9/2$, $d_2 = -7/2$

将其代入方程组（7.6.12）得

$$\begin{cases} \dfrac{2}{3}m_0 + 2m_1 + \dfrac{1}{3}m_2 = \dfrac{9}{2} \\ \dfrac{1}{3}m_1 + 2m_2 + \dfrac{2}{3}m_3 = \dfrac{-7}{2} \end{cases}$$

表 7.6.1 例 7.6.2 的函数表

i	0	1	2	3
x_i	1	2	4	5
$f(x_i)$	1	3	4	2

由于

$$m_0 = f_0' = 17/8, \quad m_3 = f_3' = -19/8$$

于是有

$$\begin{cases} 2m_1 + \dfrac{1}{3}m_2 = \dfrac{37}{12} \\ \dfrac{1}{3}m_1 + 2m_2 = \dfrac{-23}{12} \end{cases}$$

其解为

$$m_1 = \frac{7}{4}, \quad m_2 = -\frac{5}{4}$$

将其代入式（7.6.8），当 $i=0$ 时，得

$$\begin{aligned}
S_0(x) &= \left[(1+2(x-1))(x-2)^2\right] \times 1 + \left[(1-2(x-2))(x-1)^2\right] \times 3 + \\
&\quad (x-1)(x-2)^2 \times \frac{17}{8} + (x-2)(x-1)^2 \times \frac{7}{4} \qquad (x \in [1,2]) \\
&= -\frac{1}{8}x^3 + \frac{3}{8}x^2 + \frac{7}{4}x - 1
\end{aligned}$$

同理，可求得在其他子区间内的表达式为

$$S_1(x) = -\frac{1}{8}x^3 + \frac{3}{8}x^2 + \frac{7}{4}x - 1 \qquad (x \in [2,4])$$

$$S_2(x) = \frac{3}{8}x^3 - \frac{45}{8}x^2 + \frac{103}{4}x - 33 \qquad (x \in [4,5])$$

于是，所求三次样条插值函数的分段表达式为

$$S(x) = \begin{cases} S_0(x) = -\dfrac{1}{8}x^3 + \dfrac{3}{8}x^2 + \dfrac{7}{4}x - 1 & (x \in [1,4]) \\ S_2(x) = \dfrac{3}{8}x^3 - \dfrac{45}{8}x^2 + \dfrac{103}{4}x - 33 & (x \in [4,5]) \end{cases}$$

由此可求得

$$f(3) \approx S_0(3) = -\frac{1}{8} \times 3^3 + \frac{3}{8} \times 3^2 + \frac{7}{4} \times 3 - 1 = \frac{17}{4}$$

$$f(4.5) \approx S_2(4.5) = \frac{3}{8} \times 4.5^3 - \frac{45}{8} \times 4.5^2 + \frac{103}{4} \times 4.5 - 33 = \frac{201}{64}$$

可以证明，对三次样条插值函数来说，当插值节点逐渐加密时，不但样条插值函数收敛于被插函数本身，而且其导数也同样收敛于被插函数的导数，这种性质要优于多项式插值。因而，为了提高精度，只需要加密分段节点，而不需要提高样条插值函数的次数。三次样条插值函数有明确的力学背景：样条曲线可以看作弹性细梁受到集中载荷作用而生成的绕度曲线，在扰动不大的情况下，这种绕度曲线在数学上恰好表现为三次样条插值函数，集中载荷的作用点就是三次样条插值函数的节点。

7.7 离散数据的曲线拟合

7.7.1 曲线拟合问题

在科学实验和统计研究中，往往需要从一组测量得到的数据 (x_i, y_i) $(i=0,1,2,\cdots,n)$ 中估计出函数关系 $y=f(x)$ 的近似函数 $p(x)$。插值方法就是处理这类问题的一种方法。但是，它有明显

的缺点。首先，因为由观测得到的实验数据不可避免地带有误差，甚至是较大的误差，此时要求近似函数 $p(x)$ 过全部已知点，相当于保留全部的误差。其次，由于实验数据往往很多，如果仍然采用多项式插值，必然得到次数较高的多项式，这样不但计算复杂，而且 $p(x)$ 的收敛性和稳定性都很难得到保证，会出现龙格现象，逼近的效果不佳。

为了克服上述缺点，常常采用曲线拟合的方法来进行数据处理。所谓曲线拟合，就是从数据集 $(x_i, y_i)(i=0,1,2,\cdots,n)$ 中找出总体规律性，并构造一条能较好地反映这种规律的曲线 $p(x)$，此时，并不要求曲线 $p(x)$ 过每个数据点 $(x_i, y_i)(i=0,1,2,\cdots,n)$，但要求曲线 $p(x)$ 能尽可能地靠近所有数据点，即所有误差 $\delta_i = p(x_i) - y_i$ $(i=0,1,2,\cdots,n)$ 都按某种标准达到最小。一般采用以下三种标准来度量误差的大小：

① $\|\delta\|_1 = \sum\limits_{i=0}^{n} |\delta_i|$

② $\|\delta\|_2^2 = \sum\limits_{i=0}^{n} \delta_i^2$

③ $\|\delta\|_\infty = \max\limits_{0 \leqslant i \leqslant 1} |\delta_i|$

由于 2-范数中没有绝对值，计算过程比较方便，因此通常采用 2-范数的平方作为总体误差的度量标准。

7.7.2 多项式拟合

对给定的一组数据 $(x_i, y_i)(i=0,1,2,\cdots,n)$，在函数类 $\Phi = \{\varphi_0(x), \varphi_1(x), \cdots, \varphi_m(x)\}$ 中寻求一个函数 $p(x)$，使误差的 2-范数的平方

$$\|\delta\|_2^2 = \sum_{i=0}^{n} \delta_i^2 = \sum_{i=0}^{n} (p(x_i) - y_i)^2 \tag{7.7.1}$$

达到最小。设 $\varphi_0(x), \varphi_1(x), \cdots, \varphi_m(x)$ 是 Φ 的一组线性无关的插值基函数，$p(x)$ 为 $\{\varphi_i(x)\}$ $(i=0,1,\cdots,m)$ 的线性组合，即

$$p(x) = a_0 \varphi_0(x) + a_1 \varphi_1(x) + \cdots + a_m \varphi_m(x) \quad (m<n) \tag{7.7.2}$$

将式（7.7.2）代入式（7.7.1），使 $\|\delta\|_2^2$ 取最小值问题便转化为求多元函数

$$F(a_0, a_1, \cdots, a_m) = \sum_{i=0}^{n} \left(\sum_{j=0}^{m} a_j \varphi_j(x_i) - y_i \right)^2$$

的极小点 $(a_0^*, a_1^*, \cdots, a_m^*)$，即令

$$\frac{\partial F}{\partial a_k} = 0 \quad (k=0,1,2,\cdots,m)$$

由此得

$$\sum_{i=0}^{n} \left(\sum_{j=0}^{m} a_j \varphi_j(x_i) - y_i \right) \varphi_k(x_i) = 0 \quad (k=0,1,2,\cdots,m) \tag{7.7.3}$$

若用离散意义下函数的内积符号

$$(\varphi_j, \varphi_k) = \sum_{i=0}^{n} \varphi_j(x_i) \varphi_k(x_i), \quad (f, \varphi_k) = \sum_{i=0}^{n} y_i \varphi_k(x_i) = d_k$$

表示，则式（7.7.3）可写为

$$\sum_{j=0}^{n}(\varphi_k,\varphi_j)a_j = d_k \qquad (k=0,1,2,\cdots,m)$$

其矩阵形式为

$$\begin{pmatrix} (\varphi_0,\varphi_0) & (\varphi_0,\varphi_1) & \cdots & (\varphi_0,\varphi_m) \\ (\varphi_1,\varphi_0) & (\varphi_1,\varphi_1) & \cdots & (\varphi_1,\varphi_m) \\ \vdots & \vdots & \vdots & \vdots \\ (\varphi_m,\varphi_0) & (\varphi_m,\varphi_1) & \cdots & (\varphi_m,\varphi_m) \end{pmatrix} \begin{pmatrix} a_0 \\ a_1 \\ \vdots \\ a_m \end{pmatrix} = \begin{pmatrix} d_0 \\ d_1 \\ \vdots \\ d_m \end{pmatrix} \qquad (7.7.4)$$

式（7.7.4）是关于系数 $a_j (j=0,1,2,\cdots,m)$ 的线性方程组，也称为法方程。由于 $\varphi_0,\varphi_1,\cdots,\varphi_m$ 线性无关，法方程(7.7.4)系数矩阵的行列式不为0，因此法方程(7.7.4)有唯一的解 $(a_0^*,a_1^*,a_2^*,\cdots,a_m^*)$。

当函数类 $\Phi=\{\varphi_0,\varphi_1,\cdots,\varphi_m\}=\{1,x,x^2,\cdots,x^m\}$ 时，$p(x)=a_0+a_1x+\cdots+a_mx^m$ 为 m 次多项式。相应地，曲线拟合成为多项式拟合，法方程（7.7.4）可写为

$$\begin{pmatrix} \sum 1 & \sum x_i & \cdots & \sum x_i^m \\ \sum x_i & \sum x_i^2 & \cdots & \sum x_i^{m+1} \\ \vdots & \vdots & \vdots & \vdots \\ \sum x_i^m & \sum x_i^{m+1} & \cdots & \sum x_i^{2m} \end{pmatrix} \begin{pmatrix} a_0 \\ a_1 \\ \vdots \\ a_m \end{pmatrix} = \begin{pmatrix} \sum y_i \\ \sum x_i y_i \\ \vdots \\ \sum x_i^m y_i \end{pmatrix} \qquad (7.7.5)$$

不过，实际计算和理论分析表明，当 n 较大时，法方程（7.7.5）为"病态"方程组。

例 7.7.1 已知实验数据见表 7.7.1。求拟合曲线 $y=p(x)$。

解 （1）在坐标平面上描出点 (x_i,y_i) $(i=0,1,2,3)$，如图 7.7.1 所示。

表 7.7.1 例 7.7.1 实验数据

i	0	1	2	3
x_i	2	4	6	8
y_i	2	11	28	40

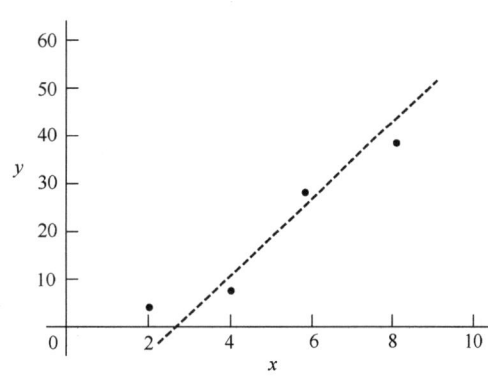

图 7.7.1 在平面上描点

（2）根据各点的分布情况，选用线性函数

$$p(x)=a_0+a_1x$$

作拟合曲线，故取 $\varphi_0(x)=1$，$\varphi_1(x)=x$。

（3）建立法方程，因为

$$(\varphi_0,\varphi_0)=\sum 1 = 4, \qquad (\varphi_0,\varphi_1)=(\varphi_1,\varphi_0)=\sum x_i = 20$$
$$(\varphi_1,\varphi_1)=\sum x_i^2 = 120, \qquad (f,\varphi_0)=d_0=\sum y_i = 81$$
$$(f,\varphi_1)=d_1=\sum x_i y_i = 536$$

所以法方程为

$$\begin{pmatrix} 4 & 20 \\ 20 & 120 \end{pmatrix}\begin{pmatrix} a_0 \\ a_1 \end{pmatrix} = \begin{pmatrix} 81 \\ 536 \end{pmatrix}$$

解得 $a_0=-12.5,\quad a_1=6.55$

于是 $p(x)=-12.5+6.55x$

例 7.7.2 已知函数表见表 7.7.2。

表 7.7.2 例 7.7.2 的函数表

x	-2	-1	0	1	2
y	0	1	2	1	0

试用二次多项式 $p(x)=a_0+a_1x+a_2x^2$ 拟合这组数据。

解 （1）点 $-2,-1,0,1,2$ 分别记为 x_0,x_1,x_2,x_3,x_4，且 $\varphi_0(x)=1$，$\varphi_1(x)=x$，$\varphi_2(x)=x^2$。

（2）法方程的系数矩阵为

$$\boldsymbol{G}=\begin{pmatrix}(1,1)&(1,x)&(1,x^2)\\(x,1)&(x,x)&(x,x^2)\\(x^2,1)&(x^2,x)&(x^2,x^2)\end{pmatrix}=\begin{pmatrix}5&0&10\\0&10&0\\10&0&34\end{pmatrix}$$

法方程的右端项为

$$((y,1),(y,x),(y,x^2))^{\mathrm{T}}=(4,0,2)^{\mathrm{T}}$$

于是解法方程

$$\begin{pmatrix}5&0&10\\0&10&0\\10&0&34\end{pmatrix}\begin{pmatrix}a_0\\a_1\\a_2\end{pmatrix}=\begin{pmatrix}4\\0\\2\end{pmatrix}$$

得

$$a_0=\frac{58}{35},\ a_1=0,\ a_2=-\frac{3}{7}$$

这样，求得拟合多项式为

$$p(x)=\frac{58}{35}-\frac{3}{7}x^2$$

从以上两个例子可以看出，求拟合多项式的步骤如下。

① 由给定的数据在坐标纸上进行描点，根据点的分布，确定拟合多项式的次数。

② 求解法方程（7.7.5），求出系数 a_i^*（$i=0,1,2,\cdots,n$）。

③ 写出拟合多项式 $S(x)=\sum_{i=0}^{n}a_ix^i$。

7.8 算法实现

7.8.1 MATLAB 程序实现

（1）拉格朗日插值

编写 MATLAB 函数文件 agui_lagrange.m：

```
function f=agui_lagrange(x0,y0,x)
% x0 为节点向量值，y0 为节点上的函数值，x 为插值点，f 为返回的插值
n=length(x0);m=length(x);
```

```
        format long
        s=0.0;
        for k=1:n
             p=1.0;
             for j=1:n
                  if j~=k
                       p=p*(x-x0(j))/(x0(k) -x0(j));
                  end
             end
             s=p*y0(k)+s;
        end
        f=s;
        end
```

例 7.8.1 在 MATLAB 命令行窗口中求解例 7.2.2。

解 x0=[100.0 121.0 144.0]
   x0 =
        100   121   144
   >> y0=[10.0 11.0 12.0]
   y0 =
        10   11   12
   >> f=agui_lagrange(x0,y0,115.0)
   f =
        10.72275550536420

精确解如下：
   >> sqrt(115)
   ans =
        10.72380529476361

例 7.8.2 用 C 程序实现拉格朗日插值求解例 7.2.2。

解 首先编写实现拉格朗日插值的 C 程序：

```c
#define N 3
main(){
    float x[N]={100,121,144},y[N]={10,11,12};
    float m,s,a;
    int i,j;
    m=115;
    s=0;
    for(i=0;i<N;i++) {
        a=1;
        for(j=0;j<N;j++) if(i!=j) a=a*(m-x[j])/(x[i] -x[j]);
        s=s+a*y[i];
    }
    printf("\n");
    printf("the result is:\n%15.11f\n",s);
}
```

计算结果：

the result is:
10.72275543213
Press any key to continue

从计算结果可以看出,实现同样的计算步骤,用 MATLAB 实现的计算结果与 C 相比,略靠近于精确解。这再次说明,实现同样的算法,MATLAB 的计算精度略高于 C。

(2) 多项式拟合

编写 MATLAB 函数文件 agui_fit.m:

```
function p=agui_fit(x,y,m)
% x 和 y 为数据向量,m 为多项式的次数,p 为返回多项式的升幂排列系数
A=zeros(m+1,m+1);
for i=0:m
    for j=0:m
        A(i+1,j+1)=sum(x.^(i+j));
    end
    b(i+1)=sum(x.^i.*y);
end
c=A\b';
p=c';
```

例 7.8.3 在 MATLAB 命令行窗口中求解例 7.7.1。

解 >> x=[2 4 6 8]
x =
     2   4   6   8
>> y=[2 11 28 40]
y =
     2   11   28   40
>> p=agui_fit(x,y,1)
p =
  -12.50000000000000   6.55000000000000

例 7.8.4 在 MATLAB 命令行窗口中求解例 7.7.2。

解 >> format rat
>> x=[-2 -1 0 1 2]
x =
    -2   -1   0   1   2
>> y=[0 1 2 1 0]
y =
     0   1   2   1   0

>> p=agui_fit(x,y,2)
p =
   58/35   0   -3/7

7.8.2 MATLAB 函数实现

(1) 插值函数 interp1()

MATLAB 提供了函数 interp1()用于实现一次多项式插值。

格式:yi=interp1(x,y,xi)

说明：该函数实现对节点(x,y)线性插值，求插值点 xi 的函数值，返回给 yi。其中，x 为节点向量值，y 为对应的节点函数值。

格式：yi=interp1(x,y,xi,method)

说明：method 为指定的插值方法，默认为线性插值，其取值说明如下。

nearest：最邻近插值，此方法为最快的方法，但其结果的平滑性最差。

linear：线性插值（默认值），与最邻近插值相比，其结果是连续的，不过在顶点处会有坡度变化。

spline：三次样条插值，此方法的结果平滑性最好。

pchip：分段三次埃尔米特插值，此方法要求插值数据及其导数都是连续的。

以上所有方法，均要求 x 的元素是单调的，可以等距，可以不等距。当等距时可以快速得到插值结果。

需要指出的是，MATLAB 还提供了二维插值函数 interp2()和三维插值函数 interp3()，读者可查阅 MATLAB 的相关帮助系统。

例 7.8.5 在 MATLAB 命令行窗口中求解例 7.5.1。

解 x=[-5:1:5];
　　y=1./(1+x.^2);
　　x0=[-5:0.1:5];
　　y0=agui_ lagrange(x,y,x0);
　　y1=1./(1+x0.^2);
　　y2=interp1(x,y,x0);
　　plot(x0,y0,'-r')
　　hold on
　　plot(x0,y1,'-b')
　　hold on
　　plot(x0,y2,'*m')

结果如图 7.8.1 所示。

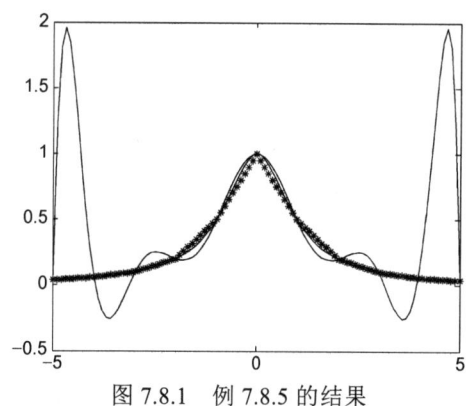

图 7.8.1 例 7.8.5 的结果

例 7.8.6 在 MATLAB 命令行窗口中用 linear、nearest、pchip 和 spline 这 4 种方法分别求解例 7.5.1。

　　>> x=-5:1:5;
　　>> y=1./(1+x.^2);
　　>> xi=-5:.25:5;
　　>> yi=interp1(x,y,xi);
　　>> subplot(221);plot(x,y,'o',xi,yi)
　　>> xlabel('(1)　linear 插值算法');
　　>> yi=interp1(x,y,xi,'nearest');
　　>> subplot(222);plot(x,y,'o',xi,yi)
　　>> xlabel('(2)　nearest 插值算法');
　　>> yi=interp1(x,y,xi,'pchip');
　　>> subplot(223);plot(x,y,'o',xi,yi)
　　>> xlabel('(3) pchip 插值算法');
　　>> yi=interp1(x,y,xi,'spline');
　　>> subplot(224);plot(x,y,'o',xi,yi)
　　>> xlabel('(4) spline 插值算法');

结果如图 7.8.2 所示。

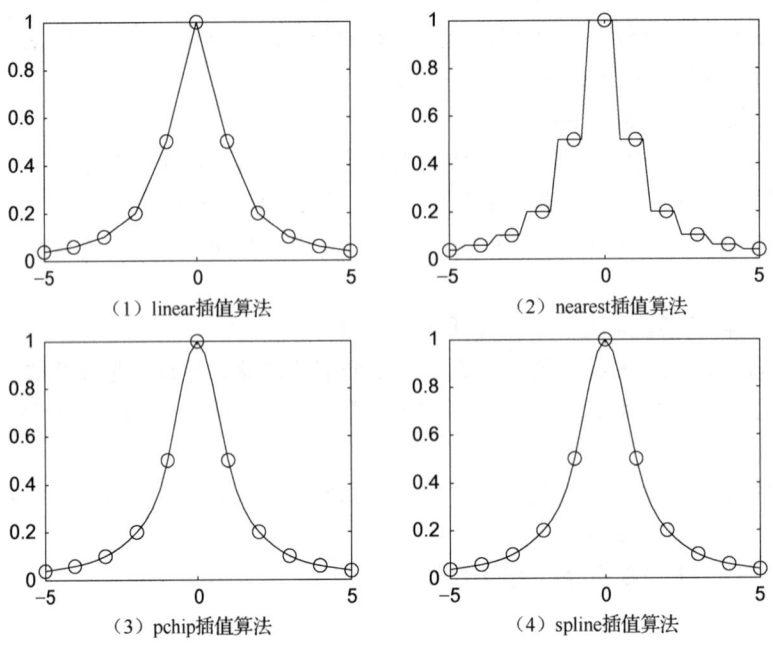

（1）linear插值算法　　　　　　（2）nearest插值算法

（3）pchip插值算法　　　　　　（4）spline插值算法

图 7.8.2　例 7.8.6 的结果

（2）三次样条插值函数

计算三次样条插值可以用以下函数：

　　spline(x,y,xi)　　% 根据样点数据(x,y)计算插值节点 xi 的三次样条插值
　　spline(x,y)　　% 根据样点数据(x,y)输出一个向量，给出三次样条插值分段表达式的系数
　　pp=spline(x,y); y=ppval(pp,xi)　　% 以 pp 为插值函数，计算插值节点 xi 的三次样条插值
　　pp=spline(x,y); [node coef]=unmkpp(pp)　　% 以 pp 为插值函数给出由插值节点构成的向量 node
　　　　　　　　　　　　　　　　　　　　% 以及各分段表达式系数构成的向量 coef

例 7.8.7　给定样点(1,1)、(2,3)、(4,2)和(5,2)，用函数 spline()求 $f(x)$ 的三次样条插值函数，并计算 $f(3)$ 的值。

解　在 MATLAB 命令行窗口中输入：

```
x=[1 2 4 5]
>> y=[1 3 2 2];
>> xi=3;
>> pp=spline(x,y);
>> [nodes codes]=unmkpp(pp)
nodes =
     1     2     4     5
codes =
    0.2500   -1.8333    3.5833    1.0000
    0.2500   -1.0833    0.6667    3.0000
    0.2500    0.4167   -0.6667    2.0000
>> yi=ppval(pp,xi)
yi =
    2.8333
```

由计算结果可知 $f(3)=2.8333$，三次样条插值函数的分段表达式如下：

$$\begin{cases} s_1 = 0.25(x-1)^3 - 1.8333(x-1)^2 + 3.5833(x-1) + 1 & (1 \leqslant x \leqslant 2) \\ s_2 = 0.25(x-2)^3 - 1.0833(x-2)^2 + 0.6667(x-2) + 3 & (2 \leqslant x \leqslant 4) \\ s_3 = 0.25(x-4)^3 + 0.4167(x-4)^2 - 0.6667(x-4) + 2 & (4 \leqslant x \leqslant 5) \end{cases}$$

用下列指令可画出图形，如图 7.8.3 所示。

```
t=x(1):0.1:x(length(x));
yt=ppval(pp,t);plot(x,y,'ok',t,yt,'-b',xi,yi,'r+')
```

（2）拟合函数

格式：a=polyfit(x,y,n)

说明：x 和 y 为给定的数值，n 为拟合多项式的次数。

MATLAB 还提供了函数 lsqcurvefit()和 lsqnonlin()用于实现非线性最小二乘拟合，它们的调用格式和使用方法可查阅 MATLAB 的帮助系统。

例 7.8.8 利用最小二乘法求表 7.8.1 中数据的形如 $y = a + bx + cx^2$ 的曲线拟合。

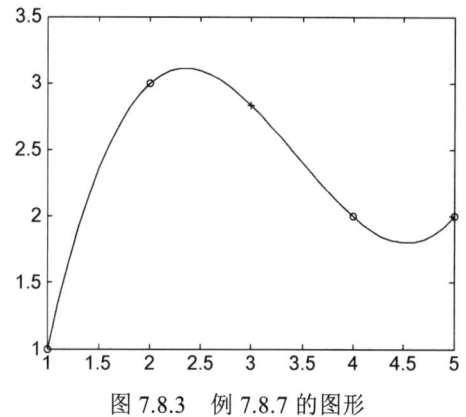

图 7.8.3　例 7.8.7 的图形

表 7.8.1　例 7.8.8 的数据

x	0.5	1.0	1.5	2.0	2.5	3.0
y	1.75	2.45	3.81	4.80	7.00	8.60

解　在 MATLAB 命令行窗口中输入：

```
x=[0.5,1.0,1.5,2.0,2.5,3.0];
y=[1.75,2.45,3.81,4.80,7.00,8.60];
a=polyfit(x,y,2)
a=
    0.5614  0.8287  1.1560
x1=[0.5:0.05:3.0];
y1=a(3)+a(2)*x1+a(1)*x1.^2;
plot(x,y,'*')
hold on
plot(x1,y1,' -r')
```

结果如图 7.8.4 所示。

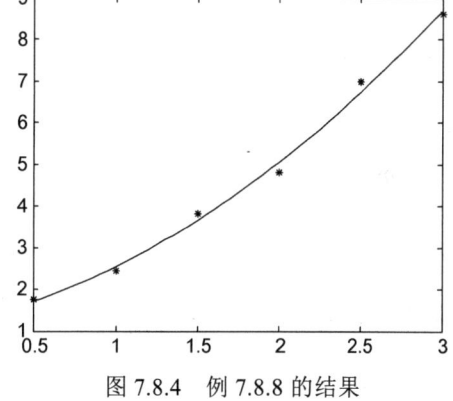

图 7.8.4　例 7.8.8 的结果

本章小结

本章介绍了复杂函数的多项式插值。拉格朗日插值适合求固定节点的函数值，牛顿插值可以在计算过程中根据精度要求逐步增加节点数且计算量小，埃尔米特插值适合导数值已知的情况。所有插值多项式的次数都不能太高，否则会出现龙格现象。分段低次插值在缩小节点之间距离时，能保证插值函数在整个区间内充分接近被插函数，但光滑性差。样条插值光滑性好，但构造和计算较复杂，并且需要求解一个三对角线性方程组。曲线拟合从数据集 (x_i, y_i) $(i = 0, 1, 2, \cdots, n)$ 中找出总体规律性，并构造一条能较好地反映这种规律的曲线。最后利用本章的例题作为测试用例，用 MATLAB 程序和 MATLAB 函数两种方法实现了本章介绍的算法。

习题 7

7.1 给定离散点(1,0)、(2,-5)、(3,-6)和(4,3),试求拉格朗日插值多项式。

7.2 设 $x_0, x_1, \cdots, x_n$ 为 $n+1$ 个互异节点,$l_i(x)(i=0,1,\cdots,n)$ 为拉格朗日插值基函数,试证:

(1) $\sum_{i=0}^{n} l_i(x) x_i^k \equiv x^k$ $(k=0,1,2,\cdots,n)$;

(2) $\sum_{i=0}^{n} (x_i - x)^k l_i(x) \equiv 0$ $(k=0,1,\cdots,n)$。

7.3 设 $f(x) = \dfrac{1}{x}$,节点 $x_0 = 2$,$x_1 = 2.5$,$x_2 = 4$,求 $f(x)$ 的抛物插值多项式 $L_2(x)$,计算 $f(3)$ 的近似值并估计误差。

7.4 已知由数据(0,0)、(0.5,y)、(1,3)和(2,2)构造出的三次插值多项式 $p_3(x)$ 的 x^3 的系数是 6,试确定数据 y。

7.5 依据如下函数表:

x	0	1	2	4
$f(x)$	1	9	23	3

建立不超过 3 次的拉格朗日插值多项式及牛顿插值多项式,并验证插值多项式的唯一性。

7.6 证明:拉格朗日插值基函数

$$l_0(x) = \frac{(x-x_1)(x-x_2)\cdots(x-x_n)}{(x_0-x_1)(x_0-x_2)\cdots(x_0-x_n)}$$

可表示为如下牛顿插值形式:

$$l_0(x) = 1 + \frac{(x-x_0)}{(x_0-x_1)} + \frac{(x-x_0)(x-x_1)}{(x_0-x_1)(x_0-x_2)} + \cdots + \frac{(x-x_0)(x-x_1)\cdots(x-x_{n-1})}{(x_0-x_1)(x_0-x_2)\cdots(x_0-x_n)}$$

7.7 证明:当 $m > n$ 时,

$$\sum_{i=0}^{n} (-1)^{n-i} \frac{c_m^n c_n^i}{m-i} = \frac{1}{m-n}$$

成立。式中,$c_m^n = \dfrac{m!}{n!(m-n)!}$,$c_n^i = \dfrac{n!}{i!(n-i)!}$。

7.8 求 $f(x) = x^{n+1}$ 关于节点 $x_0, x_1, \cdots, x_n$ 的拉格朗日插值多项式,并利用插值余项定理证明:

$$\sum_{i=0}^{n} x_i^{n+1} l_i(0) = (-1)^n x_0 x_1 \cdots x_n$$

式中,$l_i(x)$ 为关于节点 $x_0, x_1, \cdots, x_n$ 的拉格朗日插值基函数。

7.9 给定如下函数表:

x_i	1	2	4	6	7
$f(x_i)$	4	1	0	1	1

求 4 次牛顿插值多项式,并写出插值余项。

7.10 给定函数 $f(x) = x^3 - 4x$,试建立关于节点 $x_i = i+1 (i=0,1,\cdots,5)$ 的差商表,并列出关于节点 x_0, x_1, x_2, x_3 的插值多项式 $p(x)$。

7.11 设 $x_0, x_1, \cdots, x_n$ 点互异，考察 $f(x) = \prod_{i=0}^{n}(x-x_i)$ 的各阶差商，证明：
$$f(x_0, x_1, \cdots, x_k) = 0 \quad (k=0,1,\cdots,n)$$
$$f(x_0, x_1, \cdots, x_n, x) \equiv 1$$

7.12 设 n 和 k 为整数，且 $0 \leqslant k \leqslant n-1$，证明：
$$\sum_{i=0}^{n} \frac{i^k}{\prod_{\substack{i=0 \\ j \neq i}}^{n}(i-j)} = 0$$

7.13 设首项系数为 1 的 n 次 $f(x)$ 有 n 个互异的零点 $x_i (i=1,2,\cdots,n)$，证明：
$$\sum_{j=1}^{n} \frac{x_j^k}{f'(x_j)} = \begin{cases} 0 & (k=0,1,\cdots,n-2) \\ 1 & (k=n-1) \end{cases}$$

7.14 证明：

（1）$1+2+\cdots+n = \frac{1}{2}n(n+1)$；

（2）$1^3+2^3+\cdots+n^3 = \left[\frac{n(n+1)}{2}\right]^2$；

（3）$1\times2+2\times3+\cdots+n(n+1) = \frac{1}{3}n(n+1)(n+2)$；

（4）$1\times3+2\times4+\cdots+n(n+2) = \frac{1}{6}n(n+1)(2n+7)$。

7.15 设节点 $x_i(i=1,2,\cdots,n)$ 与点 a 互异，试对 $f(x) = \frac{1}{a-x}$，证明：
$$f(x_0, x_1, \cdots, x_k) = \prod_{i=0}^{k} \frac{1}{a-x_i} \quad (k=0,1,\cdots,n)$$

并列出 $f(x)$ 的牛顿插值多项式。

7.16 依据如下函数表：

x_i	-2	-1	0	1	2	3
y_i	-5	1	1	1	7	25

构造出的插值多项式有多少次？为什么？试具体列出其插值多项式。

7.17 给定如下函数表：

x_i	1	2
$f(x_i)$	2	3
$f'(x_i)$	0	-1

试构造埃尔米特插值多项式 $H_3(x)$ 并计算 $f(1.5)$。

7.18 求次数小于或等于 5 的多项式 $p(x)$，使其满足以下插值条件：

x_i	0	1	2
y_i	2	1	2
y_i'	-2	-1	
y_i''	-10		

7.19 求 $f(x)=x^2$ 在 $[a,b]$ 内的分段线性插值多项式 $I_h(x)$，并估计误差。

7.20 求 $f(x)=x^4$ 在 $[a,b]$ 内的分段三次埃尔米特插值多项式 $I_h(x)$，并估计误差。

7.21 设分段表达式

$$S(x)=\begin{cases} x^3+x^2 & (0\leqslant x\leqslant 1) \\ 2x^3+bx^2+cx-1 & (1\leqslant x\leqslant 2) \end{cases}$$

是以 0,1,2 为节点的三次样条插值函数，试确定系数 b 和 c 的值。

7.22 设 f 为定义在区间 $[0,3]$ 内的函数，部分的节点为 $x_i=0+i$（$i=0,1,2,3$），并给出 $f(x_0)=0$，$f(x_1)=0.5$，$f(x_2)=2.0$，$f(x_3)=1.5$，$y_i=f(x_i)$（$i=0,1,2,3$）。

（1）当 $y_0'=f'(x_0)=0.2$，$y_3'=f'(x_3)=-1$ 时，试求三次样条插值函数 $S(x)$，使其满足第一边界条件。

（2）当 $y_0''=f''(x_0)=-0.3$，$y_3''=f''(x_3)=3.3$ 时，试求三次样条插值函数 $S(x)$，使其满足第二边界条件。

7.23 用最小二乘法求一个形如 $y=a+bx^2$ 的经验公式，使它拟合下列数据，并计算均方误差。

x_i	19	25	31	38	44
y_i	19.0	32.3	49.0	73.3	97.8

7.24 用下列数据构造一次多项式 $y=ax+b$。

x_i	-2	-1	0	1	2
y_i	0	0.2	0.5	0.8	1

7.25 用最小二乘法解下列超定方程：

$$\begin{cases} 2x+4y=11 \\ 3x-5y=3 \\ x+2y=6 \\ 2x+y=7 \end{cases}$$

第 8 章 数值积分与数值微分

学习要点

数值积分是将被积函数值的线性组合作为定积分的近似值,数值微分是将微分离散化为差分进行计算。本章主要内容如下。
(1) 代数精度的概念及其求法。
(2) 数值求积公式,包括等距节点的牛顿-柯特斯求积公式及其复合求积公式,以及收敛速度较快的龙贝格求积公式。
(3) 数值微分公式,包括中点公式、插值型微分公式。

教学建议

本章首先要求了解数值求积公式的基本思想和意义,理解代数精度的概念,熟练掌握基于插值的牛顿-柯特斯求积公式及其复合求积公式,以及基于外推算法的龙贝格求积公式。求数值微分的困难在于步长的选取。建议6~8学时。

8.1 引言

8.1.1 数值积分的必要性

在工程技术和科学研究中,经常需要计算定积分。许多数学问题,如微分方程和积分方程的求解等也都需要计算定积分,所以,在区间$[a,b]$内求定积分

$$I(f) = \int_a^b f(x)\mathrm{d}x \tag{8.1.1}$$

是一个比较传统但应用广泛的问题。$I(f)$也可简写为I。从理论上讲,要计算连续函数$f(x)$在$[a,b]$内的定积分,只要找到$f(x)$的原函数$F(x)$($F'(x) = f(x)$),则由牛顿-莱布尼兹(Newton-Leibniz)公式

$$\int_a^b f(x)\mathrm{d}x = F(b) - F(a) \tag{8.1.2}$$

很容易求解式(8.1.1)。但在实际中,这一重要定理的应用却遇到了很大困难,因为被积函数$f(x)$的表现形式比较复杂,通常有下列三种形式。

① 被积函数$f(x)$的原函数不能用初等函数的有限形式表示,如$\int_0^1 \frac{\sin x}{x}\mathrm{d}x$,$\int_0^1 \mathrm{e}^{-x^2}\mathrm{d}x$等,所以不能用式(8.1.2)计算定积分。

② 被积函数$f(x)$是用函数表或图形形式给出的,没有解析表达式,因此也就没有用式(8.1.2)计算的可能性。

③ 虽然被积函数$f(x)$的原函数能用初等函数表示,但由于其表达式过于复杂,计算定积分会非常困难,因此,很难用式(8.1.2)计算定积分。

对以上三种情况，都必须通过近似的方法进行计算，所以，有必要研究定积分的数值计算问题。

8.1.2 数值积分的基本思想

式（8.1.1）的几何意义是求由曲线 $y=f(x)$ 及直线 $x=a$ 和 $x=b$ 与 x 轴所围成的曲边梯形的面积，因此，无论被积函数以什么形式给出，只要近似计算出相应曲边梯形的面积，就可以求出式（8.1.1）的近似值，这就是数值积分的基本思想。

矩形法：用分点 $a=x_0<x_1<\cdots<x_n=b$，将区间 $[a,b]$ 进行划分，记为
$$\Delta x_i = x_{i+1}-x_i,\ f(x_i)=f_i$$

若取 f_i 为 $[x_i,x_{i+1}]$ 内矩形的高，则得左矩形求积公式：
$$I(f)=\int_a^b f(x)\mathrm{d}x \approx \Delta x_0 f_0 + \Delta x_1 f_1 + \cdots + \Delta x_{n-1} f_{n-1} + 0 f_n$$

若取 f_{i+1} 为 $[x_i,x_{i+1}]$ 内矩形的高，则得右矩形求积公式：
$$I(f)=\int_a^b f(x)\mathrm{d}x \approx 0 f_0 + \Delta x_0 f_1 + \Delta x_1 f_2 + \cdots + \Delta x_{n-1} f_n$$

取上两式的平均值，得梯形求积公式：
$$I(f)=\int_a^b f(x)\mathrm{d}x \approx \frac{\Delta x_0}{2}f_0 + \frac{\Delta x_0+\Delta x_1}{2}f_1 + \cdots + \frac{\Delta x_{n-2}+\Delta x_{n-1}}{2}f_{n-1} + \frac{\Delta x_{n-1}}{2}f_n$$

上述三个公式的共同特点是将定积分的计算转换为计算各点函数值的线性组合，只是各点函数值的系数不同而已。一般地，在 $[a,b]$ 内适当选取 $n+1$ 个节点 $x_i (i=0,1,\cdots,n)$，然后用 $f(x_i)$ 的线性组合作为定积分的近似值。所以，数值求积公式的一般形式为

$$I(f)=\int_a^b f(x)\mathrm{d}x \approx \sum_{i=0}^n A_i f(x_i) = I_n(f) \tag{8.1.3}$$

式（8.1.3）中，x_i 称为求积节点，A_i 称为求积系数，A_i 的值仅与节点 x_i 的选取有关，而不依赖于被积函数 $f(x)$，因此式（8.1.3）具有通用性。其特点是，直接用一些离散节点上的函数值 $f(x_i)$ 的线性组合来计算定积分的近似值，从而将定积分的计算归纳为函数值的计算，这就避开了式（8.1.2）中需要求原函数的困难，并为编程求积分的近似值提供了可行性。

8.1.3 代数精度

式（8.1.3）是近似求积方法。为了保证计算精度，自然希望所提供的求积公式对于"尽可能多"的函数是精确的，这就提出了代数精度的概念。

定义 8.1.1（代数精度） 若式（8.1.3）对被积函数 $f(x)=1,x,\cdots,x^m$ 都能精确成立，而对被积函数 $f(x)=x^{m+1}$ 不能精确成立，则称式（8.1.3）具有 m 次代数精度。

一般地，要使式（8.1.3）具有 n 次代数精度，只要令它对 $f(x)=1,x,x^2,\cdots,x^n$ 都精确成立，也就是说，对给定 $n+1$ 个互异节点 $x_i(i=0,1,\cdots,n)$，相应的求积系数 A_i 满足以下条件：

$$\begin{cases} A_0+A_1+\cdots+A_n = b-a \\ A_0 x_0 + A_1 x_1 + \cdots + A_n x_n = \dfrac{b^2-a^2}{2} \\ A_0 x_0^n + A_1 x_1^n + \cdots + A_n x_n^n = \dfrac{b^{n+1}-a^{n+1}}{n+1} \end{cases} \tag{8.1.4}$$

式（8.1.4）的求积系数行列式是范德蒙行列式，当 $x_i(i=0,1,\cdots n)$ 互异时，其值非零（参

见例 2.3.3）。利用克莱姆法则可以唯一地求出 $A_i(i=0,1,\cdots,n)$，进而可以构造出式（8.1.3），于是，有如下结论。

定理 8.1.1 对任意给定的 $n+1$ 个互异节点 $x_i(i=0,1,\cdots,n)$，总存在相应的求积系数 $A_i(i=0,1,\cdots,n)$，使得式（8.1.3）至少具有 n 次代数精度。

例 8.1.1 证明：求积公式

$$\int_{-1}^{1} f(x)\mathrm{d}x \approx \frac{1}{9}\left[5f(\sqrt{0.6})+8f(0)+5f(-\sqrt{0.6})\right]$$

对次数不高于 5 次的多项式精确成立。

证明 由于求积公式中求积系数与节点全部给定，因此可直接将 $f(x)=1,x,x^2,x^3,x^4,x^5$ 代入验证。因为

$$2 = \int_{-1}^{1} 1\mathrm{d}x = \frac{1}{9}\left[5\times 1+8\times 1+5\times 1\right] = 2$$

$$0 = \int_{-1}^{1} x\mathrm{d}x = \frac{1}{9}\left[5\times\sqrt{0.6}+8\times 0+5\times(-\sqrt{0.6})\right] = 0$$

$$\frac{2}{3} = \int_{-1}^{1} x^2\mathrm{d}x = \frac{1}{9}\left[5\times(\sqrt{0.6})^2+8\times 0^2+5\times(-\sqrt{0.6})^2\right] = \frac{2}{3}$$

$$0 = \int_{-1}^{1} x^3\mathrm{d}x = \frac{1}{9}\left[5\times(\sqrt{0.6})^3+8\times 0^3+5\times(-\sqrt{0.6})^3\right] = 0$$

$$\frac{2}{5} = \int_{-1}^{1} x^4\mathrm{d}x = \frac{1}{9}\left[5\times(\sqrt{0.6})^4+8\times 0^4+5\times(-\sqrt{0.6})^4\right] = \frac{2}{5}$$

$$0 = \int_{-1}^{1} x^5\mathrm{d}x = \frac{1}{9}\left[5\times(\sqrt{0.6})^5+8\times 0^5+5\times(-\sqrt{0.6})^5\right] = 0$$

所以求积公式 $\int_{-1}^{1} f(x)\mathrm{d}x \approx \frac{1}{9}\left[5f(\sqrt{0.6})+8f(0)+5f(-\sqrt{0.6})\right]$ 对次数不高于 5 次的多项式精确成立。

例 8.1.2 设有求积公式

$$\int_{-1}^{1} f(x)\mathrm{d}x = A_0 f(-1)+A_1 f(0)+A_2 f(1)$$

试确定求积系数 A_0、A_1 和 A_2，使上述公式的代数精度尽可能高，并指出该求积公式所具有的代数精度。

解 令求积公式依次对 $f(x)=1,x,x^2$ 都精确成立，即求积系数 A_0、A_1 和 A_2 满足以下条件：

$$\begin{cases} A_0+A_1+A_2 = 2 \\ -A_0+A_2 = 0 \\ A_0+A_2 = \dfrac{2}{3} \end{cases}$$

解得

$$A_0 = \frac{1}{3},\ A_1 = \frac{4}{3},\ A_2 = \frac{1}{3}$$

因此，该求积公式为

$$\int_{-1}^{1} f(x)\mathrm{d}x = \frac{1}{3}f(-1)+\frac{4}{3}f(0)+\frac{1}{3}f(1)$$

不难验证，该求积公式对 $f(x)=x^3$ 也精确成立，但对 $f(x)=x^4$，求积公式不能精确成立，因此，该求积公式具有 3 次代数精度。

8.1.4 插值型求积公式

用式（8.1.4）的方法构造式（8.1.3），计算量非常大，现在，用插值多项式来构造式（8.1.3）。
设 $f(x)$ 在互异节点 x_i ($i=0,1,2,\cdots,n$) 处的函数值为 $f(x_i)$ ($i=0,1,2,\cdots,n$)，则可构造拉格朗日插值多项式：

$$L_n(x) = \sum_{i=0}^{n} l_i(x) f(x_i) = \sum_{i=0}^{n} \left(\prod_{\substack{j=0 \\ j \neq i}}^{n} \frac{x-x_j}{x_i-x_j} \right) f(x_i)$$

由于代数插值多项式 $L_n(x)$ 的原函数容易求出，因此可取

$$\int_a^b f(x) dx \approx \int_a^b L_n(x) dx = \int_a^b \sum_{i=0}^{n} l_i(x) f(x_i) dx = \sum_{i=0}^{n} \left(\int_a^b l_i(x) dx \right) f(x_i)$$

于是得求积公式

$$I(f) = \int_a^b f(x) dx \approx \sum_{i=0}^{n} A_i f(x_i) \tag{8.1.5}$$

式中，

$$A_i = \int_a^b l_i(x) dx = \int_a^b \prod_{\substack{j=0 \\ j \neq i}}^{n} \frac{x-x_j}{x_i-x_j} dx \tag{8.1.6}$$

由式（8.1.6）确定的式（8.1.5）称为插值型求积公式，其余项为

$$R(f) = \int_a^b \frac{f^{(n+1)}(\xi)}{(n+1)!} \prod_{j=0}^{n}(x-x_j) dx \tag{8.1.7}$$

当被积函数 $f(x)$ 取次数不超过 n 次的多项式时，因为 $f^{n+1}(x)=0$，所以余项 $R(f) \equiv 0$，这说明式（8.1.5）对一切次数不超过 n 次的多项式都精确成立，所以含有 $n+1$ 个互异节点 x_i ($i=0,1,2,\cdots,n$) 的插值型求积公式至少具有 n 次代数精度。

反之，如果式（8.1.5）至少有 n 次代数精度，则它对 n 次插值基函数 $l_i(x)$ 也精确成立，即有

$$\int_a^b l_i(x) dx = \sum_{j=0}^{n} A_j l_i(x_j) = A_i$$

因而式（8.1.6）成立，这说明至少具有 n 次代数精度的求积公式必为插值型的。

综上所述，有如下结论。

定理 8.1.2 式（8.1.3）为插值型求积公式的充分必要条件是它至少具有 n 次代数精度。

例 8.1.3 已知 $x_0 = \frac{1}{4}$，$x_1 = \frac{1}{2}$，$x_2 = \frac{3}{4}$，要求：

（1）推导以这 3 个点作为求积节点在 $[0,1]$ 内的插值型求积公式。
（2）指明所求公式具有的代数精度。
（3）用所求公式计算 $\int_0^1 x^3 dx$。

解 （1）过这 3 个点的插值多项式为

$$p_2(x) = \frac{(x-x_1)(x-x_2)}{(x_0-x_1)(x_0-x_2)} f(x_0) + \frac{(x-x_0)(x-x_2)}{(x_1-x_0)(x_1-x_2)} f(x_1) + \frac{(x-x_0)(x-x_1)}{(x_2-x_0)(x_2-x_1)} f(x_2)$$

故

$$\int_0^1 f(x) dx \approx \int_0^1 p_2(x) dx = \sum_{k=0}^{2} A_k f(x_k)$$

式中，

$$A_0 = \int_0^1 \frac{(x-x_1)(x-x_2)}{(x_0-x_1)(x_0-x_2)}dx = \int_0^1 \frac{\left(x-\frac{1}{2}\right)\left(x-\frac{3}{4}\right)}{\left(\frac{1}{4}-\frac{1}{2}\right)\left(\frac{1}{4}-\frac{3}{4}\right)}dx = \frac{2}{3}$$

$$A_1 = \int_0^1 \frac{(x-x_0)(x-x_2)}{(x_1-x_0)(x_1-x_2)}dx = \int_0^1 \frac{\left(x-\frac{1}{4}\right)\left(x-\frac{3}{4}\right)}{\left(\frac{1}{2}-\frac{1}{4}\right)\left(\frac{1}{2}-\frac{3}{4}\right)}dx = -\frac{1}{3}$$

$$A_2 = \int_0^1 \frac{(x-x_0)(x-x_1)}{(x_2-x_0)(x_2-x_1)}dx = \int_0^1 \frac{\left(x-\frac{1}{4}\right)\left(x-\frac{1}{2}\right)}{\left(\frac{3}{4}-\frac{1}{4}\right)\left(\frac{3}{4}-\frac{1}{2}\right)}dx = \frac{2}{3}$$

故所求的插值型求积公式为

$$\int_0^1 f(x)dx \approx \frac{1}{3}\left[2f\left(\frac{1}{4}\right) - f\left(\frac{1}{2}\right) + 2f\left(\frac{3}{4}\right)\right]$$

（2）上述公式是对二次插值函数积分而来的，故至少具有 2 次代数精度。再将 $f(x) = x^3, x^4$ 分别代入上述公式：

$$\frac{1}{4} = \int_0^1 x^3 dx = \frac{1}{3}\left[2\left(\frac{1}{4}\right)^3 - \left(\frac{1}{2}\right)^3 + 2\left(\frac{3}{4}\right)^3\right] = \frac{1}{4}$$

$$\frac{1}{5} = \int_0^1 x^4 dx \neq \frac{1}{3}\left[2\left(\frac{1}{4}\right)^4 - \left(\frac{1}{2}\right)^4 + 2\left(\frac{3}{4}\right)^4\right]$$

故上述公式具有 3 次代数精度。

（3）
$$\int_0^1 x^3 dx = \frac{1}{3}\left[2\left(\frac{1}{4}\right)^3 - \left(\frac{1}{2}\right)^3 + 2\left(\frac{3}{4}\right)^3\right] = \frac{1}{4}$$

由于该公式具有 3 次代数精度，因此 $\frac{1}{4}$ 为 $\int_0^1 x^3 dx$ 的精确值。

8.2 牛顿-柯特斯求积公式

8.2.1 牛顿-柯特斯求积公式的导出

对积分区间 $[a,b]$ 进行 n 等分，记步长 $h = \frac{b-a}{n}$，求积节点 x_i 为等距节点 $x_i = a + ih$（$i = 0,1,2,\cdots,n$），且对应函数值 $f(x_i)$ 已知，则以这些等距节点为插值节点所导出的插值型求积公式称为牛顿-柯特斯（Newton-Cotes）求积公式，也可简称为 N-C 公式。

为简化计算，在等距节点下，将式（8.1.5）改写为

$$I(f) = \int_a^b f(x)dx \approx (b-a)\sum_{i=0}^n C_i^{(n)} f(x_i) \tag{8.2.1}$$

比较式（8.2.1）与式（8.1.5），得

$$C_i^{(n)} = \frac{A_i}{b-a} = \frac{1}{b-a}\int_a^b \prod_{\substack{j=0 \\ j \neq i}}^n \frac{x-x_j}{x_i-x_j}dx$$

为进一步简化计算，做变换 $x=a+th$，则有
$$\mathrm{d}x = h\mathrm{d}t, \quad x-x_j=(t-j)h, \quad x_i-x_j=(i-j)h$$

从而有
$$C_i^{(n)} = \frac{1}{b-a}\int_a^b \frac{(x-x_0)(x-x_1)\cdots(x-x_{i-1})(x-x_{i+1})\cdots(x-x_n)}{(x_i-x_0)(x_i-x_1)\cdots(x_i-x_{i-1})(x_i-x_{i+1})\cdots(x_i-x_n)}\mathrm{d}x$$
$$= \frac{h}{b-a}\int_0^n \frac{t(t-1)\cdots(t-i+1)(t-i-1)\cdots(t-n)h^n}{i(i-1)\cdots 2\times 1\times(-1)(-2)\cdots(-(n-i))h^n}\mathrm{d}t$$
$$= \frac{(-1)^{n-i}}{ni!(n-i)!}\int_0^n t(t-1)\cdots(t-i+1)(t-i-1)\cdots(t-n)\mathrm{d}t$$

即
$$C_i^{(n)} = \frac{(-1)^{n-i}}{ni!(n-i)!}\int_0^n \prod_{\substack{j=0 \\ j\neq i}}^n (t-j)\mathrm{d}t \tag{8.2.2}$$

满足等距节点条件的式（8.2.1）称为 n 阶牛顿-柯特斯求积公式。式（8.2.2）称为柯特斯系数。从式（8.2.2）可以看出，柯特斯系数 $C_i^{(n)}$ 只依赖于积分区间 $[a,b]$ 的等分数 n，它与积分区间 $[a,b]$ 和被积函数 $f(x)$ 都无关。因此，只要给出等分数 n，就能算出 $C_i^{(n)}$，从而写出相应的牛顿-柯特斯求积公式。表 8.2.1 列出了 $n=1\sim 8$ 的柯特斯系数，从中可以看出，当 $n=8$ 时，柯特斯系数中出现了负值，稳定性得不到保证，所以一般采用 $n\leqslant 4$ 的牛顿-柯特斯求积公式。

从表 8.2.1 还可以看出，柯特斯系数对称，并且其代数和为 1。

实际上，由于式（8.2.1）具有 n 次代数精度，特别取 $f(x)=1$，因此得
$$b-a = \int_a^b 1\mathrm{d}x = (b-a)\sum_{i=0}^n C_i^{(n)}\times 1$$

从而有
$$\sum_{i=0}^n C_i^{(n)} = 1$$

表 8.2.1 柯特斯系数

n	$C_i^{(n)}$								
1	$\frac{1}{2}$	$\frac{1}{2}$							
2	$\frac{1}{6}$	$\frac{2}{3}$	$\frac{1}{6}$						
3	$\frac{1}{8}$	$\frac{3}{8}$	$\frac{3}{8}$	$\frac{1}{8}$					
4	$\frac{7}{90}$	$\frac{16}{45}$	$\frac{2}{15}$	$\frac{16}{45}$	$\frac{7}{90}$				
5	$\frac{19}{288}$	$\frac{25}{96}$	$\frac{25}{144}$	$\frac{25}{144}$	$\frac{25}{96}$	$\frac{19}{288}$			
6	$\frac{41}{840}$	$\frac{9}{35}$	$\frac{9}{280}$	$\frac{34}{105}$	$\frac{9}{280}$	$\frac{9}{35}$	$\frac{41}{840}$		
7	$\frac{751}{17280}$	$\frac{3577}{17280}$	$\frac{1323}{17280}$	$\frac{2989}{17280}$	$\frac{2989}{17280}$	$\frac{1323}{17280}$	$\frac{3577}{17280}$	$\frac{751}{17280}$	
8	$\frac{989}{28350}$	$\frac{5888}{28350}$	$\frac{-928}{28350}$	$\frac{10496}{28350}$	$\frac{-4540}{28350}$	$\frac{10496}{28350}$	$\frac{-928}{28350}$	$\frac{5888}{28350}$	$\frac{989}{28350}$

下面证明柯特斯系数的对称性。

由式（8.2.2）可得

$$C_{(n-i)}^{(n)} = \frac{(-1)^i}{ni!(n-i)!} \int_0^n \prod_{\substack{j=0 \\ j\neq n-i}}^n (t-j) \mathrm{d}t$$

做变换 $t = n-s$，则 $\mathrm{d}t = -\mathrm{d}s$。当 $t=0$ 时，$s=n$；当 $t=n$ 时，$s=0$。

$$t - j = n - s - j = -(s-(n-j))$$

因此

$$C_{(n-i)}^{(n)} = \frac{(-1)^i}{ni!(n-i)!} \int_n^0 \prod_{\substack{j=0 \\ j\neq n-i}}^n (-(s-(n-j)))(-1)\mathrm{d}s = \frac{(-1)^i(-1)^n}{ni!(n-i)!} \int_0^n \prod_{\substack{j=0 \\ j\neq n-i}}^n (s-(n-j))\mathrm{d}s$$

再令 $n-j=m$，在上式的连乘中，j 从 0 到 n，则 m 也从 0 到 n，$j \neq n-i$ 时，$m \neq i$。

所以

$$C_{(n-i)}^{(n)} = \frac{(-1)^{n+i}}{ni!(n-i)!} \int_0^n \prod_{\substack{m=0 \\ m\neq i}}^n (s-m)\mathrm{d}s$$

由于 $n+i$ 与 $n-i$ 的奇偶性相同，$(-1)^{n+i} = (-1)^{n-i}$，因此 $C_{(n-i)}^{(n)} = C_i^{(n)}$。证毕。

当 $n=1$ 时，利用式（8.2.2）可求出 $C_0^{(1)} = C_1^{(1)} = \frac{1}{2}$，此时，求积公式为

$$I(f) \approx T = \frac{b-a}{2}\left[f(a) + f(b)\right] \quad (8.2.3)$$

式（8.2.3）称为梯形求积公式，用 T 表示。

当 $n=2$ 时，利用式（8.2.2）可求出 $C_0^{(2)} = \frac{1}{6}$，$C_1^{(2)} = \frac{4}{6}$，$C_2^{(2)} = \frac{1}{6}$，求积公式为

$$I(f) \approx S = \frac{b-a}{6}\left[f(a) + 4f\left(\frac{b+a}{2}\right) + f(b)\right] \quad (8.2.4)$$

式（8.2.4）称为抛物线求积公式或辛普生（Simpson）求积公式，用 S 表示。

同理，可求出当 $n=4$ 时的牛顿-柯特斯求积公式为

$$I(f) \approx C = \frac{b-a}{90}\left[7f(x_0) + 32f(x_1) + 12f(x_2) + 32f(x_3) + 7f(x_4)\right] \quad (8.2.5)$$

式（8.2.5）称为柯特斯求积公式，用 C 表示，式中，$x_i = a+ih$（$i=0,1,2,3,4$），$h = \frac{b-a}{4}$。

式（8.2.1）是在等距节点条件下的插值型求积公式，因此，至少具有 n 次代数精度。但当 n 为偶数时，此公式却可以达到 $n+1$ 次代数精度。

定理 8.2.1 对 n 阶牛顿-柯特斯求积公式，当 n 为奇数时，它至少具有 n 次代数精度；当 n 为偶数时，它却可以达到 $n+1$ 次代数精度。

证明 （只证明 n 为偶数的情形）设被积函数 $f(x) = x^{n+1}$（n 为偶数），由于 $f^{(n+1)}(x) = (n+1)!$，此时，求积公式的余项为

$$R(f) = \int_a^b \frac{f^{(n+1)}(\xi)}{(n+1)!} \prod_{j=0}^n (x-x_j)\mathrm{d}x = \int_a^b \prod_{j=0}^n (x-x_j)\mathrm{d}x$$

做变换 $x = a+th$，$x_j = a+jh$，于是有

$$R(f) = h^{n+2}\int_0^n \prod_{j=0}^n (t-j)\mathrm{d}t$$

又因为 n 为偶数,可设 $n=2k$(k 为正整数)并做变换 $t=s+k$,所以有

$$R(f) = h^{2k+2} \int_{-k}^{k} \prod_{j=0}^{2k}(s+k-j)\mathrm{d}s$$

上式右端积分中的被积函数是关于 s 的函数,设为 $G(s)$,即

$$G(s) = \prod_{j=0}^{2k}(s+k-j) = (s+k)(s+k-1)\cdots s(s-1)\cdots(s-k+1)(s-k)$$

$$= \prod_{j=-k}^{k}(s-j)$$

而

$$G(-s) = \prod_{j=-k}^{k}(-s-j) = (-1)^{2k+1}\prod_{j=-k}^{k}(s+j) = -(s-k)(s-k+1)\cdots(s-1)s(s+1)\cdots(s+k+1)(s+k)$$

$$= -\prod_{j=-k}^{k}(s-j) = -G(s)$$

因此,被积函数 $G(s)$ 是奇函数,它在对称区间 $[-k,k]$ 内的定积分为 0,从而有 $R(f)=0$。即当 n 为偶数时,式(8.2.1)对被积函数 $f(x)=x^{n+1}$ 的余项为 0,所以式(8.2.1)对 $f(x)=x^{n+1}$ 精确成立,因此式(8.2.1)的代数精度至少为 $n+1$ 次。证毕。

由定理 8.2.1 可知,梯形求积公式(8.2.3)具有 1 次代数精度,辛普生求积公式(8.2.4)具有 3 次代数精度,柯特斯求积公式(8.2.5)具有 5 次代数精度。

例 8.2.1 验证辛普生求积公式:

$$\int_a^b f(x)\mathrm{d}x \approx \frac{b-a}{6}\left[f(a)+4f\left(\frac{a+b}{2}\right)+f(b)\right]$$

和柯特斯求积公式:

$$\int_a^b f(x)\mathrm{d}x \approx \frac{b-a}{90}\left[7f(x_0)+32f(x_1)+12f(x_2)+32f(x_3)+7f(x_4)\right]$$

$$(x_i = a+i\frac{b-a}{4},\ i=0,1,2,3,4)$$

分别具有 3 阶代数精度和 5 阶代数精度。

解 令 $x = \frac{b+a}{2} + t\frac{b-a}{2}$,则辛普生求积公式和柯特斯求积公式分别简化为

$$\int_{-1}^{1} f(x)\mathrm{d}x \approx \frac{1}{3}\left[f(-1)+4f(0)+f(1)\right]$$

$$\int_{-1}^{1} f(x)\mathrm{d}x \approx \frac{1}{45}\left[7f(-1)+32f\left(-\frac{1}{2}\right)+12f(0)+32f\left(\frac{1}{2}\right)+7f(1)\right]$$

可直接将 $f(x)=1,t,t^2,t^3,t^4,t^5$ 代入进行验证,利用对称性,容易检验这两个求积公式的代数精度分别为 3 次和 5 次。

8.2.2 牛顿-柯特斯求积公式的误差估计

牛顿-柯特斯求积公式的余项可用式(8.1.7)表示,当 $n=1$ 时,用 T_1 表示梯形求积公式,其含义见 8.3.1 节,有

$$R_1(f) = I(f) - T_1 = \frac{1}{2}\int_a^b f''(\xi)(x-a)(x-b)\mathrm{d}x$$

由于 $(x-a)(x-b) \leq 0$，在 $[a,b]$ 内不变号，因此由定理 2.1.8 可知，存在 $\eta \in (a,b)$，使

$$R_1(f) = \frac{f''(\eta)}{2}\int_a^b (x-a)(x-b)\mathrm{d}x = -\frac{f''(\eta)}{12}(b-a)^3 \quad (\eta \in (a,b)) \tag{8.2.6}$$

式（8.2.6）为梯形求积公式（8.2.3）的截断误差。

当 $n=2$ 时，有

$$R_2(f) = \int_a^b \frac{f'''(\xi)}{3!}(x-a)\left(x-\frac{a+b}{2}\right)(x-b)\mathrm{d}x$$

由于 $(x-a)\left(x-\frac{a+b}{2}\right)(x-b)$ 在区间 $[a,b]$ 内不保号，即符号可正可负，故不能直接应用定理 2.1.8。但因为辛普生求积公式（8.2.4）具有 3 次代数精度，它对满足条件

$$\begin{cases} H(a) = f(a), & H(b) = f(b) \\ H(c) = f(c), & H'(c) = f'(c) \end{cases} \quad \left(c = \frac{a+b}{2}\right) \tag{8.2.7}$$

的 3 次插值多项式 $H(x)$ 能精确成立，所以有

$$\int_a^b H(x)\mathrm{d}x = \frac{b-a}{6}[H(a) + 4H(c) + H(b)]$$

而利用插值条件式（8.2.7）可知，积分值 $\int_a^b H(x)\mathrm{d}x$ 实际上等于辛普生求积公式（S_1 的含义见 8.3.2 节）求得的积分值，从而有

$$R_2(f) = I(f) - S_1 = \int_a^b [f(x) - H(x)]\mathrm{d}x$$

再利用埃尔米特插值的余项公式得

$$R_2(f) = \int_a^b \frac{f^4(\xi)}{4}(x-a)(x-c)^2(x-b)\mathrm{d}x$$

由于 $(x-a)(x-c)^2(x-b)$ 在 $[a,b]$ 内保号（非正），因此利用积分中值定理得到

$$\begin{aligned} R_2(f) &= \frac{f^{(4)}(\eta)}{4!}\int_a^b (x-a)(x-c)^2(x-b)\mathrm{d}x \\ &= -\frac{b-a}{180}\left(\frac{b-a}{2}\right)^4 f^{(4)}(\eta) \quad (\eta \in (a,b)) \end{aligned} \tag{8.2.8}$$

式（8.2.8）为辛普生求积公式（8.2.4）的截断误差。

利用类似的方法，可以求出柯特斯求积公式（8.2.5）的截断误差为

$$R_4(f) = I(f) - C_1 = -\frac{2(b-a)}{945}\left(\frac{b-a}{4}\right)^6 f^{(6)}(\eta) \quad (\eta \in (a,b)) \tag{8.2.9}$$

C_1 为 $n=1$ 时的柯特斯求积公式。

例 8.2.2 如果 $f''(x) > 0$，证明用梯形求积公式计算积分 $I = \int_a^b f(x)\mathrm{d}x$ 所得结果比精确值大，并说明其几何意义。

证明 由梯形求积公式的余项

$$R(f) = -\frac{(b-a)^3}{12}f''(\eta) \quad (\eta \in (a,b))$$

可知，若 $f''(x) > 0$，则 $R(f) < 0$，从而

$$\int_a^b f(x)\mathrm{d}x = T + R(f) < T$$

即用梯形求积公式计算积分所得结果比精确值大。其几何意义为 $f''(x) > 0$，故 $f(x)$ 为下凸函数，

梯形面积大于曲边梯形面积。

现在，讨论牛顿-柯特斯求积公式的稳定性和收敛性的问题。

稳定性问题就是研究以下积分和式：

$$I_n(f) = (b-a)\sum_{i=0}^{n}\left[C_i^{(n)}f(x_i)\right]$$

当 $f(x_i)$ 有误差 δ_i 时，$I_n(f)$ 的误差是否增长。

现设 $f(x_i) \approx \tilde{f}_i$，误差 $\delta_i = \left|f(x_i) - \tilde{f}_i\right|$ ($i = 0,1,2,\cdots,n$)。

定义8.2.1(数值稳定性) 对任意 $\varepsilon>0$，若存在 $\delta>0$，只要 $\delta_i = \left|f(x_i) - \tilde{f}_i\right| \leqslant \delta$ ($i = 0,1,2,\cdots,n$)，就有

$$\left|I_n(f) - I_n(\tilde{f})\right| \leqslant \varepsilon$$

则称 n 阶牛顿-柯特斯求积公式（8.2.1）是数值稳定的。

定义8.2.1表明，只要被积函数 $f(x)$ 的误差 δ_i 充分小，$I_n(f)$ 的误差就任意小，这说明式(8.2.1)就是数值稳定的。

定理8.2.2 若 n 阶牛顿-柯特斯求积公式（8.2.1）的柯特斯系数 $C_i^{(n)}>0$ ($i=0,1,2,\cdots,n$)，则该公式是稳定的。

证明 由于

$$C_i^{(n)} > 0 \quad (i = 0,1,2,\cdots,0)$$

$$\left|f(x_i) - \tilde{f}\right| \leqslant \delta \quad (i = 0,1,2,\cdots,n)$$

故有

$$\left|I_n(f) - I_n(\tilde{f})\right| = \left|(b-a)\sum_{i=0}^{n}[C_i^{(n)}(f(x_i)-\tilde{f}_i)]\right| \leqslant \delta(b-a)\sum_{i=0}^{n}C_i^{(n)} = \delta(b-a)$$

于是，对任意的 $\varepsilon>0$，存在 $\delta = \dfrac{\varepsilon}{b-a}$，只要 $\delta_i = \left|f(x_i) - \tilde{f}_i\right| \leqslant \delta$，就有

$$\left|I_n(f) - I_n(\tilde{f})\right| \leqslant \delta(b-a) \leqslant \varepsilon$$

故 n 阶牛顿-柯特斯求积公式（8.2.1）是数值稳定的。

从表8.2.1可以看出，当 $n \geqslant 8$ 时，柯特斯系数中出现了负值，此时 n 阶牛顿-柯特斯求积公式是不稳定的。另外，可以证明，并非一切连续函数 $f(x)$，当 $n \to \infty$ 时，都有 $R_n(f) \to 0$，即 n 阶牛顿-柯特斯求积公式的收敛性没有保证。因此，在实际计算时，很少使用高阶的牛顿-柯特斯求积公式。

8.3 复合求积公式

从梯形求积公式、辛普生求积公式和柯特斯求积公式的截断误差，即式（8.2.6）、式（8.2.8）和式（8.2.9）可以看出，数值求积公式的误差除与被积函数有关外，还与积分区间的长度 $(b-a)$ 有关。积分区间越小，求积公式的截断误差也就越小。因此，在求积分时，常把积分区间等分成若干小区间，在每个小区间内采用次数不高的求积公式，如梯形求积公式、辛普生求积公式，然后再把它们加起来，得到整个区间内的求积公式，这就是复合求积公式的基本思想。

8.3.1 复合梯形求积公式

将 $[a,b]$ 区间 n 等分，记分点为

$$x_i = a + ih \quad (h = \frac{b-a}{n}, \quad i = 0,1,\cdots,n)$$

并在每个小区间 $[x_i, x_{i+1}]$ 内应用梯形求积公式（8.2.3），得

$$\int_a^b f(x)\mathrm{d}x = \sum_{i=0}^{n-1}\int_{x_i}^{x_{i+1}} f(x)\mathrm{d}x \approx \sum_{i=0}^{n-1} \frac{h}{2}\left[f(x_i) + f(x_{i+1})\right]$$

$$= \frac{h}{2}\left[f(a) + 2\sum_{i=1}^{n-1} f(x_i) + f(b)\right]$$

记为

$$T_n = \frac{h}{2}\left[f(a) + 2\sum_{i=1}^{n-1} f(x_i) + f(b)\right] \tag{8.3.1}$$

式（8.3.1）称为复合梯形求积公式，下标 n 表示将区间 n 等分。若将区间 $2n$ 等分，在每个小区间内仍用梯形求积公式，则可以得到 T_{2n}。T_n 与 T_{2n} 之间的关系为

$$T_{2n} = \frac{1}{2}(T_n + H_n) \tag{8.3.2}$$

式中，$H_n = h\sum_{i=1}^{n} f\left(x_{i+\frac{1}{2}}\right)$，$x_{i+\frac{1}{2}}$ 为 $[x_i, x_{i+1}]$ 的中点，即 $x_{i+\frac{1}{2}} = x_i + \frac{1}{2}h$，根据定积分的定义可知

$$\lim_{\substack{n \to \infty \\ h \to 0}} T_n = \lim_{h \to 0} \frac{1}{2}\left[\sum_{i=0}^{n-1} f(x_i)h + \sum_{i=1}^{n} f(x_i)h\right] = \int_a^b f(x)\mathrm{d}x = I(f)$$

故复合梯形求积公式（8.3.1）是收敛的，且式中的求积系数大于 0，记为 $A_i > 0$（$i = 0,1,2,\cdots,n$），因此该式也是稳定的。

复合梯形求积公式（8.3.1）的截断误差可由式（8.2.6）得到

$$R_n(f) = I(f) - T_n = \sum_{i=0}^{n-1}\left[-\frac{h^3}{12}f''(\eta_i)\right]$$

$$= -\frac{h^2}{12}(b-a)\frac{1}{n}\sum_{i=0}^{n-1} f''(\eta_i) \quad (\eta_i \in (x_i, x_{i+1}))$$

设 $f''(x)$ 在 $[a,b]$ 内连续，根据连续函数的性质，函数 $f(x)$ 在 $[a,b]$ 内必有一点 η，使

$$f''(\eta) = \frac{1}{n}\sum_{i=0}^{n-1} f''(\eta_i)$$

于是有

$$R_n(f) = -\frac{b-a}{12}h^2 f''(\eta) \quad (\eta \in (a,b)) \tag{8.3.3}$$

式（8.3.3）称为复合梯形求积公式的截断误差，误差阶为 $R_n(f) = O(h^2)$。

8.3.2 复合辛普生求积公式

在每个小区间 $[x_i, x_{i+1}]$ 内，用辛普生求积公式（8.2.4）得

$$\int_a^b f(x)\mathrm{d}x = \sum_{i=0}^{n-1}\frac{h}{6}\left[f(x_i)+4f\left(x_{i+\frac{1}{2}}\right)+f(x_{i+1})\right]$$

$$=\frac{h}{6}\left[f(a)+4\sum_{i=0}^{n-1}f\left(x_{i+\frac{1}{2}}\right)+2\sum_{i=1}^{n-1}f(x_i)+f(b)\right]$$

记为

$$S_n=\frac{h}{6}\left[f(a)+4\sum_{i=0}^{n-1}f\left(x_{i+\frac{1}{2}}\right)+2\sum_{i=1}^{n-1}f(x_i)+f(b)\right] \tag{8.3.4}$$

式中，$x_{i+\frac{1}{2}}$ 为 $[x_i,x_{i+1}]$ 的中点，即 $x_{i+\frac{1}{2}}=x_i+\frac{1}{2}h$。

式（8.3.4）称为复合辛普生求积公式，其余项可由式（8.2.8）得到

$$R_n(f)=I(f)-S_n=-\frac{h}{180}\left(\frac{h}{2}\right)^4\sum_{i=0}^{n-1}f^{(4)}(\eta_i) \quad (\eta_i\in(x_i,x_{i+1}))$$

$$=-\frac{b-a}{180}\left(\frac{h}{2}\right)^4 f^{(4)}(\eta) \quad (\eta\in(a,b))$$

记为

$$R_n(f)=-\frac{b-a}{180}\left(\frac{h}{2}\right)^4 f^{(4)}(\eta) \quad (\eta\in(a,b)) \tag{8.3.5}$$

式（8.3.5）为复合辛普生求积公式的截断误差，误差阶为 $O(h^4)$。

可以证明：

$$\lim_{n\to\infty}S_n=\int_a^b f(x)\mathrm{d}x$$

这说明式（8.3.4）是收敛的，并且由于式（8.3.4）中的求积系数大于 0，记为 $A_i>0$（$i=0,1,2,\cdots,n$），因此式（8.3.4）也是稳定的。

例 8.3.1 用 $n=8$ 的复合梯形求积公式及 $n=4$ 的复合辛普生求积公式，计算积分 $I_n(f)=\int_0^1\frac{\sin x}{x}\mathrm{d}x$，并估计误差（7 位有效数字的近似值 $I=0.9460831$）。

解 首先计算出所需各节点的函数值，当 $n=8$ 时，$h=\frac{1}{8}=0.125$，各点函数值见表 8.3.1。

由式（8.3.1）得

表 8.3.1 各点函数值

k	x_k	$f(x_k)$
0	0	1.000 000 0
1	0.125	0.997 397 8
2	0.25	0.989 615 8
3	0.375	0.976 726 7
4	0.5	0.958 851 0
5	0.625	0.936 155 6
6	0.75	0.908 851 6
7	0.875	0.877 192 5
8	1	0.841 470 9

$$T_8=\frac{1}{16}\left(f(0)+2\sum_{i=1}^7 f(x_i)+f(1)\right)=0.94569081$$

由式（8.3.4）得

$$S_4=\frac{1}{24}[f(0)+f(1)+2(f(0.25)+f(0.5)+f(0.75))+$$
$$4(f(0.125)+f(0.375)+f(0.625)+f(0.875))]$$
$$=0.94608325$$

为了估计误差，需要求 $f(x)=\frac{\sin x}{x}$ 的高阶导数。由于

$$f(x)=\frac{\sin x}{x}=\int_0^1 \cos(xt)\mathrm{d}t$$

因此

$$f^{(n)} = \int_0^1 \frac{d^n}{dx^n}\cos(xt)dt = \int_0^1 t^n \cos\left(xt + \frac{n\pi}{2}\right)dt$$

所以

$$\left|f^{(n)}(x)\right| \leq \int_0^1 t^n \left|\cos\left(xt + \frac{n\pi}{2}\right)\right|dt \leq \int_0^1 t^n dt = \frac{1}{n+1}$$

对复合梯形求积公式，由式（8.3.3）得

$$R_8(f) = |I(f) - T_8| = \left|-\frac{1}{12}h^2 f''(\eta)\right| \leq \frac{1}{12}\times\left(\frac{1}{8}\right)^2\times\frac{1}{3} = 0.000434 \leq 0.0005 = \frac{1}{2}\times 10^{-3}$$

对复合辛普生求积公式，由式（8.3.5）得

$$|R_4(f)| = |I(f) - S_4| \leq \left|\frac{1}{180}\times\left(\frac{1}{16}\right)\times\frac{1}{5}\right| = 0.271\times 10^{-6} \leq \frac{1}{2}\times 10^{-6}$$

所以 T_8 有 3 位有效数字，S_4 有 6 位有效数字。

从例 8.3.1 可以看出，计算 T_8 和 S_4 都需要 9 个点上的函数值，计算工作量基本相同，然而计算精度却差别很大，这说明在对积分区间进行同样分割或利用同样个数的函数值的条件下，复合辛普生求积公式比复合梯形求积公式的计算精度高。因此，在实际计算时，复合辛普生求积公式应用较为普遍。

为了方便编程实现，可将式（8.3.4）改写成如下形式：

$$S_n = \frac{h}{6}\left\{f(a) - f(b) + \sum_{i=1}^{n}\left[4f\left(x_{i-\frac{1}{2}}\right) + 2f(x_i)\right]\right\} \tag{8.3.6}$$

根据式（8.3.6）写出复合辛普生求积公式算法框图，如图 8.3.1 所示。

例 8.3.2 计算积分 $I(f) = \int_0^1 e^x dx$，若用复合梯形求积公式，应将 [0,1] 区间几等分，才能使截断误差不超过 $\frac{1}{2}\times 10^{-5}$？若改用复合辛普生求积公式，应将 [0,1] 区间几等分，才能达到同样的计算精度？

解 由于 $f(x) = e^x$，$f''(x) = e^x$，$f^{(4)} = e^x$，$b - a = 1$，根据式（8.3.3）得

$$|R_n(f)| = \left|-\frac{b-a}{12}h^2 f''(\eta)\right| \leq \frac{1}{12}\times\left(\frac{1}{n}\right)^2\times e \leq \frac{1}{2}\times 10^{-5}$$

输入 a,b,n
$h \leftarrow (b-a)/n$, $s \leftarrow f(a)-f(b)$, $x \leftarrow a$
对于 $i=1,2,3,\cdots,n$，执行
$x \leftarrow x+h/2$, $s \leftarrow s+4f(x)$ $x \leftarrow x+h/2$, $s \leftarrow s+2f(x)$
$s \leftarrow s \cdot h/6$
输出 s

图 8.3.1 复合辛普生求积公式算法框图

即 $n^2 \geq \frac{1}{6}e\times 10^5$，$n \geq 212.85$，取 $n = 213$。所以，需要将 [0,1] 区间 213 等分，即必须用 $n = 213$ 复合梯形求积公式计算，误差才不超过 $\frac{1}{2}\times 10^{-5}$。

根据式（8.3.5）得

$$|R_n(f)| = \left|-\frac{b-a}{180}\left(\frac{h}{2}\right)^4 f^{(4)}(\eta)\right| \leq \frac{1}{2880}\times\left(\frac{1}{n}\right)^4\times e \leq \frac{1}{2}\times 10^{-5}$$

即 $n^2 \geq \frac{e}{144}$，$n \geq 3.707$，取 $n = 4$。所以，需要将 [0,1] 区间 8 等分，即必须用 $n = 4$ 的复合辛普生求积公式计算，误差才不超过 $\frac{1}{2}\times 10^{-5}$。

8.4 外推算法与龙贝格算法

8.4.1 变步长的求积公式

在利用复合求积公式计算积分之前，必须给出适当的步长 $h = \dfrac{b-a}{n}$。步长如果太大，计算精度难以保证；如果太小，则会导致计算量的增大。但是，要在计算之前给出一个恰当的步长，往往非常困难，因此，在实际计算中，常采用变步长的方法。其基本思想是，在步长逐次折半的过程中，反复用复合求积公式进行计算，直到步长折半前后的两次积分值之差的绝对值 $|I_{2n}(f) - I_n(f)|$ 小于允许的计算精度为止，并取 $I_{2n}(f)$ 作为所求积分的近似值。

以复合梯形求积公式为例，将 $[a,b]$ 区间 n 等分，步长 $h = \dfrac{b-a}{n}$，则

$$T_n = T(h) = \frac{h}{2}\left[f(a) + 2\sum_{i=1}^{n-1}f(x_i) + f(b)\right] \tag{8.4.1}$$

若将 $[a,b]$ 区间 $2n$ 等分，步长为原来的一半，变为 $\dfrac{h}{2} = \dfrac{b-a}{2n}$，则

$$\begin{aligned}
T_{2n} = T\left(\frac{h}{2}\right) &= \frac{1}{2}\left(\frac{h}{2}\right)\left[f(a) + 2\sum_{i=1}^{n-1}f(x_i) + 2\sum_{i=0}^{n-1}f\left(x_{i+\frac{1}{2}}\right) + f(b)\right] \\
&= \frac{1}{2}T_n + \frac{h}{2}\sum_{i=0}^{n-1}f\left(x_{i+\frac{1}{2}}\right)
\end{aligned} \tag{8.4.2}$$

因为复合梯形求积公式是收敛的，所以用逐次折半的方法构造出的近似值序列

$$T(h), T\left(\frac{h}{2}\right), T\left(\frac{h}{2^2}\right), \cdots, T\left(\frac{h}{2^n}\right)\cdots$$

收敛于精确值 $T(0)$。

例 8.4.1 用变步长的梯形求积公式求例 8.3.1 中积分 $I(f) = \int_0^1 \dfrac{\sin x}{x}\mathrm{d}x$ 的近似值。

解 补充定义 $f(0) = 1$，计算得 $f(1) = 0.8414709$，所以

$$T_1 = \frac{1}{2}[f(0) + f(1)] = 0.92073545$$

将 $[0,1]$ 区间 2 等分，计算得 $f\left(\dfrac{1}{2}\right) = 0.9588510$。

利用式（8.4.2），得

$$T_2 = \frac{1}{2}T_1 + \frac{1}{2}f\left(\frac{1}{2}\right) = 0.9397933$$

将 $[0,1]$ 区间 4 等分，计算得 $f\left(\dfrac{1}{4}\right) = 0.9896158$，$f\left(\dfrac{3}{4}\right) = 0.9088516$。

利用式（8.4.2），得

$$T_4 = \frac{1}{2}T_2 + \frac{1}{4}\left[f\left(\frac{1}{4}\right) + f\left(\frac{3}{4}\right)\right] = 0.94451347$$

这样，将区间逐次 2 等分，步长逐次折半，计算结果见表 8.4.1（表中，k 为 2 等分次数，区间数为 $n = 2^k$）。

表 8.4.1 步长逐次折半的计算结果

k	0	1	2	3	4	5
T_{2^k}	0.920 735 5	0.939 793 3	0.944 513 5	0.945 690 9	0.945 985 0	0.946 058 6
k	6	7	8	9	10	11
T_{2^k}	0.946 076 9	0.946 081 5	0.946 082 7	0.946 083 0	0.946 083 0	0.946 083 1

$I(f)$ 的 7 位有效数字的近似值为 0.9460831，用变步长的复合梯形求积公式步长逐次折半 11 次（也就是将 [0,1] 区间 2048 等分）后，才得到了这个结果。这说明，收敛速度非常缓慢。

8.4.2 外推算法

在数值计算中，常常利用一个序列 $T_1, T_2, \cdots, T_n, \cdots$ 去逼近精确值 T，序列 $\{T_i\}$（$i=1,2\cdots$）又经常与区间的步长有关。例如，用变步长的复合梯形求积公式产生一个序列

$$T(h), T\left(\frac{h}{2}\right), \cdots, T\left(\frac{h}{2^n}\right), \cdots$$

去逼近精确值 $T(0)$。

由于这一序列收敛的速度很慢，因此，如何提高收敛速度以节省计算量便成了一个最实际的问题。这一问题，可以推广到更一般的情况。

给定一个收敛于 $f(0)$ 的序列 $f(h), f\left(\frac{h}{2}\right), \cdots$，能否在此基础上构造一个新的序列，使其更快地收敛于 $f(0)$。这在某些条件下是可以实现的，例如，利用泰勒展开式：

$$f(h) = f(0) + hf'(0) + \frac{h^2}{2!}f''(0) + \frac{h^3}{3!}f'''(0) + \cdots \tag{8.4.3}$$

$$f\left(\frac{h}{2}\right) = f(0) + \frac{h}{2}f'(0) + \frac{1}{2!}\left(\frac{h}{2}\right)^2 f''(0) + \frac{1}{3!}\left(\frac{h}{2}\right)^3 f'''(0) + \cdots \tag{8.4.4}$$

如果 $f'(0) \neq 0$，那么 $f(h)$ 和 $f\left(\frac{h}{2}\right)$ 逼近 $f(0)$ 的误差阶都为 $O(h)$。

现在将式（8.4.4）乘以 2，再减去式（8.4.3），得

$$f_1(h) = 2f\left(\frac{h}{2}\right) - f(h) = f(0) - \frac{h^2}{4}f''(0) - \frac{h^3}{8}f'''(0) + \cdots$$

如果 $f''(0) \neq 0$，那么 $2f\left(\frac{h}{2}\right) - f(h)$ 逼近 $f(0)$ 的误差阶为 $O(h^2)$，即新序列 $f_1(h) = 2f\left(\frac{h}{2}\right) - f(h)$ 有可能比旧序列 $f(h)$ 更快地收敛于 $f(0)$。

可以继续从序列 $f_1(h)$ 再产生出新的序列 $f_2(h)$，使其更快地收敛于 $f(0)$。由于

$$f_1(h) = f(0) - \frac{h^2}{4}f''(0) - \frac{h^3}{8}f'''(0) + \cdots$$

$$f_1\left(\frac{h}{2}\right) = f(0) - \frac{h^2}{16}f''(0) - \frac{h^3}{64}f'''(0) + \cdots$$

将后式乘以 4，再减去前式，有

$$h_2(f) = \frac{4f_1\left(\frac{h}{2}\right) - f_1(h)}{3} = f(0) + \frac{h^3}{48}f'''(0) + \cdots$$

如果 $f'''(0) \neq 0$，则序列 $\{f_2(h)\}$ 逼近 $f(0)$ 的误差阶为 $O(h^3)$。

上述推理过程是利用若干近似值推算出更精确的近似值的加速收敛的方法，这种方法称为外推算法。外推算法在数值积分和数值微分等数值计算中都有广泛的应用。

8.4.3 龙贝格求积公式

利用变步长的求积公式，可以根据计算精度的要求，在计算过程中适当调整步长，使其计算结果逐步逼近精确值，但是近似值序列收敛于精确值的速度较慢。现在利用外推算法，来研究提高收敛速度的方法。

由复合梯形求积公式的截断误差式（8.3.3）可知，近似值 T_n 的截断误差为

$$I(f) - T_n = -\frac{b-a}{12} h^2 f''(\eta_1)$$

它与 h^2 成正比。若把每个小区间 $[x_i, x_{i+1}]$ ($i = 0,1,2,\cdots,n-1$) 再对分，即将 $[a,b]$ 区间 $2n$ 等分，则截断误差为

$$I(f) - T_{2n} = -\frac{b-a}{12} \left(\frac{h}{2}\right)^2 f''(\eta_2)$$

如果 $f''(x)$ 在积分区间 $[a,b]$ 内变化不大，即有

$$f''(\eta_1) \approx f''(\eta_2)$$

则由上述两个误差公式可得

$$\frac{I(f) - T_n}{I(f) - T_{2n}} \approx 4$$

从而

$$I(f) \approx \frac{4}{3} T_{2n} - \frac{1}{3} T_n = \tilde{T}$$

计算结果 $\tilde{T}$ 应该比 T_n 和 T_{2n} 更精确。当 $n=1$ 时，直接计算有

$$\tilde{T} = \frac{4}{3} T_2 - \frac{1}{3} T_1 = \frac{4}{3} \times \frac{1}{2} \times \frac{b-a}{2} \times \left[f(a) + 2 \times f\left(\frac{a+b}{2}\right) + f(b)\right] - \frac{1}{3} \times \frac{b-a}{2} \times [f(a) + f(b)]$$

$$= \frac{b-a}{6} \times \left[f(a) + 4 \times f\left(\frac{a+b}{2}\right) + f(b)\right]$$

这正好是在 $[a,b]$ 区间内应用辛普生求积公式的结果，即

$$S_1 = \frac{4}{3} T_2 - \frac{1}{3} T_1 = \frac{4}{4-1} T_2 - \frac{1}{4-1} T_1$$

进一步，可以验证

$$S_2 = \frac{4}{4-1} T_4 - \frac{1}{4-1} T_2$$

这正好是将 $[a,b]$ 区间 2 等分后，在每个小区间 $[x_i, x_{i+1}]$ ($i = 0,1$) 内应用辛普生求积公式的结果。一般地，有

$$S_n = \frac{4}{4-1} T_{2n} - \frac{1}{4-1} T_n \tag{8.4.5}$$

S_n 是将 $[a,b]$ 区间 n 等分后，在每个小区间 $[x_i, x_{i+1}]$ ($i = 0,1,2,\cdots,n-1$) 内应用辛普生求积公式的结果。这说明，用复合梯形求积公式 2 等分前后的两个近似值 T_n 和 T_{2n} 按式（8.4.5）计算，就可以得到代数精度较高的辛普生求积公式的近似值 S_n，从而加速了逼近的效果，所以称式（8.4.5）为梯形加速求积公式。

由复合辛普生求积公式的截断误差公式（8.3.5）可知，S_n 的截断误差为

$$I(f)-S_n = -\frac{b-a}{180}\left(\frac{h}{2}\right)^4 f^{(4)}(\eta_1)$$

它与 h^4 成比例。因此，如果 $f^{(4)}(x)$ 在 $[a,b]$ 区间内变化不大，用同样的处理方法，则将步长折半后，误差将减至原有误差的 $\frac{1}{16}$，即有

$$\frac{I(f)-S_{2n}}{I(f)-S_n} \approx \frac{1}{16}$$

从而有

$$I(f) \approx \frac{16}{15}S_{2n} - \frac{1}{15}S_n$$

可以验证，上式右端的值是将 $[a,b]$ 区间 n 等分后，在每个小区间 $[x_i, x_{i+1}]$（$i=0,1,2,\cdots,n-1$）内用柯特斯求积公式得到的、具有更高代数精度的复合柯特斯求积公式的近似值 C_n，即

$$C_n = \frac{4^2}{4^2-1}S_{2n} - \frac{1}{4^2-1}S_n \tag{8.4.6}$$

式（8.4.6）称为辛普生加速求积公式。

重复同样的方法，依据复合柯特斯求积公式的截断误差，可进一步得出

$$R_n = \frac{4^3}{4^3-1}C_{2n} - \frac{1}{4^3-1}C_n \tag{8.4.7}$$

由式（8.4.7）计算出的序列 $R_1, R_2, \cdots, R_n, \cdots$ 可以预测，它逼近积分精确值的速度会得到很大提高。式（8.4.7）称为柯特斯加速求积公式。

按照上述思路，还可以构造出新的求积公式，且右端有两个系数，分别为 $\frac{4^m}{4^m-1}$ 和 $\frac{1}{4^m-1}$。但当 $m \geq 4$ 时，第一个系数接近于 1，第二个系数的绝对值很小，接近于 0，因此，这样组合的新公式与前一个公式的计算结果没有多大区别，反而增加了计算的工作量。因此，在实际计算时，只计算到式（8.4.7）为止。通常，将变步长的梯形求积公式的积分近似值利用式（8.4.5）、式（8.4.6）和式（8.4.7）这 3 个加速求积公式加工成代数精度更高的积分近似值的方法称为龙贝格（Romberg）算法。特别地，式（8.4.7）称为龙贝格求积公式。要计算 R_1，需要先计算 C_2、S_4 和 T_8，即将 $[a,b]$ 区间 8 等分，计算 9 个节点的函数值。但从公式的推导过程可知，R_1 的误差阶为 $O(h^7)$，代数精度为 7 次，因此，它已不属于插值型求积公式，从而也不属于牛顿-柯特斯求积公式的范畴。

用龙贝格算法计算积分的步骤如下。

① 准备初值。先用梯形求积公式计算近似值：

$$T_1 = \frac{b-a}{2}[f(a)+f(b)]$$

② 按变步长的梯形求积公式计算近似值。令

$$h = \frac{b-a}{2^i} \quad (i=0,1,2,\cdots)$$

计算

$$T_{2n} = \frac{1}{2}T_n + \frac{h}{2}\sum_{i=0}^{n-1} f\left(x_{i+\frac{1}{2}}\right) \quad (n=2^i)$$

③ 按加速求积公式求积分。为便于编程，写为下列形式。

梯形加速求积公式： $S_n = T_{2n} + (T_{2n} - T_n)/3$

辛普生加速求积公式： $C_n = S_{2n} + (S_{2n} - S_n)/15$

柯特斯加速求积公式： $R_n = C_{2n} + (C_{2n} - C_n)/63$

④ 计算精度控制。当 $|R_{2n} - R_n| < \varepsilon$（$\varepsilon$ 为计算精度）时，停止计算，并取 R_{2n} 为近似值，否则，将步长折半，转步骤②执行。

实际计算时的加工流程如图 8.4.1 所示。龙贝格算法框图如图 8.4.2 所示。

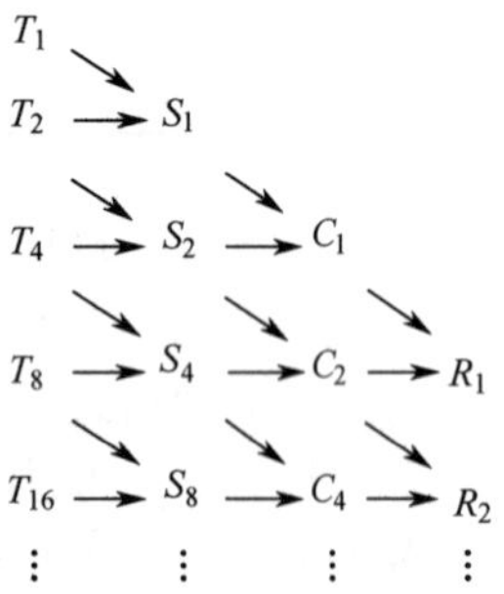

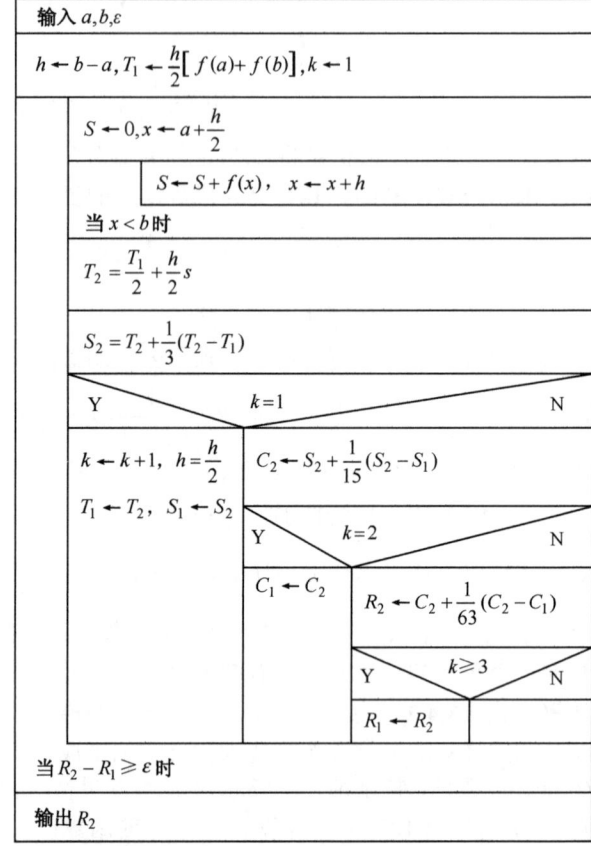

图 8.4.1 龙贝格算法的加工流程

图 8.4.2 龙贝格算法框图

例 8.4.2 用龙贝格算法加工例 8.4.1 得到的近似值。

解 计算结果见表 8.4.2，其中 k 表示 2 等分次数。

从表 8.4.2 的结果可以看出，用 2 等分 3 次的计算精度很低的数据通过 3 次加速得到了例 8.4.1 需要 2 等分 11 次才能求得的结果，同时，加速过程只需要几次算术运算，而且不需要求函数值，因此算术运算的时间可以忽略不计。由此可见，龙贝格算法的加速效果是非常明显的。

表 8.4.2 例 8.4.2 的计算结果

k	T_{2^k}	$S_{2^{k-1}}$	$C_{2^{k-2}}$	$R_{2^{k-3}}$
0	0.920 735 5			
		0.946 145 9		
1	0.939 793 3		0.946 083 0	
		0.946 086 9		0.946 083 1
2	0.944 513 5		0.946 083 1	
		0.946 083 4		
3	0.945 690 9			

8.5 数值微分
8.5.1 中点公式

按照导数的定义，导数 $f'(a)$ 是差商 $\dfrac{f(a+h)-f(a)}{h}$ 当 $h\to 0$ 时的极限，若要求计算精度不高，则可将差商作为导数的近似值，如此可得以下公式。

向前差商公式： $f'(a)\approx\dfrac{f(a+h)-f(a)}{h}$ (8.5.1)

向后差商公式： $f'(a)\approx\dfrac{f(a)-f(a-h)}{h}$ (8.5.2)

中心差商公式： $f'(a)\approx\dfrac{f(a+h)-f(a-h)}{2h}=G(h)$ (8.5.3)

中心差商公式（8.5.3）称为中点方法，它是向前差商公式（8.5.1）和向后差商公式（8.5.2）的算术平均值，其几何意义如图 8.5.1 所示。由图 8.5.1 可以看出，3 种导数的近似值分别表示弦线 AB、AC 和 BC 的斜率，而导数值表示切线 AT 的斜率，其中以 BC 的斜率更接近切线 AT 的斜率，因此，通常用中点方法来求导。

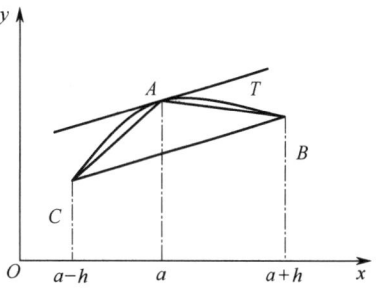

图 8.5.1 中点方法的几何意义

为了对式（8.5.3）进行误差分析，将 $f(a\pm h)$ 在 $x=a$ 处进行泰勒展开，有

$$f(a\pm h)=f(a)\pm hf'(a)+\frac{h^2}{2!}f''(a)\pm\frac{h^3}{3!}f'''(a)+\frac{h^4}{4!}f^{(4)}(a)\pm\frac{h^5}{5!}f^{(5)}(a)+\cdots \quad (8.5.4)$$

代入式（8.5.3），得

$$G(h)=\frac{f(a+h)-f(a-h)}{2h}=f'(a)+\frac{h^2}{3!}f'''(a)+\frac{h^4}{5!}f^{(5)}(a)+\cdots=f'(a)+O(h^2) \quad (8.5.5)$$

由式（8.5.5），从截断误差的角度来看，步长越小，计算结果越精确；但从舍入误差的角度来看，当 h 很小时，由于 $f(a+h)$ 与 $f(a-h)$ 很接近，直接相减会造成有效数字的严重丢失。在实际计算时，通常在变步长的过程中实现步长的自动选择。

例 8.5.1 用变步长的中点方法求 e^x 在 $x=1$ 处的导数值，步长从 $h=0.8$ 算起。

解 计算公式为

$$G(h)=\frac{e^{1+h}-e^{1-h}}{2h}$$

式中，步长 $h=\dfrac{0.8}{2^k}$（k 为 2 等分次数），计算结果见表 8.5.1。

2 等分 9 次得到的结果 $f'(1)\approx 2.71828$，有 6 位有效数字。

表 8.5.1 例 8.5.1 的计算结果

k	$G(h)$
0	3.017 65
1	2.791 35
2	2.736 44
3	2.722 81
…	…
9	2.718 28
10	2.718 28

为了提高中点方法的收敛速度，可以利用外推算法的思想对式（8.5.3）进行加速。将式（8.5.5）的步长折半，得

$$G\left(\frac{h}{2}\right)=f'(a)+\frac{1}{3!}\left(\frac{h}{2}\right)^2 f'''(a)+\frac{1}{5!}\left(\frac{h}{2}\right)^4 f^{(5)}(a)+\cdots \quad (8.5.6)$$

令 $G_1(h)=\dfrac{4}{3}G\left(\dfrac{h}{2}\right)-\dfrac{1}{3}G(h)$

利用式（8.5.5）和式（8.5.6）得

$$G_1(h)=f'(a)-\frac{1}{4\times 5!}h^4 f^{(5)}(a)+\cdots=f'(a)+O(h^4) \quad (8.5.7)$$

同理，令
$$G_2(h) = \frac{16}{15}G_1\left(\frac{h}{2}\right) - \frac{1}{15}G_1(h) = f'(a) + O(h^6) \quad (8.5.8)$$

令
$$G_3(h) = \frac{64}{63}G_2\left(\frac{h}{2}\right) - \frac{1}{63}G_2(h) \quad (8.5.9)$$

可得
$$G_3(h) = f'(a) + O(h^8)$$

这种加速过程还可以继续下去，但效果已不再明显。

表 8.5.2 例 8.5.2 的计算结果

h	$G(h)$	$G_1(h)$	$G_2(h)$	$G_3(h)$
0.8	3.017 65			
0.4	2.791 35	2.715 917		
0.2	2.736 44	2.718 137	2.718 285	
0.1	2.722 81	2.719 267	2.718 276	2.718 28

例 8.5.2 利用式（8.5.7）、式（8.5.8）和式（8.5.9）计算例 8.5.1。

解 计算结果见表 8.5.2。

计算式（8.5.7）、式（8.5.8）和式（8.5.9）只需要简单的算术运算，与求函数值 $f(a \pm h)$ 相比，算术运算的时间可以忽略不计，因此，在相同计算量的情况下，加速效果相当明显。

8.5.2 插值型微分公式

假设已知 $f(x)$ 在节点 $x_i(i=0,1,2,\cdots,n)$ 处的函数值为 $f(x_i)$，则可构建 n 次插值多项式 $L_n(x)$，并取 $L'_n(x)$ 的值作为 $f'(x)$ 的近似值，即

$$f'(x) \approx L'_n(x) \quad (8.5.10)$$

式（8.5.10）称为插值型微分公式，由插值余项定理可得，式（8.5.10）的余项为

$$R'_n(x) = f'(x) - L'_n(x) = \frac{f^{(n+1)}(\xi)}{(n+1)!}\omega'_{n+1}(x) + \frac{\omega_{n+1}(x)}{(n+1)!}\frac{\mathrm{d}}{\mathrm{d}x}f^{(n+1)}(\xi)$$

式中，$\omega_{n+1}(x) = \prod_{j=0}^{n}(x-x_j)$。

由于 ξ 是与 x 有关的未知函数，对任意给定的点 x，上式第 2 项无法求出。但是，如果只求其某个节点 x_i 处的函数值，则上式第 2 项因 $\omega_{n+1}(x_i) = 0$ 而等于 0，这时，有余项公式：

$$R'_n(x_i) = f'(x_i) - L'_n(x_i) = \frac{f^{(n+1)}(\xi)}{(n+1)!}\omega'_{n+1}(x_i) \quad (8.5.11)$$

设已给出三个节点 x_0，$x_1 = x_0 + h$，$x_2 = x_0 + 2h$ 处的函数值，可构建 2 次拉格朗日插值多项式：

$$L_2(x) = \frac{(x-x_1)(x-x_2)}{(x_0-x_1)(x_0-x_2)}f(x_0) + \frac{(x-x_0)(x-x_2)}{(x_1-x_0)(x_1-x_2)}f(x_1) + \frac{(x-x_0)(x-x_1)}{(x_2-x_0)(x_2-x_1)}f(x_2)$$

且
$$R_2(x) = \frac{f'''(\xi)}{3!}(x-x_0)(x-x_1)(x-x_2)$$

所以
$$L'_2(x_i) = \frac{f(x_0)}{2h^2}(2x_i - x_1 - x_2) + \frac{f(x_1)}{-h^2}(2x_i - x_0 - x_2) + \frac{f(x_2)}{2h^2}(2x_i - x_0 - x_1)$$

$$R'_2(x_i) = \frac{f'''(\xi)}{3!}[(x_i-x_0)(x_i-x_1) + (x_i-x_0)(x_i-x_2) + (x_i-x_1)(x_i-x_2)]$$

$$f'(x_i) = L'_2(x_i) + R'_2(x_i)$$

分别取 $i=0,1,2$，可得带余项的三点求导式：

$$\begin{cases} f'(x_0) = \dfrac{1}{2h}[-3f(x_0) + 4f(x_1) - f(x_2)] + \dfrac{h^2}{3}f'''(\xi) \\ f'(x_1) = \dfrac{1}{2h}[-f(x_0) + f(x_2)] - \dfrac{h^2}{6}f'''(\xi) \quad (\xi \in [x_0, x_2]) \\ f'(x_2) = \dfrac{1}{2h}[f(x_0) - 4f(x_1) + 3f(x_2)] + \dfrac{h^2}{3}f'''(\xi) \end{cases} \quad (8.5.12)$$

在式（8.5.12）的第 2 式中，由于少用了一个函数值 $f(x_1)$，且计算精度比其他两个公式高一倍，因而引人关注。

但必须指出，当插值多项式 $L_n(x)$ 收敛于 $f(x)$ 时，不能保证 $L'_n(x)$ 一定收敛于 $f'(x)$。而且当节点间的距离缩小时，虽然截断误差缩小了，但舍入误差却可能增大，因此，缩小步长不一定能提高计算结果的精度。

例 8.5.3 已知函数 $f(x) = e^x$ 的函数值（见表 8.5.3）。试用式（8.5.12）的第 2 式计算 $f'(1)$ 的近似值，并比较步长。h 分别取 1、0.1 和 0.01。

表 8.5.3 例 8.5.3 的函数值

x	0	0.90	0.99	1.00	1.01	1.10	2
$f(x)=e^x$	1.000	2.460	2.691	2.718	2.746	3.004	7.389

解 （1）$h=1$ 时，取 $x_0=0$，$x_1=1$，$x_2=2$，有

$$f'(1) \approx \frac{1}{2}(-e^0 + e^2) = 3.195$$

（2）$h=0.1$ 时，取 $x_0=0.90$，$x_1=1.00$，$x_2=1.10$，有

$$f'(1) \approx \frac{1}{2 \times 0.1}(-e^{0.90} + e^{1.10}) = 2.720$$

（3）$h=0.01$ 时，取 $x_0=0.99$，$x_1=1.00$，$x_2=1.01$，有

$$f'(1) = \frac{1}{2 \times 0.01}(-e^{0.99} + e^{1.01}) = 2.750 \quad （中间结果取 3 位有效数字）$$

而 $f'(1)$ 的 8 位有效数字的近似值为 $e^1 = 2.7182818$。

上面的计算结果表明，当步长由 1 减小到 0.1 时，计算精度明显提高，但是当步长由 0.1 减小到 0.01 时，计算精度反而有所下降。问题的根源在于，实际计算时不但有截断误差的存在，还有舍入误差的存在，而数值微分恰好对舍入误差非常敏感，随 h 的逐渐缩小，误差却逐渐增大，这就是计算的不稳定性，所以，在计算数值微分时，一定要进行误差分析。

8.6 算法实现

8.6.1 MATLAB 程序实现

（1）复合梯形求积公式

编写 MATLAB 函数文件 agui_trapz.m：

```
function t=agui_trapz(fname,a,b,n)
% fname 为被积函数，a 和 b 分别为下界和上界，n 为等分数
h=(b-a)/n;
fa=feval(fname,a);
```

```
fb=feval(fname,b);
f=feval(fname,a+h:h:b-h+0.001*h);
t=h*(0.5*(fa+fb)+sum(f));
```

例 8.6.1 在 MATLAB 命令行窗口中求解例 8.3.1。

解 >> format long
>> t=agui_trapz(inline('sin(x)./x'),eps,1,8)
t =
   0.94569086358270

（2）复合辛普生求积公式

编写 MATLAB 函数文件 agui_simpson.m：

```
function s=agui_simpson(fname,a,b,n)
% fname 为被积函数，a 和 b 分别为下界和上界，n 为等分数
h=(b-a)/n;
fa=feval(fname,a);
fb=feval(fname,b);
s=fa-fb;
x=a;
for i=1:n
    x=x+h/2;s=s+4*feval(fname,x);
    x=x+h/2;s=s+2*feval(fname,x);
end
s=s*h/6;
```

例 8.6.2 在 MATLAB 命令行窗口中求解例 8.3.1。

解 >> t=agui_simpson(inline('sin(x)./x'),eps,1,4)
t =
   0.94608331088847

（3）龙贝格求积公式

编写 MATLAB 函数文件 agui_rbg.m：

```
function r=agui_rbg(fname,a,b)
% fname 为被积函数，a 和 b 分别为下界和上界
e=1e-6;
i=1;j=1;h=b-a;
T(i,1)=h/2*(feval(fname,a)+feval(fname,b));
T(i+1,1)=T(i,1)/2+sum(feval(fname,a+h/2:h:b-h/2+0.001*h))*h/2;
T(i+1,j+1)=4^j*T(i+1,j)/(4^j-1) -T(i,j)/(4^j-1);
while abs(T(i+1,i+1) -T(i,i))>e
    i=i+1;h=h/2;
    T(i+1,1)=T(i,1)/2+sum(feval(fname,a+h/2:h:b-h/2+0.001*h))*h/2;
    for j=1:i
        T(i+1,j+1)=4^j*T(i+1,j)/(4^j-1) -T(i,j)/(4^j-1);
    end
end
T
r=T(i+1,j+1);
```

例 8.6.3 在 MATLAB 命令行窗口中求解例 8.4.2。

解 >> agui_rbg(inline('sin(x)./x'),eps,1)

T =
         0.92073549240395   0   0   0
         0.93979328480618   0.94614588227359   0   0
         0.94451352166539   0.94608693395179   0.94608300406367   0
         0.94569086358270   0.94608331088847   0.94608306935092   0.94608307038722
ans =
         0.94608307038722

例 8.6.4 用 C 程序实现龙贝格求积公式求解例 8.4.2。

解 首先编写实现龙贝格求积公式的 C 程序：

```
#include <stdio.h>
#include <math.h>
float f(float m) {
    float y;
    if(m==0) y=1;
    else y=sin(m)/m;
    return (y);
}
void main(){
    float a,b,h,x,S1,S2,T1,T2,s,C1,C2,R1=0,R2=1,eps,d;
    int k=1;
    printf("Please input a,b,eps:");
    scanf("%f,%f,%f",&a,&b,&eps);
    h=b-a;
    T1=h*(f(a)+f(b))/2;
    printf("\nT=%15.10f",T1);
    while(fabs(R2-R1)>eps){
        s=0;
        x=a+h/2;
        while(x<b) { s=s+f(x);x=x+h; }
        T2=T1/2+h*s/2;
        printf("\nT=%15.10f",T2);
        S2=T2+(T2-T1)/3;
        printf("\nS=%15.10f",S2);
        if(k==1) { k=k+1;h=h/2;T1=T2;S1=S2;continue; }
        C2=S2+(S2-S1)/15;
        printf("\nC=%15.10f",C2);
        if(k==2) { C1=C2;k=k+1;h=h/2;T1=T2;S1=S2;continue; }
        R1=d;
        R2=C2+(C2-C1)/63;
        printf("\nR=%15.10f",R2);
        if(k=>3) { d=R2;C1=C2;h=h/2;k=1;T1=T2;S1=S2;continue; }
    }
    printf("\nThe result is:%15.10f\n",R2);
}
```

输入初值：

Please input a,b,eps:0,1,1e-6

计算结果：

```
T=    0.9207354784
T=    0.9397932887
S=    0.9461458921
T=    0.9445135295
S=    0.9460869829
C=    0.9460830768
T=    0.9456908703
S=    0.9460833073
C=    0.9460830609
R=    0.9460830688
T=    0.9459850192
S=    0.9460830688
T=    0.9460585415
S=    0.9460830092
C=    0.9460830053
T=    0.9460768700
S=    0.9460829894
C=    0.9460830092
R=    0.9460830092
The result is:    0.9460830092
Press any key to continue
```

在同样的计算精度 0.0000001 下，MATLAB 程序的计算结果为 0.94608307038722，C 程序的计算结果为 0.9460830092，而下面的函数 quadl()计算结果为 0.946083070367176。这 3 个计算结果中，小数点之后的 6 位数字都相同，这说明它们都满足事先给定的计算精度。然而，MATLAB 程序的计算结果与函数 quadl()计算结果小数点之后的 10 位数字都相同，这表明，MATLAB 不但在处理矩阵、向量和数组方面比 C 具有很强的优势，而且其自身的计算精度也非常高。

8.6.2 MATLAB 函数实现

（1）符号微分/积分函数 diff()和 int()

符号微分可以用函数 diff()实现，符号积分可以用函数 int()实现。调用格式和使用方法可以参考 3.5.4 节的相关内容。

（2）多项式微分/积分函数 polyder()和 polyint()

对 n 阶多项式

$$p(x) = a_n x^n + a_{n-1} x^{n-1} + \cdots + a_1 x + a_0$$

其微分为

$$\mathrm{d}p(x) = na_n x^{n-1} + (n-1)a_{n-1} x^{n-2} + \cdots + 2a_2 x + a_1$$

将原多项式及其微分多项式用系数向量分别表示如下：

$$\boldsymbol{p} = (a_n, a_{n-1}, \cdots, a_0) \quad \text{和} \quad \mathrm{d}\boldsymbol{p} = (na_n, (n-1)a_{n-1}, \cdots, a_1)$$

MATLAB 提供了函数 polyder()用于求多项式的微分，函数 polyint()用于求多项式的积分。它们的调用格式说明如下。

k=polyder(p)：p 和 k 分别为用系数向量表示的原多项式及其微分多项式，简称为多项式 p 和 k。

k=polyder(a,b)：求多项式 a 与多项式 b 乘积的导函数多项式 k。

[q,d]=polyder(b,a)：求多项式 b 与多项式 a 相除的导函数，导函数的分子存入多项式 q 中，分母存入多项式 d 中。

polyint(p,k)：返回多项式 p 的积分，积分常数项为 k。

polyint(p)：返回多项式 p 的积分，积分常数项默认为 0。

例 8.6.5 求多项式 $(2x^2+4x+8)(x^2+3x)$ 的微分和多项式 $2x^3+4x^2+6x+8$ 的积分。

```
>> clear all;
>> a=[2 4 8];
>> b=[1 3 0];
>> k=polyder(a,b)
k =
       8    30    40    24
>> s=poly2sym(k)
 s =
 8*x^3 + 30*x^2 + 40*x + 24
>> p=[2 4 6 8];
>> k1=polyint(p)
k1 =
      0.5000    1.3333    3.0000    8.0000         0
>> s1=poly2sym(k1)
 s1 =
 x^4/2 + (4*x^3)/3 + 3*x^2 + 8*x
```

（3）矩形求积分函数 cumsum()

格式：B=cumsum(A)

说明：对向量 A，返回一个向量 B（不是返回一个值），向量 B 的第 N 个元素是向量 A 的前 N 个元素的和。

例 8.6.6 用函数 cumsum() 求三角函数 $\cos x$ 的积分。

```
>> clear all;
>> t=0:0.1:10;
>> x=cos(t);
>> y=cumsum(x)*0.15;
>> plot(t,x,'r:',t,y,'k+');
```

运行结果如图 8.6.1 所示。

从图 8.6.1 可以看出，所得的积分曲线与正弦函数曲线的形状相同，这与理论计算的结果一致。

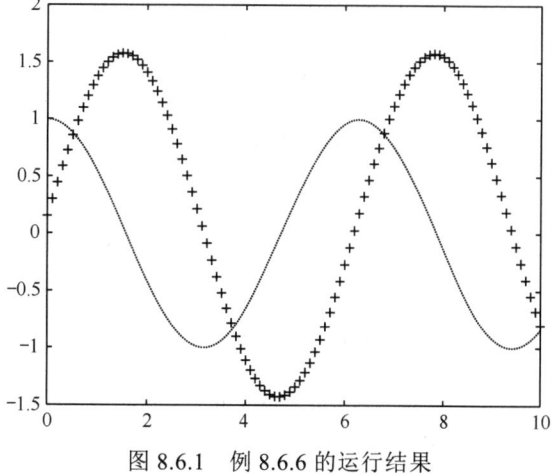

图 8.6.1　例 8.6.6 的运行结果

（4）梯形求积函数 trapz()

格式：T = trapz(Y)

说明：用等距梯形法近似计算 Y 的积分。若 Y 是一个向量，则 trapz(Y) 为 Y 的积分；若 Y 是一个矩阵，则 trapz(Y) 为 Y 中每列的积分。

格式：T = trapz(X,Y)

说明：用梯形法计算 Y 在 X 点上的积分。若 X 为一列向量，Y 为矩阵，且 size(Y,1) = length(X)，则 trapz(X,Y) 通过 Y 的第一个非单元集方向进行计算。

例 8.6.7 在 MATLAB 命令行窗口中求解例 8.3.1。

解 >> format long
>> x=linspace(eps,1,9);
>> y=sin(x)./x;
>> t=trapz(x,y)
t =
    0.945690863582701

（5）辛普生求积函数 quad()

函数 quad()采用遍历的自适应辛普生方法计算函数的数值积分。它适用于计算精度要求不高、被积函数的光滑性差的数值积分。

调用格式说明如下。

q=quad(fun,a,b)：近似地从 a 到 b 计算 fun 的数值积分，误差默认为 10^{-6}。若给 fun 输入向量 x，则应返回向量 y，即 fun 是一个单值函数。

[q,fcnt] = quad(fun,a,b)：q 为返回的积分，fcnt 为被积函数的调用次数。

MATLAB 还提供了一个新的函数 quadl()，其调用格式与函数 quad()完全一致，使用的是 Lobbato 算法，其计算精度远远高于 quad()，但其所用时间会比 quad()要多一些。在实际应用中，有时被积函数是一系列的函数。针对这种情况，MATLAB 提供了函数 quadv()，可以一次计算多个一元函数的积分。函数 quadv()是 quad()的向量扩展，因此也称为向量积分，其调用格式与 quad()相同。

例 8.6.8 用函数 quad()、quadl()和 quadv()在 MATLAB 命令行窗口中求解例 8.3.1。

>> f=inline('sin(x)./x')
f =
    内联函数:
    f(x) = sin(x)./x
>> q=quad(f,eps,1)
q =
    0.946083070076534
>> [q,fcnt]=quad(f,eps,1)
q =
    0.946083070076534
fcnt =
    13
>> quadl(f,eps,1)
ans =
    0.946083070367176
>> [q,fcnt]=quadl(f,eps,1)
q =
    0.946083070367176
fcnt =
18
>> quadv(f,eps,1)
ans =
    0.946083070076534
>> [q,fcnt]=quadv(f,eps,1)
q =
    0.946083070076534

```
fcnt =
   13
```

MATLAB 还提供了求二元函数 $f(x,y)$ 的二重积分函数 dbquad() 和求三元函数 $f(x,y,z)$ 的三重积分函数 tripquad()。为了计算函数的数控评估积分，MATLAB 提供了函数 integral() 用于求函数的一重数控评估积分，函数 integral2() 用于求函数的二重数控评估积分，函数 integral3() 用于求函数的三重数控评估积分。这些函数的调用格式和使用说明，可以查阅 MATLAB 的帮助系统。

本章小结

本章介绍数值积分和数值微分的基本思想，先设法构造一个简单函数 $p(x)$ 近似表示 $f(x)$，然后对 $p(x)$ 求积或求导，从而推导出求 $f(x)$ 的数值求积和数值微分公式。

插值型求积公式有两类：一类是牛顿-柯特斯求积公式，它是基于等距节点的，求积系数容易求得，算法简单且容易编程，但由于收敛性和稳定性都没有保证，所以常用的是低阶复合求积公式。龙贝格算法在积分区间逐次 2 等分的过程中，通过对梯形求积公式得到的近似值进行外推加速处理，获得高精度的近似值。由于它可以自动选取步长，因此便于编程实现。

数值微分的中点公式和插值型微分公式，应用的难点在于步长 h 的选取：h 过大，截断误差变大；h 过小，舍入误差变大。因此，在实际计算时，恰当地选取步长 h 是关键。

最后利用本章的例题作为测试用例，用 MATLAB 程序和 MATLAB 函数两种方法实现了本章介绍的算法。

习题 8

8.1 确定下列求积公式中的待定参数，使其代数精度尽量高，并指明该求积公式所具有的代数精度。

（1）$\int_0^1 f(x)dx \approx Af(0) + Bf(x_1) + Cf(1)$

（2）$\int_{-2h}^{2h} f(x)dx \approx A_{-1}f(-h) + A_0 f(0) + A_1 f(h)$

（3）$\int_{-h}^{h} f(x)dx \approx Af(-h) + Bf(x_1)$

8.2 确定下列求积公式中的待定参数，使其代数精度尽量高，并指明该求积公式所具有的代数精度。

（1）$\int_{-h}^{h} f(x)dx \approx A_{-1}f(-h) + A_0 f(0) + A_1 f(h)$

（2）$\int_{-1}^{1} f(x)dx \approx \dfrac{f(-1) + 2f(x_1) + 3f(x_2)}{3}$

（3）$\int_0^h f(x)dx \approx \dfrac{h[f(0) + f(h)]}{2} + \alpha h^2 [f'(0) - f'(h)]$

8.3 证明：求积公式 $\int_{x_0}^{x_1} f(x)dx \approx \dfrac{h}{2}(f(x_0) + f(x_1)) - \dfrac{h^2}{12}(f'(x_1) - f'(x_0))$ 具有 3 次代数精度，式中，$h = x_1 - x_0$。

8.4 对求积公式 $\int_0^1 f(x)dx \approx A_0 f(0) + A_1 f(1) + B_0 f'(0)$，已知其余项为 $R(f) = kf'''(\varepsilon)$，

$\varepsilon \in (0,1)$。试确定系数 A_0、A_1 及 B_0，使该求积公式具有尽可能高的代数精度，并给出代数精度的次数及求积公式的余项。

8.5 推导下列 3 种矩形求积公式：

$$\int_a^b f(x)\mathrm{d}x = (b-a)f(a) + \frac{1}{2}f'(\eta)(b-a)^2 \quad (\eta \in (a,b)) \text{（左矩形）}$$

$$\int_a^b f(x)\mathrm{d}x = (b-a)f(b) - \frac{1}{2}f'(\eta)(b-a)^2 \quad (\eta \in (a,b)) \text{（右矩形）}$$

$$\int_a^b f(x)\mathrm{d}x = (b-a)f\left(\frac{a+b}{2}\right) + \frac{1}{24}f''(\eta)(b-a)^3 \quad (\eta \in (a,b)) \text{（中矩形）}$$

8.6 设 $I(f) = \int_0^1 f(x)\mathrm{d}x \approx A_0 f\left(\frac{1}{4}\right) + A_1 f\left(\frac{1}{2}\right) + A_2 f\left(\frac{3}{4}\right)$ 是插值型的，试确定参数 A_0、A_1 和 A_2，并指出此求积公式具有的代数精度。

8.7 确定如下求积公式及截断误差公式。

（1） $\int_{-1}^{1} f(x)\mathrm{d}x \approx A_1 f\left(-\frac{1}{2}\right) + A_2 f(0) + A_3 f\left(\frac{1}{2}\right)$

（2） $\int_0^h f(x)\mathrm{d}x \approx A_0 f(0) + B_0 f'(0) + A_1 f(h) + B_1 f'(h)$

（3） $\int_0^{2h} f(x)\mathrm{d}x \approx A_0 f(0) + A_1 f(h) + A_2 f(2h)$

（4） $\int_{-1}^{1} x^2 f(x)\mathrm{d}x \approx A_0 f(x_0)$ 或 $A_1 f(x_1) + A_2 f(x_2)$

（5） $\int_0^1 \sqrt{x} f(x)\mathrm{d}x \approx A_0 f(x_0)$ 或 $A_1 f(x_1) + A_2 f(x_2)$

8.8 试构造如下求积公式：

$$\int_0^1 f(x)\mathrm{d}x \approx A_0 f\left(\frac{1}{4}\right) + A_1 f\left(\frac{3}{4}\right)$$

使其代数精度尽量高，并证明所构造出的求积公式是插值型的。

8.9 判别如下求积公式是否为插值型的，并指明其代数精度：

$$\int_0^3 f(x)\mathrm{d}x \approx \frac{3}{2}\left[f(1) + f(2)\right]$$

8.10 试设计求积公式：

$$\int_0^1 f(x)\mathrm{d}x \approx A_0 f(0) + A_1 f(1) + B_0 f'(0)$$

8.11 试设计求积公式：

$$\int_0^h f(x)\mathrm{d}x \approx h\left[a_0 f(0) + a_1 f(1)\right] + h^2\left[b_0 f'(0) + b_1 f'(1)\right]$$

8.12 试设计求积公式：

$$\int_a^b f(x)\mathrm{d}x \approx A_0 f(a) + A_1 f\left(\frac{a+b}{2}\right) + A_2 f(b) + B_0 f'(a) + B_1 f'\left(\frac{a+b}{2}\right) + B_2 f'(b)$$

8.13 试设计求积公式：

$$\int_{-1}^{1} f(x)\mathrm{d}x \approx A\left[f(x_0) + f(x_1) + f(x_2)\right] \quad (x_0 < x_1 < x_2)$$

8.14 试设计求积公式：

$$\int_{-2}^{2} f(x)\mathrm{d}x \approx Af(-a) + Bf(0) + Cf(a)$$

8.15 下列求积公式称为辛普生 $\frac{3}{8}$ 求积公式：

$$\int_0^3 f(x)\mathrm{d}x \approx \frac{3}{8}[f(0)+3f(1)+3f(2)+f(3)]$$

试判断这个公式的代数精度。

8.16 设 $f(x)=x^3$，对 $h=0.1$ 和 $h=0.01$，用中心差商公式计算 $f'(2)$ 的近似值。

8.17 用三点求导式求 $f(x)=\dfrac{1}{(1+x)^2}$ 在 $x=1.0,1.1,1.2$ 处的导数值，并估计误差。$f(x)$ 的值如下：

x	1.0	1.1	1.2
$f(x)$	0.2500	0.2268	0.2066

8.18 （1）5个节点的牛顿-柯特斯求积公式的代数精度为多少？5个节点的求积公式最高代数精度为多少？

（2）要使求积公式 $\int_0^1 f(x)\mathrm{d}x \approx \dfrac{1}{4}f(0)+A_1 f(x_1)$ 具有 2 次代数精度，求 x_1 和 A_1。

（3）若用复合梯形求积公式计算积分 $\int_0^{1.5} \mathrm{e}^{-x}\mathrm{d}x$，将[0,1.5]区间 n 等分，则 n 取什么值才能使截断误差不超过 $\dfrac{1}{2}\times 10^{-4}$？

（4）$f(x)=\sqrt{x+2}$，取 $h=0.5$，用中心差商公式求 $f'(0.5)$。

8.19 $n+1$ 个节点的插值型求积公式 $\int_a^b f(x)\mathrm{d}x \approx \sum_{n=0}^n A_n f(x_n)$ 的代数精度至少为多少？最高不超过多少？

8.20 求积公式 $\int_0^1 f(x)\mathrm{d}x \approx \dfrac{3}{4}f\left(\dfrac{1}{3}\right)+\dfrac{1}{4}f(1)$ 的代数精度为多少？$\int_0^1 f(x)\mathrm{d}x \approx \dfrac{3}{4}f\left(\dfrac{1}{3}\right)+\dfrac{1}{4}f(1)$ 的余项表达式为 $kf'''(\varepsilon)$，$\varepsilon \in (0,1)$，求 k。

第 9 章　常微分方程初值问题的数值解法

 学习要点

常微分方程的数值解法是指利用数值微分、数值积分和泰勒展开等离散化方法将微分方程变为差分方程进行计算。本章主要内容如下。

（1）欧拉（Euler）公式，包括显式、隐式、两步、改进的欧拉公式和梯形公式。
（2）龙格-库塔方法，包括二阶、四阶龙格-库塔方法。
（3）单步法的局部截断误差、收敛性、稳定性。

 教学建议

要求掌握欧拉公式及其变形公式的构造，并能正确应用这些公式求常微分方程的数值解。理解龙格-库塔方法的基本思想，了解二阶龙格-库塔方法的推导过程，能用经典的四阶龙格-库塔方法求常微分方程的数值解，了解单步法的收敛性和稳定性，能推导常用单步法的稳定区域。建议 4～6 学时。

9.1　引言

在第 2 章中，我们介绍了常微分方程的基本知识，包括常微分方程初值问题及其解的存在唯一性条件等。然而，在实际中，除少数特殊类型的常微分方程（如常系数线性的、可分离的）能用初等积分法求得其精确解外，在大多数情况下，要求得常微分方程解的解析表达式是极其困难的，甚至是不可能的。因此，有必要研究常微分方程初值问题的数值解法。

所谓初值问题的数值解法，就是在给定初始点 x_0 的函数值 y_0 后，能计算出精确解 $y(x)$ 在自变量 x 的一系列后续离散节点 $x_1 < x_2 < \cdots < x_{n-1} < x_n$ 处的近似解 $y_1, y_2, \cdots, y_{n-1}, y_n$ 的方法。

我们把 $y_k (k=1,2,3,\cdots,n)$ 称为初值问题在点列 x_k 上的数值解。相邻两个节点间的距离称为步长。为便于计算，一般把 h 取为定步长，此时 $x_n = x_0 + nh$。在具体计算时，可以从初值条件 $y(x_0) = y_0$ 出发，先求出 y_1，再由已知信息 y_0, y_1 求出 y_2，依次递推，直至求出 y_n 为止。这种按节点 $x_1, x_2, \cdots, x_n$ 的次序逐步向前推进的求解方法称为"步进式"方法。如果计算 y_n 时，只利用前一步的函数值 y_{n-1}，则称这种方法为单步法。如果在计算 y_n 时，不仅利用 y_{n-1}，还要利用 $y_{n-2}, y_{n-3}, \cdots, y_{n-r}$，则称这种方法为 r 步法，也称多步法。本章只介绍单步法。

用数值解法求解常微分方程的初值问题时，常常需要对连续的初值问题进行离散化处理。下面介绍几种常用的离散化处理方法。

（1）基于数值微分的离散化方法

在常微分方程的初值问题

$$\begin{cases} y'(x) = f(x,y) & (9.1.1) \\ y(x_0) = y_0 & (9.1.2) \end{cases}$$

中，如果将点 x_n 处的导数 $y'(x_n)$ 用点 x_n 处的差商近似代替，则有

$$y'(x_n) \approx \frac{y(x_{n+1}) - y(x_n)}{h} \qquad (n = 0,1,2,\cdots) \tag{9.1.3}$$

即 $y(x_{n+1}) \approx y(x_n) + hy'(x_n)$，式中，$x_n + h = x_{n+1}$。

又因为 $y'(x_n) = f(x_n, y(x_n))$，得

$$y(x_{n+1}) \approx y(x_n) + hf(x_n, y(x_n)) \quad (n = 1,2,3,\cdots)$$

用近似值 y_n 和 y_{n+1} 分别代替精确值 $y(x_n)$ 和 $y(x_{n+1})$，由此可构造出初值问题的离散化方程：

$$y_{n+1} = y_n + hf(x_n, y_n) \tag{9.1.4}$$

式（9.1.4）称为求解一阶常微分方程初值问题的欧拉（Euler）公式，也称为显式欧拉公式。

（2）基于数值积分的离散化方法

将常微分方程的初值问题式（9.1.1）两边在区间 $[x_n, x_{n+1}]$ 内积分得

$$\int_{x_n}^{x_{n+1}} y'(x)\mathrm{d}x = \int_{x_n}^{x_{n+1}} f(x,y)\mathrm{d}x$$

即

$$y(x_{n+1}) - y(x_n) = \int_{x_n}^{x_{n+1}} f(x, y(x))\mathrm{d}x$$

再将右边积分利用数值积分公式计算其近似值，例如，利用左矩形公式计算右边积分的近似值得

$$y(x_{n+1}) \approx y(x_n) + hf(x_n, y(x_n))$$

用近似值 y_n 和 y_{n+1} 分别代替精确值 $y(x_n)$ 和 $y(x_{n+1})$，可得

$$y_{n+1} = y_n + hf(x_n, y_n)$$

由此构造出与式（9.1.4）相同的欧拉公式。

（3）基于泰勒展开的离散化方法

设 $y(x)$ 是常微分方程 $y'(x) = f(x,y)$ 的一个解，且函数 $f(x,y)$ 充分可微，则可利用泰勒展开式将式（9.1.1）离散化。

设 $y(x_n + h)$ 在点 x_n 处的泰勒展开式为

$$y(x_n + h) = y(x_n) + hy'(x_n) + \frac{h^2}{2!}y''(x_n) + \cdots + \frac{h^p}{p!}y^{(p)}(x_n) + O(h^{p+1})$$

取上式的线性部分，并注意 $x_n + h = x_{n+1}$，$y'(x_n) = f(x_n, y(x_n))$，可得

$$y(x_{n+1}) \approx y(x_n) + hf(x_n, y(x_n))$$

同样，用近似值 y_n 和 y_{n+1} 分别代替精确值 $y(x_n)$ 和 $y(x_{n+1})$，可得

$$y_{n+1} = y_n + hf(x_n, y_n)$$

由此，同样可以构造出与式（9.1.4）相同的欧拉公式。

常微分方程的数值解法就是把连续的初值问题进行离散化的方法。其特点是，只要初值问题的右端函数 $f(x,y)$ 是可计算的，就能应用数值解法，因此具有通用性。而且，只要对函数 $f(x,y)$ 进行多次计算，就能够确保数值解法的误差充分小。

9.2 欧拉公式

9.2.1 欧拉公式及其意义

由 9.1 节的求解常微分方程的离散化过程，可得欧拉公式：

$$y_{n+1} = y_n + hf(x_n, y_n)$$

利用欧拉公式求常微分方程数值解的方法称为欧拉方法。

欧拉公式的几何意义非常明显，因为微分方程的初值问题式（9.1.1）的解在 xOy 平面上表示为一族积分曲线。其中通过点 $p_0(x_0,y_0)$ 的那条积分曲线 $y=y(x)$ 为式（9.1.1）和式（9.1.2）的解。用欧拉公式求数值解的几何意义：先在初始点 $p_0(x_0,y_0)$ 处作积分曲线 $y=y(x)$ 的切线，切线的斜率为 $f(x_0,y_0)$，记它与直线 $x=x_1$ 交点 p_1 的纵坐标为 y_1，如图 9.2.1 所示，然后过点 $p_1(x_1,y_1)$ 以 $f(x_1,y_1)$ 为斜率作一条直线，记它与直线 $x=x_2$ 交点 p_2 的纵坐标为 y_2，……，如此继续下去，可得一条折线 $p_0p_1p_2\cdots p_n$。容易验证，该折线各个顶点的纵坐标 $y_n(n=1,2\cdots)$ 就是欧拉公式（9.1.4）计算得到的近似解，所以，欧拉方法又称为折线法。欧拉公式的算法框图如图 9.2.2 所示。

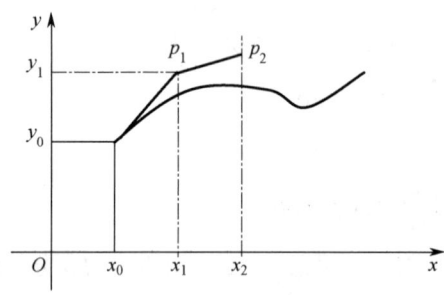

图 9.2.1 欧拉公式的几何意义　　图 9.2.2 欧拉公式的算法框图

例 9.2.1 用欧拉方法求解常微分方程的初值问题：

$$\begin{cases} y'(x)=y-x & (0<x\leqslant 1,\ |y|<\infty) \\ y(0)=2 \end{cases}$$

步长 $h=0.2,0.1,0.05,0.01,0.005$。

解 用各种不同步长计算离散节点 $x_1=0.2$，$x_2=0.4$，$x_3=0.6$，$x_4=0.8$，$x_5=1.0$ 上的数值解及其精确解（小数点后 4 位有效数字），见表 9.2.1。

表 9.2.1　例 9.2.1 的计算结果

x_n	y_n					精确解
	$h=0.2$	$h=0.1$	$h=0.05$	$h=0.01$	$h=0.005$	$y(x)=e^x+x+1$
0.0	2.0000	2.0000	2.0000	2.0000	2.0000	2.0000
0.2	2.4000	2.4100	2.4155	2.4202	2.4208	2.4214
0.4	2.8400	2.8641	2.8775	2.8889	2.8903	2.8918
0.6	3.3280	3.3716	3.3959	3.4167	3.4194	3.4221
0.8	3.8736	3.9436	3.9829	4.0167	4.0211	4.0255
1.0	4.4883	4.5937	4.6533	4.7084	4.7115	4.7183

从本例可以看出，h 越小，数值解 y_n 越精确。

9.2.2 欧拉公式的变形

在对常微分方程的初值问题进行离散化时，如果用差商 $\dfrac{y(x_{n+1})-y(x_n)}{h}$ 代替 $y'(x_{n+1})=f(x_{n+1},y(x_{n+1}))$ 中的 $y'(x_{n+1})$，并用近似值 y_{n+1} 表示 $y(x_{n+1})$，用近似值 y_n 表示 $y(x_n)$，可得

$$y_{n+1}=y_n+hf(x_{n+1},y_{n+1}) \qquad (9.2.1)$$

式（9.2.1）称为隐式欧拉公式，或后退的欧拉公式。它是关于 y_{n+1} 的一个函数方程。其计

算远比欧拉公式（9.1.4）困难，但其稳定性相对比较好。

如果将欧拉公式（9.1.4）和隐式欧拉公式（9.2.1）进行算术平均，则得

$$y_{n+1} = y_n + \frac{h}{2}[f(x_n, y_n) + f(x_{n+1}, y_{n+1})] \qquad (9.2.2)$$

式（9.2.2）称为梯形公式。它也是关于 y_{n+1} 的函数方程，是隐式方法。

用隐式方法解常微分方程的初值问题，如果右边函数 $f(x,y)$ 是 y 的线性函数，则隐式公式可显式计算，如 $y'(x) = xy - 10$，其隐式欧拉公式为 $y_{n+1} = y_n + h(x_{n+1} \cdot y_{n+1} - 10)$，它有显式公式 $y_{n+1} = \frac{y_n - 10h}{1 - hx_{n+1}}$。但当 $f(x,y)$ 是 y 的非线性函数时，如 $y'(x) = \sqrt{y} - 10x$，其隐式欧拉公式 $y_{n+1} = y_n + h(\sqrt{y_{n+1}} - 10x_{n+1})$ 为关于 y_{n+1} 的非线性方程，此时可以用迭代法求解。以梯形公式为例，用欧拉公式提供迭代初值 $y_{n+1}^{(0)}$，其迭代公式为

$$\begin{cases} y_{n+1}^{(0)} = y_n + hf(x_n, y_n) \\ y_{n+1}^{(k+1)} = y_n + \frac{h}{2}[f(x_n, y_n) + f(x_{n+1}, y_{n+1}^{(k)})] \end{cases} \quad (k = 0,1,2\cdots) \qquad (9.2.3)$$

反复迭代，直到 $|y_{n+1}^{(k+1)} - y_{n+1}^{(k)}| < \varepsilon$。在迭代过程中，步长 h 为迭代参数，它需要满足一定的条件才能收敛，将式（9.2.2）减去式（9.2.3），得

$$y_{n+1} - y_{n+1}^{(k+1)} = \frac{h}{2}[f(x_{n+1}, y_{n+1}) - f(x_{n+1}, y_{n+1}^{(k)})]$$

假设 $f(x,y)$ 关于 y 满足 Lipschitz 条件，即

$$|f(x, y_1) - f(x, y_2)| \leq L|y_1 - y_2| \qquad (L \text{ 为 Lipschitz 常数})$$

则有

$$|y_{n+1} - y_{n+1}^{(k+1)}| \leq L\frac{h}{2}|y_{n+1} - y_{n+1}^{(k)}|$$

当 $L\frac{h}{2} < 1$，即 $h < \frac{2}{L}$ 时，由式（9.2.3）生成的迭代序列 $\{y_{n+1}^{(k)}\}$ 收敛于 y_{n+1}。

对隐式欧拉公式通常采用预测-校正技术，即先用显式方法计算，预测一个估计值 $\tilde{y}_{n+1}$，为隐式欧拉公式提供一个好的迭代初值，然后用隐式欧拉公式迭代一次，得 y_{n+1}。例如，用欧拉公式预测迭代初值，用梯形公式进行校正，得

$$\begin{cases} \tilde{y}_{n+1} = y_n + hf(x_n, y_n) \\ y_{n+1} = y_n + \frac{h}{2}[f(x_n, y_n) + f(x_{n+1}, \tilde{y}_{n+1})] \end{cases} \qquad (9.2.4)$$

上式也可写为

$$y_{n+1} = y_n + \frac{h}{2}[f(x_n, y_n) + f(x_{n+1}, y_n + hf(x_n, y_n))] \qquad (9.2.5)$$

式（9.2.4）和式（9.2.5）都称为改进的欧拉公式。为了编程方便，常将改进的欧拉公式改写如下：

$$\begin{cases} T_1 = y_n + hf(x_n, y_n) \\ T_2 = y_n + hf(x_{n+1}, T_1) \\ y_{n+1} = \frac{T_1 + T_2}{2} \end{cases} \qquad (9.2.6)$$

相应的算法框图如图 9.2.3 所示。

输入 $x_0, y_0, n, h = \frac{b-a}{n}$
对于 $i = 0,1,2,3,\cdots, n-1$，执行
$T_1 = y_i + hf(x_i, y_i)$ $x_i = x_i + h$ $T_2 = y_i + hf(x_i, T_1)$ $y_i = \frac{T_1 + T_2}{2}$
输出 (x_i, y_i)

图 9.2.3 改进的欧拉公式算法框图

另外，在对常微分方程的初值问题进行离散化时，如果用中心差商 $\dfrac{y(x_{n+1})-y(x_{n-1})}{2h}$ 代替 $y'(x_n)=f(x_n,y(x_n))$ 中的 $y'(x_n)$，并用近似值 y_{n-1} 表示 $y(x_{n-1})$，用近似值 y_{n+1} 表示 $y(x_{n+1})$，可得

$$y_{n+1}=y_{n-1}+2hf(x_n,y_n) \tag{9.2.7}$$

式（9.2.7）称为两步欧拉公式。前面介绍的欧拉公式、隐式欧拉公式、梯形公式和改进的欧拉公式，它们都是单步法。其特点是在计算 y_{n+1} 时只用到前一步的 y_n。而两步欧拉公式（9.2.7）除用到 y_n 外，还用到更前面的 y_{n-1}，因而属于多步法。

例 9.2.2 给定常微分方程的初值问题：

$$\begin{cases}\dfrac{\mathrm{d}y}{\mathrm{d}x}=2xy & (0\le x\le 1)\\ y(0)=1\end{cases}$$

取 $h=0.1$，分别用欧拉公式、隐式欧拉公式、梯形公式、改进的欧拉公式和两步欧拉公式计算其数值解，并与精确解进行比较。

解 将原方程改写为 $\dfrac{1}{y}\mathrm{d}y=2x\mathrm{d}x$，两边积分得

$$\ln y(x)=x^2+c_1$$

所以

$$y(x)=\mathrm{e}^{x^2+c_1}=\mathrm{e}^{c_1}\cdot\mathrm{e}^{x^2}=c\mathrm{e}^{x^2}$$

式中，c 为任意常数。

由初值条件 $y(0)=1$，可得 $c=1$。所以精确解为 $y(x)=\mathrm{e}^{x^2}$。

因为 $f(x,y)=2xy$，用各公式计算如下。

欧拉公式：

$$y_{n+1}=y_n+h\cdot 2x_ny_n=(1+2hx_n)y_n$$

隐式欧拉公式：

$$y_{n+1}=y_n+2hx_{n+1}y_{n+1}$$

可以解出 y_{n+1} 得

$$y_{n+1}=\dfrac{y_n}{(1-2hx_{n+1})}$$

梯形公式：

$$y_{n+1}=y_n+\dfrac{h}{2}(2x_ny_n+2x_{n+1}y_{n+1})$$

整理得

$$y_{n+1}=\dfrac{(1+hx_n)}{(1-hx_{n+1})}y_n$$

两步欧拉公式：

$$y_{n+1}=y_{n-1}+4hx_ny_n$$

其前两步 y_0 和 y_1 的值分别由初值条件和欧拉公式给出。

改进的欧拉公式：

$$y_{n+1}=y_n+\dfrac{h}{2}[2x_ny_n+2x_{n+1}(y_n+h\cdot 2x_ny_n)]=y_n+hy_n(x_n+x_{n+1}+2x_nx_{n+1}h)$$

取 $n=0,1,2,\cdots,10$，计算结果见表 9.2.2。

由表 9.2.2 的计算结果可以看出，梯形公式和改进的欧拉公式的计算结果误差比较小，而欧拉公式和隐式欧拉公式的计算结果误差比较大。

表 9.2.2 例 9.2.2 的计算结果

n	x_n	欧拉公式 y_n	隐式欧拉公式 y_n	梯形公式 y_n	改进的欧拉公式 y_n	两步欧拉公式 y_n	精确解 $y(x_n)$
0	0.0	1	1	1	1	1	1
1	0.1	1	1.020 408 2	1.010 101 0	1.01	1	1.010 050 167
2	0.2	1.02	1.062 925 2	1.041 022 5	1.040 704	1.04	1.040 810 774
3	0.3	1.0608	1.130 771 5	1.094 683 5	1.093 988 0	1.0832	1.094 174 284
4	0.4	1.124 448	1.229 099 5	1.174 504 1	1.173 192 8	1.169 984	1.173 510 871
5	0.5	1.214 403 84	1.365 666 1	1.285 772 9	1.283 472 9	1.270 397 44	1.284 025 417
6	0.6	1.335 844 224	1.551 893 3	1.436 235 7	1.432 355 8	1.424 063 45	1.433 329 415
7	0.7	1.496 145 531	1.804 527 1	1.636 999 9	1.630 593 8	1.612 172 68	1.632 316 22
8	0.8	1.705 605 905	2.148 246 5	1.903 902 0	1.893 445 5	1.875 471 84	1.896 480 879
9	0.9	1.978 502 840	2.619 812 8	2.259 576 0	2.242 596 9	2.212 323 67	2.247 907 987
10	1.0	2.334 633 350	3.274 760 0	2.736 597 6	2.709 057 0	2.671 908 36	2.718 281 828

9.3 单步法的局部截断误差和方法的阶

现在将解常微分方程初值问题的单步法写成如下统一的形式：
$$y_{n+1} = y_n + h\varphi(x_n, x_{n+1}, y_n, y_{n+1}, h) \tag{9.3.1}$$

式中，φ 与常微分方程初值问题的右端函数 $f(x, y)$ 有关，称为增量函数。若 φ 中不含 y_{n+1}，则此方法是显式的，否则是隐式的。

例如，欧拉公式和改进的欧拉公式的增量函数 φ 分别为

$$f(x_n, y_n) \quad \text{和} \quad \frac{1}{2}[f(x_n, y_n) + f(x_{n+1}, y_n + hf(x_n, y_n))]$$

因此这两个公式都是显式的。隐式欧拉公式和梯形公式的增量函数 φ 分别为

$$f(x_{n+1}, y_{n+1}) \quad \text{和} \quad \frac{1}{2}[f(x_n, y_n) + f(x_{n+1}, y_{n+1})]$$

它们都包含 y_{n+1} 项，因此，这两个公式都是隐式的。

无论是显式的，还是隐式的，从 x_0 开始计算，如果考虑每步产生的误差，直到 x_n，则有误差 $e_n = y(x_n) - y_n$，称为数值解法在 x_n 处的整体截断误差。一般，分析和求出整体截断误差 e_n 是非常困难的。为此，我们仅考虑从 x_n 到 x_{n+1} 的局部情况。假设 x_n 处的值 y_n 没有误差，即 $y_n = y(x_n)$，下面给出单步法的局部截断误差的定义。

定义 9.3.1（局部截断误差） 设 $y(x)$ 是常微分方程的精确解，则
$$T_{n+1} = y(x_{n+1}) - y(x_n) - h\varphi(x_n, x_{n+1}, y(x_n), y(x_{n+1}), h) \tag{9.3.2}$$
称为单步法公式（9.3.1）的局部截断误差。

例如，欧拉公式的局部截断误差为
$$T_{n+1} = y(x_{n+1}) - y(x_n) - hf(x_n, y(x_n)) \tag{9.3.3}$$

若用 e_{n+1} 表示欧拉公式在 x_n 处的整体截断误差，则 T_{n+1} 与 e_{n+1} 之间的联系如图 9.3.1 所示。

现在，推导式（9.3.3），为此将 $y(x_{n+1})$ 在 x_n 处进行泰勒展开，并用 y' 代替 f 得

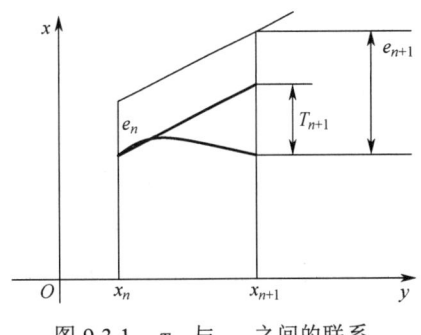

图 9.3.1 T_{n+1} 与 e_{n+1} 之间的联系

$$T_{n+1} = y(x_{n+1}) - y(x_n) - hf(x_n, y(x_n))$$
$$= y(x_n) + hy'(x_n) + \frac{h^2}{2}y''(x_n) + O(h^3) - y(x_n) - hy'(x_n)$$
$$= \frac{h^2}{2}y''(x_n) + O(h^3) = O(h^2)$$

另外,当常微分方程初值问题的解 $y(x)$ 为一次多项式 $ax+b$ 时,在第 n 步精确,即 $y_n = y(x_n)$ 的前提下,用欧拉公式可求第 $n+1$ 步的数值解 y_{n+1}。

由于 $y(x) = ax+b$, $y'(x) = a$, $y_n = y(x_n)$,因此
$$y_{n+1} = y_n + hf(x_n, y_n) = y(x_n) + hf(x_n, y(x_n)) = y(x_n) + hy'(x_n)$$
$$= ax_n + b + ah = a(x_n + h) + b = ax_{n+1} + b = y(x_{n+1})$$

这说明,当常微分方程的解是一次多项式时,欧拉公式的局部截断误差为 0。我们称欧拉公式为一阶方法。对一般公式,有以下定义。

定义 9.3.2(方法的阶) 如果求常微分方程数值解法的局部截断误差是 $T_{n+1} = O(h^{p+1})$,式中,$p \geq 1$ 为整数,则称该方法是 p 阶的,或称该方法具有 p 阶精度。p 越大,该方法的精度越高。含 h^{p+1} 的项,称为该方法的局部截断误差主项。

由前面的推导可知,欧拉公式是一阶方法,其截断误差主项 $\frac{h^2}{2}y''(x_n)$。

对隐式欧拉公式,有
$$T_{n+1} = y(x_{n+1}) - y(x_n) - hf(x_{n+1}, y(x_{n+1}))$$
$$= y(x_{n+1}) - y(x_n) - hy'(x_{n+1})$$
$$= y(x_n) + hy'(x_n) + \frac{h^2}{2}y''(x_n) + O(h^3) - y(x_n) - h(y'(x_n) + hy''(x_n) + O(h^2))$$
$$= -\frac{h^2}{2}y''(x_n) + O(h^3)$$
$$= O(h^2)$$

所以,隐式欧拉公式也是一阶方法,它的局部截断误差的主项是 $-\frac{h^2}{2}y''(x_n)$。

对梯形公式,有
$$T_{n+1} = y(x_{n+1}) - y(x_n) - \frac{h}{2}[f(x_n, y(x_n)) + f(x_{n+1}, y(x_{n+1}))]$$
$$= y(x_n + h) - y(x_n) - \frac{h}{2}[y'(x_n) + y'(x_n + h)]$$
$$= -\frac{h^3}{12}y'''(x_n) + O(h^4)$$

所以,梯形公式是二阶方法,其局部截断误差为 $-\frac{h^3}{12}y'''(x_n)$。

可以证明,改进的欧拉公式也为二阶方法。

从例 9.2.2 的计算结果中也可以明显地看出,梯形公式和改进的欧拉公式的精度要比欧拉公式和隐式欧拉公式高,这也进一步验证了二阶方法比一阶方法好。

例 9.3.1 常微分方程的初值问题 $\begin{cases} y' = ax + b \ (x > 0) \\ y(0) = 0 \end{cases}$ 有解 $y(x) = ax^2/2 + bx$,试证明改进的

欧拉公式能精确求解上述问题。

证明 记 $f(x,y)=ax+b$, $x_i=ih$ ($i=0,1,2,\cdots,n$), 则改进的欧拉公式为

$$y_{i+1}=y_i+\frac{h}{2}[f(x_i,y_i)+f(x_{i+1},y_i+hf(x_i,y_i))]$$

$$=y_i+\frac{h}{2}[(ax_i+b)+(ax_{i+1}+b)] \quad (i=0,1,2,\cdots,n-1)$$

利用 $y_0=0$, 对上式从 0 到 $n-1$ 求和, 得

$$\sum_{i=0}^{n-1}y_{i+1}=\sum_{i=0}^{n-1}y_i+\sum_{i=0}^{n-1}\frac{h}{2}[(ax_i+b)+(ax_{i+1}+b)]$$

所以

$$y_n=\sum_{i=0}^{n-1}y_{i+1}-\sum_{i=0}^{n-1}y_i=\sum_{i=0}^{n-1}\frac{h}{2}[(ax_i+b)+(ax_{i+1}+b)]$$

$$=\frac{ah}{2}\sum_{i=0}^{n-1}(x_i+x_{i+1})+nbh=\frac{ah^2}{2}\sum_{i=0}^{n-1}[i+(i+1)]+nbh$$

$$=\frac{ah^2}{2}\left[\frac{1}{2}n(n-1)+\frac{1}{2}n(n+1)\right]+nbh=\frac{1}{2}a(nh)^2+b(nh)$$

$$=\frac{1}{2}ax_n^2+bx_n=y(x_n)$$

因而, 改进的欧拉公式能得到该初值问题的精确解。

例 9.3.2 常微分方程的初值问题 $y'=f(x,y)$, $y(x_0)=y_0$ 有如下公式:

$$y_{n+1}=y_n+h(3f_n-f_{n-1})/2$$

式中, $f_n=f(x_n,y_n)$, $f_{n-1}=f(x_{n-1},y_{n-1})$, 试判断此公式为几阶方法。

解 由泰勒展开式有

$$y(x_{n+1})=y(x_n)+y'(x_n)h+\frac{y''(x_n)}{2!}h^2+\frac{y'''(\xi_n)}{3!}h^3 \tag{9.3.4}$$

再把 $f(x_{n-1},y(x_{n-1}))=y'(x_{n-1})$ 在 x_n 处展开有

$$y'(x_{n-1})=y'(x_n)+y''(x_n)(-h)+\frac{y'''(\eta_n)}{2!}(-h)^2$$

于是有

$$y(x_n)+\frac{h}{2}[3y'(x_n)-y'(x_{n-1})]=y(x_n)+\frac{h}{2}\left[3y'(x_n)-(y'(x_n)-hy''(x_n)+\frac{h^2}{2}y'''(\eta_n))\right]$$

$$=y(x_n)+hy'(x_n)+\frac{h^2}{2}y''(x_n)-\frac{h^3}{4}y'''(\eta_n) \tag{9.3.5}$$

利用式(9.3.4), 求得所给公式的局部截断误差为

$$T_{n+1}=y(x_{n+1})-\left\{y(x_n)+\frac{h}{2}[3y'(x_n)-y'(x_{n-1})]\right\}=\frac{h^3}{12}y'''(\xi_n)=O(h^3)$$

根据定义, 可得计算公式

$$y_{n+1}=y_n+\frac{h}{2}[3f(x_n,y_n)-f(x_{n-1},y_{n-1})]$$

这是二阶方法。

9.4 龙格-库塔方法

9.4.1 龙格-库塔方法的基本思想

龙格-库塔（Runge-Kutta）方法是以德国数学家 C. Runge 及 M. W. kutta 的名字来命名的。它是求解式（9.1.1）和式（9.1.2）的一类高精度的单步法。由定义 9.3.2 可知，方法的精度与主项 $O(h^{p+1})$ 有关。用一阶泰勒展开式推导出欧拉公式，其主项为 $O(h^2)$，故是一阶方法。类似地，若用 p 阶泰勒展开式

$$y_{n+1} = y(x_n) + hy'(x_n) + \frac{h^2}{2!}y''(x_n) + \cdots + \frac{h^p}{p!}y^{(p)}(x_n) + O(h^{p+1})$$

式中，

$$y'(x) = f(x,y), \quad y''(x) = f'_x(x,y) + f'_y(x,y)f(x,y) + \cdots$$

进行离散化，所得计算公式必为 p 阶方法。由此，我们能够想到，通过提高泰勒展开式的阶数，可以得到高精度的数值解法。从理论上讲，只要式（9.1.1）的解 $y(x)$ 充分光滑，使用泰勒展开式就可以构造任意有限阶的计算公式。但事实上，具体构造这种公式往往是相当困难的。因为求复合函数 $f(x,y(x))$ 的高阶导数十分烦琐，所以一般不直接使用泰勒展开式，但是可以间接使用泰勒展开式，求得高精度的数值解法。

首先，我们对欧拉公式和改进的欧拉公式进行进一步的分析：

欧拉公式
$$\begin{cases} y_{n+1} = y_n + hk_1 \\ k_1 = f(x_n, y_n) \end{cases} \tag{9.4.1}$$

改进的欧拉公式
$$\begin{cases} y_{n+1} = y_n + h\left(\frac{1}{2}k_1 + \frac{1}{2}k_2\right) \\ k_1 = f(x_n, y_n) \\ k_2 = f(x_n + h, y_n + hk_1) \end{cases} \tag{9.4.2}$$

这两组公式都是用函数 $f(x,y)$ 在某些点上的值的线性组合来计算 $y(x_{n+1})$ 的近似值 y_{n+1} 的。欧拉公式每前进一步，计算一次 $f(x,y)$ 的值，而且它是 $y(x_{n+1})$ 在 x_n 处的一阶泰勒展开式，因而是一阶方法。改进的欧拉公式每前进一步需要计算 2 次 $f(x,y)$ 的值，而且它在 (x_n, y_n) 处的泰勒展开式与 $y(x_{n+1})$ 在 x_n 处的泰勒展开式的前 3 项完全相同，因而是二阶方法。这就启发我们考虑用函数 $f(x,y)$ 在若干点上的函数值的线性组合来构造计算公式。构造时，要求计算公式在 (x_n, y_n) 处的泰勒展开式与微分方程的解 $y(x)$ 在 x_n 处的泰勒展开式的前面若干项相同，从而使计算公式达到较高的精度。这样，既避免了计算函数 $f(x,y)$ 偏导数的困难，又提高了数值解法的精度，这就是龙格-库塔方法的基本思想。

9.4.2 二阶龙格-库塔方法的推导

龙格-库塔方法的一般形式如下：

$$\begin{cases} y_{n+1} = y_n + h\sum_{i=1}^{p} c_i k_i \\ k_1 = f(x_n, y_n) \\ \cdots \qquad\qquad (i = 2, 3, \cdots, p) \\ k_i = f\left(x_n + a_i h, y_n + h\sum_{j=1}^{i-1} b_{ij} k_j\right) \end{cases} \tag{9.4.3}$$

式中，a_i, b_{ij}, c_i 都是待定参数。确定它们的原则和方法是使计算公式在 (x_n, y_n) 处的泰勒展开式与微分方程的解 $y(x)$ 在 x_n 处的泰勒展开式的前面的项尽可能相同，从而使计算公式的精度尽可能高。

常用的低阶二元函数的泰勒展开公式如下：

$$y'(x) = f(x, y(x))$$

$$y''(x) = \left(\frac{\partial f}{\partial x} + f\frac{\partial f}{\partial y}\right)(x, y(x))$$

$$y'''(x) = \left(\frac{\partial^2 f}{\partial x^2} + 2f\frac{\partial^2 f}{\partial x \partial y} + f^2\frac{\partial^2 f}{\partial y^2}\right)(x, y(x)) + \left(\frac{\partial f}{\partial x} + f\frac{\partial f}{\partial y}\right)(x, y(x))\frac{\partial f}{\partial y}(x, y(x))$$

$$= \left(\frac{\partial^2 f}{\partial x^2} + 2f\frac{\partial^2 f}{\partial x \partial y} + f^2\frac{\partial^2 f}{\partial y^2}\right)(x, y(x)) + y''(x)\frac{\partial f}{\partial y}(x, y(x))$$

下面推导二阶龙格-库塔方法。

设 $p=2$，计算公式为

$$\begin{cases} y_{n+1} = y_n + h(c_1 k_1 + c_2 k_2) \\ k_1 = f(x_n, y_n) \\ k_2 = f(x_n + a_2 h, y_n + h b_{21} k_1) \end{cases} \tag{9.4.4}$$

式（9.4.4）在 (x_n, y_n) 处的泰勒展开式为

$$\begin{aligned} y_{n+1} &= y_n + h[c_1 f(x_n, y_n) + c_2 f(x_n + a_2 h, y_n + h b_{21} f(x_n, y_n))] \\ &= y_n + h[c_1 f(x_n, y_n) + c_2 (f(x_n, y_n) + a_2 h f'_x(x_n, y_n) + b_{21} h f'_y(x_n, y_n) f(x_n, y_n))] + O(h^3) \\ &= y_n + (c_1 + c_2) f(x_n, y_n) h + c_2 [a_2 f'_x(x_n, y_n) + b_{21} f'_y(x_n, y_n) f(x_n, y_n)] h^2 + O(h^3) \end{aligned} \tag{9.4.5}$$

$y(x_{n+1})$ 在 x_n 处的泰勒展开式为

$$\begin{aligned} y(x_{n+1}) &= y(x_n) + h y'(x_n) + \frac{h^2}{2} y''(x_n) + O(h^3) \\ &= y_n + f(x_n, y_n) h + \frac{h^2}{2}[f'_x(x_n, y_n) + f'_y(x_n, y_n) f(x_n, y_n)] + O(h^3) \end{aligned} \tag{9.4.6}$$

要使式（9.4.4）的局部截断误差为 $O(h^3)$，则应要求式（9.4.5）和式（9.4.6）的前 3 项相同，因此有

$$\begin{cases} c_1 + c_2 = 1 \\ c_2 a_2 = \dfrac{1}{2} \\ c_2 b_{21} = \dfrac{1}{2} \end{cases} \tag{9.4.7}$$

式（9.4.7）有 4 个未知数，3 个方程，其中一个是自由参数。式（9.4.7）有无穷多个解，从而得到一组二阶龙格-库塔方法，它们的局部截断误差均为 $O(h^3)$。

例如，取 $c_1 = c_2 = \dfrac{1}{2}$，$a_2 = b_{21} = 1$，计算公式为

$$\begin{cases} y_{n+1} = y_n + \dfrac{h}{2}(k_1 + k_2) \\ k_1 = f(x_n, y_n) \\ k_2 = f(x_n + h, y_n + h k_1) \end{cases}$$

它与式（9.4.2）相同，这就是改进的欧拉公式。

取 $c_1=0$，$c_2=1$，$a_2=b_{21}=\dfrac{1}{2}$，计算公式为

$$\begin{cases} y_{n+1}=y_n+hk_2 \\ k_1=f(x_n,y_n) \\ k_2=f\left(x_n+\dfrac{h}{2},y_n+\dfrac{h}{2}k_1\right) \end{cases} \quad (9.4.8)$$

式（9.4.8）称为中点公式。

取 $c_1=\dfrac{1}{4}$，$c_2=\dfrac{3}{4}$，$a_2=\dfrac{2}{3}$，$b_{21}=\dfrac{2}{3}$，计算公式为

$$\begin{cases} y_{n+1}=y_n+h\left(\dfrac{1}{4}k_1+\dfrac{3}{4}k_2\right) \\ k_1=f(x_n,y_n) \\ k_2=f\left(x_n+\dfrac{2}{3}h,y_n+\dfrac{2}{3}hk_1\right) \end{cases} \quad (9.4.9)$$

式（9.4.9）称为 Heun 公式。

例 9.4.1 证明：Heun 公式 $y_{n+1}=y_n+\dfrac{h}{4}\left[f(x_n,y_n)+3f\left(x_n+\dfrac{2}{3}h,y_n+\dfrac{2}{3}hf(x_n,y_n)\right)\right]$ 是二阶的，并给出它的局部截断误差主项。

证明 该公式的局部截断误差为 $T_{n+1}=y(x_{n+1})-y(x_n)-\dfrac{h}{4}\left[y'(x_n)+3f\left(x_n+\dfrac{2}{3}h,y_n+\dfrac{2}{3}hf_n\right)\right]$

将右端进行泰勒展开，则有

$$y(x_{n+1})=y(x_n)+hy'(x_n)+\dfrac{h^2}{2}y''(x_n)+\dfrac{h^3}{3!}y'''(x_n)+O(h^4)$$

$$f\left(x_n+\dfrac{2}{3}h,y_n+\dfrac{2}{3}hf_n\right)=y'(x_n)+\dfrac{2}{3}hy''(x_n)+\dfrac{1}{2}\left(\dfrac{2}{3}h\right)^2(f''_{xx}+2ff''_{xy}+f^2f''_{yy})_{x_n}+O(h^4)$$

于是有

$$T_{n+1}=\dfrac{h^3}{6}\left[y'''(x_n)-(f''_{xx}+2ff''_{xy}+f^2f''_{yy})_{x_n}\right]+O(h^4)=\dfrac{h^3}{6}y''(x_n)f'_y(x_n,y_n)+O(h^4)$$

故该方法是二阶的，且局部截断误差主项为 $\dfrac{h^3}{6}y''(x_n)f'_y$。

例 9.4.2 证明：下列公式是三阶龙格-库塔公式。

$$\begin{cases} y_{n+1}=y_n+\dfrac{h}{9}(2k_1+3k_2+4k_3) \\ k_1=f(x_n,y_n) \\ k_2=f\left(x_n+\dfrac{h}{2},y_n+\dfrac{h}{2}k_1\right) \\ k_3=f\left(x_n+\dfrac{3}{4}h,y_n+\dfrac{3}{4}hk_2\right) \end{cases}$$

证明 所给公式是用区间 $[x_n,x_{n+1}]$ 内三点 x_n、$x_n+\dfrac{h}{2}$ 和 $x_n+\dfrac{3}{4}h$ 的斜率值 k_1、k_2 和 k_3 加权平均生成的该区间内的平均斜率，考察相应的离散关系式如下：

$$\begin{cases} y(x_{n+1}) \approx y(x_n) + \dfrac{h}{9}(2k_1 + 3k_2 + 4k_3) \\ k_1 = f(x_n, y(x_n)) \\ k_2 = f\left(x_n + \dfrac{h}{2}, y(x_n) + \dfrac{h}{2}k_1\right) \\ k_3 = f\left(x_n + \dfrac{3}{4}h, y(x_n) + \dfrac{3}{4}hk_2\right) \end{cases}$$

将 k_1、k_2 和 k_3 进行泰勒展开，采用缩记符号，得

$$k_1 = y'_n$$

$$k_2 = f_n + \frac{1}{2}h\left(\frac{\partial f}{\partial x} + k_1 \frac{\partial f}{\partial y}\right)_n + \frac{1}{2}\left(\frac{1}{2}h\right)^2 \left(\frac{\partial^2 f}{\partial x^2} + 2k_1\frac{\partial^2 f}{\partial x \partial y} + k_1^2 \frac{\partial^2 f}{\partial y^2}\right)_n + O(h^3)$$

从而利用求导公式可得

$$k_2 = y'_n + \frac{1}{2}hy''_n + \frac{h^2}{8}\left[y'''_n - y''_n\left(\frac{\partial f}{\partial y}\right)_n\right] + O(h^3)$$

此外，类似地，可得

$$k_3 = f_n + \frac{3}{4}h\left(\frac{\partial f}{\partial x} + k_2 \frac{\partial f}{\partial y}\right)_n + \frac{1}{2}\left(\frac{3}{4}h\right)^2\left(\frac{\partial^2 f}{\partial x^2} + 2k_2\frac{\partial^2 f}{\partial x \partial y} + k_2^2 \frac{\partial^2 f}{\partial y^2}\right)_n + O(h^3)$$

$$= y'_n + \frac{3}{4}hy''_n + \frac{1}{2}\left(\frac{3}{4}h\right)^2 y'''_n - \frac{9h^2}{32}y''_n\left(\frac{\partial f}{\partial y}\right)_n + O(h^3)$$

代入离散关系式右端，并记所得结果为 y^*_{n+1}，则有

$$y^*_{n+1} = y_n + hy'_n + \frac{h^2}{2}y''_n + \frac{h^3}{6}y'''_n + O(h^4)$$

它同 $y(x_{n+1})$ 的泰勒展开式 h^3 项符合，故所给公式都是三阶的。

9.4.3 经典四阶龙格-库塔方法

9.4.2 节推导了二阶和三阶龙格-库塔方法，类似地，可以用同样的方法推导更高阶的龙格-库塔方法。在实际当中，最常用的是经典四阶龙格-库塔方法，其公式如下：

$$\begin{cases} y_{n+1} = y_n + \dfrac{h}{6}(k_1 + 2k_2 + 2k_3 + k_4) \\ k_1 = f(x_n, y_n) \\ k_2 = f(x_n + \dfrac{h}{2}, y_n + \dfrac{h}{2}k_1) \\ k_3 = f(x_n + \dfrac{h}{2}, y_n + \dfrac{h}{2}k_2) \\ k_4 = f(x_n + h, y_n + hk_3) \end{cases} \quad (9.4.10)$$

四阶龙格-库塔方法的算法框图如图 9.4.1 所示。

输入 x_0, y_0, N, h
对于 $i = 1, 2, 3, \cdots, N$，执行
$x_1 = x_0 + h$，$k_1 = f(x_0, y_0)$ $k_2 = f(x_0 + \dfrac{h}{2}, y_0 + \dfrac{h}{2}k_1)$ $k_3 = f(x_0 + \dfrac{h}{2}, y_0 + \dfrac{h}{2}k_2)$，$k_4 = f(x_1, y_0 + hk_3)$ $y_1 = y_0 + \dfrac{h}{6}(k_1 + 2k_2 + 2k_3 + k_4)$
输出 (x_1, y_1)，$x_0 = x_1, y_0 = y_1$

图 9.4.1 四阶龙格-库塔方法的算法框图

例 9.4.3 用四阶龙格-库塔方法，求解例 9.2.2，取步长 $h = 0.2$。

解 例 9.2.2 的四阶龙格-库塔方法的计算公式如下：

$$\begin{cases} y_{n+1} = y_n + \dfrac{0.2}{6}(k_1 + 2k_2 + 2k_3 + k_4) \\ k_1 = 2x_n y_n \\ k_2 = 2\left(x_n + \dfrac{h}{2}\right)\left(y_n + \dfrac{h}{2}k_1\right) \\ k_3 = 2\left(x_n + \dfrac{h}{2}\right)\left(y_n + \dfrac{h}{2}k_2\right) \\ k_4 = 2(x_n + h)(y_n + hk_3) \end{cases}$$

计算结果见表 9.4.1。

表 9.4.1 例 9.4.3 的计算结果

x_n	y_n	k_1	k_2	k_3	k_4
0.0	1	0	0.2	0.204	0.416 32
0.2	1.040 810 7	0.416 324 3	0.649 465 9	0.663 454 4	0.938 801 3
0.4	1.173 509 6	0.938 807 7	1.267 390 4	1.300 248 6	1.720 271 2
0.6	1.433 321 5	1.719 985 8	2.247 448 1	2.321 292 8	3.036 128 1
0.8	1.896 441 4	3.034 306 2	3.959 769 6	4.126 353 1	5.443 424 0
1.0	2.718 107 3				

例 9.4.4 用欧拉公式、改进的欧拉公式和四阶龙格-库塔方法，求常微分方程的初值问题

$$\begin{cases} y' = x - y \\ y(0) = 0 \end{cases} \quad (0 \leqslant x \leqslant 1) \tag{9.4.11}$$

的数值解。

解 此问题的精确解为 $y = x + \mathrm{e}^{-x} - 1$

式（9.4.11）的欧拉公式（$h = 0.1$, $N = 10$）为

$$y_{n+1} = y_n + h(x_n - y_n) = (1 - 0.1)y_n + x_n = 0.9 y_n + x_n$$

式（9.4.11）的改进的欧拉公式（$h = 0.1$, $N = 10$）为

$$y_{n+1} = y_n + \dfrac{h}{2}[x_n - y_n + x_{n+1} - y_n + h(x_n - y_n)]$$

$$= \left(1 - h + \dfrac{h^2}{2}\right)y_n + \dfrac{h}{2}(1 - h)x_n + \dfrac{h}{2}x_{n+1}$$

$$= 0.9005 y_n + 0.045 x_n + 0.05 x_{n+1}$$

式（9.4.11）的四阶龙格-库塔方法的计算公式（$h = 0.2$, $N = 5$）为

$$\begin{cases} y_{n+1} = y_n + \dfrac{0.2}{6}(k_1 + 2k_2 + 2k_3 + k_4) \\ k_1 = x_n - y_n \\ k_2 = x_n + \dfrac{h}{2} - \left(y_n + \dfrac{h}{2}k_1\right) = 0.9(x_n - y_n) + 0.1 \\ k_3 = x_n + \dfrac{h}{2} - \left(y_n + \dfrac{h}{2}k_2\right) = 0.91(x_n - y_n) + 0.09 \\ k_4 = x_n + h - (y_n + hk_3) = 0.818(x_n - y_n) + 0.182 \end{cases}$$

代入初值 $x_0 = 0$，$y_0 = 0$，计算结果见表 9.4.2。

表 9.4.2 例 9.4.4 的计算结果

x_n	欧拉公式 y_n	改进的欧拉公式 y_n	四阶龙格-库塔方法 y_n	精确解 $y(x_n)$
0.0	0.000 000	0.000 000	0.000 000	0.000 000
0.1	0.000 000	0.005 000		0.004 837
0.2	0.010 000	0.019 025	0.018 733	0.001 873 1
0.3	0.029 000	0.041 218		0.041 818
0.4	0.056 100	0.070 802	0.070 324	0.070 320
0.5	0.090 490	0.107 076		0.010 653 1
0.6	0.131 441	0.149 404	0.114 881 7	0.148 812
0.7	0.178 297	0.197 211		0.196 585
0.8	0.230 467	0.249 976	0.249 335	0.249 329
0.9	0.287 420	0.307 228		0.306 570
1.0	0.348 678	0.368 541	0.367 886	0.367 876

从例 9.2.2、例 9.4.3 和例 9.4.4 的计算结果来看，显然四阶龙格-库塔方法的精度要高得多。与改进的欧拉公式相比，四阶龙格-库塔方法虽然每步需要计算 4 个函数值，但由于步长放大了一倍，计算量与改进的欧拉公式几乎相同，精度明显提高。需要指出的是，四阶及四阶以下的龙格-库塔方法的阶数与每前进一步计算函数 $f(x,y)$ 的次数 p 是一致的。但更高阶的情形则不然，例如，$p=5$ 时，龙格-库塔方法的最高阶数仍为 4；$p=6$ 时，龙格-库塔方法的最高阶数为 5。由于计算量较大，因此在实际应用中很少使用更高阶的龙格-库塔方法，四阶龙格-库塔方法已满足对精度的要求。另外，由于龙格-库塔方法的推导是基于泰勒展开式的，因而它要求所求常微分方程初值问题的解具有较好的光滑性。如果解的光滑性差，则用四阶龙格-库塔方法求常微分方程初值问题的数值解的效果可能不如改进的欧拉公式，因此，在实际计算时，需要根据问题的具体情况来选择合适的算法。

9.5 单步法的收敛性和稳定性

收敛性和稳定性从两个不同的角度描述了常微分方程数值解法的实用价值。收敛性反映公式本身的截断误差对计算结果的影响，稳定性反映某个公式在计算过程中出现的误差对计算结果的影响。只有既收敛又稳定的方法，才可能提供比较可靠的计算结果。

9.5.1 单步法的收敛性

常微分方程数值解法的基本思想：通过某种离散化手段，将常微分方程转化为差分方程（代数方程）来求解。这种转化是否合理，还要看差分问题的解 y_n，当 $h \to 0$ 时是否会收敛到常微分方程的精确解。需要注意的是，如果只考虑 $h \to 0$，那么节点 $x_n = x_0 + nh$ 对固定的 n 将趋向于 x_0，这时讨论收敛性是没有意义的，因此当 $h \to 0$ 时，同时要求 $n \to \infty$ 才合理。

定义 9.5.1 若求常微分方程的一种数值解法对任意固定的 $x_n = x_0 + nh$，当 $h \to 0$（同时 $n \to \infty$）时，有 $y_n \to y(x_n)$，则称该方法是收敛的。

为了讨论方便，将式（9.1.1）中的 $f(x,y)$ 在解域内某一点 (a,b) 进行泰勒展开，并局部线性化为

$$y' = f(x,y) = f(a,b) + (x-a)f_x(a,b) + (y-b)f_y(a,b) + \cdots$$
$$= f_y(a,b)y + c_1 x + c_2 + \cdots$$

忽略高阶项，令

$$\lambda = f_y(a,b), \quad y = u - \frac{c_1}{\lambda}x - \frac{c_1}{\lambda^2} - \frac{c_2}{\lambda}$$

对上式进行变量置换，得 $u' = \lambda u$，因此对一般形式的一阶常微分方程，总能化简成如下的模型方程：

$$y' = \lambda y$$

为保证常微分方程初值问题的求解，必须要求 $\lambda = f_y < 0$。

本节讨论的单步法的收敛性和稳定性都是通过模型方程来讨论的。

讨论下面模型方程的初值问题：

$$\begin{cases} y' = \lambda y & (\lambda < 0) \\ y(0) = y_0 \end{cases} \quad (9.5.1) \\ (9.5.2)$$

首先，考察欧拉公式的收敛性。将欧拉公式应用于方程 $y' = \lambda y$，得

$$y_{n+1} = y_n + hf(x_n, y_n) = y_n + h\lambda y_n = (1+h\lambda)y_n$$

所以数值解为
$$y_n = (1+h\lambda)y_{n-1} = (1+h\lambda)^2 y_{n-2} = \cdots = y_0(1+\lambda h)^n$$

由于 $x_0 = 0$，$x_n = nh$，有 $y_n = y_0(1+\lambda h)^{\frac{x_n}{h}} = y_0[(1+\lambda h)^{\frac{1}{\lambda h}}]^{\lambda x_n}$

注意到，当 $h \to 0$ 时，有 $(1+\lambda h)^{\frac{1}{\lambda h}} \to e$

所以，当 $h \to 0$ 时，有 $y_n \to y_0 e^{\lambda x_n}$

另外，解式（9.5.1）得 $\dfrac{dy}{dx} = \lambda y$，$\dfrac{1}{y}dy = \lambda dx$

两边积分 $\int \dfrac{1}{y}dy = \int \lambda dx$，得 $\ln y = \lambda x + c$

即
$$y(x) = e^{\lambda x + c} = e^c e^{\lambda x}$$

由初始条件 $y(0) = y_0$，得 $e^c = y_0$

于是，式（9.5.1）和式（9.5.2）的精确解为
$$y(x) = y_0 e^{\lambda x}$$

所以
$$y(x_n) = y_0 e^{\lambda x_n}$$

综合上述结论可得，当 $h \to 0$（同时 $n \to \infty$）时，有
$$y_n \to y(x_n)$$

这说明欧拉公式是收敛的。

例 9.5.1 用梯形公式解常微分方程的初值问题 $\begin{cases} y' + y = 0 \\ y(0) = 1 \end{cases}$，证明其近似解为 $y_n = \left(\dfrac{2-h}{2+h}\right)^n$，并证明 $h \to 0$（同时 $n \to \infty$）时，它收敛于原初值问题的精确解 $y = e^{-x}$。

证明 已知梯形公式为 $y_{n+1} = y_n + \dfrac{h}{2}[f(x_n, y_n) + f(x_{n+1}, y_{n+1})]$

将 $f(x, y) = -y$ 代入该计算公式，得 $y_{n+1} = y_n + \dfrac{h}{2}(-y_n - y_{n+1})$，则有
$$y_n = y_{n-1} + \dfrac{h}{2}(-y_{n-1} - y_n)$$

经整理得
$$y_n = \left(\dfrac{2-h}{2+h}\right)y_{n-1} = \left(\dfrac{2-h}{2+h}\right)^2 y_{n-2} = \cdots = \left(\dfrac{2-h}{2+h}\right)^n y_0$$

因为 $y_0 = 1$，所以证明了该问题用梯形公式求得近似解为
$$y_n = \left(\dfrac{2-h}{2+h}\right)^n$$

当 $h \to 0$ 时，对上式取极限，并注意到 $x_n = nh$，有
$$\lim_{h \to 0} y_n = \lim_{h \to 0}\left(\dfrac{2-h}{2+h}\right)^n = \lim_{h \to 0}\left(1 - \dfrac{2h}{2+h}\right)^{\frac{x_n}{h}} = \lim_{h \to 0}\left(1 - \dfrac{2h}{2+h}\right)^{\left(-\frac{2+h}{2h}\right)\left(\frac{-2x_n}{2+h}\right)} = e^{-x_n}$$

这说明，对本例所研究的初值问题，梯形公式是收敛的，且收敛于问题的精确解。

下面进一步考察一般的单步法。

所谓单步法，就是在计算 y_{n+1} 时只用到它前一步的 y_n。显式单步法的共同特征是，它们都是将 y_n 加上某种形式的增量得出 y_{n+1} 的，其计算公式如下：

$$y_{n+1} = y_n + h\varphi(x_n, y_n, h) \tag{9.5.3}$$

式中，$\varphi(x_n, y_n, h)$ 称为增量函数。

不同的单步法，对应不同的增量函数，例如，欧拉公式的增量函数为 $\varphi = f(x, y)$，而改进的欧拉公式（9.2.4）的增量函数为

$$\varphi = \frac{1}{2}[f(x, y) + f(x+h, y+hf(x, y))] \tag{9.5.4}$$

关于单步法有下述收敛性定理。

定理 9.5.1 假设单步法式（9.5.3）具有 p 阶精度，且增量函数 $\varphi(x, y, h)$ 关于 y 满足 Lipschitz 条件：

$$|\varphi(x, y, h) - \varphi(x, \bar{y}, h)| \leq L_\varphi |y - \bar{y}| \tag{9.5.5}$$

且设初值 y_0 是精确的，即 $y_0 = y(x_0)$，则单步法式（9.5.3）的整体截断误差为

$$y(x_n) - y_n = O(h^p)$$

定理证明略。根据这一定理，判断单步法式（9.5.3）的收敛性，关键是验证增量函数 φ 是否满足 Lipschitz 条件式（9.5.5）。

例 9.5.2 已知常微分方程的初值问题 $y' = ax + b$，$y(0) = 0$ 的精确解是 $y(x) = \frac{a}{2}x^2 + bx$，证明用欧拉公式以 h 为步长所得近似解 y_n 的整体误差为 $\varepsilon_n = y(x_n) - y_n = \frac{1}{2}ahx_n$。

证明 由欧拉公式解 $y' = ax + b$，得 $y_n = y_{n-1} + h(ax_{n-1} + b)$。

由 $y(0) = 0 = y_0$，得

$$y_1 = bh$$
$$y_2 = y_1 + h(ax_1 + b) = 2bh + ahx_1$$
$$y_3 = y_2 + h(ax_2 + b) = 3bh + ah(x_1 + x_2)$$
$$\cdots$$
$$y_n = y_{n-1} + h(ax_{n-1} + b) = nbh + ah(x_1 + x_2 + \cdots + x_{n-1})$$

因为 $x_n = nh$，于是有

$$y_n = bx_n + ah^2[1 + 2 + \cdots + (n-1)] = bx_n + ah^2\frac{(n-1)n}{2} = \frac{1}{2}ax_{n-1}x_n + bx_n$$

所以整体误差为 $\varepsilon_n = y(x_n) - y_n = \frac{a}{2}(x_n^2 - x_{n-1}x_n) = \frac{ahx_n}{2}$

证毕。

式（9.5.4）为改进的欧拉公式的增量函数，所以有

$$|\varphi(x, y, h) - \varphi(x, \bar{y}, h)| \leq \frac{1}{2}[|f(x, y) - f(x, \bar{y})| + |f(x+h, y+hf(x, y)) - f(x+h, \bar{y}+hf(x, \bar{y}))|]$$

假设右端函数关于 y 满足 Lipschitz 条件，记 Lipschitz 常数为 L，则由上式可得

$$|\varphi(x, y, h) - \varphi(x, \bar{y}, h)| \leq L\left(1 + \frac{h}{2}L\right)|y - \bar{y}|$$

不妨限定 $h < h_0$（h_0 为固定的常数），上式表明，φ 关于 y 的 Lipschitz 常数为

$$L_\varphi = L\left(1 + \frac{h_0}{2}L\right)$$

由此判断，改进的欧拉公式也是收敛的。用同样的方法可以验证，龙格-库塔方法也是收敛的。

9.5.2 单步法的稳定性

本节讨论的稳定性,不是指式(9.1.1)和式(9.1.2)本身的稳定性,而是指数值解法的稳定性,即数值稳定性。

一种计算方法,即使是收敛的,其初值一般都带有误差。同时,在计算过程中还常常产生舍入误差。这些误差又必然会传播下去,对后续的计算结果都将产生影响。数值稳定性问题是讨论这种误差的积累和传播能否得到控制的问题。

定义 9.5.2(方法的稳定性) 若用某种计算方法计算 y_n 时,所得到的实际计算结果为 $\tilde{y}_n$,且由扰动 $\delta_n = |y_n - \tilde{y}_n|$ 引起以后各节点 y_m($m>n$)的扰动为 δ_m,如果总有 $|\delta_m| \leqslant |\delta_n|$,则称该方法是稳定的。

一种计算方法是否稳定,不仅与该计算方法本身有关,而且还与微分方程的右端函数 $f(x,y)$ 及步长 h 有关,因此稳定性问题比较复杂。为了简化讨论,只考虑模型方程:
$$y' = \lambda y \quad (\lambda < 0)$$

首先,讨论欧拉公式的稳定性。将欧拉公式应用于模型方程 $y' = \lambda y$ 得差分方程:
$$y_{n+1} = (1+h\lambda)y_n \tag{9.5.6}$$

设在节点 y_n 处有一个扰动值 δ_n,它的传播使节点 y_{n+1} 处产生一个扰动值 δ_{n+1},假设用 $\tilde{y}_n = y_n + \delta_n$ 按欧拉公式得出 $\tilde{y}_{n+1} = y_{n+1} + \delta_{n+1}$ 的计算过程中不再产生新的误差,则扰动值满足
$$\delta_{n+1} = (1+h\lambda)\delta_n$$

可见,扰动值满足原差分方程(9.5.6)。因此,如果原差分方程的解不增长,即
$$|\delta_{n+1}| \leqslant |\delta_n|$$

就能保证欧拉公式的稳定性。令
$$E(h\lambda) = 1 + h\lambda$$

显然,为了保证差分方程(9.5.6)的解不增长,必须选取 h 充分小,使
$$|E(h\lambda)| = |1 + h\lambda| \leqslant 1$$

这表明欧拉公式是条件稳定的,稳定性的区间为
$$-2 \leqslant h\lambda < 0$$

其次,讨论梯形公式的稳定性。模型方程 $y' = \lambda y$ 的梯形公式为
$$y_{n+1} = y_n + \frac{h}{2}(\lambda y_n + \lambda y_{n+1})$$

整理后得
$$y_{n+1} = \frac{1+\dfrac{h\lambda}{2}}{1-\dfrac{h\lambda}{2}} y_n$$

令
$$E(h\lambda) = \frac{1+\dfrac{h\lambda}{2}}{1-\dfrac{h\lambda}{2}}$$

同理,扰动值 δ_n 满足 $\delta_{n+1} = E(h\lambda)\delta_n$,因为 $\lambda<0$,所以对任何 λh 都有 $|E(h\lambda)|<1$,这说明梯形公式是无条件稳定的。

事实上,任何一种单步法应用于模型方程 $y' = \lambda y$(其中 $\lambda = f_y < 0$),均有
$$y_{n+1} = E(h\lambda)y_n \tag{9.5.7}$$

对不同的单步法,$E(h\lambda)$ 有不同的表达式。例如,对模型方程 $y' = \lambda y$,改进的欧拉公式为

$$y_{n+1} = y_n + \frac{h}{2}[f(x_n,y_n)+f(x_{n+1},y_n+hf(x_n,y_n))]$$
$$= y_n + \frac{h}{2}[\lambda y_n + \lambda(y_n+h\lambda y_n)] = y_n + \frac{h}{2}[\lambda y_n + \lambda y_n + h\lambda^2 y_n]$$
$$= \left(1+h\lambda+\frac{h^2\lambda^2}{2}\right)y_n$$

所以
$$E(h\lambda) = 1+h\lambda+\frac{(h\lambda)^2}{2}$$

由 $|E(h\lambda)|\leqslant 1$ 可得 $-2\leqslant h\lambda<0$。

定义 9.5.3（方法的稳定区域） 若式（9.5.7）中 $|E(h\lambda)|\leqslant 1$，则说该单步法是稳定的。在复平面上，$h\lambda$ 满足 $|E(h\lambda)|\leqslant 1$ 的区域，称为方法的稳定区域。它与实轴的交点称为稳定区间。

例 9.5.3 对模型方程 $y'=\lambda y(\lambda<0)$，证明隐式欧拉公式对任何步长 $h>0$ 都绝对稳定。

证明 将隐式欧拉公式 $y_{n+1}=y_n+hf(x_{n+1},y_{n+1})$ 应用于模型方程 $y'=\lambda y$，得
$$y_{n+1} = y_n + h\lambda y_{n+1}$$
即
$$y_{n+1} = \frac{1}{1-h\lambda}y_n \quad (\lambda<0)$$

由 $1-h\lambda>1$ 可得 $\left|\dfrac{1}{1-h\lambda}\right|<1$，故对任何 $h>0$，隐式欧拉公式绝对稳定。

表 9.5.1 列出了常用单步法的 $E(h\lambda)$ 表达式和稳定区间。

表 9.5.1 单步法的表达式和稳定区间

方法	$E(h\lambda)$	稳定区间
欧拉公式	$1+h\lambda$	$-2\leqslant h\lambda<0$
改进的欧拉公式	$1+h\lambda+\dfrac{(\lambda h)^2}{2}$	$-2\leqslant h\lambda<0$
四阶龙格-库塔方法	$1+h\lambda+\dfrac{(h\lambda)^2}{2!}+\dfrac{(h\lambda)^3}{3!}+\dfrac{(h\lambda)^4}{4!}$	$-2.785\leqslant\lambda h\leqslant 0$
隐式欧拉公式	$\dfrac{1}{1-\lambda h}$	$-\infty\leqslant\lambda h\leqslant 0$
梯形公式	$\dfrac{1+\dfrac{h\lambda}{2}}{1-\dfrac{h\lambda}{2}}$	$-\infty\leqslant\lambda h\leqslant 0$

例 9.5.4 设有常微分方程的初值问题 $y'=-100(y-x^2)+2x$，$y(0)=1$。

（1）用欧拉公式求解，步长 h 应取在什么范围内迭代计算才稳定？

（2）若用梯形公式求解，对步长 h 有无限制？

（3）若用四阶龙格-库塔方法求解，步长 h 如何选取？

解 因为 $f'_y=-100$，所以由稳定区间要求可知：

（1）用欧拉公式求解时，$0<h\leqslant\dfrac{2}{100}=0.02$；

（2）用梯形公式求解时，稳定区间为 $0<h<+\infty$，又因为 f 对 y 是线性的，所以对 h 无限制；

（3）用四阶龙格-库塔方法求解时，$0<h\leqslant\dfrac{2.785}{100}=0.02785$。

例 9.5.5 对常微分方程的初值问题

$$\begin{cases} \dfrac{\mathrm{d}y}{\mathrm{d}x} = -20y \\ y(0) = 1 \end{cases} \quad x \in [0,1]$$

分别取 $h = 0.1$，$h = 0.2$，分析用四阶龙格-库塔方法求数值解的误差。

解 直接用式（9.4.10）计算，因为精确解为 $y(x) = \mathrm{e}^{-20x}$，所以各步数值解的计算误差 $|y_n - y(x_n)|$ 见表 9.5.2。

表 9.5.2 各步数值解的计算误差

x_n	0.2	0.4	0.6	0.8	1.0
$h = 0.1$	0.092 795	0.012 010	0.001 366	0.000 152	0.000 017
$h = 0.2$	4.98	25.0	125.0	625.0	3125.0

从表 9.5.2 可以看出，当步长 $h = 0.1$ 时，各步数值解的误差较小且逐渐衰减；当步长 $h = 0.2$ 时，各步数值解的误差较大且迅速增长，以致失去控制。产生这种现象的原因是，当 $h = 0.1$ 时，$\lambda h = -20 \times 0.1 = -2$，落在稳定区间 $[-2.78, 0]$ 中；当 $h = 0.2$ 时，$\lambda h = -20 \times 0.2 = -4$，不在稳定区间内。因此，选择步长时，不仅要考虑截断误差，还应考虑数值解法的稳定性。

9.6 算法实现

9.6.1 MATLAB 程序实现

（1）欧拉公式

编写 MATLAB 函数文件 agui_euler.m：

```
function [x,y]=agui_euler(dfun,span,y0,h)
% dfun 为右端函数,span 为求解区间,y0 为初值,h 为步长,x 返回节点,y 返回数值解
x=span(1):h:span(2);
y(1)=y0;
for n=1:length(x) -1
    y(n+1)=y(n)+h*feval(dfun,x(n),y(n));
end
x=x';y=y';
```

例 9.6.1 在 MATLAB 命令行窗口中求解例 9.4.4。

解
```
>> dfun=inline('x−y')
dfun =     内联函数：
    dfun(x,y) = x−y
>> [x,y]=agui_euler(dfun,[0,1],0,0.1)
```

计算结果见表 9.6.1。

表 9.6.1 例 9.6.1 的计算结果

x	y
0.0	0
0.1	0
0.2	0.010 000 000 000 00
0.3	0.029 000 000 000 00
0.4	0.056 100 000 000 00
0.5	0.090 490 000 000 00
0.6	0.131 441 000 000 00
0.7	0.178 296 900 000 00
0.8	0.230 467 210 000 00
0.9	0.287 420 489 000 00
1.0	0.348 678 440 100 00

（2）改进的欧拉公式

编写 MATLAB 函数文件 agui_euler1.m：

```
function [x,y]=agui_euler1(dfun,span,y0,h)
% dfun 为右端函数,span 为求解区间,y0 为初值,h 为步长,x 返回节点,y 返回数值解
x=span(1):h:span(2);
y(1)=y0;
for n=1:length(x) -1
```

```
        k1=feval(dfun,x(n),y(n));
        y(n+1)=y(n)+h*k1;
        k2=feval(dfun,x(n+1),y(n+1));
        y(n+1)=y(n)+h*(k1+k2)/2;
    end
    x=x';y=y';
```

例 9.6.2 在 MATLAB 命令行窗口中求解例 9.4.4。

解 >> dfun=inline('x-y')
    dfun =   内联函数：
        dfun(x,y) = x-y
    >> [x,y]=agui_euler1(dfun,[0,1],0,0.1)

计算结果见表 9.6.2。

表 9.6.2 例 9.6.2 的计算结果

x	y
0.0	0
0.1	0.005 000 000 000 00
0.2	0.019 025 000 000 00
0.3	0.041 217 625 000 00
0.4	0.070 801 950 625 00
0.5	0.107 075 765 315 63
0.6	0.149 403 567 610 64
0.7	0.197 210 228 687 63
0.8	0.249 975 256 962 30
0.9	0.307 227 607 550 89
1.0	0.368 540 984 833 55

（3）四阶龙格-库塔方法

编写 MATLAB 函数文件 agui_RK.m：

```
function [x,y]=agui_RK(dfun,span,y0,h)
%dfun 为右端函数,span 为求解区间,y0 为初值,h 为步长,x 返回节点,y 返回数值解
    x=span(1):h:span(2);
    y(1)=y0;
    for n=1:length(x)-1
        k1=feval(dfun,x(n),y(n));
        k2=feval(dfun,x(n)+h/2,y(n)+h/2*k1);
        k3=feval(dfun,x(n)+h/2,y(n)+h/2*k2);
        k4=feval(dfun,x(n+1),y(n)+h*k3);
        y(n+1)=y(n)+h*(k1+2*k2+2*k3+k4)/6;
    end
    x=x';y=y';
```

例 9.6.3 在 MATLAB 命令行窗口中求解例 9.4.4。

解 >> dfun=inline('x-y')
    dfun =   内联函数：
        dfun(x,y) = x-y
    >> [x,y]=agui_RK(dfun,[0,1],0,0.1)

计算结果见表 9.6.3。

表 9.6.3 例 9.6.3 的计算结果

x	y
0.0	0
0.1	0.004 837 500 000 00
0.2	0.018 730 901 406 25
0.3	0.040 818 422 001 18
0.4	0.070 320 288 917 49
0.5	0.106 530 934 423 38
0.6	0.148 811 934 376 32
0.7	0.196 585 618 671 23
0.8	0.249 329 289 734 43
0.9	0.306 569 991 200 08
1.0	0.367 879 774 412 50

例 9.6.4 用 C 程序实现四阶龙格-库塔方法求解例 9.4.4。

解 首先编写实现四阶龙格-库塔方法的 C 程序：

```c
#include <math.h>
#include<stdio.h>
#include <stdlib.h>
#include <conio.h>
main (){
    float x0,y0,h,b;
    double k1,k2,k3,k4,x1,y1;
    int i=0,n;
```

```c
        double f(double x,double y);
        printf("\nPlease input x0,y0,h,b:");
        scanf("%f,%f,%f,%f",&x0,&y0,&h,&b);
        n=(int)((b-x0)/h)+1;
        for (i=1;i<=n;i++){
            x1=x0+h;
            k1=f(x0,y0);
            k2=f(x0+h/2.0,y0+h*k1/2.0);
            k3=f(x0+h/2.0,y0+h*k2/2.0);
            k4=f(x1,y0+h*k3);
            y1=y0+h*(k1+k2*2.0+k3*2.0+k4)/6.0;
            y0=y1;
            x0=x1;
            printf("\n%f,%f\n",x0,y0);
        }
    }
    double f(double x,double y){
        double z;
        z=x-y;
        return(z);
    }
```

运行程序，提示输入初值：

Please input x0,y0,h,b:0,0,0.1,1

计算结果：

```
0.10000    0.00483750
0.20000    0.01873090
0.30000    0.04081842
0.40000    0.07032029
0.50000    0.10653094
0.60000    0.14881194
0.70000    0.19658563
0.80000    0.24932930
0.90000    0.30656999
1.00000    0.36787978
Press any key to continue
```

用两种语言编程的计算结果基本相同，但 MATLAB 表示结果的位数要多。

9.6.2 MATLAB 函数实现

（1）函数 dsolve()

MATLAB 提供了用符号方式求解微分方程的函数 dsolve()。其调用格式如下：

$[y_1, y_2, \cdots, y_{12}] = \text{dsolve}(a_1, a_2, \cdots, a_{12})$

式中，每个输入参数 $a_1, a_2, \cdots, a_{12}$ 都包含三部分内容：符号化的微分方程，用 Dmy 表示函数 $y = f(x)$ 的 m 阶导数；初始条件，用 $y(x_0) = y_0, \text{Dy}(x_0) = y_1, \cdots$ 表示；界定的自变量，默认为小写字母 t。每个部分都用单引号界定，两个部分之间用逗号分隔。输入参数最多可达 12 个。

例 9.6.5 用函数 dsolve()求解例 9.4.4。

在 MATLAB 命令行窗口中输入命令并查看计算结果：
>> clear all
>> y=dsolve('Dy=x-y','y(0)=0','x')
y =
    x + exp(-x) − 1

例 9.6.6 用函数 dsolve()求解微分方程组：

$$\begin{cases} \dfrac{\mathrm{d}f}{\mathrm{d}x} = 3f + 4g \\ \dfrac{\mathrm{d}g}{\mathrm{d}x} = -4f + 3g \\ f(0) = 0.1, \ g(0) = 2.5 \end{cases}$$

在 MATLAB 命令行窗口中输入命令并查看计算结果：
>> [f1,g1]=dsolve('Df=3*f+4*g,Dg=-4*f+3*g','f(0)=0.1','g(0)=2.5','x')
f1 =
    (cos(4*x)*exp(3*x))/10 + (5*sin(4*x)*exp(3*x))/2
g1 =
    (5*cos(4*x)*exp(3*x))/2 − (sin(4*x)*exp(3*x))/10

（2）ode 系列函数

MATLAB 提供了多个 ode 系列函数用于求解微分方程。

ode45()：用高阶（4～5）的显式单步龙格-库塔方法求解微分方程（组）。
ode23()：用低阶（2～3）的显式单步龙格-库塔方法求解微分方程（组）。
ode113()：用可变阶（1～13）的多步法求解微分方程（组）。
ode15s()：用可变阶（1～5）的隐式多步法求解微分方程（组）。
ode23s()：用修正的二阶隐式单步法求解微分方程（组）。
ode23t()：用低阶的梯形公式求解微分方程。
ode23tb()：用低阶的方法求解微分方程。

它们的调用格式完全一致，以函数 ode45()为例，调用格式如下：
[t,y]=ode45('f',tspan,y0)

其中，f 为方程右端函数的函数名，tspan 为求解区间，y0 为解函数的初值，输出结果 t 为离散节点 $a = x_0 < x_1 < \cdots < x_n = b$，y 为相应离散节点上的数值解。

例 9.6.7 用 ode 系列函数求解例 9.2.2。

$$\begin{cases} \dfrac{\mathrm{d}y}{\mathrm{d}x} = 2xy \qquad (0 \leqslant x \leqslant 1) \\ y(0) = 1 \end{cases}$$

解 首先编写 MATLAB 函数文件：
function f=fun(t,y)
f=2*t*y;

在 MATLAB 命令行窗口中输入命令并查看计算结果：
>> t=0:0.1:1;
>> format long
>> [t,y]=ode23('fun',t,1)
y =
    1.000000000000000

```
        1.010050000000000
        1.040809557675000
        1.094170129014401
        1.173500198793268
        1.284001671512437
        1.433280775843866
        1.632221580811770
        1.896302790925259
        2.247580240925557
        2.717687495487908
>> [t,y]=ode45('fun',t,1)
y =
        1.000000000000000
        1.010050167107508
        1.040810774165904
        1.094174283527220
        1.173510870571724
        1.284025416049047
        1.433329414100746
        1.632316221054205
        1.896480885662387
        2.247908007158807
        2.718281883001243
>> [t,y]=ode113('fun',t,1)
y =
        1.000000000000000
        1.010049728123449
        1.040822740451678
        1.094183422977230
        1.173536194311420
        1.284030452763941
        1.433297432971391
        1.632219785813430
        1.896379274255402
        2.247739245060155
        2.718110019483026
>> [t,y]=ode15s('fun',t,1)
y =
        1.000000000000000
        1.011629217087688
        1.043236861663426
        1.097352330067875
        1.177816859265983
        1.289648264850248
        1.440358628614598
        1.640880342285039
        1.907122012340730
        2.261572659712896
        2.735320338055588
>> [t,y]=ode23s('fun',t,1)
y =
        1.000000000000000
```

        1.010017750547576
        1.040717650990545
        1.093995977244110
        1.173218456325838
        1.283585171516003
        1.432703237594704
        1.631463843247214
        1.895365825575223
        2.246510978327064
        2.717447205800697
    >> [t,y]=ode23t('fun',t,1)
    y =
        1.000000000000000
        1.010556176415999
        1.041405457928807
        1.095077508817950
        1.174912919919301
        1.286193086024946
        1.436653103980616
        1.637379586083746
        1.904169951408804
        2.259297179938478
        2.733651993942003
    >> [t,y]=ode23tb('fun',t,1)
    y =
        1.000000000000000
        1.010046823972086
        1.040859697367716
        1.094331859386937
        1.173850056725829
        1.284647946388746
        1.434376782260646
        1.634065800237614
        1.899329761127694
        2.252460672312445
        2.725889038705696

计算精确解 $y = e^{x^2}$，在 MATLAB 命令行窗口中输入命令并查看计算结果：

    >> y=exp(t.^2)
    y =
        1.000000000000000
        1.010050167084168
        1.040810774192388
        1.094174283705210
        1.173510870991810
        1.284025416687741
        1.433329414560340
        1.632316219955379
        1.896480879304952
        2.247907986676472
        2.718281828459046

与精确解 $y = e^{x^2}$ 的计算结果相比，函数 ode45() 的计算结果精度比较高。

本章小结

本章讨论了求解常微分方程初值问题的一些数值解法。欧拉公式和龙格-库塔方法都是将微分方程离散化为差分方程求解，是步进式的方法。欧拉公式精度低，在实际中很少使用，但公式简单、直观，对学习其他方法具有启示作用。四阶龙格-库塔方法精度高、易于编程，因此在实际中得到了广泛的应用，但其缺点是要求右端函数 $f(x,y)$ 具有很好的光滑性，且每步都需要计算 4 次函数值，计算量较大。

数值解法的收敛性和稳定性是判断该方法好坏的两个重要指标。一般只要增量函数 $\varphi(x,y,h)$ 关于 y 满足 Lipschitz 条件，单步法都是收敛的。隐式单步法是绝对稳定的，而显式单步法有自己的稳定区域，在选取步长时，应该格外注意。

最后利用本章的例题作为测试用例，用 MATLAB 程序和 MATLAB 函数两种方法实现了本章介绍的算法。

习题 9

9.1 用欧拉公式、隐式欧拉公式、梯形公式求解常微分方程的初值问题 $y' = -y + x + 1$，$y(0) = 1$，取 $h = 0.1$，计算到 $x = 0.5$，并与精确解 $y(x) = e^{-x} + x$ 进行比较。

9.2 用改进的欧拉公式求解常微分方程的初值问题 $y' = -y + x + 1$，$y(0) = 1$，取 $h = 0.1$，计算到 $x = 0.5$，并与欧拉公式和梯形公式比较误差的大小。

9.3 用四阶龙格-库塔方法求解常微分方程的初值问题 $y' = -y + x + 1$，$y(0) = 1$，仍取 $h = 0.1$，计算到 $x = 0.5$，并与改进的欧拉公式和梯形公式在 $x_5 = 0.5$ 处比较误差大小。

9.4 用欧拉公式求解常微分方程的初值问题：

$$\begin{cases} y' = y - \dfrac{2x}{y} \\ y(0) = 1 \end{cases} \quad (0 < x < 1)$$

9.5 用改进的欧拉公式求解常微分方程的初值问题：

$$\begin{cases} y' = y - \dfrac{2x}{y} \\ y(0) = 1 \end{cases} \quad (0 < x < 1)$$

9.6 用四阶龙格-库塔方法：

$$\begin{cases} y_{n+1} = y_n + \dfrac{h}{6}(K_1 + 2K_2 + 2K_3 + K_4) \\ K_1 = f(x_n, y_n) \\ K_2 = f\left(x_{n+\frac{1}{2}}, y_n + \dfrac{h}{2}K_1\right) \\ K_3 = f\left(x_{n+\frac{1}{2}}, y_n + \dfrac{h}{2}K_2\right) \\ K_4 = f(x_{n+1}, y_n + hK_3) \end{cases}$$

求解常微分方程的初值问题：

$$\begin{cases} y' = y - \dfrac{2x}{y} \\ y(0) = 1 \end{cases} \quad (0 < x < 1)$$

取步长 $h=0.2$，从 $x=0$ 到 $x=1$。

9.7 对常微分方程的初值问题 $\begin{cases} y' = -1000(y-g(x))+g'(x) \\ y(0) = y_0 \end{cases}$，式中，$g(x)$ 为已知函数，其精确解为 $y(x) = g(x)$。

（1）若用欧拉公式求解，从稳定性方面考虑，步长应在什么范围内选取？

（2）若用隐式欧拉公式求解，从稳定性方面考虑，步长有没有限制，为什么？

（3）若 $g(x)$ 为不超过一次的多项式，用欧拉公式求解时，从精确解考虑，步长的选择有无限制？为什么？

9.8 对常微分方程的初值问题 $y' = f(x,y)$, $y(a) = y_0$, $x_0 = a$, $a \leq x \leq b$, $x_n = x_0 + nh$，试用数值积分在区间 $[x_n, x_{n+1}]$ 或 $[x_{n-1}, x_{n+1}]$ 内对 $y' = f(x,y)$ 两边积分，分别导出以下公式：

（1）梯形公式　　　　　　$y_{n+1} = y_n + \dfrac{h}{2}(f_n + f_{n+1})$

（2）中点公式　　　　　　$y_{n+1} = y_{n-1} + 2hf_n$

（3）辛普生公式　　　　　$y_{n+1} = y_{n-1} + \dfrac{h}{3}(4f_n + f_{n+1} + f_{n-1})$

并给出各公式的局部截断误差。

9.9 对模型方程 $y' = \lambda y$（$\lambda < 0$）求改进的欧拉公式的稳定区间。

9.10 证明：中点公式 $y_{n+1} = y_n + hf\left(x_n + \dfrac{1}{2}h, y_n + \dfrac{1}{2}hk_1\right)$，$k_1 = f(x_n, y_n)$ 是二阶的，并求其局部截断误差主项。

9.11 证明：下列公式对任意参数 t 都是二阶的。

$$\begin{cases} y_{n+1} = y_n + \dfrac{h}{2}(K_2 + K_3) \\ K_1 = f(x_n, y_n) \\ K_2 = f(x_n + th, y_n + thK_1) \\ K_3 = f(x_n + (1-t)h, y_n + (1-t)hK_2) \end{cases}$$

9.12 解常微分方程的初值问题 $y'(x) = 20(x-y)$，$y(0)=1$，为保证计算稳定性，用经典的四阶龙格-库塔方法，步长 $0 < h < \underline{\quad}$；用欧拉公式，步长 h 的范围为 $\underline{\quad}$；用隐式欧拉公式，步长 h 的范围为 $\underline{\quad}$；用梯形公式，步长 h 的范围为 $\underline{\quad}$。

9.13 解常微分方程的初值问题 $y' = f(x,y)$，$y(x_0) = y_0$ 的隐式欧拉公式 $y_{n+1} = y_n + hf(x_{n+1}, y_{n+1})$ 是 $\underline{\quad}$ 阶方法，梯形公式 $y_{n+1} = y_n + \dfrac{h}{2}[f_n + f(x_{n+1}, y_{n+1})]$ 是 $\underline{\quad}$ 阶方法。

9.14 解常微分方程的初值问题 $y' = -50(y+x)$，$y(0) = 1$，用经典四阶龙格-库塔方法，步长 $h < \underline{\quad}$。用隐式欧拉方法，步长 $0 < h < \underline{\quad}$。

9.15 解常微分方程的初值问题 $y' = 10y - \dfrac{x}{y}$，$1 \leq x \leq 2$，若用梯形公式求解，要使迭代公式 $y_{n+1}^{(s+1)} = y_n + \dfrac{h}{2}\left[f_n + f(x_{n+1}, y_{n+1}^{(s)})\right]$ $(s=0,1,\cdots)$ 收敛，则步长 $h < \underline{\quad}$？

9.16 解常微分方程的初值问题 $y'(x) = f(x,y)$，$y(x_0) = y_0$ 的欧拉公式，其局部截断误差主项是 $\underline{\quad}$。

附录 A 计算方法实验

计算方法实验是学习该课程的重要环节。通过编程实现一些典型的实验题目，可以加深对所学内容的理解，进一步了解相关算法的特点和适用范围。每次实验完成后，都要以实验报告的形式提交。实验报告除写明专业班级、学号和姓名等必要的信息外，还应该包括如下内容。

实验目的：写清楚为什么做这个实验，其目的是什么，做完这个实验要达到什么效果，实验的注意事项是什么等。

实验方法：写清楚本实验所涉及的算法原理及理论基础等。

实验内容：填写实验题目、数据准备、算法流程及实施方案等。

实验程序：将实验用到的程序填写完整并添加一定的注释。

实验结果：实验结果应包含使用的原始数据、中间结果和最终结果，复杂的结果可以用表格或图形表示，较为简单的结果可以与结果分析合并出现。

结果分析：对实验结果进行认真分析，进一步明确实验所涉及算法的优缺点和使用范围，最后进行必要的误差分析。

下面给出实验报告的一个样板，仅供参考。

××大学××学院
实验报告

姓　　名		学　号		专业班级	
课程名称				实验日期	
成　　绩		指导老师		批改日期	
实 验 名 称					
一、实验目的					
二、实验方法					
三、实验内容					
四、实验程序					
五、实验结果					
六、结果分析					
教师评语					

实验 1 方程求根

一、实验目的

用不同方法求任意实函数方程 $f(x)=0$ 在自变量区间 $[a,b]$ 内或某一点附近的实根,并比较方法的优劣性。

二、实验方法

(1) 二分法

对方程 $f(x)=0$ 在 $[a,b]$ 内求根。将所给区间 2 等分,在二分点 $x=\dfrac{b-a}{2}$ 处判断 $f(x)=0$ 是否成立。若是,则有根 $x=\dfrac{b-a}{2}$;否则继续判断 $f(a)\cdot f(x)<0$ 是否成立,若是,则令 $b=x$,否则令 $a=x$。重复此过程,直至求出方程 $f(x)=0$ 在 $[a,b]$ 内的近似根为止。

(2) 迭代法

将方程 $f(x)=0$ 等价变换为 $x=\varphi(x)$ 的形式并建立相应的迭代公式 $x_{k+1}=\varphi(x_k)$。

(3) 牛顿法

设已知方程 $f(x)=0$ 的一个近似根 x_0,则 $f(x)$ 在点 x_0 附近可用一阶泰勒展开式 $p_1(x)=f(x_0)+f'(x_0)(x-x_0)$ 来近似,因此方程 $f(x)=0$ 可近似表示为 $f(x_0)+f'(x_0)(x-x_0)=0$。设 $f'(x_0)\neq 0$,则

$$x=x_0-\frac{f(x_0)}{f'(x_0)}$$

取 x 作为原方程新的近似根 x_1,然后再将 x_1 作为 x_0 代入上式。迭代公式为

$$x_{k+1}=x_k-\frac{f(x_k)}{f'(x_k)}$$

三、实验内容

(1) 在区间 $[0,1]$ 内用二分法求方程 $\mathrm{e}^x+10x-2=0$ 的近似根,要求误差不超过 0.5×10^{-3}。

(2) 取初值 $x_0=0$,用迭代公式 $x_{k+1}=\dfrac{2-\mathrm{e}^{x_k}}{10}$ $(k=0,1,2,\cdots)$ 求方程 $\mathrm{e}^x+10x-2=0$ 的近似根,要求误差不超过 0.5×10^{-3}。

(3) 取初值 $x_0=0$,用牛顿迭代法求方程 $\mathrm{e}^x+10x-2=0$ 的近似根,要求误差不超过 0.5×10^{-3}。

四、实验程序

(略)

五、实验结果(仅供参考)

(1) $x_{11}=0.09033$ (2) $x_5=0.09052$ (3) $x_2=0.09052$

六、结果分析

提示:比较三种方法的计算量。

实验 2 解线性方程组的直接法

一、实验目的

用列主元素高斯消去法和列主元素高斯-约当消去法解线性方程组 $Ax = b$。式中，A 为 n 阶非奇异方阵，x 和 b 是 n 阶列向量，并分析选主元素的重要性。

二、实验方法

（1）列主元素高斯消去法

通过变换，将系数矩阵转换成等价的上三角矩阵，在每步消元过程中，都要选取列主元素。

对 $k = 1, 2, \cdots, n-1$，计算：

$$\begin{cases} l_{ik} = a_{ik}^{(k-1)} / a_{kk}^{(k-1)} (i = k+1, \cdots, n) \\ a_{ij}^{(k)} = a_{ij}^{(k-1)} - l_{ik} a_{kj}^{(k-1)} (i, j = k+1, \cdots, n) \\ b_i^{(k)} = b_i^{(k-1)} - l_{ik} b_k^{(k-1)} (i = k+1, \cdots, n) \end{cases}$$

逐步回代求得原方程组的解：

$$\begin{cases} x_n = b_n^{(n-1)} / a_{nn}^{(n-1)} \\ x_k = \left(b_k^{(k-1)} - \sum_{j=k+1}^{n} a_{kj}^{(k-1)} x_j \right) / a_{kk}^{(k-1)} \quad (k = n-1, n-2, \cdots, 1) \end{cases}$$

（2）列主元素高斯-约当消去法

计算过程如下，在每步消元过程中，都要选取列主元素。

对 $k = 1, 2, \cdots, n$，计算：

$$\begin{cases} a_{kj}^{(k)} = a_{kj}^{(k-1)} / a_{kk}^{(k-1)} (j = k+1, k+2, \cdots, n+1) \\ a_{ij}^{(k)} = a_{ij}^{(k-1)} - a_{ik}^{(k-1)} \times a_{kj}^{(k)} (i = 1, 2, \cdots, n; \ i \neq k; \ j = k+1, k+2, \cdots, n+1) \end{cases}$$

三、实验内容

解下列方程组：

$$\begin{pmatrix} 1.1348 & 3.8326 & 1.1651 & 3.4017 \\ 0.5301 & 1.7875 & 2.5330 & 1.5435 \\ 3.4129 & 4.9317 & 8.7643 & 1.3142 \\ 1.2371 & 4.9998 & 10.6721 & 0.0147 \end{pmatrix} \cdot \begin{pmatrix} x_1 \\ x_2 \\ x_3 \\ x_4 \end{pmatrix} = \begin{pmatrix} 9.5342 \\ 6.3941 \\ 18.4231 \\ 16.9237 \end{pmatrix}$$

四、实验程序

（略）

五、实验结果（仅供参考）

（1）$(1.0138, 0.99689, 1.0000, 0.99891)^T$

（2）$(0.99987, 1.0001, 1.0000, 0.9996)^T$

精确解为 $(1, 1, 1, 1,)^T$

六、结果分析

提示:选主元素对结果的影响。

实验 3 解三对角线性方程组的追赶法

一、实验目的

用追赶法解三对角线性方程组 $Ax = f$,并分析计算量。

式中,
$$A = \begin{pmatrix} b_1 & c_1 & & & \\ a_2 & b_2 & c_2 & & \\ & \ddots & \ddots & \ddots & \\ & & a_{n-1} & b_{n-1} & c_{n-1} \\ & & & a_n & b_n \end{pmatrix}, \quad f = \begin{pmatrix} f_1 \\ f_2 \\ \vdots \\ f_n \end{pmatrix}$$

二、实验方法

将三对角线性方程组 $Ax = f$ 的系数矩阵分解成两个二对角矩阵的乘积。设 $A = LU$,且有

$$A = \begin{pmatrix} b_1 & c_1 & & & \\ a_2 & b_2 & c_2 & & \\ & \ddots & \ddots & \ddots & \\ & & a_{n-1} & b_{n-1} & c_{n-1} \\ & & & a_n & b_n \end{pmatrix}, \quad L = \begin{pmatrix} l_1 & & & & \\ a_2 & l_2 & & & \\ & a_3 & l_3 & & \\ & & \ddots & \ddots & \\ & & & a_n & l_n \end{pmatrix}, \quad U = \begin{pmatrix} 1 & u_1 & & & \\ & 1 & u_2 & & \\ & & 1 & \ddots & \\ & & & \ddots & u_{n-1} \\ & & & & 1 \end{pmatrix}$$

这样,解方程组 $Ax = f$ 就转化为求 $LUx = f$。令 $Ux = y$,则 $Ly = f$。

解方程组 $Ly = f$,即

$$\begin{cases} l_1 y_1 = f_1 \\ a_i y_{i-1} + l_i y_i = f_i \end{cases} \quad (i = 2, 3, \cdots, n)$$

得

$$\begin{cases} y_1 = f_1 / l_1 \\ y_i = (f_i - a_i y_{i-1}) / l_i \end{cases} \quad (i = 2, 3, \cdots, n)$$

解方程组 $Ux = y$,即

$$\begin{cases} x_i + u_i x_{i+1} = y_i \\ x_n = y_n \end{cases} \quad (i = 1, 2, \cdots, n)$$

得

$$\begin{cases} x_n = y_n \\ x_i = y_i - u_i x_{i+1} \end{cases} \quad (i = n-1, \cdots, 2, 1)$$

三、实验内容

用追赶法解三对角线性方程组:

$$\begin{pmatrix} 2 & -1 & & & \\ -1 & 2 & -1 & & \\ & -1 & 2 & -1 & \\ & & -1 & 2 & -1 \\ & & & -1 & 2 \end{pmatrix} \begin{pmatrix} x_1 \\ x_2 \\ x_3 \\ x_4 \\ x_5 \end{pmatrix} = \begin{pmatrix} 1 \\ 0 \\ 0 \\ 0 \\ 0 \end{pmatrix}$$

四、实验程序

（略）

五、实验结果

$$\boldsymbol{y} = \left(\frac{1}{2}, \frac{1}{3}, \frac{1}{4}, \frac{1}{5}, \frac{1}{6}\right), \quad \boldsymbol{x} = \left(\frac{5}{6}, \frac{2}{3}, \frac{1}{2}, \frac{1}{3}, \frac{1}{6}\right)$$

六、结果分析

提示：比较追赶法与高斯法的计算量和优劣。

实验 4　解线性方程组的迭代法

一、实验目的

用雅可比迭代法和高斯-塞德尔迭代法解线性方程组 $\boldsymbol{Ax} = \boldsymbol{b}$，式中，$\boldsymbol{A}$ 为非奇异实矩阵。在给定迭代初值的情况下进行迭代，直到满足计算精度要求为止。

二、实验方法

（1）雅可比迭代法

设系数矩阵 $\boldsymbol{A}$ 为非奇异矩阵，且 $a_{ii} \neq 0 \, (i=1,2,\cdots,n)$，从第 i 个方程中解出 x_i，得其等价形式：

$$x_i = \frac{1}{a_{ii}} \left(b - \sum_{j=1, j\neq i}^{n} a_{ij} x_j \right)$$

取初始向量 $\boldsymbol{x}^{(0)} = (x_1^{(0)}, x_2^{(0)}, \cdots, x_n^{(0)})$，可建立相应的迭代公式：

$$x_i^{(k+1)} = \frac{1}{a_{ii}} \left(-\sum_{j=1, j\neq i}^{n} a_{ij} x_j^{(k)} + b_i \right)$$

（2）高斯-塞德尔迭代法

每计算出一个新的分量便立即用它取代对应的旧分量进行迭代，可能收敛更快。据此思想可构造高斯-塞德尔迭代法，取初始向量 $\boldsymbol{x}^{(0)} = (x_1^{(0)}, x_2^{(0)}, \cdots, x_n^{(0)})$，其迭代公式为

$$x_i^{(k+1)} = \frac{1}{a_{ii}} \left(-\sum_{j=1}^{i-1} a_{ij} x_j^{(k+1)} - \sum_{j=i+1}^{n} a_{ij} x_j^{(k)} + b_i \right) \quad (i=1,2,\cdots,n)$$

三、实验内容

求以下线性方程组的近似解及相应的迭代次数：

$$\begin{pmatrix} 4 & -1 & 0 & -1 & 0 & 0 \\ -1 & 4 & -1 & 0 & -1 & 0 \\ 0 & -1 & 4 & -1 & 0 & -1 \\ -1 & 0 & -1 & 4 & -1 & 0 \\ 0 & -1 & 0 & -1 & 4 & -1 \\ 0 & 0 & -1 & 0 & -1 & 4 \end{pmatrix} \cdot \begin{pmatrix} x_1 \\ x_2 \\ x_3 \\ x_4 \\ x_5 \\ x_6 \end{pmatrix} = \begin{pmatrix} 0 \\ 5 \\ -2 \\ 5 \\ -2 \\ 6 \end{pmatrix}$$

要求：$\left\| \boldsymbol{x}^{(k+1)} - \boldsymbol{x}^{(k)} \right\|_2 \leqslant 0.0001$，初值选为常向量 $\boldsymbol{b}$。

四、实验程序

（略）

五、实验结果

精确解为 $(1,2,1,2,1,2)^\mathrm{T}$

六、结果分析

提示：比较两种方法的迭代次数。

实验 5　插值问题

一、实验目的

已知函数在点 $x_0, x_1, \cdots, x_n$ 处的函数值 $y_0, y_1, \cdots, y_n$，分别用拉格朗日插值多项式和牛顿插值多项式求插值点 x 的函数值 y，即求 $f(x)$。比较结果，并说明为什么相等。

二、实验方法

（1）拉格朗日插值多项式

根据 $x_0, x_1, \cdots, x_n$ 和 $y_0, y_1, \cdots, y_n$ 构造插值多项式：

$$L_n(x) = \sum_{k=0}^{n} \left(\prod_{\substack{j=0 \\ j \neq k}}^{n} \frac{x - x_j}{x_k - x_j} \right) \cdot y_k$$

将插值点 x 代入上式，可得函数 $f(x)$ 在点 x 处函数值的近似值。

（2）牛顿插值公式

根据 $x_0, x_1, \cdots, x_n$ 和 $y_0, y_1, \cdots, y_n$ 构造插值多项式：

$$N_n(x) = f(x_0) + f(x_0, x_1)(x - x_0) + \cdots + f(x_0, x_1, \cdots, x_n)(x - x_0)(x - x_1) \cdots (x - x_{n-1})$$

牛顿插值公式中各项的系数就是 $f(x)$ 的各阶差商（均差）：

$$f(x_0), f(x_0, x_1), \cdots, f(x_0, x_1, \cdots, x_n)$$

因此，在构造牛顿插值公式时，常常先把差商列成一个表，称为差商表。也可以用下面的公式

$$f(x_0, x_1, \cdots, x_k) = \sum_{i=0}^{k} \frac{f(x_i)}{\prod_{\substack{j=0 \\ j \neq i}}^{k}(x_i - x_j)}$$

求差商 $f(x_0, x_1, \cdots, x_k)$。

三、实验内容

从以下函数表:

x	0.4	0.55	0.8	0.9	1
$f(x)$	0.410 75	0.578 15	0.888 11	1.026 52	1.175 20

出发,计算 $f(0.5)$、$f(0.7)$ 及 $f(0.85)$ 的近似值。

四、实验程序

(略)

五、实验结果(仅供参考)

$f(0.5)=0.521090$,$f(0.7)=0.758589$,$f(0.85)=0.956119$。

六、结果分析

提示:比较两种方法的计算量和优劣。

实验6 数值积分

一、实验目的

利用复合梯形求积公式、复合辛普生求积公式和龙贝格求积公式计算 $\int_a^b f(x)\mathrm{d}x$ 的近似值。

二、实验方法

(1)将 $[a,b]$ 区间 n 等分,记分点为 $x_i = a+ih$ ($h = \dfrac{b-a}{n}$; $i=0,1,\cdots,n$),并在每个小区间 $[x_i,x_{i+1}]$ 内应用梯形求积公式:

$$T_n = \frac{h}{2}\left[f(a)+2\sum_{i=1}^{n-1}f(x_i)+f(b)\right]$$

(2)在每个小区间 $[x_i,x_{i+1}]$ 内,应用辛普生求积公式:

$$S_n = \frac{h}{6}\left[f(a)+4\sum_{i=0}^{n-1}f\left(x_{i+\frac{1}{2}}\right)+2\sum_{i=1}^{n-1}f(x_i)+f(b)\right]$$

式中,$x_{i+\frac{1}{2}}$ 为 $[x_i,x_{i+1}]$ 的中点,即 $x_{i+\frac{1}{2}} = x_i + \dfrac{1}{2}h$。

(3)先用梯形求积公式计算 $T_1 = (b-a)/2 \times [f(a)+f(b)]$,然后,采用将求积区间 (a,b) 逐次折半的办法,令区间长度 $h = (b-a)/2^i$ ($i=0,1,2\cdots$),计算

$$T_{2n} = \frac{1}{2}T_n + \frac{h}{2}\sum_{k=1}^{n}f\left(a+h\left(k-\frac{1}{2}\right)\right)$$

式中,$n = 2^i$。

于是,得到辛普生求积公式: $S_n = T_{2n}+(T_{2n}-T_n)/3$

得到柯特斯求积公式: $C_n = S_{2n}+(S_{2n}-S_n)/15$

最后，得到龙贝格求积公式： $R_n = C_{2n} + (C_{2n} - C_n)/63$

利用上述各公式计算，直到相邻两次的积分结果之差满足计算精度要求为止。

三、实验内容

利用复合梯形求积公式（$n=32$）、复合辛普生求积公式（$n=16$）和龙贝格求积公式（计算精度为 $\varepsilon = \frac{1}{2} \times 10^{-7}$）计算 $\pi = \int_0^1 \frac{4}{1+x^2} dx$ 的近似值，将计算结果与精确值进行比较，并对计算结果进行分析（计算量、误差）。

四、实验程序

（略）

五、实验结果

（略）

六、结果分析

提示：比较不同方法的计算量和优劣。

实验 7　数值微分

一、实验目的

用变步长的中点公式和三点求导式求 e^x 在 $x=1$ 处的导数值，并比较步长的变化对解的影响。

二、实验方法

（1）变步长的中点公式为

$$G(h) = \frac{e^{1+h} - e^{1-h}}{2h}$$

式中，步长 $h = \frac{h}{2^k}$，k 为 2 等分次数。

（2）分别取 $i=0,1,2$，带余项的三点求导式为

$$\begin{cases} f'(x_0) = \frac{1}{2h}[-3f(x_0) + 4f(x_1) - f(x_2)] + \frac{h^2}{3} f'''(\xi) \\ f'(x_1) = \frac{1}{2h}[-f(x_0) + f(x_2)] - \frac{h^2}{6} f'''(\xi) \quad (\xi \in [x_0, x_1]) \\ f'(x_2) = \frac{1}{2h}[f(x_0) - 4f(x_1) + 3f(x_2)] + \frac{h^2}{3} f'''(\xi) \end{cases}$$

求分别取 $h=1, 0.1, 0.01$ 的计算结果。

三、实验内容

（1）用变步长的中点公式求 e^x 在 $x=1$ 处的导数值，步长从 $h=0.8$ 开始。

（2）用三点求导式，分别取 $h=1, 0.1, 0.01$，计算 e^x 在 $x=1$ 处的结果。

四、实验程序

（略）

五、实验结果（仅供参考）

（1）2等分9次得到的结果 $f'(1) \approx 2.71828$，有6位有效数字。

（2）$h=1$ 时，取 $x_0=1$，$x_1=1$，$x_2=2$，$f'(1) \approx \dfrac{1}{2}(-e^0+e^2) = 3.195$

$h=0.1$ 时，取 $x_0=0.90$，$x_1=1.00$，$x_2=1.10$，$f'(1) \approx \dfrac{1}{2\times 0.1}(-e^{0.90}+e^{1.10}) = 2.720$

$h=0.001$ 时，取 $x_0=0.99$，$x_1=1.00$，$x_2=1.01$，$f'(1) = \dfrac{1}{2\times 0.01}(-e^{0.99}+e^{1.01}) = 2.750$

（中间结果取小数点后3位有效数字）

$f'(1)$ 的8位有效数字的近似值为 $e^1 = 2.7182818$。

六、结果分析

提示：分析步长 h 的选取对计算结果的影响。

实验8　求解常微分方程的初值问题

一、实验目的

用欧拉公式、改进的欧拉公式和四阶龙格-库塔公式求解常微分方程的初值问题，并比较各种方法的优缺点。

二、实验方法

欧拉公式：

$$y_{n+1} = y_n + hf(x_n, y_n)$$

改进的欧拉公式：

$$\begin{cases} T_1 = y_n + hf(x_n, y_n) \\ T_2 = y_n + hf(x_{n+1}, T_1) \\ y_{n+1} = \dfrac{T_1+T_2}{2} \end{cases}$$

四阶龙格-库塔公式：

$$\begin{cases} y_{n+1} = y_n + \dfrac{h}{6}(k_1+2k_2+2k_3+k_4) \\ k_1 = f(x_n, y_n) \\ k_2 = f(x_n+\dfrac{h}{2}, y_n+\dfrac{h}{2}k_1) \\ k_3 = f(x_n+\dfrac{h}{2}, y_n+\dfrac{h}{2}k_2) \\ k_4 = f(x_n+h, y_n+hk_3) \end{cases}$$

三、实验内容

用欧拉公式、改进的欧拉公式和四阶龙格-库塔公式求常微分方程的初值问题

$$\begin{cases} \dfrac{\mathrm{d}y}{\mathrm{d}x} = \dfrac{2}{3}x \cdot y^{-2} \\ y(0) = 1 \end{cases} \quad (x \in [0,1])$$

的数值解（取 $h = 0.1$），并将计算结果与精确解 $y = \sqrt[3]{1+x^2}$ 进行比较。

四、实验程序

（略）

五、实验结果（仅供参考）

部分结果如下：

x_n	欧拉公式 y_n	改进欧拉公式 y_n	四阶龙格-库塔公式 y_n	精确解
0.2	1.019 824	1.013 180	1.013 159	1.013 159 43
0.4	1.063 754	1.057 51	1.050 718	1.050 717 59
0.6	1.126 810	1.107 965	1.107 932	1.107 931 61
0.8	1.202 845	1.179 297	1.179 274	1.179 273 72
1.0	1.287 372	1.259 930	1.259 921	1.259 921 07

六、结果分析

提示：比较不同方法的计算量和优劣。

参 考 文 献

[1] 李庆扬，王能超，易大义．数值分析．4版．北京：清华大学出版社，2001．
[2] 李庆扬．数值分析基础教程．北京：高等教育出版社，2001．
[3] 李庆扬．数值分析复习与考试指导．北京：高等教育出版社，2000．
[4] 姜健飞，胡良剑，唐俭．数值分析及其MATLAB实验．北京：科学出版社，2004．
[5] 王沫然．MATLAB 5.X与计算方法．北京：清华大学出版社，2000．
[6] Shoichiro Nakamura．科学计算引论——基于MATLAB的数值分析．梁恒，刘晓艳，等译．北京：电子工业出版社，2002．
[7] 王能超．数值分析简明教程．2版．北京：高等教育出版社，2003．
[8] 同济大学计算数学教研社．现代数值数学和计算．上海：同济大学出版社，2004．
[9] 陈宝林．最优化理论与算法．北京：清华大学出版社，2005．
[10] 金聪，熊盛武．数值分析．武汉：武汉理工大学出版社，2003．
[11] 魏毅强，张建国，张洪斌，等．数值计算方法．北京：科学出版社，2004．
[12] 高培旺．计算方法典型例题与习题．长沙：国防科技大学出版社，2003．
[13] 封建湖，聂玉峰，王振海．数值分析（第4版）导教·导学·导考．西安：西北工业大学出版社，2003．
[14] 陈延梅，吴勃英，金承日．计算方法学习指导．北京：科学出版社，2003．
[15] 吴筑筑．计算方法．北京：清华大学出版社，2004．
[16] 黄华江．实用化工计算机模拟．北京：化学工业出版社，2004．
[17] 李乃成，邓建中．数值计算方法．西安：西安交通大学出版社，2002．
[18] 李庆扬．科学计算方法．北京：清华大学出版社，2006．
[19] 吴勃英．数值分析原理．北京：科学出版社，2003．
[20] 施浒立，赵彦．误差设计新理念与方法．北京：科学出版社，2007．
[21] 陈传淼．科学计算概论．北京：科学出版社，2007．
[22] 袁亚湘．非线性优化计算．北京：科学出版社，2008．
[23] 马良等．蚁群优化计算．北京：科学出版社，2008．
[24] 阳明盛，罗长童．最优化原理、方法及求解软件．北京：科学出版社，2006．
[25] 孙文瑜．最优化方法．北京：高等教育出版社，2004．
[26] 李庆扬，王能超，易大义．数值分析．5版．北京：清华大学出版社，2008．
[27] 关治，陆金甫．数值方法．北京：清华大学出版社，2006．
[28] 马昌凤，林伟川．现代数值计算方法．北京：科学出版社，2008．
[29] 陈宝林．最优化理论与算法．北京：清华大学出版社，2005．
[30] John H Mathews, Kurtis D Fink. Numerical Methods Using MATLAB(Fourth Edition)．北京：电子工业出版社，2007．
[31] 周品．MATLAB数值分析应用教程．北京：电子工业出版社，2014．
[32] 张德丰．MATLAB数值分析．北京：清华大学出版社，2016．

[33] 周建兴，岂兴明，矫津毅，等．MATLAB 从入门到精通．2 版．北京：人民邮电出版社，2012．

[34] 宋叶志．MATLAB 数值分析与应用．北京：机械工业出版社，2009．

[35] John H mathews,Kurtis D Fink．数值方法（MATLAB 版）．4 版．周璐，陈渝，钱方，等译．北京：电子工业出版社，2007．

反侵权盗版声明

电子工业出版社依法对本作品享有专有出版权。任何未经权利人书面许可，复制、销售或通过信息网络传播本作品的行为，歪曲、篡改、剽窃本作品的行为，均违反《中华人民共和国著作权法》，其行为人应承担相应的民事责任和行政责任，构成犯罪的，将被依法追究刑事责任。

为了维护市场秩序，保护权利人的合法权益，我社将依法查处和打击侵权盗版的单位和个人。欢迎社会各界人士积极举报侵权盗版行为，本社将奖励举报有功人员，并保证举报人的信息不被泄露。

举报电话：（010）88254396；（010）88258888
传　　真：（010）88254397
E-mail：　dbqq@phei.com.cn
通信地址：北京市海淀区万寿路 173 信箱
　　　　　电子工业出版社总编办公室
邮　　编：100036